预应力结构理论与应用

房贞政　编著

中国建筑工业出版社

图书在版编目（CIP）数据

预应力结构理论与应用/房贞政编著. —北京：中国建筑工业出版社，2005

ISBN 978-7-112-07771-7

Ⅰ. 预... Ⅱ. 房... Ⅲ. 预应力结构 Ⅳ. TU378

中国版本图书馆 CIP 数据核字（2005）第 111604 号

预应力结构理论与应用

房贞政 编著

*

中国建筑工业出版社出版、发行（北京西郊百万庄）

新 华 书 店 经 销

北京华艺制版公司制版

北京市密东印刷有限公司印刷

*

开本：787×1092 毫米 1/16 印张：20¾ 字数：510 千字

2005 年 12 月第一版 2012 年 5 月第三次印刷

印数：4501—6000 册 定价：**43.00** 元

ISBN 978-7-112-07771-7

（13725）

本社网址：http://www.cabp.com.cn

网上书店：http://www.china-building.com.cn

本书讲述预应力结构的理论及其工程应用。书中的内容着重于部分预应力混凝土结构、无粘结预应力混凝土结构、预应力混凝土超静定结构、预应力混凝土结构的抗震理论和试验研究，同时还介绍了预应力钢－混凝土组合结构、预应力钢结构以及纤维增强塑料（FRP）预应力混凝土结构等新型结构。本书的编著力求理论与工程实践相结合。

本书可作为土木工程专业高年级本科生、研究生学习预应力结构的教材，亦可供土木工程领域的技术人员和高等院校的教师参考。

*　*　*

责任编辑：朱首明　吉万旺
责任设计：赵　力
责任校对：关　健　张　虹

前　言

预应力技术从20世纪20年代进入土木工程领域的实际应用至今，已经走过了80多年的历程。在预应力技术发展的初期，普通的粘结预应力混凝土是主要的结构形式，全预应力混凝土的设计观念也是工程师们所普遍采用的。随着预应力技术与材料的发展，尤其在20世纪70年代后，随着无粘结预应力技术的成熟以及部分预应力概念为工程师们所接受之后，预应力混凝土结构的应用得到了一次飞跃式的发展。至20世纪末，预应力技术又在钢-混凝土组合结构、钢结构，尤其是空间钢结构得到广泛的应用，不仅拓宽了预应力技术应用的领域，还涌现出了日新月异的新结构体系。预应力结构发展更为完善的则是纤维增强塑料（FRP）力筋的应用，它将解决在腐蚀环境下预应力结构的耐久性问题。几十年来，科学研究者和工程师们精益求精的研究和更加大胆的设计使得预应力结构日新月异、五彩缤纷，预应力技术在土木工程领域已经扮演着极为重要的角色。

本书是在作者近20年的教学与科研工作的基础上编著的。编著的目的是想较系统地介绍预应力结构的理论、分析方法以及工程设计计算，并能结合我国现行有关规范。本书强调结构理论的系统性，对部分预应力混凝土和无粘结预应力混凝土结构的论述较为详尽；并对当前所普遍关注的预应力混凝土结构抗震的理论、实验方法、以及如何开展结构的抗震试验等作了较全面的介绍；同时对当前新兴的预应力钢-混凝土组合结构、预应力钢结构以及纤维增强塑料（FRP）筋的预应力混凝土结构也作了简要介绍。

本书共10章。第1章论述预应力结构的概念与发展，着重于预应力混凝土的概念。第2章介绍了预应力混凝土结构材料与锚固体系。第3章介绍施加预应力的基本方法与预应力损失。第4章讲述全预应力混凝土结构的设计原理及工程设计算例。第5章讲述部分预应力混凝土的原理及分析方法，并介绍了预应力混凝土受弯构件的计算机分析方法。第6章讲述无粘结预应力混凝土结构，着重于无粘结预应力筋的极限应力分析与无粘结部分预应力混凝土楼盖结构的设计计算。第7章介绍预应力混凝土超静定结构，主要论述预加力的次力矩、徐变及其次内力、内力重分布、以及预应力混凝土连续梁的平衡设计法等问题。第8章论述预应力混凝土结构抗震的理论、实验方法，并介绍预应力混凝土框架与节点的拟静力和拟动力试验实例。第9章论述预应力钢-混凝土组合结构，并简要介绍了预应力钢结构。第10章介绍了纤维增强塑料（FRP）筋的预应力混凝土结构原理及当前的应用。

本书以发展和辨证的观点来编著，在理论阐述方面力求概念清晰、条理清楚。在各章的主要内容中都反映了该领域的国内外研究的最新成果，以及国内外主要现行规范的规定条款。本书的编著虽然以预应力结构理论的提高部分为重点，但涵盖了基本理论的内容，并在各有关章节都列举了工程设计算例，因此，本书不仅适用于研究生与本科的教学，也适用于科研以及工程的设计与施工。

在本书编著中，陈红媛、许莉、郑则群、程浩德、上官萍、陈国栋等参与了插图与算例等工作，在此一并致谢。

由于作者水平所限，本书的不足之处在所难免，恳请读者批评指正。

房贞政

2005年5月　于福州大学

目　录

第1章　预应力结构的概念与发展 …… 1
§1.1　预应力混凝土的基本原理 …… 1
§1.2　预应力混凝土的新概念 …… 3
§1.3　加筋混凝土的分类与预应力度 …… 5
§1.4　预应力结构应用的发展 …… 7
第2章　预应力混凝土材料与锚固体系 …… 10
§2.1　混凝土材料的发展 …… 10
§2.2　预应力钢筋 …… 18
§2.3　锚固张拉体系与锚具 …… 22
第3章　施加预应力的基本方法与预应力损失 …… 31
§3.1　施加预应力的基本方法 …… 31
§3.2　预应力损失 …… 33
第4章　预应力混凝土受弯构件的设计计算 …… 42
§4.1　混凝土结构设计的基本原理 …… 42
§4.2　预应力混凝土受弯构件的受力特性 …… 49
§4.3　预应力混凝土受弯构件斜截面抗剪强度 …… 53
§4.4　预应力混凝土构件的局部受压承载力 …… 62
§4.5　预应力混凝土受弯构件的设计计算 …… 66
第5章　部分预应力混凝土结构 …… 86
§5.1　概述 …… 86
§5.2　部分预应力混凝土受弯构件正截面承载力 …… 90
§5.3　正常使用阶段开裂截面的应力分析 …… 97
§5.4　混凝土受弯构件正截面受力分析的计算机方法 …… 102
§5.5　裂缝的控制与计算 …… 107
§5.6　部分预应力混凝土受弯构件变形计算 …… 117
§5.7　部分预应力混凝土受弯构件的设计 …… 120
第6章　无粘结预应力混凝土结构 …… 127
§6.1　概述 …… 127
§6.2　无粘结预应力筋的极限应力 …… 129
§6.3　无粘结预应力混凝土梁的极限弯矩 …… 136
§6.4　无粘结预应力混凝土梁的斜截面抗剪强度 …… 138
§6.5　无粘结预应力混凝土梁的裂缝及抗震构造 …… 141
§6.6　无粘结预应力混凝土梁的设计 …… 145
§6.7　无粘结预应力混凝土楼盖 …… 150
第7章　预应力混凝土超静定结构 …… 161
§7.1　预应力超静定结构的次内力 …… 161

§7.2 线性变换与吻合力筋 …… 169
§7.3 预应力混凝土超静定梁的徐变及其次内力 …… 170
§7.4 预应力混凝土连续梁的弯矩重分布 …… 185
§7.5 预应力混凝土连续梁的平衡设计法 …… 192
第8章 预应力混凝土结构的抗震设计与研究 …… 198
§8.1 预应力混凝土结构的地震影响 …… 198
§8.2 结构地震反应分析方法 …… 200
§8.3 预应力混凝土结构抗震设计要求 …… 205
§8.4 预应力混凝土结构抗震试验方法 …… 216
§8.5 预应力混凝土结构抗震试验研究 …… 225
第9章 预应力钢-混凝土组合结构与预应力钢结构 …… 255
§9.1 概述 …… 255
§9.2 预应力钢-混凝土组合梁的受力性能与分析计算 …… 257
§9.3 钢-混凝土组合梁剪力连接件设计 …… 273
§9.4 预应力钢-混凝土组合梁的疲劳与稳定 …… 276
§9.5 预应力钢-混凝土组合梁的设计算例 …… 283
§9.6 预应力钢结构的应用与发展 …… 287
§9.7 预应力钢结构施加预应力的主要方法与设计原则 …… 295
§9.8 预应力钢结构工程施工实例 …… 298
第10章 纤维增强塑料(FRP)筋预应力混凝土结构 …… 301
§10.1 FRP力筋的材料与锚具 …… 301
§10.2 FRP筋预应力结构设计计算方法与原则 …… 306
§10.3 FRP预应力筋结构的应用 …… 316
参考文献 …… 319

contents

Chapter 1 The ideas and development of prestressed concrete 1
§ 1.1 Principles of prestressed concrete 1
§ 1.2 The new ideas of prestressed concrete 3
§ 1.3 Catalog of prestressed concrete and prestressing degree 5
§ 1.4 Development of prestressed structures application 7
Chapter 2 Materials for prestressed concrete structure and anchorage system 10
§ 2.1 Development of concrete materials 10
§ 2.2 Prestressing steel 18
§ 2.3 Anchorage system and anchors 22
Chapter 3 Basic methods of prestressing and losses of prestress 31
§ 3.1 Basic methods of prestressing 31
§ 3.2 Losses of prestress 33
Chapter 4 Design calculation of prestressed concrete structures 42
§ 4.1 Design principle of concrete structures 42
§ 4.2 Analysis of prestressed concrete bending member 49
§ 4.3 Shear capacity of prestressed concrete bending member 53
§ 4.4 Local compress capacity of prestressed concrete member 62
§ 4.5 Design calculation of prestressed concrete bending member 66
Chapter 5 Partially prestressed concrete structures 86
§ 5.1 Introduction 86
§ 5.2 Strength of partially prestressed concrete bending member 90
§ 5.3 Stress analysis of cracked section under serviceability limit states 97
§ 5.4 Computer methods of stress analysis of prestressed concrete bending member 102
§ 5.5 Crack calculation and control of prestressed concrete member 107
§ 5.6 Deformation calculation of partially prestressed concrete bending member 117
§ 5.7 Design of partially prestressed concrete bending member 120
Chapter 6 Unbonded prestressed concrete structures 127
§ 6.1 Introduction 127
§ 6.2 Ultimate stress of unbonded prestressing tendons 129
§ 6.3 Ultimate moment of unbonded prestressed concrete beams 136
§ 6.4 Shear capacity of unbonded prestressed concrete beams 138
§ 6.5 Crackes and aseismatic constructions of unbonded prestressed concrete beams 141
§ 6.6 Design of unbonded prestressed concrete beams 145
§ 6.7 Unbonded prestressed concrete floor structures 150
Chapter 7 Indeterminate prestressed concrete structures 161
§ 7.1 Secondary moments of indeterminate prestressed concrete structures 161

§7.2 Linear alteration and coincidental prestressing tendons ······ 169
§7.3 Creep and secondary moments of indeterminate prestressed concrete beam ······ 170
§7.4 Moment redistribution of continuous prestressed concrete beams ······ 185
§7.5 Balance design method for continuous prestressed concrete beams ······ 192
Chapter 8 Aseismic design and study of prestressed concrete structures ······ 198
§8.1 Earthquake effects to prestressed concrete structures ······ 198
§8.2 Structure analysis methods resulted from earthquake ······ 200
§8.3 Aseismic design requirements of prestressed concrete structures ······ 205
§8.4 Aseismic experiment methods for prestressed concrete structures ······ 216
§8.5 Aseismic experiment study for prestressed concrete structures ······ 225
Chapter 9 Composite structures of prestressed steel and concrete and prestressed steel structures ······ 255
§9.1 Introduction ······ 255
§9.2 Behaviors of composite structures of prestressed steel and concrete ······ 257
§9.3 Design of shear connectors ······ 273
§9.4 Fatigue and stability of composite structures of prestressed steel and concrete ······ 276
§9.5 Design example of composite structure of prestressed steel and concrete ······ 283
§9.6 Application and development of prestressed steel structures ······ 287
§9.7 Basic methods and design principles of prestressed steel structures ······ 295
§9.8 Construction key points of prestressed steel structures ······ 298
Chapter 10 Prestressed concrete structures with FRP ······ 301
§10.1 Development of FRP tendons ······ 301
§10.2 Principles and design method of presfressed concrete with FRP ······ 306
§10.3 Application of prestressed concrete structures with FRP ······ 316
Consult Document ······ 319

第1章　预应力结构的概念与发展

§1.1　预应力混凝土的基本原理

当今预应力技术已经广泛地应用于土木工程的各个领域，尤其是在桥梁结构与大跨房屋结构中的应用更是日新月异。纵观预应力技术的历史与发展，从20世纪20年代预应力技术进入土木工程的实际应用以来，已经成为土木工程领域最重要的技术之一。在进入21世纪后，预应力技术不仅被应用于混凝土构件，还被出色地应用于钢－混凝土组合结构、空间钢结构等领域，预应力技术的发展更是进入灿烂辉煌、五彩缤纷的时期。

预应力混凝土结构是由普通钢筋混凝土结构发展而来，早期预应力混凝土进入实用阶段应当归功于法国杰出的工程师弗来西奈（Freyssinet），他在1928年研制成功了预应力混凝土，指出预应力混凝土必需采用高强钢材和高强混凝土。第二次世界大战后，预应力混凝土的生产蓬勃发展，20世纪70年代预应力混凝土更是在土建结构的各个领域扮演着重要角色。随着无粘结筋的出现以及部分预应力概念为工程师们所接受之后，预应力混凝土结构又得到了一次飞跃式的发展，并使自身更加完善。预应力混凝土结构已经从传统的全预应力混凝土结构发展到部分预应力混凝土结构、无粘结预应力混凝土结构、预应力钢－混凝土组合结构以及预应力空间钢结构等。结构工程师们精益求精的研究和更加大胆的设计，使预应力新结构层出不穷、日新月异。

虽然预应力混凝土在20世纪20年代才进入实用阶段，但是，预应力的基本原理在古代就已经被聪明的祖先应用了。当时的藤或铁箍木桶就是一个很好的例子，如图1-1所示，铁箍（或藤箍）给松散的木桶楔块施加一定的压力，使其形成木桶能够承受足够的侧向水压力，这就是早先的预应力原理。

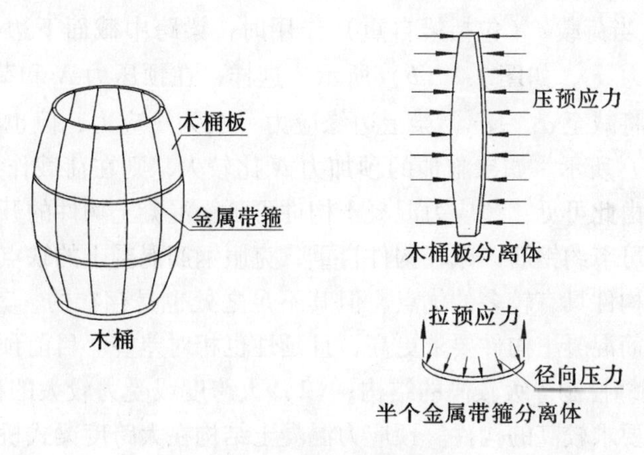

图1-1　预应力原理图

预应力混凝土的应用主要是克服混凝土受拉强度低以及应用高强度钢材。对于钢筋混凝土受拉与受弯构件，由于混凝土的强度及极限拉应变值都很低，一般其极限拉应变约为$0.1\times10^{-3}\sim0.15\times10^{-3}$。因此，在正常使用状态通常是带裂缝工作的。而对于不允许开裂的构件，其受拉钢筋的应力仅达到$20\sim30\mathrm{N/mm^2}$；对于允许开裂的构件，通常当受拉钢筋应力达到$250\mathrm{N/mm^2}$时，裂缝宽度已达到$0.2\sim0.3\mathrm{mm}$，此时构件的耐久性有所降低，同时也不宜用于高湿度或具有腐蚀性的工作环境。为了避免钢筋混凝土结构的裂缝过早出现，充分利用高强度钢筋及高强度混凝土，可以设法在结构构件受荷载作用前，使它产生预压应力来减少或抵消荷载所引起的混凝土拉应力，从而使结构构件的拉应力不大，甚至处于受压状态。预应力混凝土梁的工作原理可从图1-2予以说明。

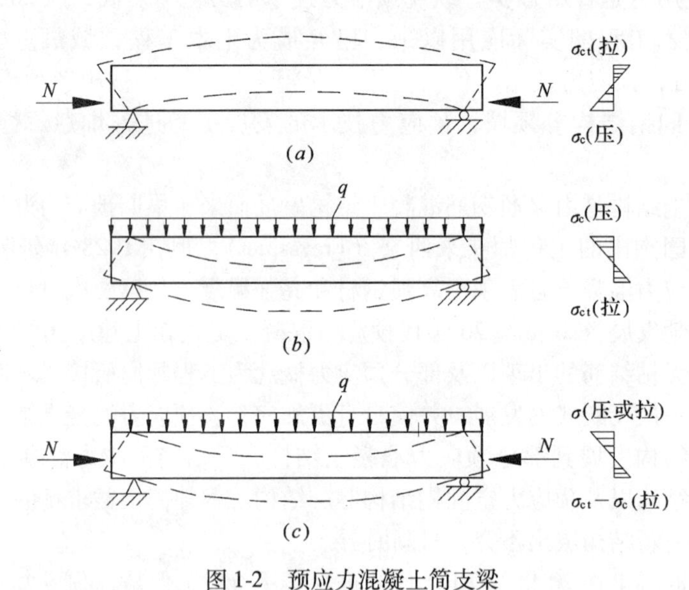

图1-2　预应力混凝土简支梁

(*a*) 预应力作用下；(*b*) 外荷载作用下；(*c*) 预应力与外荷载共同作用下

如图1-2所示为一预应力混凝土简支梁，在荷载作用之前，预先在梁的受拉区施加偏心压力N，使梁下边缘混凝土产生预压应力为σ_c，梁上边缘产生不大的预拉应力σ_{ct}，如图1-2（*a*）所示。当荷载q（包括梁自重）作用时，梁跨中截面下边缘产生拉应力σ_{ct}，梁上边缘产生压应力σ_c，如图1-2（*b*）所示。这样，在预压力N和荷载q共同作用下，梁的下边缘拉应力将减至$\sigma_{ct}-\sigma_c$，梁上边缘应力一般为压应力，但也有可能为较小的拉应力，如图1-2（*c*）所示。如果施加的预加力N比较大，则在荷载作用下梁的下边缘就不会出现拉应力。由此可见，预应力混凝土构件可延缓混凝土构件的开裂，提高构件的抗裂度和刚度，同时可节约钢筋，减轻构件自重，克服钢筋混凝土的缺点。

预应力混凝土构件具有较多的优点，但其不足之处也是存在的，其主要缺点是构造、施工和计算均较钢筋混凝土构件要求更高，且延性也相对差些。目前预应力混凝土主要应用于：（1）要求裂缝控制等级较高的结构；（2）大跨度或受力较大的构件；（3）对构件的刚度和变形控制要求较高的构件。预应力混凝土结构在大跨度梁式桥和工业厂房中的吊车梁等结构中应用得最广泛。

§1.2　预应力混凝土的新概念

预应力混凝土的应用进入成熟阶段后，人们不仅对预应力混凝土的原理有了明确的认识，同时对预应力混凝土的的概念也有了更深刻的解释，如 T. Y. Lin 教授对预应力混凝土的原理总结了三种不同的、较为精辟的概念。

1. 预加力使混凝土成为弹性材料的概念

预加应力使混凝土成为弹性材料的概念是将预应力混凝土构件看作混凝土经过预压后从原先抗拉弱抗压强的脆性材料变为一种既能抗拉又能抗压的弹性材料。因此，混凝土被看作承受两个力系，即内部预应力和外部荷载。外部荷载引起的拉应力被预应力所产生的预压应力所抵消。在正常使用状态下混凝土都没有裂缝出现，甚至没有拉应力出现。这正是全预应力混凝土结构的情形，因此，在两个力系作用下所产生的混凝土的应力、应变及挠度均可按弹性材料的计算公式考虑，并在需要时叠加。

如图 1-3 所示，一偏心施加预应力的混凝土梁，在预加力 N 作用下，混凝土截面的应力为：

$$\sigma = -\frac{N}{A} \pm \frac{N \cdot e_p \cdot y}{I} \tag{1-1}$$

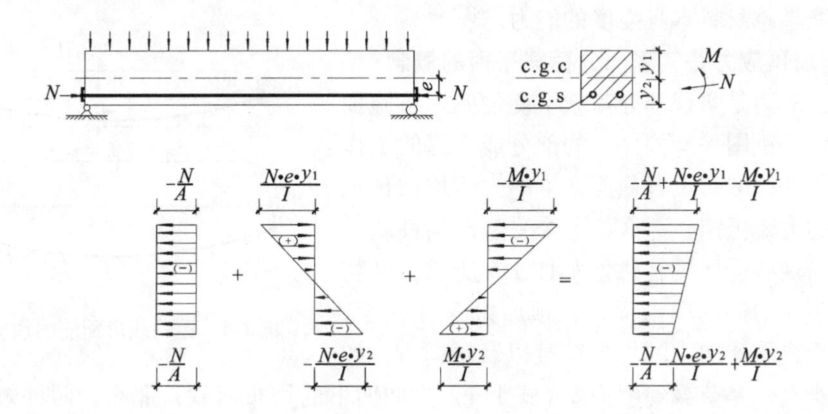

图 1-3　偏心预应力混凝土截面的应力分布

当外荷载（包括梁自重）对梁某一载面引起的力矩为 M，该截面的应力为：

$$\sigma = \mp \frac{M \cdot y}{I} \tag{1-2}$$

在两个力系共同作用下，截面内任一点的应力为：

$$\sigma = -\frac{N}{A} \pm \frac{N \cdot e_p \cdot y}{I} \mp \frac{M \cdot y}{I} \tag{1-3}$$

式中　A——构件截面积；

I——构件截面惯性矩；

e_p——预应力筋的偏心距。

应力 σ 负值表示压应力，正值代表拉应力。

2. 对混凝土构件施加预应力是为了使高强钢材与混凝土能协同工作的概念

对混凝土构件施加预应力是为了使高强钢材与混凝土能协同工作的概念是将预应力混凝土构件看作是高强钢材与混凝土两种材料的一种结合，它也与钢筋混凝土一样，用钢筋承受拉力及混凝土承受压力以形成一抵抗外力弯矩的力偶，如图 1-4 所示。

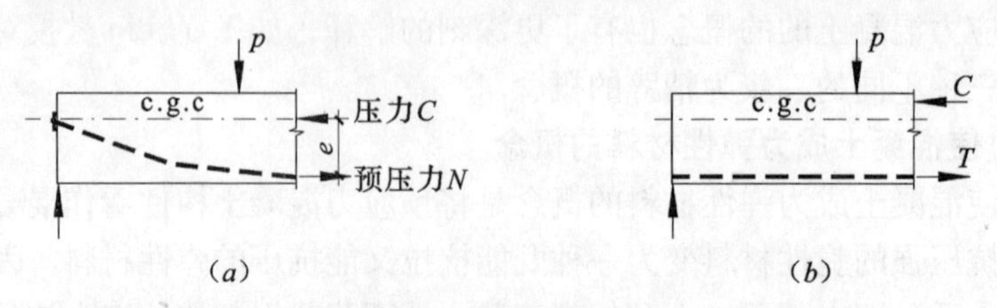

图 1-4 预应力混凝土与钢筋混凝土梁内的内部抵抗力矩

(*a*) 预应力梁的部分；(*b*) 钢筋混凝土梁的部分

在预应力混凝土结构中采用的是高强钢筋。如果要使高强钢筋的强度充分被利用，必须使其有很大的伸长变形，但是，如果高强钢筋也像普通钢筋混凝土的钢筋那样简单地浇筑在混凝土体内，那么，在工作荷载作用下高强钢筋周围的混凝土势必严重开裂，构件将出现不能容许的宽裂缝和大挠度。因此，用在预应力混凝土中的高强钢筋必须在与混凝土结合之前预先张拉，从这一观点看，预加应力只是一种充分利用高强钢材的有效手段，所以预应力混凝土又可看成是钢筋混凝土应用的扩展，这一概念清晰地告诉我们：预应力混凝土也不能超越材料本身强度的能力。

3. 施加预应力是实现部分荷载平衡的概念

施加预应力是实现部分荷载平衡的概念将施加预应力看作是试图平衡构件上的部分或全部的工作荷载。如果外荷载对梁各截面产生的力矩均被预加力所产生的力矩抵消，那么，一个受弯的构件就可以转换成一轴心受压的构件。如图 1-5 所示，抛物线形设置预应力筋的简支梁，在预加力 N 作用下，梁体可以看成承受向上的均匀荷载以及轴向 N。如果作用在梁上也是荷载集度为 q（式 1-4）方向向下的均布荷载，那么，两种效应抵消后梁在工作荷载下仅受轴力 N 的作用，即梁不发生挠曲也不产生反拱。如果外荷载超过预加力所产生的反向荷载效应，则可用荷载差值来计算梁截面增加的应力，这种把预加力看成实现荷载平衡的概念是由 T. Y. Lin 教授提出的。这种方法大大简化了复杂难解的预应力混凝土结构的设计与分析，尤其适用于超静定预应力混凝土梁。

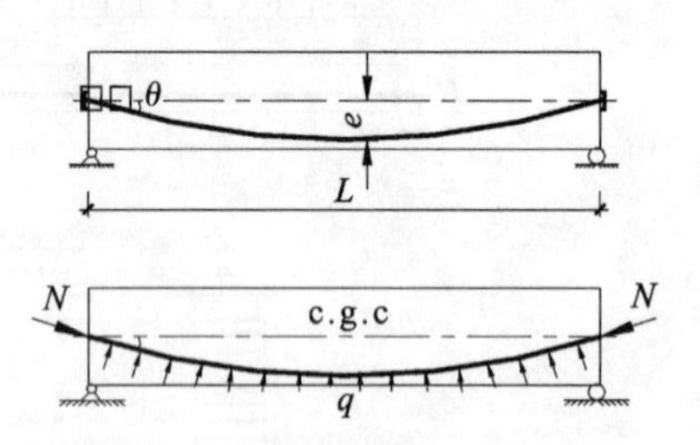

图 1-5 抛物线形配筋的预应力梁

$$q = \frac{8N \cdot e}{l^2} \tag{1-4}$$

对于同一个预应力混凝土可以有三个不同的概念，它们之间并没有相互的矛盾，它们仅仅是从不同的角度来解释预应力混凝土的原理。预加应力使混凝土成为弹性材料的概念可看成是全预应力混凝土弹性分析的依据；对混凝土构件施加预应力是为了使高强钢材与混凝土能协同工作的概念则可看成是强度理论，它指出预应力混凝土也不能超越其材料自身强度的界限；施加预应力是实现部分荷载平衡的概念则为复杂的预应力混凝土超静定梁的设计与分析提供了简捷的方法。这三种不同的概念恰恰为预应力混凝土结构的弹性设计、塑性设计以及平衡设计提供了理论依据。

§1.3　加筋混凝土的分类与预应力度

钢筋混凝土与预应力混凝土在很长的时期内都是被区分为两个系列的构件，只是在部分预应力混凝土出现之后，人们逐渐将预应力混凝土与普通钢筋混凝土划分为统一的加筋混凝土系列。目前，国际上与我国对整个加筋混凝土系列按照受力性能及变形情况分为若干个等级，但稍有差别。国内外在对加筋混凝土分类的同时又对预应力混凝土构件按照其施加预应力的程度或预应力钢筋的含量与非预应力钢筋的含量之比，提出了预应力度的概念。

1.3.1　加筋混凝土的分类

1. 国外对加筋混凝土的分类

1970 年国际预应力协会（FIP）、欧洲混凝土委员会（CEB）根据预应力程度大小的不同，建议将加筋混凝土分为四个等级：

Ⅰ级　全预应力——在全部荷载最不利组合作用下，混凝土不出现拉应力；

Ⅱ级　有限预应力——在全部荷载最不利组合作用下，混凝土允许出现拉应力，但不超过其弯拉强度；在长期持续荷载作用下，混凝土不出现拉应力；

Ⅲ级　部分预应力——在全部荷载最不利组合作用下，构件的混凝土允许出现裂缝，但裂缝宽度不超过规定值；

Ⅳ级　普通钢筋混凝土结构。

这种分类是以全预应力混凝土与普通钢筋混凝土为两个边界，设计者可以根据对结构功能的要求和所处的环境条件，合理选用预应力度，以求得最优结构设计方案。这种等级的划分不能认为是质量等级的划分。预应力混凝土结构质量的优劣主要取决于它的使用性能、强度和耐久性等，而不取决于预应力度的高低。

2. 我国对加筋混凝土的分类

中国土木工程学会《部分预应力混凝土结构设计建议》（1986 年，以下称 PPC 建议）按照预应力度分为全预应力、部分预应力和钢筋混凝土三类。其中部分预应力包括国际分类法的Ⅱ级有限预应力与Ⅲ级的部分预应力。因此，部分预应力是指介于全预应力和钢筋混凝土结构为两个边界的中间广阔领域的预应力混凝土结构。而部分预应力混凝土又分为 A 类构件与 B 类构件，A 类构件指的是在正常使用极限状态构件的预压受拉区混凝土的正截面拉应力不超过规定的限值；B 类构件则是混凝土的正截面拉应力允许超过规定的限值，但当出现裂缝时，其裂缝宽度不超过允许的限值。

不管对预应力混凝土如何进行分类，它都与预应力混凝土构件被施加的预应力的程度有关。因此，近年来，国际上逐步统一用预应力度的分类方法。我国的《PPC 建议》即认为当预应力度 $\lambda=1.0$ 时为全预应力混凝土，当预应力度 $\lambda=0.0$ 时为普通钢筋混凝土，预应力度在 $0.0<\lambda<1.0$ 的都为部分预应力混凝土。

我国现行的《混凝土结构设计规范》（GB 50010—2002）与《公路钢筋混凝土及预应力混凝土桥涵设计规范》（JTG D62—2004）对钢筋混凝土与预应力混凝土构件的分类都

以裂缝的等级来区分，如《混凝土结构设计规范》（GB 50010—2002）中裂缝控制等级为三级的构件大致为部分预应力混凝土构件；裂缝控制等级为一级的构件，是严格要求不出现裂缝的构件，即必须采用全预应力混凝土。

1.3.2 预应力混凝土的预应力度

1. 预应力度的定义

对于受弯构件预应力度定义为：

$$\lambda = \frac{M_0}{M} \tag{1-5}$$

式中 λ——预应力度；

M_0——消压弯矩，即使构件控制截面预压受拉边缘应力抵消到零时的弯矩；

M——使用荷载（不包括预加力）短期组合作用下控制截面的弯矩。

消压弯矩的定义如图 1-6 所示。

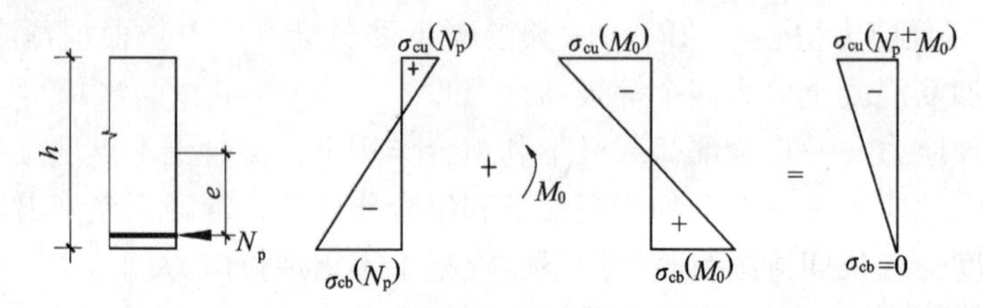

图 1-6 截面消压弯矩的定义

消压弯矩可按下式计算：

$$M_0 = \sigma_c \cdot W_0 \tag{1-6}$$

其中 σ_c——受弯构件在预加力作用下预压受拉边缘的有效预应力；

W_0——换算截面预压受拉边缘的弹性抵抗矩。

显然，当使用荷载作用下控制截面的弯矩 M 正好等于截面的消压弯矩 M_0时，那么，预应力度 $\lambda=1.0$，这就是全预应力混凝土。按照预应力度来定义则有：

全预应力混凝土　　　　$\lambda \geqslant 1.0$

部分预应力混凝土　　　$1 > \lambda > 0$

钢筋混凝土　　　　　　$\lambda = 0$

按上述的表达，部分预应力混凝土构件是指预应力度处在钢筋混凝土和全预应力混凝土两个极端状态之间的预应力混凝土构件。

2. 用材料强度的关系表达的预应力程度

另一种描述预应力程度的方法是以预应力混凝土构件中含有的预应力钢筋与非预应力钢筋的材料强度来表达：

$$PPR = \frac{A_p \cdot f_{py}}{A_p \cdot f_{py} + A_s \cdot f_y} \tag{1-7}$$

式中 PPR——预应力程度；

A_p——控制截面处预应力筋的截面面积；

A_s——控制截面处非预应力钢筋的截面面积；

f_{py}——预应力筋的条件屈服强度；

f_y——非预应力钢筋的屈服强度。

式（1-7）明确表示：当预应力混凝土构件同时设置有非预应力受力钢筋时，它的预应力度将在 $1>PPR>0$ 之间，即部分预应力混凝土。当构件仅设置预应力筋时，它是全预应力混凝土。如果构件中没有设置预应力筋而仅有非预应力钢筋，则是普通钢筋混凝土。该式还表示：部分预应力混凝土是必须设置非预应力受力钢筋的。这种以材料强度概念来定义预应力度指的是在承载能力极限状态下，预应力混凝土构件中预应力筋与非预应力钢筋分别承担其拉力与内力矩的比例。

两种不同概念的预应力度，其描述的含义不同。消压概念的预应力度 λ 明确表示在正常使用极限状态构件所施加的预应力大小；而钢筋强度比的预应力程度 PPR 则表示在承载能力极限状态预应力筋和非预应力钢筋分别承担的拉力比。因此，它们是两种不同极限状态表示预应力或预应力筋强度的量纲。

§1.4　预应力结构应用的发展

预应力混凝土结构在土木工程领域应用的发展主要取决于预应力混凝土结构所应用的材料的发展和预应力技术的发展。近20年来，预应力结构的应用得到了史无前例的飞速发展，主要体现在以下几个方面：

1. 部分预应力混凝土概念的应用

预应力混凝土是由普通钢筋混凝土结构发展而来的，早期的预应力混凝土一般都指全预应力混凝土，英文称为“Prestressed Concrete”，与普通钢筋混凝土“Reinforced Concrete”含义不同，预应力混凝土不能称为预应力钢筋混凝土。但是，随着预应力结构应用的发展，人们发现全预应力混凝土并非是完美的结构，相反，在某些环境与条件下，当可变荷载占总荷载比例较大时，全预应力混凝土更显出其不足之处，如构件长期处于高压应力状态，反拱度大等缺点。因此，在预应力混凝土的应用与发展中就出现了部分预应力混凝土结构，至今，部分预应力的概念已经被人们普遍接受，并得到了广泛的应用。

预应力结构的发展包含着否定之否定的辨证发展规律，从钢筋混凝土发展到预应力混凝土是一次否定，它使得高强钢材与高强混凝土得到了协调使用，预应力混凝土提高了结构的刚度，且改善了混凝土结构的刚度与抗裂性能，并很大程度地解决了大跨度结构中应用混凝土构件的问题。部分预应力克服了全预应力混凝土长期处于高压应力状态、受徐变影响大、构件的反拱度大等缺点，同时，可适度解决构件端部的锚具过于集中问题。部分预应力混凝土结构设置一定数量的粘结非预应力钢筋，还可提高构件的延性，更有利于在地震区域的应用。因此，部分预应力混凝土不是简单的替代全预应力混凝土，而是其自身的完善与提高。部分预应力的概念使设计工程师对混凝土结构的设计更能够根据结构使用的功能有更大的选择范围。但是部分预应力混凝土不可能替代全预应力混凝土，它们分别适用于不同的环境与工作条件要求，有些工作环境是必须要使用全预应力混凝土结构。部分预应力概念的提出使得预应力结构的应用更加广泛，它克服了全预应力混凝土的不足之处，提高了结构的延性，使结构设计既经济又合理。

2. 无粘结预应力筋的应用

预应力结构应用与发展中另一个重要的飞跃是无粘结预应力技术的发展与成熟。应当说无粘结预应力技术早在20世纪30年代就出现了，如德国的Dischinger应用无粘结预应力技术建造了Aue/Sachsen桥。无粘结预应力混凝土由于预应力筋与混凝土无需粘结在一起，因此，无需预留孔道，也无需灌浆，施工方便。20世纪70年代后，随着无粘结筋生产工艺和无粘结预应力技术的成熟，无粘结预应力混凝土在土木工程领域，尤其在房屋建筑中得到了相当广泛的应用，改变了预应力混凝土在房屋建筑中的应用停滞不前的状态。无粘结预应力混凝土在多高层楼盖结构中的应用，特别是在大开间、大柱网结构中的应用已经取得了丰富的实践经验。近年来，我国无粘结预应力混凝土在楼盖结构中的应用正以每年数百万平方米的速度增长，仅20世纪90年代以来，在我国累计推广应用的面积就达1亿m^2以上。应当说无粘结预应力筋的应用与完善是预应力技术的一个重大革新。

3. 预应力技术在钢-混凝土组合结构和钢结构中的应用

由于预应力技术的日益成熟，它不仅仅用于加筋混凝土，预应力技术也被应用于钢结构、组合结构甚至砖石结构。随着建筑功能对结构的性能要求越来越高，预应力钢-混凝土组合结构又出现在土木建筑的舞台。预应力钢-混凝土组合结构不仅具有结构性能优越、抗震性能好、更能充分地发挥材料的强度，而且施工方便、速度快，以及需要拆建时，建筑垃圾少。因此，可以预见，在环境保护、生态意识和可持续发展的观念越来越受重视的21世纪，预应力钢-混凝土组合结构的应用将更加广泛，在我国预应力钢-混凝土组合结构的应用方兴未艾。福建会堂观众厅35m跨度的大跨楼盖结构即采用了预应力钢-混凝土组合结构，该工程采用预应力钢-混凝土组合结构，解决了工程对结构刚度要求高、高空作业困难，以及利用钢梁作为楼盖混凝土结构的模板支架，节省了大量的模板。

20世纪末以来，预应力技术又在钢结构、尤其是空间钢结构中得到较多的应用，即出现了较为完善的预应力钢结构体系。预应力钢结构是对钢结构施加一定预应力的钢结构，它不仅使结构受力更加合理，同时可获的极为可观的经济效益。当前大跨空间钢结构逐渐增多，因此，预应力钢结构是十分受亲睐的新型结构体系。预应力钢结构的出现与应用开辟了预应力技术又一崭新的应用领域，而且在这一领域的结构形式更是日新月异，这使预应力技术的发展更加完善。

4. 纤维增强塑料（FRP）筋的研制与应用

预应力混凝土应用在腐蚀严重的环境时，当预应力筋遭受严重腐蚀时，将导致预应力筋失效，从而预应力混凝土结构破坏。因此，20世纪80年代国际上就开始研究非钢材的纤维增强塑料（FRP）筋在预应力混凝土结构中的应用。纤维增强塑料（FRP）是一种在合成有机高强纤维中注入树脂材料经挤压、拉拔而成型的复合材料。它以轻质高强的特点最早应用于航空工业，20世纪80年代后开始在土木工程领域得到应用。FRP材料主要有两种：一是FRP片材，主要用于结构补强和加固，至今已应用得较多；另一类是FRP线材，主要用作预应力筋。FRP筋的预应力结构在国际上还在试验阶段，而我国目前则是空白。国际上，在德国、日本、美国以及瑞士等都已进入研制试用阶段。

半个多世纪来，预应力技术的发展在设计概念、施工工艺、高强材料的应用、锚固技术、非钢材预应力筋以及预应力新结构（包含预应力钢－混凝土组合结构、预应力钢结构）等方面都取得了巨大的成就。在预应力结构理论方面，今后将更趋于理论与计算方法的统一性，结构的设计更符合于功能的要求；在设计与研究方面，预应力结构的裂缝控制问题、疲劳问题、抗震问题以及耐久性和环境保护等会成为突出需要研究的问题。纵观预应力结构的历史与发展，预应力技术本身及其相关的材料和新型结构的应用完善也促进了自身的发展，预应力结构今后必将更加尽善尽美。

第 2 章　预应力混凝土材料与锚固体系

预应力技术的发展很大程度上取决于预应力结构应用材料及其锚固体系的发展，近20年来预应力结构应用的混凝土材料、预应力筋以及锚固体系都有了很大的发展。预应力混凝土用的混凝土材料以高强度、高性能为主要发展方向；预应力筋则主要是高强度、低松弛；锚固体系则是大吨位，同时具有更高的可靠性。

§2.1　混凝土材料的发展

预应力混凝土结构的主要优点之一是可以采用高强度的钢材和高强度的混凝土。高强度的混凝土不仅可以减少结构混凝土的用量、减轻自重，同时由于高强度等级混凝土比较密实，徐变与收缩较小，预应力损失也较小。预应力混凝土结构用混凝土的强度等级一般在 C40 以上，最低不宜低于 C30，随着施工技术的不断提高与混凝土质量的有效保证，目前，国际上预应力结构采用的混凝土强度已达到 60～70MPa 甚至 100MPa 以上。

预应力结构用混凝土由于其受力特性与施工工艺的要求，对混凝土的品质要求比普通混凝土要高。预应力结构中控制截面的混凝土，其受力从预压到消压甚至受拉直至开裂，其受力幅度比较宽。对于全预应力混凝土结构，尤其是当承受的可变荷载占总荷载比例比较大时，构件长期处于高压应力状态，徐变的影响较为严重，这就要求混凝土由于徐变产生的变形要尽量少，而且要比较稳定。同时，由于预应力构件施工工期的要求，希望较快结硬早强。这些因素就要求预应力混凝土结构用的混凝土应当是高强、高性能、轻质的混凝土。

2.1.1　混凝土的强度与变形

1. 混凝土单轴受力的应力－应变关系

由于混凝土是由粗骨料、细骨料和水泥沙浆等组成。在承受荷载之前，粗骨料与细骨料之间的交界面上就已存在大量的微裂缝，又由于硬化过程和混凝土的收缩，还会形成空隙，这就使混凝土在低应力状态就表现出非线性的性质，如图 2-1 所示。描述混凝土应力－应变关系的表达式很多，对于短期荷载作用下，混凝土单轴受压单调加载的应力－应变曲线有如下几种：

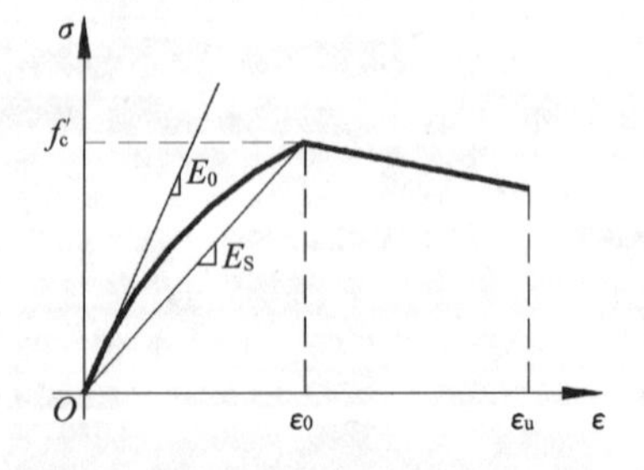

图 2-1　混凝土受压的 $\sigma-\varepsilon$ 曲线

（1）现行《混凝土结构设计规范》（GB 50010—2002）的混凝土受压应力－应变关系式

当 $\varepsilon_c \leqslant \varepsilon_0$ 时

$$\sigma_c = f_c\left[1 - \left(1 - \frac{\varepsilon}{\varepsilon_0}\right)^n\right] \tag{2-1a}$$

当 $\varepsilon_0 < \varepsilon_c \leqslant \varepsilon_{cu}$ 时

$$\sigma_c = f_c \tag{2-1b}$$

$$n = 2 - \frac{1}{60}(f_{cu,k} - 50) \tag{2-1c}$$

$$\varepsilon_0 = 0.002 + 0.5(f_{cu,k} - 50) \times 10^{-5} \tag{2-1d}$$

$$\varepsilon_{cu} = 0.0033 - (f_{cu,k} - 50) \times 10^{-5} \tag{2-1e}$$

式中 f_c——混凝土轴心抗压强度设计值；

ε_0——混凝土应力达到 f_c 时的混凝土应变，当 ε_0 值小于 0.002 时，取为 0.002；

ε_{cu}——正截面的混凝土极限压应变，当处于非均匀受压时按上式计算，如计算的 ε_{cu} 值大于 0.0033，取为 0.0033；当处于轴心受压时取为 ε_0；

$f_{cu,k}$——混凝土立方体抗压强度标准值；

n——与混凝土强度有关的系数，当计算的 n 值大于 2.0 时，取为 2.0。

现行《混凝土结构设计规范》（GB 50010—2002）的混凝土受压应力－应变关系式实际上是基于以下的研究基础。

（2）Saenz 建议的通式

$$\sigma = \frac{E \cdot \varepsilon}{A + B\left(\frac{\varepsilon}{\varepsilon_0}\right) + C\left(\frac{\varepsilon}{\varepsilon_0}\right)^2 + D\left(\frac{\varepsilon}{\varepsilon_0}\right)^3} \tag{2-2}$$

式中 E——弹性模量；

A，B，C，D 为常数，由以下条件决定：

$$\begin{aligned}
&1)\quad \varepsilon = 0,\ \sigma = 0 \\
&2)\quad \varepsilon = 0,\ \frac{d\sigma}{d\varepsilon} = E_0 \\
&3)\quad \varepsilon = \varepsilon_0,\ \sigma = \sigma_0 \\
&4)\quad \varepsilon = \varepsilon_u,\ \sigma = \sigma_u \\
&5)\quad \varepsilon = \varepsilon_0,\ \frac{d\sigma}{d\varepsilon} = 0
\end{aligned} \tag{2-3}$$

当不考虑下降段时，即条件 5），式（2-2）可简化得

$$\sigma = \frac{E_0 \cdot \varepsilon}{1 + \left(\frac{E_0}{E_g} - 2\right)\frac{\varepsilon}{\varepsilon_0} + \left(\frac{\varepsilon}{\varepsilon_0}\right)^2} \tag{2-4}$$

（3）E. Hognestad 提出的混凝土受压 $\sigma - \varepsilon$ 曲线表达式

此表达式为二段曲线，上升段为二次抛物线，下降段为直线，表达式为：

$$\sigma_c = f_c\left[\frac{2\varepsilon_c}{\varepsilon_0} - \left(\frac{\varepsilon_c}{\varepsilon_0}\right)^2\right] \qquad 0 \leqslant \varepsilon_c \leqslant \varepsilon_0 \tag{2-5a}$$

$$\sigma_c = f_c\left(1 - 0.15\frac{\varepsilon_c - \varepsilon_0}{\varepsilon_u - \varepsilon_0}\right) \qquad \varepsilon_0 < \varepsilon_c \leqslant \varepsilon_u \tag{2-5b}$$

E. Hognestad 建议的模型目前被采用的较多。式（2-5）中他建议相应于峰值应力的应

变 $\varepsilon_0=0.002$；极限压应变 $\varepsilon_u=0.0038$；下降段的最大值取 15% 的峰值应力 f_c（棱柱体极限抗压强度）。

（4）同济大学建议的混凝土受压区 $\sigma-\varepsilon$ 曲线表达式

$$\sigma=\frac{2K_1\cdot\sigma_0\cdot\varepsilon}{\varepsilon_0+\varepsilon}\qquad \varepsilon\leqslant\varepsilon_0 \tag{2-6a}$$

$$\sigma=K_1\cdot\sigma_0\{1-[200(\varepsilon-\varepsilon_0)]^2\}\qquad \varepsilon_0\leqslant\varepsilon\leqslant\varepsilon_u \tag{2-6b}$$

$$\sigma=0.3K_1\cdot\sigma_0\qquad \varepsilon>\varepsilon_u \tag{2-6c}$$

（5）清华大学建议的 $\sigma-\varepsilon$ 曲线的表达式

$$\sigma=\sigma_0\left[2\left(\frac{\varepsilon_c}{\varepsilon_0}\right)-\left(\frac{\varepsilon_c}{\varepsilon_0}\right)^2\right]\qquad 0\leqslant\varepsilon_c\leqslant\varepsilon_0 \tag{2-7a}$$

$$\sigma=\frac{\sigma_0\left(\frac{\varepsilon_c}{\varepsilon_0}\right)}{a\left(\frac{\varepsilon_c}{\varepsilon_0}-1\right)^2+\left(\frac{\varepsilon_c}{\varepsilon_0}\right)}\qquad \varepsilon_c>\varepsilon_0 \tag{2-7b}$$

以上式中 f_c——混凝土圆柱体抗压强度；

σ_0——混凝土的最大压应力；

ε_0——对应于混凝土的最大压应力的应变；

ε_u——混凝土的极限压应变；

K_1——参数 $=0.8\sim1$；

a——参数。

2. 混凝土在双向受力下的强度

混凝土在双向受力下的强度，表现为两个主应力方向的强度。由于双向受力，它的强度与主应力的矢量有关。当双向受压时，混凝土实际上处于约束受力状态，因此，其抗压强度要比单轴受力的强度高。图 2-2 为根据大量试验数据绘制的混凝土双向受力下的强度包络图。混凝土在双轴受压时，当两方向主应力比 $\sigma_1\approx0.5\sigma_2$ 时，抗压强度达到最大值，约为 $1.275f_c$；当 $\sigma_1=\sigma_2$ 时，混凝土的抗压强度约为 $1.16f_c$；当一轴受压、一轴受拉时，混凝土的强度有明显降低；当双轴受拉时，基本与单轴受拉相当。因此，当混凝土构件处于双向受压时，混凝土实际上受到相互的约束作用，从而提高了其中一个方向的抗压强度。从混凝土的这一受力特点来看，双向或三向施加预应力的结构体系的混凝土更能发挥混凝土的抗压强度作用。

3. 混凝土的变形模量

混凝土的应力－应变曲线与弹性材料不同，它是一条曲线，因此，在受力的不同阶段其应力与应变之比的变形模量是一个变数。描述混凝土的变形模量一般采用弹性模量（即原点模量）、变形模量（即各点的割线模量）和切线模量来表示。

（1）混凝土的弹性模量（原点模量）

混凝土的弹性模量是在混凝土的应力－应变曲线的原点作一切线，如图 2-3 所示，切线的斜率即为弹性模量，亦称为原点模量，以 E_c 表示。

$$E_c=\tan\alpha_0 \tag{2-8}$$

式中 α_0——混凝土应力－应变曲线在原点处切线与横坐标的夹角。

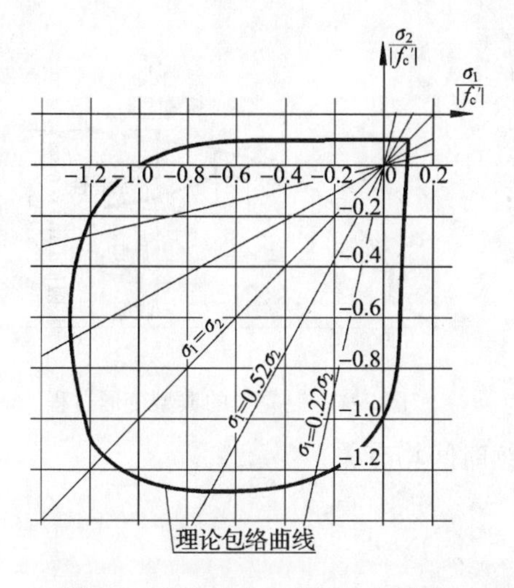

图 2-2　双轴受力下混凝土的强度

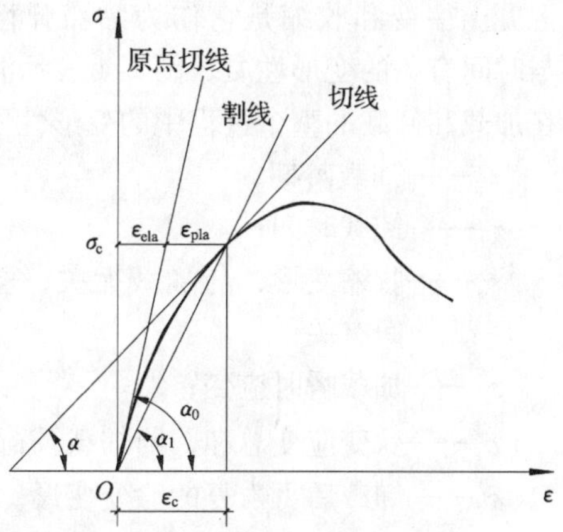

图 2-3　混凝土变形模量的表示

由于混凝土不是理想弹性材料，当混凝土进入塑性阶段变形后，初始的弹性模量已不能反映这时的应力－应变性质，因此，需采用割线模量或切线模量来表示。

（2）混凝土的变形模量（割线模量）

如图 2-3 所示，从任一应力点 σ_c 与原点 O 相连，其割线的斜率即为该点的割线模量或称为变形模量，用 E'_c 表示。

$$E'_c = \tan\alpha_1 \tag{2-9}$$

此时混凝土的总变形 ε_c 包含弹性变形和塑性变形两部分，因此，由此确定的模量有时也称为弹塑性模量。混凝土的这一变形模量始终是个变值，它随应力的大小而不同。

（3）混凝土的切线模量

在混凝土应力－应变曲线上的某一应力点 σ_c 处作一切线（图 2-3），其应力增量与应变增量的比值即是该点混凝土的切线模量，表示为：

$$E''_c = \tan\alpha \tag{2-10}$$

混凝土的切线模量也是一个变值，它还具有随着混凝土应力增大而减小的特征。

4. 混凝土的受力变形过程

混凝土是一种弹塑性材料，它的变形主要分为受力变形与非受力变形两种。受力变形又包含瞬时变形和徐变变形，非受力变形主要是收缩和徐变产生的变形。

（1）混凝土的瞬时变形

混凝土在加载瞬间产生的变形是主要变形，它与混凝土的强度等级、荷载大小及加载方式、加载速率以及受载的历史等因素有关。由于混凝土是弹塑性材料，因此，混凝土的瞬时变形又可分为弹性变形与塑性变形两部分，即

$$\varepsilon_c = \varepsilon_e + \varepsilon_p \tag{2-11}$$

式中　ε_c——混凝土的瞬时变形；

ε_e——混凝土的弹性变形；

ε_p——混凝土的塑性变形。

(2) 混凝土的典型变形过程

混凝土徐变和收缩是它作为黏滞弹性体的两种与时间有关的变形性质。图 2-4 表示混凝土柱体在加载和卸载的整个过程中的变形性质。

图中　τ_0——加载龄期；

τ_1——卸载时间；

ε_s——收缩变形，与加载无关，但与时间有关；

ε_e——加载瞬时应变；

$\varepsilon_c=\varepsilon_v+\varepsilon_f$——徐变应变总和，与加载及荷载持续时间均有关；

ε_v——卸载后可恢复的徐变变形；

ε_f——不可恢复徐变应变；

$\varepsilon_b=\varepsilon_e+\varepsilon_s(t=\infty)+\varepsilon_c(t=\infty)$——极限应变。

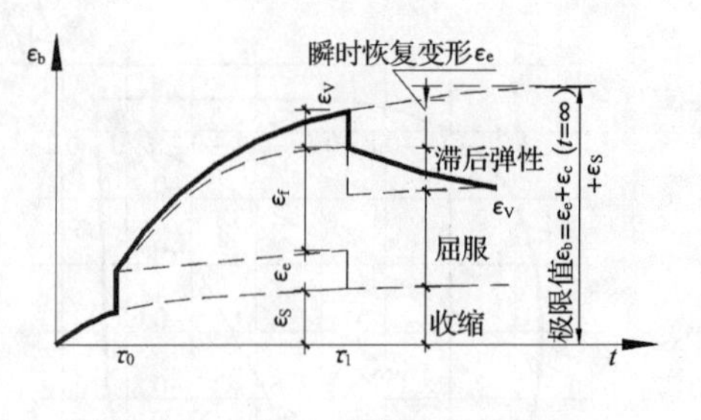

图 2-4　混凝土的典型变形过程

如图 2-4 所示的从混凝土的典型变形过程可以看出：当混凝土开始结硬时，就开始了它的变形，在承受荷载前首先发生的是收缩变形，它与承受的荷载无关；在τ_0时刻加载时，混凝土产生瞬时变形，随后即使荷载没有继续增大，但由于徐变的影响混凝土的变形将继续增大；在τ_1时刻卸载时，混凝土将产生瞬时恢复，随着时间的推移混凝土还会发生滞后弹性恢复变形，但由于混凝土的塑性性能，将会有不可恢复的变形部分。

(3) 混凝土的收缩与徐变变形

混凝土的收缩变形惯穿于整个过程，一般用收缩应变量来表示。如国际预应力协会 FIP（1978）建议的计算公式为：

$$\varepsilon_s(t,\tau)=\varepsilon_{s0}[\beta_s(t)-\beta_s(\tau)] \tag{2-12}$$

式中　$\varepsilon_{s0}=\varepsilon_{s1}\cdot\varepsilon_{s2}$；

ε_{s1}——依环境条件而定的应变量；

ε_{s2}——依理论厚度而定的应变量；

β_s——与混凝土龄期及理论厚度有关的系数。

混凝土徐变是依赖于荷载且与时间有关的一种非弹性性质变形。在长期荷载作用下，混凝土体内水泥胶体微孔隙中的游离水将经毛细管挤出并蒸发，产生了胶体缩小，形成徐变过程。混凝土徐变变形同混凝土收缩一样，初始增长很快，以后逐渐缓慢，一般在 5～15 年后其增长达到一个极限值。它不同于收缩变形，其累计总和值常很可观，达弹性变形的 1～3 倍，在某些不利条件下还可能增大。

与收缩类似，徐变变形也可部分回复。人们从试验中观察到，卸载后除去瞬时弹性回复外，随时间增长还有一个变形的回复过程，即滞后弹性效应。最后剩下的残留变形则是不可恢复的徐变变形，即屈服效应。

混凝土在很小的应力下，即可从试验中观察到徐变变形。一般认为当持续应力不大于 $0.5f_{cd}$（混凝土棱柱体抗压强度）时，徐变变形表现出与初始弹性变形成比例的线性关系。这样在整个使用荷载应力范围，引入徐变比例系数 φ（徐变系数），可建立徐变变形的关系式：

$$\varepsilon_c = \varphi \cdot \varepsilon_e \tag{2-13}$$

当时间 $t=\infty$ 时，极限徐变系数 φ_∞ 反映混凝土徐变变形性质。

混凝土的收缩与徐变变形是其特有的性质，它的影响因数很复杂，而且在混凝土超静定结构中还会引起次内力。混凝土的徐变是与应力作用有关的变形，而混凝土的收缩则与应力无关，它们各有各自的特征，但它们的变形都与混凝土内的水化特性有关，混凝土收缩、徐变的机理在于水化水泥浆的物理结构，而不在于其化学性质。

混凝土收缩的原因及机理可归结为：

1）自发收缩。这是混凝土体内没有水分转移下的收缩，是一种水化反应所产生的固有收缩。这种收缩量的值比较小。

2）干燥收缩。这是由于混凝土内部吸附水的消失而产生的收缩，这是混凝土收缩变形的主要部分。

3）碳化收缩。这是由混凝土中的水泥水化物与空气中的二氧化碳发生化学反应而产生的。这一现象目前还在研究中。

混凝土徐变的原因及机理则更为复杂，研究得也较多。对于混凝土徐变的主要机理大致可归结为：

1）在应力和吸附水层的润滑作用下，水泥胶凝体的滑动或剪切所产生的黏稠变形。

2）在应力作用下，由于吸附水的渗流或层间水转移而导致的紧缩。

3）在水泥胶凝体对骨架弹性变形的约束作用所引起的滞后弹性变形。

4）由于局部发生微裂及结晶破坏以及重新结晶与新的联结而产生的永久变形。

影响混凝土徐变与收缩的因素可概括为内部因素和外部因素。内部因素主要是材料的性质、构件几何性质，以及制造养护等影响；外部因素则主要是环境条件与荷载条件，荷载条件包含加载的过程与历史，荷载的性质等。

5. 国内现行规范规定的混凝土的各项指标

（1）《混凝土设计规范》（GB 50010—2002）对混凝土各项指标的规定为：

表 2-1 为各混凝土强度等级的弹性模量，表 2-2 与表 2-3 分别为混凝土的轴心抗压、轴心抗拉强度的标准值与设计值。

混凝土弹性模量（$\times 10^4 N/mm^2$） **表 2-1**

混凝土强度等级	C15	C20	C25	C30	C35	C40	C45	C50	C55	C60	C65	C70	C75	C80
E_c	2.20	2.55	2.80	3.00	3.15	3.25	3.35	3.45	3.55	3.60	3.65	3.70	3.75	3.80

混凝土强度标准值（N/mm^2） **表 2-2**

强 度 种 类	混凝土强度等级													
	C15	C20	C25	C30	C35	C40	C45	C50	C55	C60	C65	C70	C75	C80
f_{ck}	10.0	13.4	16.7	20.1	23.4	26.8	29.6	32.4	35.5	38.5	41.5	44.5	47.4	50.2
f_{tk}	1.27	1.54	1.78	2.01	2.20	2.39	2.51	2.64	2.74	2.85	2.93	2.99	3.05	3.11

注：f_{ck}——混凝土轴心抗压强度标准值；

f_{tk}——混凝土轴心抗拉强度标准值。

混凝土强度设计值（N/mm^2） 表 2-3

强度种类	混凝土强度等级													
	C15	C20	C25	C30	C35	C40	C45	C50	C55	C60	C65	C70	C75	C80
f_c	7.2	9.6	11.9	14.3	16.7	19.1	21.1	23.1	25.3	27.5	29.1	31.8	33.8	35.9
f_t	0.91	1.10	1.27	1.43	1.57	1.71	1.80	1.89	1.96	2.04	2.09	2.14	2.18	2.22

注：f_c——混凝土轴心抗压强度设计值；

f_t——混凝土轴心抗拉强度设计值。

考虑强度的疲劳问题，一般都以同一截面、同一纤维的最小应力、最大应力的反复的变化比作为主要参数，即疲劳强度的修正系数 γ_ρ。混凝土轴心抗压、轴心抗拉疲劳强度设计值 f_c^f、f_t^f 应按表 2-3 的混凝土强度设计值乘以相应的疲劳强度修正系数 γ_ρ 确定。修正系数 γ_ρ 应根据不同的疲劳应力比值 ρ_c^f，按表 2-4 采用。

混凝土疲劳强度修正系数 表 2-4

ρ_c^f	$\rho_c^f<0.2$	$0.2\leqslant\rho_c^f<0.3$	$0.3\leqslant\rho_c^f<0.4$	$0.4\leqslant\rho_c^f<0.5$	$\rho_c^f\geqslant0.5$
γ_ρ	0.74	0.80	0.86	0.93	1.0

混凝土疲劳应力比值 ρ_c^f 应按下式计算：

$$\rho_c^f=\frac{\sigma_{c,min}^f}{\sigma_{c,max}^f} \tag{2-14}$$

式中 $\sigma_{c,min}^f$，$\sigma_{c,max}^f$——构件疲劳验算时，截面同一纤维上的混凝土最小应力、最大应力。

混凝土的疲劳变形模量应按表 2-5 选用。从表中可以看出混凝土构件在疲劳状态下变形模量降低很大，同时混凝土强度低的构件用于疲劳状态是不利的。

混凝土疲劳变形模量（$\times10^4 N/mm^2$） 表 2-5

混凝土强度等级	C20	C25	C30	C35	C40	C45	C50	C55	C60	C65	C70	C75	C80
E_c^f	1.1	1.2	1.3	1.4	1.5	1.55	1.6	1.65	1.7	1.75	1.8	1.85	1.9

混凝土的线性膨胀系数 α_c，当温度在 0~100℃范围时，可采用 1×10^{-5}/℃。混凝土的泊松比 ν_c 可采用 0.2。混凝土的剪变模量 G_c 可按混凝土弹性模量的 0.4 倍采用。

（2）《公路钢筋混凝土及预应力混凝土桥涵设计规范》（JTG D62—2004）对混凝土各项指标的规定与《混凝土结构设计规范》（GB 50010—2002）对比，除混凝土强度设计值有较大差异外，其他指标基本相同。其混凝土强度设计值按表 2-6 采用。两部规范的混凝土强度设计值有较大差异主要是考虑的材料变异系数不同。很明显，规范 JTG D62—2004 的混凝土强度设计值都低于规范 GB 50010—2002 的取值，因此，其材料变异系数取值较大。

混凝土强度设计值（N/mm^2） 表 2-6

强度种类	混凝土强度等级													
	C15	C20	C25	C30	C35	C40	C45	C50	C55	C60	C65	C70	C75	C80
f_{cd}	6.9	9.2	11.5	13.8	16.1	18.4	20.5	22.4	24.4	26.5	28.5	30.5	32.4	34.6
f_{td}	0.88	1.06	1.23	1.39	1.52	1.65	1.74	1.83	1.89	1.96	2.02	2.07	2.10	2.14

注：f_{cd}——混凝土轴心抗压强度设计值；

f_{td}——混凝土轴心抗拉强度设计值。

2.1.2 骨料与添加剂

预应力混凝土结构使用的混凝土要求强度高、性能好，同时还有施工工艺与工期等要求，因此，在配制高强度混凝土时除采用强度等级较高的水泥外，一般还需添加早强剂以减少用水量或应用外加剂技术等。以往的预应力混凝土施工为提高混凝土的早期强度，多采用干硬性混凝土，但是这给施工带来了困难，因为干硬性混凝土浇筑成型比较困难，需要强烈的振动，更不适合于泵送，不宜保证质量。目前，国内外已普遍采用早强剂（减水剂）、塑化剂等外加剂，既降低用水量、节约水泥，又能达到提高混凝土的早期强度和高流动性的目的。使用减水剂使得泵送混凝土极为方便，它使混凝土的生产商品化，即出现了商品混凝土（Commercial Concrete）。

减水剂是由一些分散性很强的表面活性剂组成，调整其成分可起到缓凝或促凝作用。因此，减水剂是一种保持一定和易性（Workability）条件下，减少用水量的化学添加剂，也是一种改善新拌混凝土流变性能的外加剂。减水剂的主要作用有：

（1）减水率约在5% ~25%时，如不减少用水量，可使混凝土的流动性增大，有利于泵送。

（2）可提高混凝土早期强度。7d和28d强度的提高率约在10% ~30%之间。

（3）减水剂使混凝土的弹性模量提高，而徐变略微减少。

（4）减小水灰比，提高了混凝土的抗渗性、抗锈蚀性以及耐磨性。

由于减水剂有以上诸多优点，因此，在现代预应力混凝土中得到广泛的应用。预应力混凝土结构使用的混凝土其轻质高强、高性能是主要研究课题。混凝土减轻自重的主要途径是采用轻质骨料。采用轻骨料的混凝土其重度可降至10 ~20kN/m^3。轻骨料原料大致可以分为三类：天然轻骨料、工业废料轻骨料及人工轻骨料。

（1）天然轻骨料

它是由火山喷发形成的多孔轻质岩石，如浮石、火山渣和多孔凝灰岩，它们的储量很大，开采也很容易。但大部分强度不高，只能配制低强度等级的轻质混凝土。

（2）工业废料轻骨科

它是以某些工业废渣为原料，经过粉碎甚至焙烧而成。

（3）人工轻骨料

它是以某些地方材料（如泥质页岩、黏土、珍珠岩等）为原料，经过加工、焙烧而成。它的强度比较高，质量也较稳定，是轻质预应力混凝土的主要骨料。但是它的生产成本较高，大量生产使用还有一定困难。

对于特殊场合还可在混凝土中掺入加气剂，使得在混凝土中产生大量微气泡，可进一步减轻重度，可以浇筑成抗压强度为10 ~15MPa，重度为5 ~8kN/m^{3}的加气混凝土。但它的防水性能较差，干缩率高，要采取特殊措施进行处理。

对于高强、高性能混凝土，改善其物理力学性能的主要途径是研制改性混凝土。目前，改性混凝土主要有下列两种：

（1）纤维混凝土

在混凝土中掺入钢纤维、抗碱玻璃纤维或合成纤维，可以大幅度地提高混凝土的抗拉强度、断裂韧性。对混凝土的抗压强度、弹性模量的提高亦有作用。目前，尚需在长期使用性能和施工工艺方面加以研究。

（2）聚合物混凝土

它是有机聚合物与无机材料复合的新型材料，亦可分为以树脂作为胶凝材料的树脂混凝土和将聚合物浸渍入混凝土的内浸渍混凝土两大类。全部浸渍的混凝土从根本上改变了混凝土的力学性能，强度可提高200% ~400%，压弯弹性模量约提高50% ~80%等。但目前浸渍的目的不在于提高强度而在于增进其耐久性和耐腐蚀性。

§2.2 预应力钢筋

2.2.1 预应力钢筋主要种类

当前预应力结构应用的预应力筋是以钢材为主的预应力钢筋。预应力钢筋发展的方向是高强度、低松弛，当然还要有较好的塑性与焊接性能，以及与混凝土良好的粘结性能。预应力钢材的品种主要有高强钢丝、钢绞线和高强度粗钢筋。20世纪末以来又大力发展了非钢材预应力筋。

1. 高强钢丝与钢绞线

高强度钢丝是由碳素钢筋多次冷拔加工制成，由于含有较多的碳元素，属于硬钢型，强度较高，但脆性较大，极限变形量较小，无屈服平台。用于预应力混凝土的预应力钢材的应力－应变曲线如图2-5所示。我国目前使用的高强钢丝的极限强度在1470 ~1860MPa左右，钢丝直径为4 ~5mm。国外使用的高强钢丝的极限强度要比我国的高约100 ~300MPa，同时钢丝的直径也较大，大直径的约为7mm。

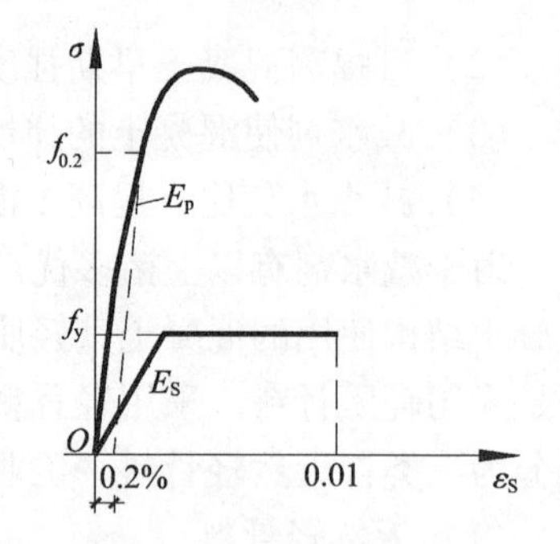

图2-5 钢材应力－应变曲线

钢绞线是由多根高强钢丝顺一个方向均匀绞制而成。常用的是由7根ϕ4或ϕ5钢丝绞制而成。由于经绞制的钢丝呈螺旋形，它的弹性模量比单根钢丝要低。即整束钢绞线的平均强度要比单根钢丝低。钢材性能中的徐变和松弛变形是与时间有关的函数。钢筋的徐变与混凝土的徐变一样，是在钢筋应力不变的情况下，其变形随着时间而增加；松弛则是在钢筋长度不变的情况下，其应力随着时间而降低。这两者都是钢材塑性性能的表现，是在条件不同的情况下钢材的两种不同的物理现象。在预应力结构中，预应力钢筋的徐变发生在张拉至锚固的瞬间，可以通过适当的超张拉就可克服，因此影响不大。松弛发生在钢筋张拉锚固以后，会引起预应力损失，影响比较大。当前，高强钢丝与钢绞线的发展方向是高强度、低松弛以及大直径大束。钢材的松弛始终是一个重要的研究课题，尤其是作为预应力筋的钢材，钢材的松弛造成预应力的损失。为提高预应力钢材的耐久性与防腐蚀性，目前，又开发了高强度镀锌钢丝和采用环氧涂层的钢绞线。

2. 高强度粗钢筋

粗钢筋作为预应力筋有两种；即冷拉热轧钢筋与热处理钢筋。

冷拉热轧钢筋是指经过冷拉后提高了抗拉强度的热轧低合金钢筋。主要有冷拉Ⅲ级（25MnSi），冷拉Ⅳ级（45SiMnV、40SiMnV、及45SiMnTi等合金钢）钢筋。它们的抗拉设计强度在400～750MPa之间。

热处理钢筋是通过热处理工艺获得比热轧钢筋强度更高的钢筋。如热处理Ⅴ级钢筋是由Ⅳ级钢筋热处理而成。一般先加热至900℃左右，保持恒温，然后淬火，以提高钢筋的抗拉强度；后经450℃左右的中温回火处理，以改善其塑性性能。热处理钢筋具有强度高（条件屈服强度）和松弛较小的特点，可以节省钢材。

国际上，近来都在开发大直径的预应力高强钢筋和精轧螺纹钢筋，直径从ϕ26，高达ϕ44。抗拉强度高达1350MPa，已接近高强钢丝的强度。

3. 无粘结预应力钢筋

无粘结预应力筋的特点是构件中的预应力筋始终没有与其周围的混凝土粘结在一起。在构件变形时无粘结预应力筋可以在孔道内自由地滑动。因此，在制作无粘结筋时，先将根据要求的数根钢丝编束，然后涂以防腐润滑油脂，再在其外围包裹塑料套管。这样，在铺设钢筋时，同时铺设无粘结筋，浇捣混凝土，待混凝土结硬达到设计强度后即可直接张拉锚固。

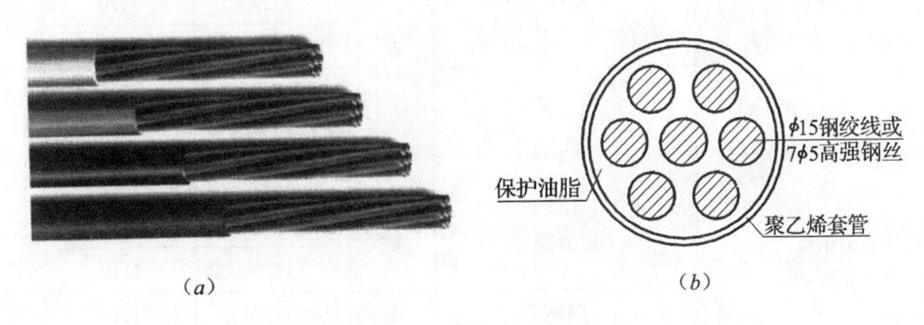

图2-6　无粘结预应力筋

（a）无粘结筋的线材成品；（b）7ϕ5无粘结筋剖面

2.2.2　国内现行规范的钢材各项材性指标

1.《混凝土结构设计规范》（GB 50010—2002）对钢筋各项指标的规定

该规范规定：预应力钢筋宜采用预应力钢绞线、钢丝，也可采用热处理钢筋。预应力混凝土构件中的非预应力钢筋则宜采用HRB400和HRB335普通钢筋。预应力钢筋和普通钢筋的各项材性指标见表2-7～表2-9。

不同直径、不同厂家的预应力钢丝的强度标准值往往有差异，因此，应根据不同的强度标准值确定其强度设计值。

钢筋弹性模量（$\times 10^5 N/mm^2$）　　**表2-7**

种　类	E_c
HPB235级钢筋	2.1
HRB335级钢筋、HRB400级钢筋、RRB400级钢筋、热处理钢筋	2.0
消除应力钢丝（光面钢丝、螺旋肋钢丝、刻痕钢丝）	2.05
钢绞线	1.95

普通钢筋强度标准值与设计值（N/mm^2） **表 2-8**

种类		符号	D（mm）	f_{yk}	f_y（f'_y）
热轧钢筋	HPB235（Q235）	ϕ	8～20	235	210
	HRB335（20MnSi）	Φ	6～50	335	300
	HRB400（20MnSiV、20MnSiNb、20MnTi）	Φ	6～50	400	360
	RRB400（K20MnSi）	$Φ^R$	8～40	400	360

注：f_{yk}——钢筋强度标准；

f_y——钢筋抗拉强度设计值；

f'_y——钢筋抗压强度设计值。

预应力钢筋强度标准值与设计值（N/mm^2） **表 2-9**

种类		符号	f_{ptk}	f_{py}	f'_{py}
钢绞线	1×3	ϕ^s	1860	1320	390
			1720	1220	
			1570	1110	
	1×7		1860	1320	390
			1720	1220	
消除应力钢丝	光面 螺旋筋	ϕ^P ϕ^H	1770	1250	410
			1670	1180	
			1570	1110	
	刻痕	ϕ^I	1570	1110	410
热处理钢筋	40Si2Mn	ϕ^{HT}	1470	1040	400
	48Si2Mn				
	45Si2Cr				

注：f_{ptk}——预应力钢筋强度标准值；

f_{py}——预应力钢筋抗拉强度设计值；

f'_{py}——预应力钢筋抗压强度设计值。

普通钢筋和预应力钢筋的疲劳幅限值 Δf^f_y 和 Δf^f_{py} 由钢筋疲劳应力比值 ρ^f_s、ρ^f_p 按表 2-10 与表 2-11 选用。

普通钢筋疲劳应力幅限值（N/mm^2） **表 2-10**

疲劳应力比值	Δf^f_y		
	HPB235 级钢筋	HRB335 级钢筋	HRB400 级钢筋
$-1.0 \leqslant \rho^f_s < -0.6$	160		
$-0.6 \leqslant \rho^f_s < -0.4$	155		
$-0.4 \leqslant \rho^f_s < 0.0$	150		
$0.0 \leqslant \rho^f_s < 0.1$	145	165	165
$0.1 \leqslant \rho^f_s < 0.2$	140	155	155
$0.2 \leqslant \rho^f_s < 0.3$	130	150	150

续表

疲劳应力比值	Δf_y^f		
	HPB235 级钢筋	HRB335 级钢筋	HRB400 级钢筋
$0.3 \leqslant \rho_s^f < 0.4$	120	135	145
$0.4 \leqslant \rho_s^f < 0.5$	105	125	130
$0.5 \leqslant \rho_s^f < 0.6$		105	115
$0.6 \leqslant \rho_s^f < 0.7$		85	95
$0.7 \leqslant \rho_s^f < 0.8$		65	70
$0.8 \leqslant \rho_s^f < 0.9$		40	45

预应力钢筋疲劳应力幅限值（N/mm²） **表 2-11**

种类			Δf_{py}^f	
			$0.7 \leqslant \rho_p^f < 0.8$	$0.8 \leqslant \rho_{sp}^f < 0.9$
消除应力钢丝	光面	$f_{ptk} = 1770、1670$	210	140
		$f_{ptk} = 1570$	200	130
	刻痕	$f_{ptk} = 1570$	180	120
钢绞线			120	105

普通钢筋疲劳应力比值 ρ_s^f 按下式计算：

$$\rho_s^f = \frac{\sigma_{s,min}^f}{\sigma_{s,max}^f} \tag{2-15}$$

式中 $\sigma_{s,min}^f$，$\sigma_{s,max}^f$——构件疲劳验算时，同一层钢筋的最小应力、最大应力。

预应力钢筋疲劳应力比值 ρ_p^f 按下式计算：

$$\rho_p^f = \frac{\sigma_{p,min}^f}{\sigma_{p,max}^f} \tag{2-16}$$

式中 $\sigma_{p,max}^f$，$\sigma_{p,max}^f$——构件疲劳验算时，同一层预应力钢筋的最小应力、最大应力。

2.《公路钢筋混凝土及预应力混凝土桥涵设计规范》（JTG D62—2004）钢材指标

《公路钢筋混凝土及预应力混凝土桥涵设计规范》（JTG D62—2004）对钢筋与预应力钢筋的弹性模量、强度标准值等的规定与《混凝土结构设计规范》（GB 50010—2002）的规定值相同，但其强度设计值的规定不同，应分别按表 2-12 与表 2-13 选用。

普通钢筋强度设计值（MPa） **表 2-12**

钢筋种类	f_{sd}	f'_{sd}	钢筋种类	f_{sd}	f'_{sd}
HPB235 $d = 8 \sim 20$	195	195	HRB400 $d = 6 \sim 50$	330	330
HRB335 $d = 6 \sim 50$	280	280	KL400 $d = 8 \sim 40$	330	330

注：f_{sd}——钢筋抗拉强度设计值；
f'_{sd}——钢筋抗压强度设计值。

预应力钢筋强度设计值（MPa） 表 2-13

钢筋种类		f_{pd}	f'_{pd}
钢绞线 1×2（2股） 1×3（3股） 1×7（7股）	$f_{pk}=1470$	1000	390
	$f_{pk}=1570$	1070	
	$f_{pk}=1720$	1170	
	$f_{pk}=1860$	1260	
消除应力光面钢丝和螺纹肋钢丝	$f_{pk}=1470$	1000	410
	$f_{pk}=1570$	1070	
	$f_{pk}=1670$	1140	
	$f_{pk}=1770$	1200	
消除应力刻痕钢丝	$f_{pk}=1470$	1000	410
	$f_{pk}=1570$	1070	
精轧螺纹钢丝	$f_{pk}=540$	450	400
	$f_{pk}=785$	650	
	$f_{pk}=930$	770	

注：f_{pk}——预应力钢筋抗拉强度标准值；

f_{pd}——预应力钢筋抗拉强度设计值；

f'_{pd}——预应力钢筋抗压强度设计值。

从以上普通钢筋与预应力钢筋强度值表中可以知道：普通钢筋的抗拉与抗压强度基本上是一样的，而预应力钢筋抗拉强度高，但抗压强度很低。因此，在预应力混凝土构件中预应力钢筋不宜考虑其抗压强度的作用。钢材预应力筋由于抗腐蚀能力差，在腐蚀严重的环境，钢材预应力筋不是理想的材料，近期已经发展和应用了非钢材的纤维增强塑料（FRP）预应力筋，有关 FRP 非钢材预应力筋及其应用在第 10 章中介绍。

§2.3 锚固张拉体系与锚具

2.3.1 锚固张拉体系

锚固张拉体系和锚具是预应力技术的关键，而锚固方式和张拉体系往往与预应力专门技术公司有关。当今世界上最著名的预应力专业公司有法国的弗莱西奈国际公司（Freyssinet International），德国的 PAUL 公司和 Dywidag 预应力混凝土公司（Dywidag Stressed Concrete Ltd），瑞士的 VSL 国际公司（Vorspon System Losinger Internatuinal），英国的缆索包装公司（CCL）和预应力混凝土设备公司（PPC Equipment Ltd），以及意大利的 Tensacciaj 公司，美国的 CEC 公司和大陆混凝土公司等。我国规模较大的预应力设备专门公司有柳州市建筑机械总厂和中原预应力工艺设备厂等。

预应力混凝土的关键是在混凝土体内建立永久存在的预应力。在先张法预应力结构中，永存预应力是靠混凝土与预应力钢筋间的握裹力来建立的。在后张法预应力结构中则靠锚夹具来保持，这种锚具是永久性的锚碇体系。锚具是保证预应力混凝土施工安全、结构可靠的技术关键性设备。它是将预应力筋的预拉力永久地传给混凝土梁体的装置。后张法预应力混凝土结构使用的锚具，就其锚固原理，主要可分为机械锚固和摩阻锚固两大类。

机械锚固类锚具是在预应力钢材的端部采用机械加工的方法，在钢材端部形成一个适宜于锚旋的工作条件来加以锚固。例如，在粗钢筋的端部对焊一段带有螺纹的钢杆（螺丝端杆法）；套上一段带有螺纹的钢杆，再用冷挤压方法使“套筒”部分与钢筋结合成一体传递拉力（CCL 法）；直接在粗钢筋上冷轧或热轧出螺纹（“轧丝锚”法；Dywidag 法）；把高强钢丝或较小直径的粗钢筋端部镦粗（或压扁），形成变形的粗头锚固（镦头锚法，BB RV 法）等。这类锚具最终大多是通过各种形状的“螺母”的承压作用，把预应力筋的预加力传递到构件上去。利用各种形状的抵承块起承压作用的锚碇体系，如 Leonhardt 法等亦属此类。这类锚具通常用于锚碇高强度粗钢筋或集束型高强钢丝。个别也有锚碇单根或多根钢绞线的。它们的普遍特点是锚具应力损失较小，连接比较方便，在未灌浆前可以重复张拉或放松以调整预应力。摩阻锚固类锚具是利用楔形锚固原理，将预应力钢材“挤紧”形成锚碇作用。这类锚具通常由带圆楔形内孔的“锚圈”和一个圆锥形的“锚塞”（或一组圆锥形夹片）组成。锚塞或夹片与钢筋接触的部位均制有齿槽，以增大与钢材的摩阻力量。早期也有将锚具制成带楔形槽的锚板及楔块式的锚销的（Magnel 法），现因使用不便，锚力较小而不常用了。这类锚具在组成上可有多种变化。一套锚圈和一个锚塞锚碇多根钢丝或钢绞线（槽销锚、星形锚、Freyssinet 法等）；一个锚圈和一组锥形夹片锚碇多根高强钢筋或钢绞线（JM—12 型、JM—15 型锚具等）；一个锚圈配一组锥形夹片（可用二片或三片一组）锚旋一根粗钢筋或钢绞线（Presteel Corporation 法，Altas Prestreesing Corporration 法等）或将多根单独用锥形夹具锚固的钢绞线集合锚固在同一块锚板上（XM 锚，QM 锚，VSL 法、Freyssinet 法、Tesit 法等）。这类锚碇方法品种较多应用也较广。它们的共同特点是锚力变化较多、吨位较大（单个锚具可高达 1 万 kN 以上），穿索比较方便；不足之处是锚具应力损失较大，要重复张拉或连接较不方便。

当前由于高强度的钢绞线应用的比较多，因此，夹片式的锚具也就应用得较多。虽然生产夹片式锚具的公司众多，但其锚固张拉体都类同，如图 2-7 所示为夹片式张拉千斤顶及其安装原理，表 2-14 为与国产常用锚具配套的千斤顶设备参数，可供参考。图 2-8 为锚固张拉的工艺过程示意。

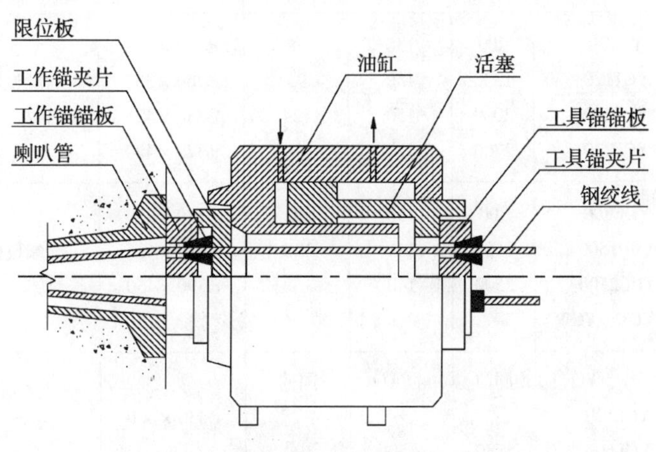

图 2-7　夹片锚张拉千斤顶安装示意图

与国产常用锚具配套的千斤顶设备 **表 2-14**

锚具型号	千斤顶型号	主要技术参数与结构特点				
		张拉力（kN）	张拉行程（mm）	穿心孔径（mm）	外形尺寸（mm）	特点
LM 锚具（螺纹锚）	YC60 YC60A	600	150 200	55	$\phi 195 \times 765$	亦适于配有专门锚具的钢丝束与钢绞线束
GZM 锚具（钢质锥形锚）	YZ85 （或 YC60A）	850	250 ~ 600		$\phi 326 \times$（840 ~ 1190）	适于 $\phi^{s}5$、$\phi^{s}7$mm 钢丝束；丝数不同，仅需变换卡丝盘及分丝头
DM 锚具（镦头锚）	YC60A YC100 YC200	1000 2000	200 400	65 104	$\phi 243 \times 830$ $\phi 320 \times 1520$	
JM 锚具	YCL120	1200	300	75	$\phi 250 \times 1250$	
BM 锚具（扁锚）或单根钢绞线张拉	QYC230 YCQ25 YC200D YCL22	238 250 255 220	150 ~ 200 150 ~ 200 200 100	18 18 31 25	$\phi 160 \times 565$ $\phi 110 \times 400$ $\phi 116 \times 387$ $\phi 100 \times 500$	属前卡式，将工具锚移至前端靠近工作锚
XM 锚具	YCD1200 YCD2000 （或 YCW、YCT）	1450 2200	180 180	128 160	$\phi 315 \times 489$ $\phi 398 \times 489$	前端设顶压器，夹片属顶压锚固
QM 锚具	YCQ100 YCQ200 （或 YCL、YCW）	1000 2000	150 150	90 130	$\phi 258 \times 440$ $\phi 340 \times 458$	前端设限位板，夹片属无顶压自锚
OVM 锚具	YCW100 YCW150 YCW250 （或 YCT）	1000 1500 2500	150 150 150	90 130 140	$\phi 250 \times 480$ $\phi 310 \times 510$ $\phi 380 \times 491$	前端设限位板，夹片属无顶压自锚
YM 锚具	YCT70 YCT120 YCT200 YCT270	700 1200 2000 2700	150 150 150 150	68 95 124 136	$\phi 190 \times 378$ $\phi 260 \times 382$ $\phi 330 \times 425$ $\phi 370 \times 427$	前端设限位板，夹片属无顶压自锚
XYM 锚具	YDC800 YDC1500 YDC2500 （或 YCT、YCW）	800 1500 2500	180 180 160	80 120 150	$\phi 240 \times 430$ $\phi 310 \times 435$ $\phi 390 \times 450$	前端设限位板，夹片属无顶压自锚
LZM 锚具（冷铸锚）	YCW、YC YCL120 YQL600	同前 5880	同前 150	同前 190	 $\phi 430 \times 600$	

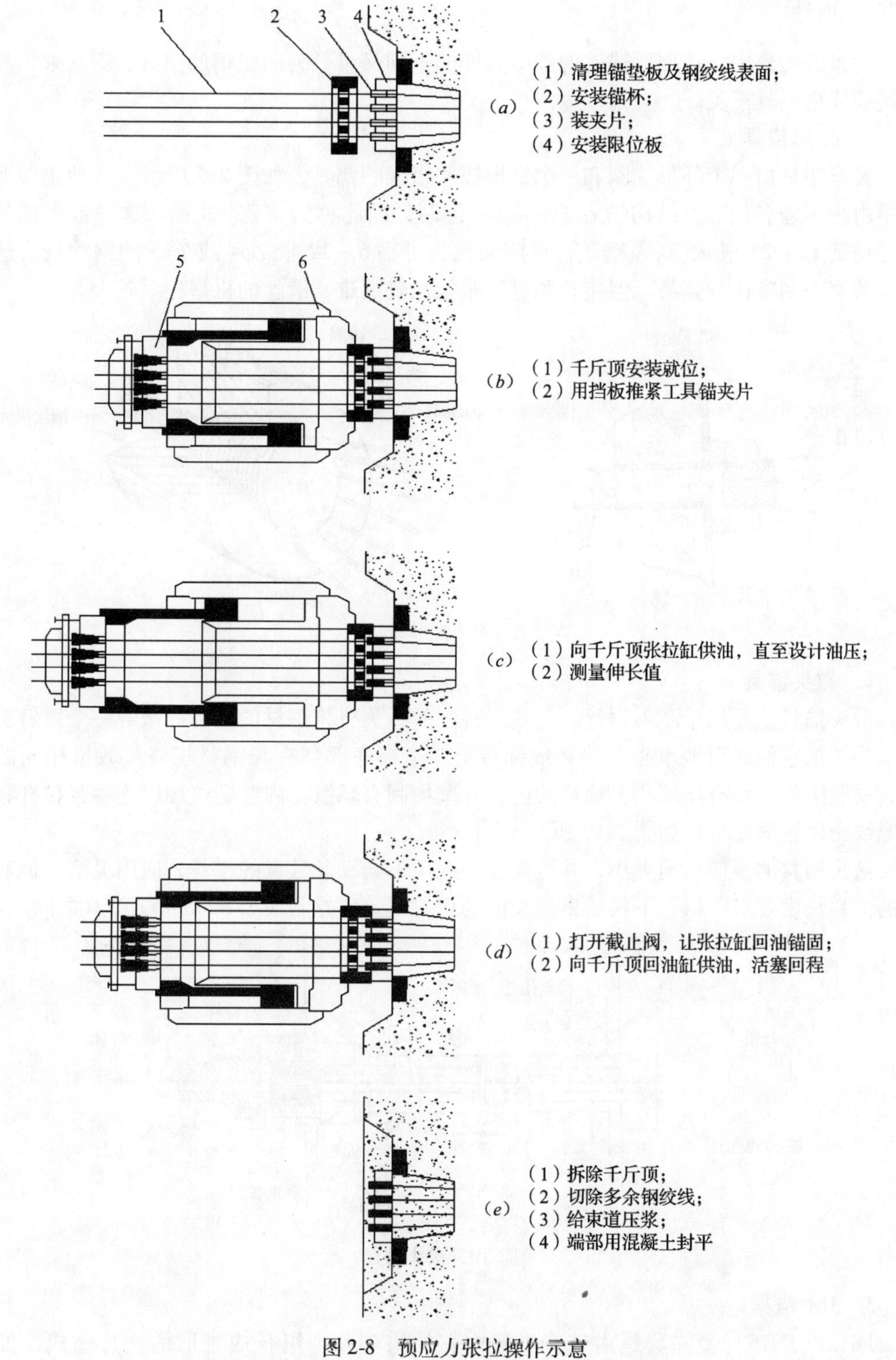

图 2-8　预应力张拉操作示意

(a) 张拉前的准备；(b) 安装张拉设备；(c) 张拉；(d) 锚固；(e) 封锚

1—钢绞线；2—限位板；3—夹片；4—锚杯；5—工具锚；6—千斤顶

2.3.2 锚具

后张法构件中，按照所锚碇的预应力筋的不同又可分为：粗钢筋锚具、钢丝束锚具以及钢绞线束锚具三类。

1. 锥形锚具

锥形锚具由一个环形锚圈和一个锥形锚塞组成的锚具，如图2-9所示。这种锚碇形式最早由法国著名预应力结构学者Freyssinet创制，因此称为“F”式锚。这种锥形锚具每套能锚碇18～24根$\phi 5$高强钢丝，目前又改为可锚6～12根$7\phi 4$或$7\phi 5$的钢绞线。这种锚具的钢束制备比较容易，但接长和重复张拉比较困难，滑丝的机率相对较大。

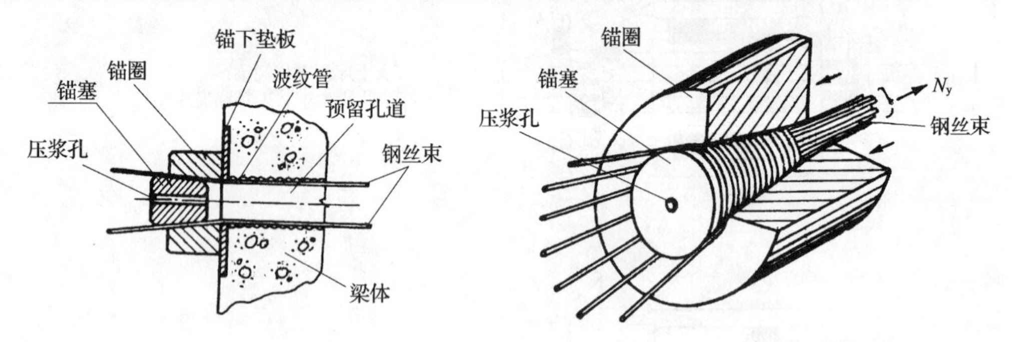

图2-9 锥形锚具

2. 镦头锚具

镦头锚具主要用于高强钢丝。它是用特制的镦头机将钢材的端部冷镦成一个铆钉头形的端头，把它们成束地串扣在锚杯或锚板上。锚杯底部制有与钢材规格及数量相同的孔洞，一般中间还设有压浆孔。锚杯的内、外壁均制有螺纹。内壁螺纹用以连接张拉杆，外壁螺纹用以锚固螺母，如图2-10所示。

镦头锚具的预应力损失小，并可视需要选用不同钢丝数量的锚具，应用灵活，但对钢丝的下料长度要求严格。下料后钢丝长度的相对误差应控制在1/8000～1/3000之间。

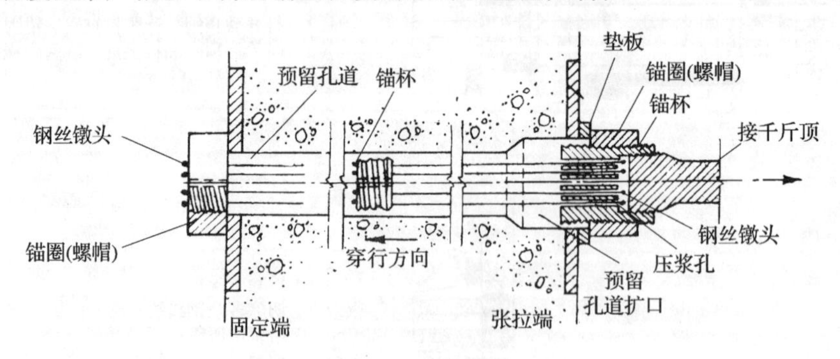

图2-10 镦头锚具

3. JM锚具

JM12（JM15）型锚具是由带有锥形内孔的锚环和一组合成锥形的夹片组成，如图2-11所示，夹片的数量与被锚固的钢筋数量相等。每组锚具可锚固3～6根$\phi 12$光圆钢筋、$\phi 12$螺纹钢筋或$7\phi 4$、$7\phi 5$钢绞线。

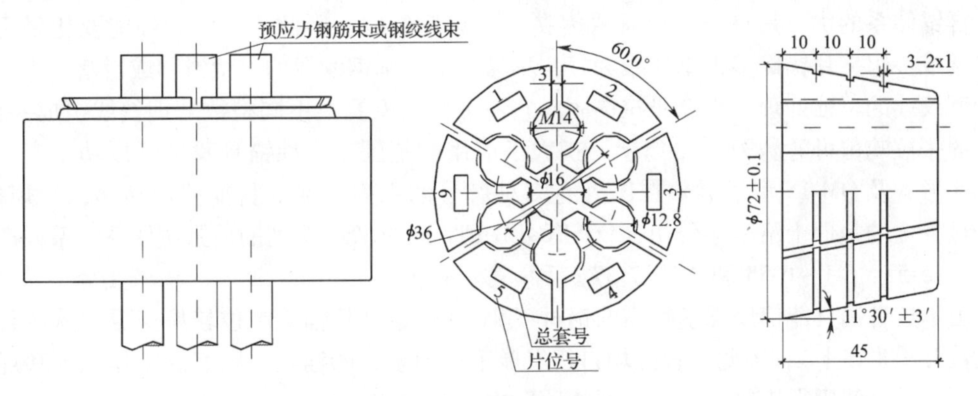

图 2-11　JM 锚具构造

4. 群锚

群锚体系是目前在国际上广泛采用，且很有发展前景的钢绞线锚固体系。群锚的基本构造原理是用一组内孔带齿槽的圆锥形夹片（由二片或三片组成一组），单独夹持一根钢绞线，然后视预应力的大小把若干个锚固单元组合锚碇在一块特制的锚固板上，这块锚固板上制有相应数量的锥形孔，它起着“组合”的锚圈作用。钢绞线群体的预加力通过这块锚固板的承压作用传到构件。图 2-12 为 OVM 型张拉锚具群锚结构示意图，图 2-13 为单个群锚结构系统的图片，图 2-14 为群锚的夹片与锚板。

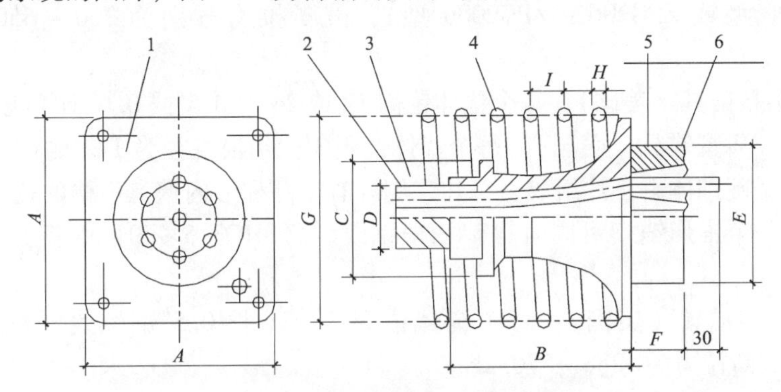

图 2-12　OVM 型张拉锚具群锚结构

1—锚座；2—预应力筋；3—波纹管；4—螺旋钢筋；5—锚杯；6—夹片

图 2-13　单个群锚结构系统

图 2-14　群锚的夹片与锚板

群锚体系的优点是每个夹片只“抱夹”一束钢绞线，因此它的锚固性能要比采用一个锚塞或一组夹片锚碇多根钢绞线为好，不易产生个别钢绞线的过量滑移或滑落，方便于个别钢绞线的单独处理，重新张拉锚固。它还可根据需要由不同根数的钢绞线组成一束，单束的张拉吨位可达数万千牛以上，扩大了应用的范围。这种锚具我国已成功生产，如XM-15形，及QM-15型锚具。在国外有多种牌号的系列产品。目前使用最多，且规格、型号最齐全的是瑞士洛辛格公司（LOSINGER LTD）的VSL系列的后张法体系。系列产品有5-1～5-55、6-1～6-55和7-1～7-37三种。

由于这种锚具能使用强度很高的钢材（钢绞线），并且锚碇吨位较易变更（从数百千牛至数万千牛以上），因此，各国均自行发展了类似系列的锚具。它们的工作原理和规格都大同小异。使用得比较多的有下列几种形式：

Freyssinet T型多根绞线体系（法国）：每个锚体能锚碇12～19根7ϕ4钢绞线（12H5K、15H5K、19H5K型），破断拉力分别为2208kN、2760kN、3497kN。

SuPer PAC型锚碇体系（法国）：每个锚体能锚碇1～19根7ϕ5钢绞线（1T15-19T5型），破断拉力为252～4790kN。

Dywidag型多根绞线体系（联邦德国）：每个锚体能锚碇4～19根7ϕ5钢绞线（4—0.6～19—0.6型），破断拉力为1044～4960kN。

Tesit型的“N”或“ZPG”系列（意大利）：每个锚体能锚碇1～25根7ϕ5钢绞线（N106～N2506型或ZPG206～ZPG2006型），破断拉力分别为260～6500kN、520～5200kN。

Prescon W型锚具（美国）：每个锚体锚固12或24根0.5″或0.6″钢绞线。

Stressteel S/H型锚具（美国）：每个锚体锚固3～54根直径为1/2″的钢绞线。它的锚固特点是每个锚碇锥体由三片组成，每片二侧开有半圆柱形内壁有齿槽的孔，钢绞线穿于此孔内，因此一个锥形锚楔可同时锚碇三根钢绞线（SHO3.5～SH4.5型）。破断拉力为552～9934kN。

Inryco WG型锚具（美国）：每个锚体锚固7～31根0.5″钢绞线（7/0.5WG～31/0.5WG型）。破断拉力为1288～5703kN。

Westrand型（美国）：每个锚体能锚碇7ϕ4（1/2″）钢绞线12～48根，破断拉力为2205～8832kN。

5. 扁锚

扁锚（BM）其形状为扁平状，预应力钢筋一般采用水平平行布置，主要适用于后张预应力混凝土构件厚度较薄的地方，在房屋建筑的楼板、桥梁结构桥面板的横向预应力等应用得最多。扁锚由锚块、夹片与整体铸件式锚座组成。扁锚的设计考虑了锚固端的受力特点，在锚固端处可不设螺旋加强钢筋。扁形锚具的构造如图2-15所示，其成套设计参数见表2-15。

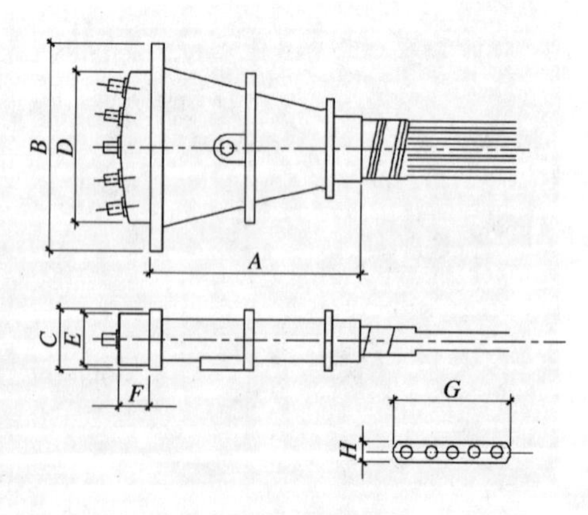

图2-15　扁锚构造

扁锚（BM15、BM13）成套设计参数　　表 2-15

钢绞线根数	锚垫板（mm）			锚板（mm）			波纹管内径尺寸（mm）	
	A	*B*	*C*	*D*	*E*	*F*	*G*	*H*
2	150	140	70	80	48	50	50	19 ~ 20
3	190	180	70	115	48	50	60	19 ~ 20
4	230	220	70	150	48	50	70	19 ~ 20
5	270	260	70	185	48	50	90	19 ~ 20

6. 粗钢筋锚具

当采用高强度粗钢筋作为预应力钢筋时，其锚固的一般方法是采用冷轧螺纹锚具。它是采用冷滚压的方法在高强度圆钢筋的端部按照设计要求滚压出一定长度的螺纹，与锥螺母共同锚碇。在我国称之为“轧丝锚”（图 2-15）。这种冷轧螺纹锚具在国际上以“Dywidag”型最为著名。它具有锺形锚具、矩形、正方形承压板等多种锚固形式，已形成 26、32、36mm 三种直径的钢筋系列。

另一种预应力粗钢筋是热轧螺旋钢筋（又称“精轧螺纹”钢筋）。它是在制造时就在钢筋表面轧制出一种不连续的螺旋突筋。配制一个具有与这些凸筋相配合的“内螺纹”的特制螺母加以锚固。这种钢筋的优点是整根钢筋都有“螺纹”，使用时可随意切断，比较方便，与混凝土的握裹性能也较好。缺点是对钢材的品质及生产工艺要求很高。

7. 预应力筋连接器

在长跨的连续结构中，有时由于单根的预应力筋长度有限，或者在分段或分跨施工的连续梁中，预应力筋需要逐段接长，接长的方法常采用连接器来实现。我国目前常用的一种连接器的构造如图 2-16 所示。这种连接器适用于预应力筋采用高强钢丝的组束。连接端部采用镦头锚。连接器施工时，先张拉锚环 *A*，并用螺帽锚固，锚环 *B* 由连接器接长使用。这种连接器的加工精度要求高，施工要求也严格。使用连接器的优点主要在于它比分段张拉、分段锚固的钢束要节省钢材。

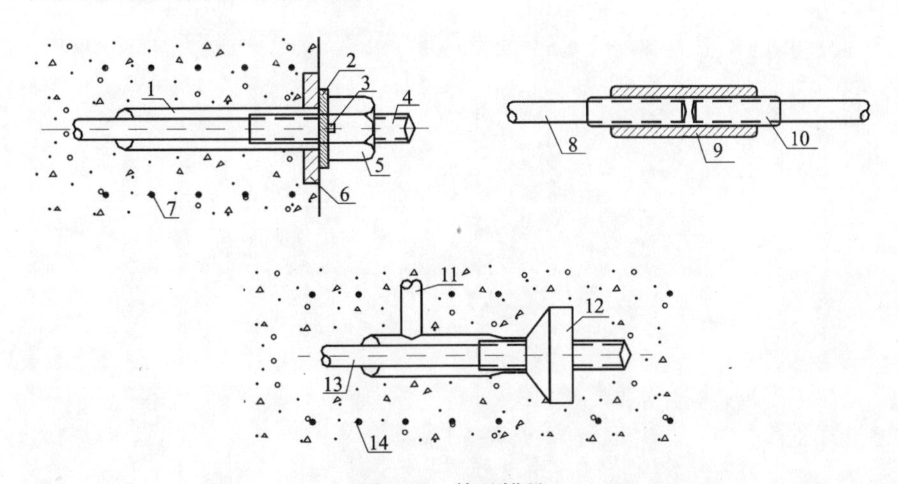

图 2-16　轧丝锚具

1—预留孔道；2—圆垫圈；3—排气槽；4—钢筋；5—锚固螺母；6—钢垫板；7—螺旋箍筋；8—钢筋（一）；9—连接套筒；10—钢筋（二）；11—压浆套管；12—锥形螺母；13—钢筋；14—螺旋箍筋

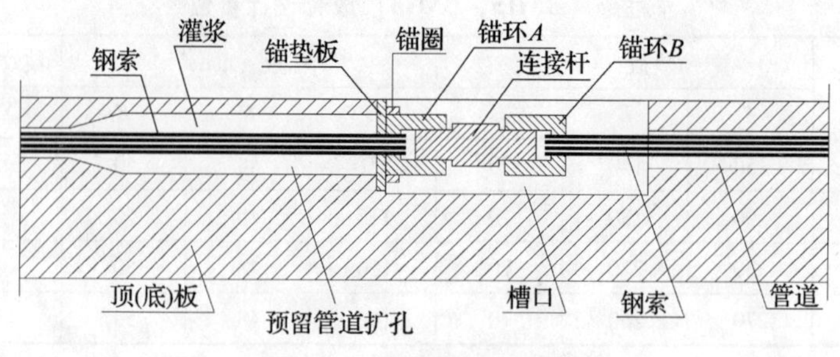

图 2-17　预应力筋连接器

连接器还可用于临时预应力筋的施工，即在临时预应力筋和永久预应力筋之间用连接器接长张拉，在施工期间临时索不压浆，待施工结束后割断连接器与临时预应力筋的锚头。当连接器的锚头选用可重复张拉类型的锚具时，还可通过控制张拉力的方法以满足使用阶段和施工阶段的不同要求。对于不同体系的预应力锚具需要选择相应的预应力筋连接器。

第3章　施加预应力的基本方法与预应力损失

§3.1　施加预应力的基本方法

对预应力混凝土构件施加预应力，一般按在构件的混凝土浇筑之前或之后施加预应力区分为先张法和后张法两种基本方法。

1. 先张法

先张法即先张拉预应力钢筋后浇筑构件混凝土的施工方法。其施工程序示意如图3-1所示。首先将预应力钢筋按设计规定的张拉力用千斤顶进行张拉，并临时锚固在加力台座上；然后浇筑构件混凝土；待混凝土凝结硬化、达到一定强度后，解除预应力钢筋与加力台座之间的联系，钢筋回缩，在钢筋回缩时，通过预应力钢筋与混凝土之间的粘结力，将张拉力传递至混凝土构件，形成预应力混凝土构件。

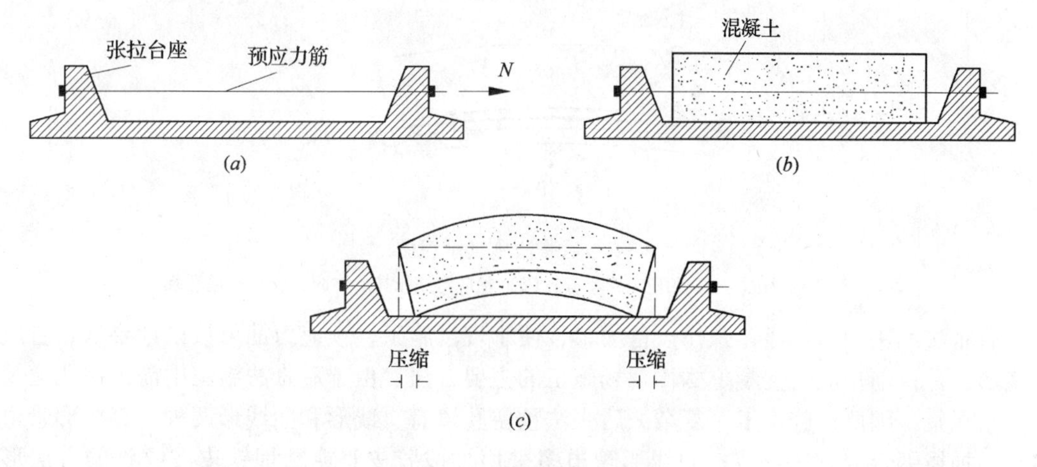

图3-1　先张法施工示意图

(a) 预应力筋张拉；(b) 浇筑混凝土；(c) 切断预应力筋产生预应力

先张法预应力混凝土的预应力是通过预应力钢筋与混凝土的粘结传递的，因此，其关键技术是如何保证预应力钢筋与混凝土的可靠粘结。为了增加预应力筋与混凝土的粘结力，先张法所用的预应力钢筋一般采用高强度的螺旋肋钢丝、刻痕钢丝、钢绞线或精轧螺纹钢筋。先张法生产工艺简单，工序少，质量容易得到保证，适宜工厂化批量生产，是中小型预制预应力混凝土构件的主要施工方法，特别是在房屋建筑中采用得较多。

我国常用的先张法有台座法和钢模机组流水法两种。台座法又有直线配筋和折线配筋两种工艺。先张直线配筋台座法（又称先张长线法）的台座长度为80~200m，一次张拉钢筋可以生产多个中小型构件，生产率高，设备简单，便于采用自然养护。先张折线配筋台座法，折线配筋可更好地适应构件的受力要求，但须设置钢筋转向的特殊装置，构造较为复杂，采用得较少。先张钢模机组流水法的特点是用钢模板代替台座承受张拉反力。其优点是机械化程度高和生产效率高、生产成本低。

2. 后张法

后张法是先浇筑构件混凝土，待混凝土结硬达一定强度后张拉预应力筋，再对孔道灌浆的施工方法。其施工程序示意如图 3-2 所示。预应力钢筋可以是预先埋放在混凝土体的孔道内，也可在张拉前穿入预留的混凝土孔道中。后张法预应力筋的张拉一般用千斤顶张拉钢筋（亦有用电热法张拉钢筋的），张拉后通过锚具将预应力钢筋两端锚固在梁端的混凝土体上，使混凝土体受到预压应力。这时，预应力钢筋与梁身混凝土之间尚无接触，需要向管道压注水泥浆，使预应力钢筋与混凝土梁粘结在一起。

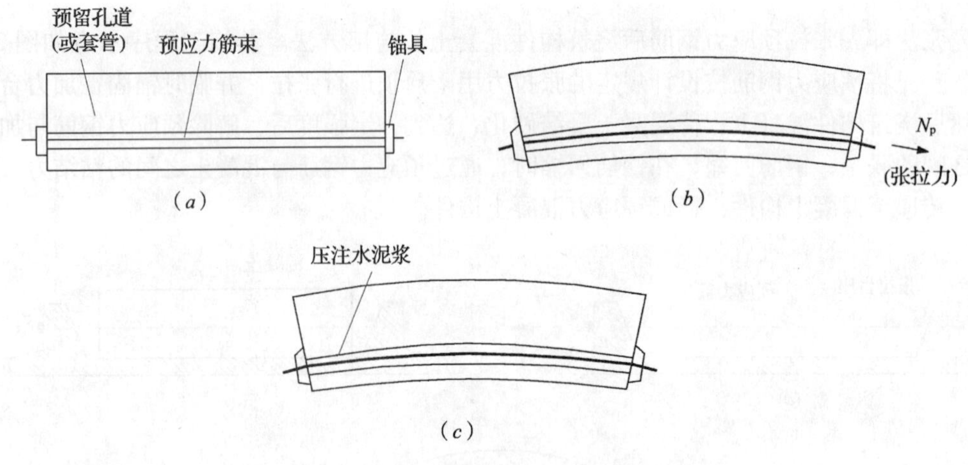

图 3-2　后张法施工示意图

(*a*) 浇筑构件混凝土，预应力穿索等；(*b*) 预应力筋张拉、锚固；(*c*) 孔道灌浆

后张法不用加力台座，张拉设备简单，便于现场施工，预应力筋可按设计要求布置成曲线形，是目前预应力混凝土构件现场施工的主要方法。由于后张法施工中需预留孔道及压注水泥浆，因此，施工工序复杂。后张法预留孔道有直线形和曲线形两种：直线形管道多采用抽拔钢管的方法形成；曲线形管道多采用抽拔胶皮管或预埋铁皮波纹管的方法形成。孔道压注水泥浆一般采用高压压浆机实施。为了保证管道内水泥浆的密实度，应严格控制水灰比，一般以 0.4～0.5 为宜，并可以加入适量的减水剂和膨胀剂（铝粉）。压浆用水泥浆的强度不应低于 30MPa。

近年来，有关混凝土耐久性的研究引起了土木工程界的极大关注。特别是对后张法预应力混凝土管道灌浆的质量提出了怀疑。国内外的大量工程实践表明，管道灌浆不饱满、水泥浆强度等级过低、质量得不到保证是较为普遍的现象。尤其是在管道弯起处，钢筋张拉后紧贴管道的凸出处，即使灌浆再饱满，也不可能将紧贴管壁凸出部分的钢筋与梁体混凝土粘结为整体。水分的侵入，造成预应力钢筋的锈蚀是不可避免的，对混凝土结构的耐久性构成了潜在的威胁。

先张法与后张法相比除了具有施工简单、生产效率高、成本低等优点外，其最大的优势是取消了预留管道和压浆工序，省去了构造复杂的锚具，靠混凝土的粘结力锚固钢筋，混凝土保护钢筋免于锈蚀，结构的耐久性可以得到保证。

20 世纪末以来，后张法预应力技术的一大发展是无粘结预应力筋的应用和体外预应力技术等。无粘结预应力钢筋是采用带有防腐油脂涂层和外包层（聚乙烯或聚丙烯材料）保护的钢丝或钢绞线。无粘结预应力钢筋可以如同普通钢筋一样，按设计的位置铺放在模板内，然后浇筑混凝土，待混凝土达到设计强度要求后，再对无粘结预应力钢筋张拉，张拉后锚固在梁端。由于预应力钢筋与梁体混凝土之间没有粘结，称为无粘结预应力混凝土。

体外预应力混凝土是将具有专门防腐蚀保护层的预应力钢筋布置在梁体的外部（或箱内），钢筋张拉后，锚固在梁端或中间横梁上。体外预应力筋可以布置成折线，通过中间转向块调节预应力筋的位置和倾斜角，以适应设计上的要求。

无粘结预应力混凝土和体外预应力混凝土按施工程序属于后张法。但由于无需预留孔道和灌浆工艺，施工简便，而且预应力钢筋本身具有防腐蚀保护，使结构的耐久性大大提高，有着广阔的发展前景。

§3.2 预应力损失

预应力损失指的是：预应力构件在预加力传递至构件瞬间产生的预应力与该构件在以后的正常使用阶段所能永久保持的预应力的差值。对预应力损失的正确认识与合理估算是使预应力结构进入工程实际应用的重要环节。在 20 世纪 20 年代，法国的 Freyssinet 在研究了混凝土收缩和徐变对预应力损失的影响后，提出预应力混凝土结构应采用高强度钢材与高强混凝土是预应力混凝土理论的关键性突破。影响预应力损失的因素很多，主要有如下几项：预应力筋孔道的摩擦损失、锚固时锚具变形及预应力筋回缩等损失、先张法热养护的温差损失、后张法分批张拉的弹性压缩损失、预应力筋的松弛损失、以及混凝土的收缩与徐变损失。这些损失中，前四项为瞬时损失，后两项损失随时间的发展而变化，因此，为长期损失。

3.2.1 预应力筋的张拉控制应力

张拉控制应力（σ_{con}）指的是预应力筋锚固前被张拉的应力允许值，它主要与所采用的预应力钢筋的材料有关。《混凝土结构设计规范》（GBJ 50010—2002）规定的预应力钢筋张拉控制应力允许值如表 3-1。

张拉控制应力允许值 **表 3-1**

钢筋总类	张拉方法	
	先张法	后张法
消除应力钢丝、钢绞线	$0.75f_{ptk}$	$0.75f_{ptk}$
热处理钢筋	$0.75f_{ptk}$	$0.65f_{ptk}$

注：f_{ptk}——预应力钢筋强度标准值。

规范 JTG D62—2004 对张拉控制应力的规定为：

对于钢丝、钢绞线　　$\sigma_{con} \leqslant 0.75 f_{pk}$

对于冷拉粗钢筋　　$\sigma_{con} \leqslant 0.90 f_{pk}$

式中　σ_{con}——张拉控制应力值；

f_{pk}——预应力钢筋抗拉强度标准值。

在预应力筋张拉阶段允许超张拉，但在任何情况下，预应力钢筋的最大控制应力：钢丝、钢绞线不应超过 $0.80 f_{pk}$，精轧螺纹钢筋不超过 $0.95 f_{pk}$。

预应力构件中预应力筋的有效预应力：

$$\sigma_{pe} = \sigma_{con} - \sigma_l \tag{3-1}$$

式中　σ_l——预应力损失值。

3.2.2　预应力的瞬时损失

预应力的瞬时损失有如下四项：预应力筋孔道的摩擦损失、锚固时锚具变形及预应力筋回缩等损失、先张法热养护的温差损失、以及后张法分批张拉的弹性压缩损失。

1. 预应力筋孔道的摩擦损失

预应力筋孔道的摩擦损失主要是由于孔道的弯曲和孔道位置偏差两部分的影响所产生。规范 JTG D62—2004 计算预应力筋与管道之间摩擦引起的应力损失的公式为：

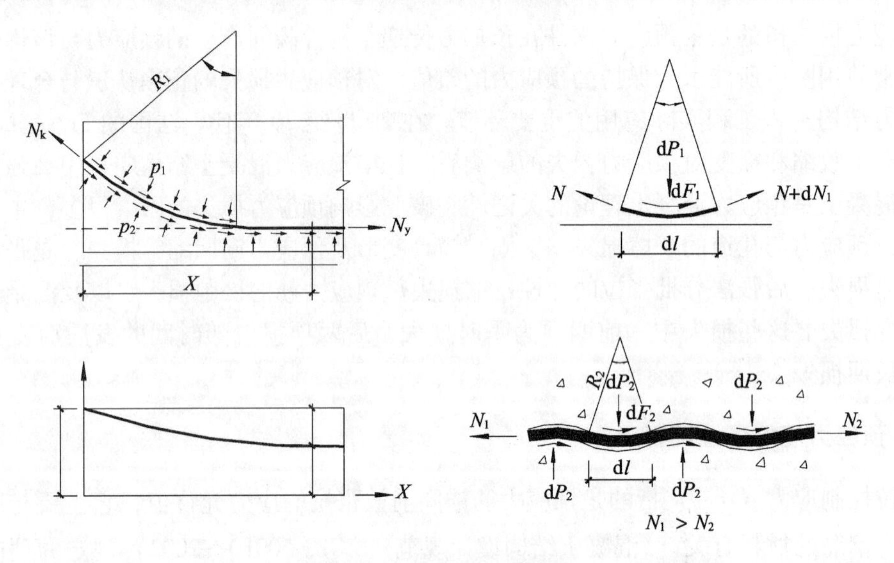

图 3-3　预应力筋摩擦计算

$$\sigma_{l1} = \sigma_{con}\left[1 - e^{-(\mu\theta + kx)}\right] \tag{3-2a}$$

式中　σ_{con}——预应力钢筋锚固的张拉控制应力（MPa）；

μ——预应力钢筋与管道壁的摩擦系数，按表 3-2 选用；

θ——从张拉端至计算截面曲线管道部分切线的夹角之和（rad）；

k——管道每米局部偏差对摩擦的影响系数，按表 3-2 选用；

x——从张拉端至计算截面的管道长度，可近似取该段管道在构件纵轴上的投影长度（m）。

系数 k 及 μ 值　　表 3-2

管道成型方式	k	μ	
		钢绞线、钢丝束	精轧螺纹钢筋
预埋金属波纹管	0.0015	0.20～0.25	0.40
预埋塑料波纹管	0.0015	0.14～0.17	—
预埋铁皮管	0.0030	0.35	0.40
预埋钢管	0.0010	0.25	—
抽心成型	0.0015	0.55	0.60

本项损失在规范 GBJ 50010—2002 中为 σ_{l2}，其形式与上式相同，为：

$$\sigma_{l2}=\sigma_{con}\left[1-e^{-(kx+\mu\theta)}\right] \tag{3-2b}$$

但摩擦系数应按表 3-3 取值。

系数 k 及 μ 值　　表 3-3

孔道成型方式	k	μ
预埋金属波纹管	0.0015	0.25
预埋钢管	0.0010	0.30
橡胶管或钢管抽芯管	0.0014	0.55

对于无粘结预应力混凝土，由于无粘结筋与混凝土没有粘结在一起，无粘结筋与孔壁的摩擦有防腐润滑脂的润滑作用，因此其摩擦系数相对较小，按表 3-4 选用。

无粘结筋的系数 k 及 μ 值　　表 3-4

无粘结预应力筋种类	k	μ
$7\phi5$ 碳素钢丝	0.0035	0.10
$\phi15$ 钢绞线	0.0040	0.12

预应力筋与孔道间的摩擦引起的预应力损失是在施加预应力时产生的，因此，可以通过采用两端张拉，减小 θ 值及管道长度 x 值；也可以采用超张拉的办法，超张拉工艺一般按以下程序：

$$0\rightarrow1.05\sigma_{con}\xrightarrow{\text{持荷 2min}}\sigma_{con}$$

但是，对于夹片式锚具，不宜采用上述的工艺程序。在工程实践中，可采用如下简单的工艺：

$$0\rightarrow1.03\sigma_{k}$$

2. 锚具变形、预应力筋回缩及接缝压缩引起的应力损失

后张法施工的预应力混凝土构件，当张拉完毕锚下时，锚具受到很大的压力，会使锚具本身及锚垫板产生压缩变形，由此产生应力损失。对于预制拼装构件，在锚下时，接缝也会继续被压缩，也会产生应力损失。本项预应力损失按规范 JTG D62—2004 中下式计算：

$$\sigma_{l2}=\frac{\sum\Delta l}{l}\cdot E_{p} \tag{3-3a}$$

式中 $\sum\Delta l$——锚具变形、钢筋回缩和接缝压缩值之和（mm），可按表3-5选用；

l——预应力筋的有效长度（mm）；

E_p——预应力筋的弹性模量（MPa）。

锚具变形、钢筋回缩和接缝压缩值（mm） **表3-5**

锚具、接缝类型		Δl	锚具、接缝类型	Δl
钢丝束的钢制锥形锚具		6	镦头锚具	1
夹片式锚具	有顶压时	4	每块后加垫板的缝隙	1
	无顶压时	6	水泥砂浆接缝	1
带螺帽锚具的螺帽缝隙		1	环氧树脂砂浆接缝	1

式（3-3*a*）的计算未考虑钢筋回缩时的受摩阻影响，因此，其计算结果较接近于直线形配筋，对于曲线配筋的精确计算应考虑钢筋回缩时的受摩阻影响，反摩擦系数的取值可取摩擦系数相同的值。减小本项损失也可应用超张拉工艺。

规范 GBJ 50010—2002 对后张法施工的锚具变形与钢筋回缩引起的预应力损失 σ_{l1} 规定为：

$$\sigma_{l1} = \frac{a}{l}E_s \tag{3-3b}$$

式中 a——锚具变形和钢筋回缩值，按表3-6选用。

锚具变形和钢筋回缩值 **表3-6**

锚 具 类 别		Δ
支承式锚具（钢丝束镦头锚具等）	螺帽缝隙	1
	每块后加垫板的缝隙	1
锥塞式锚具（钢丝束的钢质锥形锚具等）		5
夹片式锚具	有顶压时	5
	无顶压时	6~8

3. 先张法的温差引起的应力损失

先张法施工的构件采用蒸汽或其他加热方法养护混凝土时，钢筋与台座间的温差会引起预应力损失。规范 JTG D62—2004 对此项损失的计算规定为：

$$\sigma_{l3} = 2(t_2 - t_1) \quad (\text{MPa}) \tag{3-4}$$

式中 t_1——张拉钢筋时，制造场地的温度（℃）；

t_2——混凝土加热养护时，已张拉钢筋的最高温度（℃）。

规范 GBJ 50010—2002 对此项预应力损失的计算直接规定为：$\sigma_{l3} = 2\Delta t$（MPa），即与式（3-4）相同。

4. 预应力混凝土构件由混凝土弹性压缩引起的预应力损失

采用后张法施工的预应力混凝土构件，当预应力筋较多需采用分批张拉时，后批张拉预应力筋所产生的混凝土弹性压缩变形，将使先批已张拉并锚固的预应力筋束产生应力损失。公路桥规 JTG D62—2004 对本项损失的计算规定为：

$$\sigma_{l4} = \alpha_{EP}\sum\Delta\sigma_{pc} \tag{3-5}$$

式中 α_{EP}——预应力筋束与混凝土的弹性模量的比值；

$\sum\Delta\sigma_{h1}$——在计算截面先张拉筋束处，由于后张拉各批筋束所产生的混凝土法向应力之和（MPa）。

先张法预应力混凝土构件，放松钢筋时由混凝土弹性压缩引起的预应力损失，可按下式计算：

$$\sigma_{l4} = \alpha_{EP}\sigma_{pc} \tag{3-6}$$

式中 σ_{pc}——在计算截面钢筋重心处，由全部钢筋预加力产生的混凝土法向应力（MPa）。

当张拉批次较多时，上式的计算相当麻烦。在工程设计中可按下式计算得在全部预应力筋束作用点处弹性压缩损失的平均值：

$$\sigma_{s4} = \frac{m-1}{2m}\cdot n_y\cdot\sigma_{h1} \tag{3-7}$$

式中 σ_{h1}——全部张拉力在预应力筋束作用点处产生的混凝土正应力；

m——张拉批次。

对于房屋结构，分批张拉批次较多的情形比较少见，规范 GBJ 50010—2002 仅对采用螺旋预应力钢筋作配筋的环形构件，当构件直径 $d\leqslant 3$m 时，考虑由于混凝土的局部挤压产生弹性压缩应力损失，并规定该项的损失为 30N/mm^2。

3.2.3 预应力的长期损失

预应力钢筋的松弛损失和混凝土的收缩与徐变引起的应力损失是在张拉完成后产生的，并且它随时间的发展而变化，因此，是长期预应力损失。

1. 预应力钢筋的松弛损失

钢筋在持久不变的力的作用下，会产生随持续加荷时间延长而增加的徐变变形，即钢筋的松弛或应力松弛。预应力钢筋被张拉后，将长期处于高应力状态，因此必定会产生松弛，它将引起预应力的损失。预应力钢筋的松弛损失主要与张拉应力和预应力钢筋的品质有关。张拉应力越高松弛损失也越大，钢材的松弛率越大，其预应力损失也越大。普通松弛的钢丝、钢绞线的松弛率约为 4.5% ~8.0%；低松弛级的钢丝、钢绞线的松弛率约为 1% ~2.5%。预应力钢筋的松弛损失从张拉完毕锚下后即开始，初期发展较快，一般 24 小时即完成 50%，以后渐趋稳定。规范 JTG D62—2004 规定，由钢筋松弛引起的应力损失的终极值，按以下公式计算：

对于预应力钢丝、钢绞线

$$\sigma_{l5} = \psi\cdot\zeta\left(0.52\frac{\sigma_{pe}}{f_{pk}} - 0.26\right)\sigma_{pe} \tag{3-8}$$

式中 ψ——张拉系数，一次张拉时，$\psi=1.0$；超张拉时，$\psi=0.9$；

ζ——钢筋松弛系数，Ⅰ级松弛（普通松弛），$\zeta=1.0$；Ⅱ级松弛（低松弛），$\zeta=0.3$；

σ_{pe}——传力锚固时的钢筋应力，对后张法构件 $\sigma_{pe}=\sigma_{con}-\sigma_{l1}-\sigma_{l2}-\sigma_{l4}$；对先张法构件，$\sigma_{pc}=\sigma_{con}-\sigma_{l2}$。

对于精轧螺纹钢筋

一次张拉 $$\sigma_{l5}=0.05\sigma_{con} \tag{3-9a}$$

超张拉 $$\sigma_{l5}=0.035\sigma_{con} \tag{3-9b}$$

规范 GBJ 50010—2002 规定预应力钢筋的松弛损失值按以下公式计算：

对于预应力钢丝、钢绞线

1）普通松弛

$$\sigma_{l4} = 0.4\psi\left(\frac{\sigma_{con}}{f_{ptk}} - 0.5\right)\sigma_{con} \tag{3-10}$$

一次张拉 $\psi = 1.0$

超张拉 $\psi = 0.9$

2）低松弛

当 $\sigma_{con} \leqslant 0.7f_{ptk}$

$$\sigma_{l4} = 0.125\left(\frac{\sigma_{con}}{f_{ptk}} - 0.5\right)\sigma_{con} \tag{3-11a}$$

当 $0.7f_{ptk} < \sigma_{con} \leqslant 0.8f_{ptk}$

$$\sigma_{l4} = 0.2\left(\frac{\sigma_{con}}{f_{ptk}} - 0.575\right)\sigma_{con} \tag{3-11b}$$

对于热处理钢筋

一次张拉 $$\sigma_{l4} = 0.05\sigma_{con} \tag{3-12a}$$

超张拉 $$\sigma_{l4} = 0.035\sigma_{con} \tag{3-12b}$$

当 $\sigma_{con}/f_{ptk} \leqslant 0.5$ 时，预应力钢筋的应力松弛损失值可取为零。

2. 混凝土的收缩与徐变引起的应力损失

混凝土的收缩、徐变会使构件缩短，对于预应力混凝土构件将产生预应力损失。由于影响混凝土收缩与徐变的因数极为复杂，因此，混凝土的收缩与徐变引起的应力损失计算是各项预应力损失计算中最为复杂的一项。对于部分预应力混凝土构件，由于配置有一定数量的非预应力钢筋，非预应力钢筋对混凝土的收缩与徐变影响比较明显，因此，部分预应力混凝土构件的混凝土收缩与徐变引起的预应力损失计算应当考虑非预应力钢筋含筋率的影响。公路桥规 JTG D62—2004 的此项损失考虑非预应力钢筋含筋率的影响的计算公式为：

$$\sigma_{l6}(t) = \frac{0.9\left[E_P\varepsilon_{cs}(t,t_0) + \alpha_{EP}\sigma_{pc}\phi(t,t_0)\right]}{1 + 15\rho\rho_{ps}} \tag{3-14a}$$

$$\sigma'_{l6}(t) = \frac{0.9\left[E_P\varepsilon_{cs}(t,t_0) + \alpha_{EP}\sigma'_{pc}\phi(t,t_0)\right]}{1 + 15\rho'\rho'_{ps}} \tag{3-14b}$$

$$\rho = \frac{A_P + A_S}{A},\quad \rho' = \frac{A'_P + A'_S}{A}$$

$$\rho_{ps} = 1 + \frac{e_{ps}^2}{i^2},\quad \rho'_{ps} = 1 + \frac{e'^2_{ps}}{i^2}$$

$$e_{ps} = \frac{A_pe_p + A_se_s}{A_p + A_s},\quad e'_{ps} = \frac{A'_pe'_p + A'_se'_s}{A'_p + A'_s}$$

式中 σ_{l6}、σ'_{l6}——构件受拉区、受压区全部受力钢筋重心处由混凝土收缩、徐变引起的预应力损失值；

σ_{pc}、σ'_{pc}——构件受拉区、受压区先张预应力构件放松钢筋时或后张预应力构件钢筋锚固时，在计算截面上全部受力钢筋重心处由预加应力（扣除相应阶段的应力损失）产生的混凝土法向应力，根据张拉受力情况考虑构件重力的影响；

α_{EP}——预应力钢筋弹性模量与混凝土弹性模量的比值；

ρ、ρ'——构件受拉区、受压区全部纵向钢筋配筋率；

A——构件截面面积，先张法构件取换算截面，后张法构件取净截面；

i——截面回转半径；

e_p、e'_p——构件受拉区、受压区预应力钢筋截面重心至构件截面重心轴的距离；

e_s、e'_s——构件受拉区、受压区纵向普通钢筋截面重心至构件截面重心轴的距离；

e_{ps}、e'_{ps}——构件受拉区、受压区预应力钢筋和普通钢筋截面重心至构件截面重心轴的距离；

$\varepsilon_{cs}(t, t_0)$——加载龄期为 t_0 时的混凝土徐变系数终值；

$\phi(t, t_0)$——自混凝土龄期 t_0 开始的收缩应变终值。

《混凝土结构设计规范》（GB 50010—2002）本项损失的计算公式为：

先张法构件

$$\sigma_{l5} = \frac{45 + 280\dfrac{\sigma_{pc}}{f'_{cu}}}{1 + 15\rho} \tag{3-15}$$

后张法构件

$$\sigma_{l5} = \frac{35 + 280\dfrac{\sigma_{pc}}{f'_{cu}}}{1 + 15\rho} \tag{3-16}$$

式中 σ_{pc}——预应力钢筋合力点处混凝土的法向压应力；

f'_{cu}——施加预应力时混凝土立方体抗压强度；

$\rho = \dfrac{A_p + A_s}{A}$——预应力钢筋和非预应力钢筋的配筋率，先张法构件，A 取换算截面面积，后张法构件取净面积。

3.2.4 预应力损失计算的组合

预应力损失的计算是按各影响因数分项计算，然后再分阶段组合。预应力损失根据其施工方法和时间的发展可分为瞬时损失与长期损失。在工程设计中，主要考虑的预应力损失组合一般按预加预应力阶段和正常使用阶段分别计算。正常使用阶段的预应力值为永久作用的构件混凝土体的预应力，即认为此阶段全部的预应力损失均已完成，因此，扣除全部预应力损失的预应力称为有效预应力或永存预应力。

由于房屋建筑结构与桥梁结构的预应力施工工艺有所差别，因此，在预应力损失的计算与预应力损失的组合等也有所不同。公路桥梁预应力混凝土结构的预应力损失计算的组合一般按表 3-7。

预应力损失值的组合表 表 3-7

预应力损失值的组合	先张法构件	后张法构件
传力锚固时的损失（第一批）σ_{lI}	$\sigma_{l2}+\sigma_{l3}+\sigma_{l4}+0.5\sigma_{l5}$	$\sigma_{l1}+\sigma_{l2}+\sigma_{l4}$
传力锚固时的损失（第二批）σ_{lII}	$0.5\sigma_{l5}+\sigma_{l6}$	$\sigma_{l5}+\sigma_{l6}$

房屋建筑预应力混凝土结构的预应力损失计算的组合按表 3-8。

预应力损失值的组合表 表 3-8

预应力损失值的组合	先张法施工	后张法施工
混凝土预压前（第一批）的损失	$\sigma_{l1}+\sigma_{l2}+\sigma_{l3}+\sigma_{l4}$	$\sigma_{l1}+\sigma_{l2}$
混凝土预压前（第二批）的损失	σ_{l5}	$\sigma_{l4}+\sigma_{l5}+\sigma_{l6}$

3.2.5 关于预应力损失计算的讨论

至今，各国对于预应力混凝土结构的预应力损失计算一般都是先分项计算，再按两个阶段组合。实际上，预应力损失对结构的极限强度影响很小，但影响使用荷载下的结构性能。在使用荷载下，过高或过低估算预应力的损失都是不利的。过高估算预应力损失，将会使预应力构件产生过大的反拱；而过低估算预应力损失，则导致拉应力甚至裂缝过早出现。

由于影响预应力损失的因素较多，而且它们之间又交互影响，因此，要精确计算预应力的损失值是困难的，同时，对于一般工程精确的计算并非十分必要。对于预应力的瞬时项可以通过施工的工艺加以降低。而对于预应力的长期损失的计算方法，目前，国内外可以归结为三类：①分项总和法，即先分别计算各个因素产生的预应力损失，再组合；②直接基于徐变理论的方法，即通过有效模量法，将徐变问题转化为弹性问题来处理，有效模量则取决于混凝土的龄期；③分时段和分项总和法，该法假定徐变、收缩、松弛等随时间变化的因素在某短时间段内的影响为常数，从而可以分时段计算再总和。这种方法可以得到某一时刻内的预应力损失值。

上述的预应力损失计算，都是在确定了构件几何尺寸、材料以及施工方法之后，才能计算的，而在工程设计中，往往最初需要估算预应力的总损失值。表 3-9 ~ 表 3-11 为美国公路桥梁规范（AASHTO）、美国后张混凝土协会（PTI）、以及 T. Y. Lin 提供的预应力总损失估计值。

美国公路桥梁规程（AASHTO）预应力总损失值 表 3-9

	预应力总损失（MPa）	
	$f_c=28$MPa	$f_c=35$MPa
先张钢绞线	—	310
后张钢丝或钢绞线	221	228
钢筋	152	159

美国 PTI 后张预应力筋应力总损失值　　表 3-10

后张预应力钢材	预应力总损失值	
	板	梁和肋梁
应力消除的 1860（MPa）级钢绞线和 1655（MPa）级钢丝	207	241
钢筋	138	172
低松弛钢绞线	103	138

T. Y. Lin 建议的分项损失和总损失的百分比　　表 3-11

	后张法施工（%）	先张法施工（%）
混凝土弹性压缩	1	4
混凝土收缩	6	7
混凝土徐变	5	6
钢材松弛	8	8
总损失	20	25

上述表中数值均考虑通过适当的超张拉，降低了松弛和摩擦与锚固的应力损失。无粘结预应力混凝土结构的预应力损失与普通预应力混凝土结构的预应力损失相比，由于与混凝土之间的粘结关系大不相同，因此，其预应力损失也有差异。其主要差异是在摩阻损失项以及收缩徐变项的损失值，无粘结预应力混凝土结构摩阻损失中的摩阻系数与管道偏差系数都会小一些，根据当前国内外的研究结果，一般摩擦系数 μ 可取 0.09。我国《无粘结预应力混凝土结构技术规程》（JGJ/T 92—93）建议：当无粘结预应力筋选用应力消除的 1570MPa 或 1470MPa 的钢绞线与钢丝时，其预应力总损失值为：对于板可取 $0.2\sigma_{con}$，对于梁可取 $0.3\sigma_{con}$。无粘结预应力混凝土的应用技术已经渐趋成熟，当前应用的无粘结预应力钢绞线已基本取消普通松弛级的预应力钢绞线，因此，无粘结筋的预应力损失一般更小。

第 4 章　预应力混凝土受弯构件的设计计算

§4.1　混凝土结构设计的基本原理

4.1.1　结构可靠性基本概念

预应力混凝土结构的设计与其他混凝土结构设计一样必须符合安全可靠、适用耐久、经济合理的要求。结构的安全性是指在规定的期限内，在正常施工和正常使用情况下，结构能承受可能出现的各种作用；在偶然事件发生时，结构仅发生局部破坏，但不致出现整体破坏和连续倒塌，仍能保持必需的整体稳定性。结构的适用性指在正常使用情况下，结构具有良好的工作性能，结构或结构的构件不发生过大的变形或振动。结构的耐久性则指结构在正常维护情况下，材料性能虽然随时间变化，但结构仍能满足设计时预定的功能要求；以及结构具有足够的耐久性，构件不出现过大的裂缝；在化学以及其他不利因素影响下，不导致结构可靠性降低，甚至失效。结构的安全性、适用性和耐久性即为结构的可靠性，而度量结构可靠性的的数量指标为结构可靠度。工程结构设计的目的是使结构能以适当的可靠度满足各项预定的功能要求，即结构上的作用效应要不大于其结构抗力，同时使所设计的结构失效概率小到允许的程度。

1. 结构的可靠概率与失效概率

由于施加于结构的作用效率与结构的抗力都具有随机性，其统计值都可以用概率分布曲线来表示，并用概率来描述结构的可靠和失效。图 4-1 为作用效应和结构抗力发生概率的示意图，横坐标表示作用效应（S）和结构抗力（R），纵坐标表示出现的概率密度 f。结构设计应满足作用效应 S 不大于其结构抗力 R。

将作用效应（S）和结构抗力（R）的差值用下式表示：

$$Z = R - S \tag{4-1}$$

式中，Z 为结构抗力与作用效应之差，即结构抗力抵消作用效应后的多余抗力。若假定 R 与 S 为正态分布的随机变量，则 Z 值也必然是一个正态分布的随机变量。作出结构抗力与作用效应之差 Z 的概率分布曲线图，如图 4-2 所示。横坐标表示多余抗力 Z，纵坐标为多余抗力的概率密度 $f(z)$。

可靠状态和失效状态的大小用概率表示，前者称为可靠概率，后者称为失效概率。在图 4-2 中，纵坐标右边概率分布曲线与横坐标所包围的面积即为可靠概率，纵坐标左边概率分布曲线与横坐标所包围的阴影面积即为失效概率。其数值由概率分布曲线 $f(z)$ 积分求得，即

可靠概率
$$p_{\mathrm{s}} = p(Z > 0) = \int_0^{\infty} f(z)\,\mathrm{d}z \tag{4-2}$$

失效概率
$$p_{\mathrm{f}} = p(Z < 0) = \int_{-\infty}^{0} f(z)\,\mathrm{d}z \tag{4-3}$$

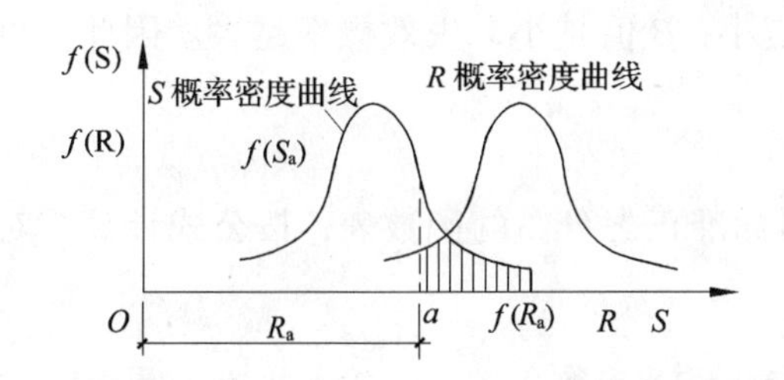

图 4-1　作用效应（S）、结构抗力（R）概率分布曲线示意图

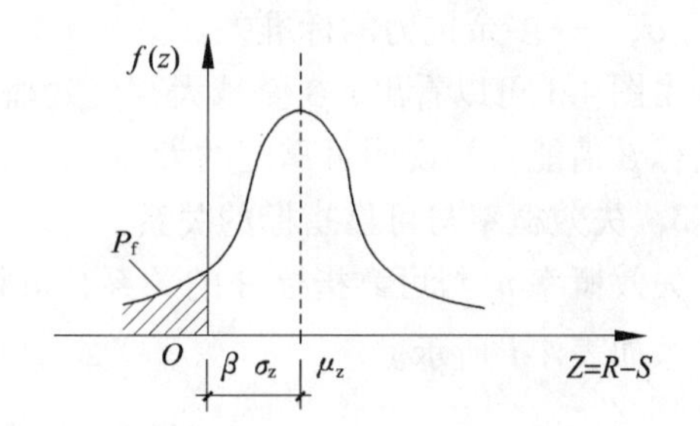

图 4-2　多余抗力 Z 的概率分布图

当 $Z>0$,意味着结构抗力大于作用效应,结构处于可靠状态;
当 $Z=0$,意味着结构抗力等于作用效应,结构处于极限状态;
当 $Z<0$,意味着结构抗力小于作用效应,结构处于失效状态。

可靠概率与失效概率之和为　$p_s+p_f=100\%$ 。

2. 结构可靠度与可靠指标

结构可靠度是指结构在规定的时间与规定条件下，完成预定功能的概率。结构的可靠度可用可靠概率 p_s 表示，也可用失效概率 p_f 表示。失效概率具有明确的物理意义，能较好地反映问题的实质，但用失效概率 p_f 计算比较复杂，因此，国内外大都采用可靠指标 β 代替失效概率 p_f 来度量结构可靠度。

图 4-2 多余抗力 Z 的概率分布图中原点左边的阴影面积即为失效概率，其大小随概率分布曲线位置而变。概率分布曲线的位置与平均值 μ_z 有关，平均值 μ_z 与原点的距离越大，则阴影的面积越小，即失效概率越小；反之，平均值 μ_z 与原点的距离越小，则阴影面积越大，即失效概率越大。因此，平均值 μ_z 的大小在一定程度上可反映失效概率的大小。但是只用平均值 μ_z 一个指标不能反映曲线离散程度（或标准差 σ_z）的影响。对于平均值相同的两个随机变量，由于离散程度（或标准差 σ_z）的不同，失效概率亦不相同。离散程度越大，即标准差 σ_z 越大，则阴影面积越大（图 4-3（a）中的虚线），失效概率就越大。

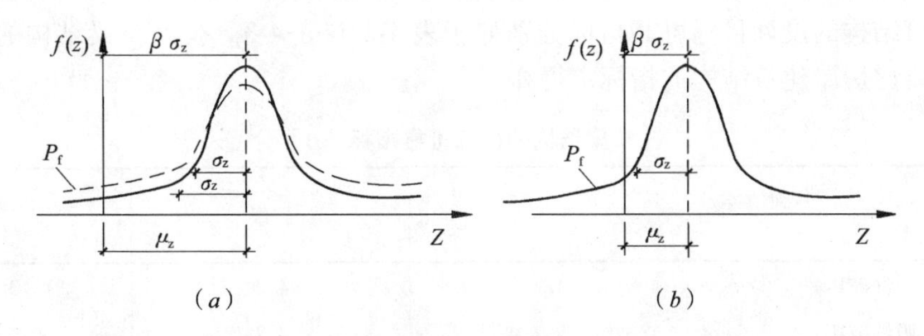

（a）　　（b）

图 4-3　可靠指标与失效概率关系图

因此，用平均值 μ_z 和标准差 σ_z 的比值 β 来反映失效概率 p_f，β 称为可靠指标。

$$\beta=\frac{\mu_z}{\sigma_z} \tag{4-4}$$

式中　β——结构可靠指标；

μ_z——多余抗力的平均值；

σ_z——多余抗力的标准差。

由图4-3可以看出，β值越大，失效概率越小；β值越小，失效概率越大。因此，可靠指标β值能直接说明可靠度的大小。

3. 失效概率与可靠指标的关系

失效概率p_f与可靠指标β的关系，可根据标准正态分布的函数表，按公式计算。对应关系如表4-1所示。

失率概率与可靠指标的对应关系　　表4-1

β	1.0	1.5	2.0	2.5	3.0	3.5	4.0	4.5
$p_f \times 10^{-3}$	158.7	66.81	22.75	6.21	1.35	0.232	0.317	0.034

由表4-1可以看出，随着可靠指标的提高，失效概率迅速减少。用可靠指标β代替失效概率p_f来度量结构的可靠度，概念清楚，计算简单，已被国内外普遍采用。

4. 设计可靠指标（即目标可靠指标）

结构设计应满足$S \leqslant R$的要求。若将其转换为以失效概率或可靠指标来度量，则可表示为下式：

$$p_f \leqslant [p_f] \tag{4-5}$$

$$\beta \geqslant [\beta] \tag{4-6}$$

式中　$[p_f]$——允许失效概率；

$[\beta]$——设计可靠指标，又称目标可靠指标。

$[\beta]$为设计规范所规定的作为设计结构或构件时所应达到的可靠指标，称为设计可靠指标，它是根据设计所要求达到的结构可靠度而选定的，所以又称为目标可靠指标。目标可靠指标，理论上应根据各种结构构件的重要性，破坏性质（延性、脆性）及失效后果等因素确定。结构和结构构件的破坏类型分为延性破坏和脆性破坏两类。延性破坏有明显的预兆，可以及时采取补救措施，所以目标可靠指标可定得稍低些。脆性破坏常常是突发性破坏，破坏前没有明显的预兆，所以目标可靠指标就应该定得高一些。公路桥梁结构和房屋建筑结构的设计目标可靠指标分别列于表4-2与表4-3。公路桥梁结构的设计目标可靠指标要比房屋建筑结构的指标定得高。

桥梁结构的目标可靠指标$[\beta]$　　表4-2

构件破坏类型 \ 结构安全等级	一级	二级	三级
延性破坏	4.7	4.2	3.7
脆性破坏	5.2	4.7	4.2

结构构件承载能力极限状态的目标可靠指标$[\beta]$　　表4-3

构件破坏类型 \ 结构安全等级	一级	二级	三级
延性破坏	3.7	3.2	2.7
脆性破坏	4.2	3.7	3.2

结构的安全等级是根据其用途决定的，建筑结构与公路桥梁结构的安全等级是以表4-4区分的。

建筑结构与桥梁结构的安全等级 表4-4

安全等级	建筑结构		桥梁结构
	破坏后果的影响程度	建筑物的类型	桥梁类别
一级	很严重	重要建筑物	特大桥、重要大桥
二级	严重	一般建筑物	大桥、中桥、重要小桥
三级	不严重	次要建筑物	小桥、涵洞

4.1.2 概率极限状态设计法

1. 结构功能的极限状态

在工程结构设计中，结构的安全性、适用性和耐久性是采用功能极限状态作为判别条件。所谓功能极限状态，是指整个结构构件的一部分或全部超过某一特定状态就不能满足设计指定的某一功能要求，这一特定状态称为该功能的极限状态。结构能胜任预定的各项功能时，结构处于有效状态；反之则处于失效状态，有效状态和失效状态的分界称为极限状态。结构的极限状态可分为承载能力极限状态和正常使用极限状态两类。

（1）承载能力极限状态

所谓承载能力极限状态，是指结构或构件达到最大承载力或出现不适于继续承载的变形或变位的状态。它是结构安全性功能极限状态，超过承载能力极限状态结构或构件就不能满足安全性的要求。当结构或构件出现下列状态之一时，应认为超过了承载能力极限状态：

1）结构或结构的一部分作为刚体失去平衡；

2）结构、构件或其连接因超过材料强度而破坏，或因过度的塑性变形而不能继续承载；

3）结构转变为机动体系；

4）结构或结构构件丧失稳定；

5）地基丧失承载能力而破坏。

（2）正常使用极限状态

所谓正常使用极限状态是指对应于结构或构件达到正常使用或耐久性的某项限值的状态，它是结构的适用性和耐久性功能极限状态。超过正常使用极限状态结构或构件就不能满足适用性和耐久性的功能要求。当结构或结构构件出现下之状态之一，应认为超过了正常使用极限状态：

1）影响正常使用或外观的变形；

2）影响正常使用或耐久性的局部损坏（包括裂缝）；

3）影响正常使用的振动；

4）影响正常使用的其他特定状态。

各种结构或构件都有不同程度的结构正常使用极限状态要求。结构超过正常使用极限状态并不意味着破坏，一般也不会导致重大灾害。因此，出现正常使用极限状态的概率允许大于承载能力极限状态出现率的概率。

2. 概率极限状态设计基本原理

（1）极限状态设计的基本方程

极限状态设计的基本方程可写为下列形式：

$$S \leqslant R \tag{4-7}$$

式中 S——作用（或荷载）效应；

R——结构抗力。

作用（或荷载）效应与结构抗力的随机性。作用（或荷载）效应是指作用（或荷载）引起的内力（例如，弯矩、剪力、轴力、扭矩等）。对弹性材料构件，作用（或荷载）效应与作用（或荷载）呈线性关系，因此，可用作用（或荷载）的特性来描述作用（或荷载）效应特性。作用（或荷载）的基本特性是随机性，这种随机性表现在两个方面，其一是作用（或荷载）的取值具有随机性，其二是作用（或荷载）随时间的变化。按作用（或荷载）随时间的变化情况可分为永久作用、可变作用和偶然作用三类。

永久作用：在设计基准期内量值不随时间变化，或其变化值与平均值比较可忽略不计。但是永久作用（或荷载）的取值具有随机性，例如构件自重，由于材料密度的变化和构件尺寸的偏差可能与计算值不符，是随机变量。

可变作用：在设计基准期内量值随时间变化，且变化值与平均值比较不可忽略。例如，作用于桥梁上的车辆荷载和人群荷载的作用位置和数值大小都是变化的，其随机性是很明显的。偶然作用在设计基准期内出现的概率很小，一旦出现其值很大，且持续时间很短，例如罕遇地震，风灾等。

材料强度是随机变量，无论是钢筋或是混凝土的强度都是有变异的。来自不同钢厂的同一种类的钢筋，其实际强度并不完全相同。同一设计强度等级的混凝土，由于材料称量不准、施工条件和技术水平的影响，其实际强度也是有差异的。同样构件几何尺寸也是随机变量，由于制造工艺和操作技术等因素，构件的实际尺寸与设计尺寸不可能完全一致。基于以上各种影响因素的随机性，因此，结构抗力亦具有随机性。

（2）概率极限状态设计表达式

概率极限的状态设计表达式可根据可靠指标计算公式（4-4）演变求得。按随机变量代数运算规则，随机变量差的平均值等于随机变量平均值之差，即

$$\mu_z = \mu_R - \mu_S \tag{4-8}$$

随机变量差的标准差的平方，等于随机变量标准差的平方之和，即

$$\sigma_z^2 = \sigma_R^2 + \sigma_S^2$$

$$\sigma_Z = \sqrt{\sigma_R^2 + \sigma_S^2} \tag{4-9}$$

将公式（4-8）和公式（4-9）代入公式（4-5），则可求得可靠指标的表达式为：

$$\beta = \frac{\mu_z}{\sigma_z} = \frac{\mu_R - \mu_S}{\sqrt{\sigma_R^2 + \sigma_S^2}} \tag{4-10}$$

将 $\sigma_z^2 = \sigma_R^2 + \sigma_S^2$ 代入上式，并引入变异系数 $\delta_R = \dfrac{\sigma_R}{\mu_R}$，$\delta_S = \dfrac{\sigma_S}{\mu_S}$，则得：

$$\mu_R\left(1 - \beta\frac{\delta_R\sigma_R}{\sigma_Z}\right) = \mu_S\left(1 + \beta\frac{\delta_S\sigma_S}{\sigma_Z}\right) \tag{4-11}$$

荷载效应的标准差 σ_S 和变异系数 δ_S，可通过荷载效量标准值 S_K 和分项系数 γ_G、γ_Q 表示。

结构抗力的标准差 σ_R 和变异系数 δ_R，可通过结构抗力标准值 R_K 和材料分项系数 γ_R 表示。

将上述有关系数代入（4-11），经整理后得概率极限状态设计的基本表达式为：

$$(\gamma_G S_{GK} + \gamma_Q S_{QK}) \leqslant \frac{R_K}{\gamma_K} = R\left[\frac{f_{CK}}{\gamma_C} \cdot \frac{f_{SK}}{\gamma_S}\alpha_d\right] = R[f_{cd} \cdot f_{sd} \cdot \alpha_d] \tag{4-12}$$

式中 S_{GK}——永久荷载标准值；

S_{QK}——可变荷载标准值；

γ_G——永久荷载分项系数，其数值与永久荷载的均方差 σ_G、变异系数 δ_G 及可靠指标 β 有关；

γ_Q——可变荷载分项系数，其数值与可变荷载的均方差 σ_Q、变异系数 δ_Q 及可靠指标 β 有关；

f_{ck}、f_{cd}——混凝土抗压强度标准值和设计值；

f_{sk}、f_{sd}——钢筋抗拉强度的标准值和设计值；

γ_R——结构抗力系数，其数值与结构抗力标准差 σ_R、变异系数 δ_R 及可靠指标 β 有关；

γ_C——混凝土材料分项系数；

γ_S——钢筋材料分项系数。

对于不同安全等级的结构，具有不同的可靠度要求，为此，引入结构重要性系数 γ_0，则式（4-12）可改写为：

$$\gamma_0 S_d \leqslant R[f_{cd} \cdot f_{sd} \cdot \alpha_d] \tag{4-13}$$

从形式上看，上面给出的概率极限状态表达式（4-13）与过去采用的多系数极限状态表达式基本一致，但实质上是有很大差别的。公式（4-13）中各项分项系数的 γ_G、γ_Q、γ_C、γ_S 的确定与作用（或荷载）、材料强度等基本变量的统计参数与可靠指标有关，是通过选定的目标可靠指标［β］换算出来的。换句话说，公式（4-13）中各项分项系数中隐含了目标可靠指标［β］，满足了结构可靠度的要求。

4.1.3 荷载分项系数及荷载效应组合

采用概率极限状态方法用可靠指标 β 进行设计，需要大量的统计数据，当随机变量不服从正态分布，极限方程是非线性时，计算可靠指标 β 比较复杂。对于一般的工程结构，直接采用可靠指标进行设计，不仅工作量大，有时还会因为统计资料不足而无法进行。现行规范采用便于实际使用的设计表达式，即将影响结构安全的因素（如荷载、材料、几何尺寸、计算方法等）视为随机变量，应用数理统计的概率方法进行分析，采用“分项系数”来表示的方式。“分项系数”主要是作用分项系数 γ_F（包括荷载分项系数 γ_G、γ_Q）、结构构件抗力分项系数 γ_R（材料性能分项系数 γ_f）以及结构重要性系数 γ_0。

荷载效应中的荷载有永久荷载和可变荷载，可变荷载往往不只一种，并且不同可变荷载对结构的影响也不相同，而多个可变荷载也不一定同时发生，因此，对不同的设计状态要考虑其不同的荷载组合。

1. 按承载能力极限状态设计时

一般应考虑荷载的基本组合和偶然组合：

（1）基本组合

$$\gamma_G S_{Gi} + \gamma_Q S_{Q1k} + \gamma_Q \sum \psi_o S_{Q2k} \tag{4-14}$$

式中 γ_G、γ_Q——分别为永久荷载与可变荷载的分项系数；

S_{Gk}——永久荷载标准值产生的荷载效应；

S_{Q1k}——基本可变荷载标准值产生的荷载效应；

S_{Q2k}——其他可变荷载标准值产生的荷载效应。

式中的分项系数 γ_G、γ_Q 按各有关规范确定。

（2）偶然组合

偶然组合指永久荷载与偶然荷载及同时作用的其他可变荷载的组合，按各规范规定取值。

2. 按正常使用极限状态设计时

应考虑荷载的短期组合、长期组合和其他组合：

（1）短期组合

$$S_{Gk} + S_y + S_{Q1k} + \sum \psi_o S_{Q2k} \tag{4-15}$$

（2）长期组合

$$S_{Gk} + S_y + \sum \psi_2 S_{Qk} \tag{4-16}$$

式中 S_y——预加力产生的效应；

S_{Qk}——可变荷载产生的荷载效应。

（3）其他组合

对某些结构构件，允许根据各有关规范的规定，采用某些特定的荷载组合。如公路桥涵设计规范则按永久荷载、可变荷载及偶然荷载，根据可能出现的不同情况，设计时需进行多种的最不利组合。对于荷载组合的荷载分项系数，一般都按以下规定采用。

3. 荷载分项系数

按承载能力极限状态设计时，其荷载分项系数分为永久荷载的分项系数和可变荷载的分项系数，荷载的分项系数一般可按如下选用：

（1）永久荷载的分项系数

当其效应对结构不利时，取1.2；

当其效应对结构有利时，取1.0。

（2）可变荷载的分项系数

一般情况下取1.4。

当永久荷载效应对结构构件的承载能力有利时，不应大于1.0，当可变荷载效应对结构构件的承载能力有利时，应取为0。

4.1.4 材料强度的标准值和设计值及分项系数

1. 材料强度标准值

由于钢筋和混凝土的强度都是随机变量，而且一般呈正态分布，因此，强度标准值应按概率统计确定。

（1）混凝土强度标准值

混凝土强度标准值取其概率分布的0.05分位值确定，其保证率为95%。

（2）钢筋强度标准值

普通钢筋强度标准值取国家标准规定的钢筋的屈服点，热处理钢筋则取其屈服点的0.9倍，钢丝、钢绞线的强度标准值取为国家标准规定的极限抗拉强度。无论有明显屈服台阶的普通钢筋，还是无明显屈服台阶的钢丝和钢绞线，其强度保证率均在95%以上。

2. 材料分项系数

结构按承载能力极限状态设计时，材料强度取设计值，即为材料的强度标准值除以相应的材料分项系数。

（1）混凝土材料分项系数 γ_c

混凝土材料分项系数可通过对轴心受压构件做可靠度分析确定。如桥规JTG D62—2004给出的混凝土材料分项系数 $\gamma_c=1.45$，是采用“校准法”，按新老规范轴心受压构件承载能力相等的原则换算而得的。

（2）钢筋材料分项系数 γ_s

钢筋材料分项系数可通过轴心受拉构件做可靠度分析确定。由于试验统计资料不足，各类钢筋的材料分项系数还不可能全部由可靠度分析确定。桥规JTG D62—2004给出的钢筋分项系数对各类热轧钢筋，取 $\gamma_s=1.25$；对无明显屈服台阶的钢绞线、碳素钢丝，取 $\gamma_s=1.47$。

3. 材料强度的设计值

材料强度的设计值即由材料强度标准值除以材料分项系数而得：

混凝土的抗压强度设计值

$$f_{cd}=\frac{f_{ck}}{\gamma_c} \tag{4-17}$$

钢筋的抗拉强度设计值

$$f_{sd}=\frac{f_{sk}}{\gamma_s} \tag{4-18}$$

式中 f_{cd}、f_{sd}——混凝土、钢筋强度设计值；

f_{ck}、f_{sk}——混凝土、钢筋强度标准值；

γ_c、γ_s——混凝土、钢筋材料分项系数。

§4.2 预应力混凝土受弯构件的受力特性

4.2.1 预应力混凝土受弯构件的各阶段受力

预应力混凝土结构的受力状态与钢筋混凝土构件的受力状态有所不同，钢筋混凝土结构的受力一般可区分为正常使用极限状态与承载能力极限状态两个主要受力阶段，而预应力混凝土结构除这两个主要受力状态外，还存在施加预应力的施工阶段，而且这一阶段受力状态的受力分析也极为重要。预应力混凝土构件与钢筋混凝土构件还存在的不同点是：预应力混凝土构件的预应力筋可看成是施加预应力的媒介，即预加力一般是通过预应力筋（或预应力筋系统）传递给混凝土构件的，但预应力筋本身又是构件中承受拉力的主要部分，即预应力筋既对混凝土构件作用一预压荷载，又与混凝土共同承担作用在构件上的外部荷载。因此，预应力混凝土构件的受力过程要比钢筋混凝土构件复杂。

预应力混凝土结构从张拉预应力筋到承受极限荷载而破坏，其受力全过程大致可分为三个工作阶段：第一阶段为预加应力阶段（包括预制、运输、安装）；第二阶段为正常使用阶段，即正常使用极限状态，在这一阶段全预应力混凝土结构不出现拉应力，部分预应力混凝土结构允许出现拉应力或有限的裂缝；第三阶段为承受极限荷载的破坏阶段，即承载能力极限状态。图4-4所示为后张法预应力混凝土简支梁从张拉预应力筋到破坏阶段受力过程跨中截面的应力状态。

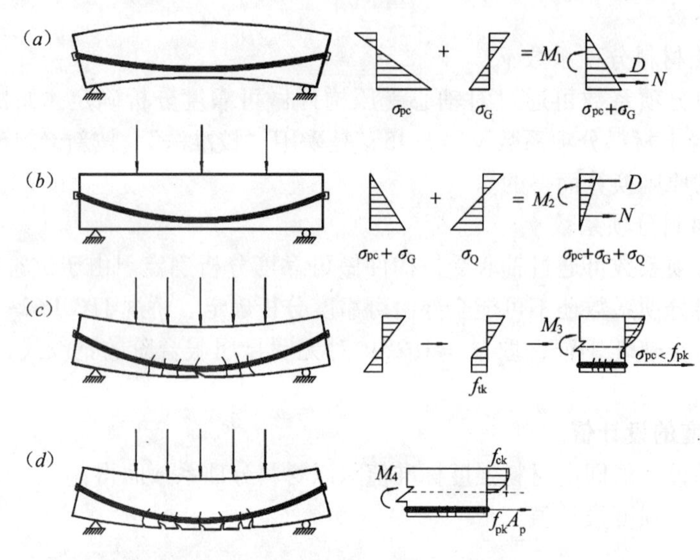

图4-4 预应力混凝土简支梁受力过程的应力状态

1. 施加预应力阶段

预应力混凝土构件施加预应力主要有先张法和后张法两种。这两种施加预应力的方法在施加预应力阶段的受力稍有不同，其中主要差别在于预应力损失的计算和在施加预应力阶段换算截面的取值等方面。在工程中，后张法的应用更为广泛，因此，在此选择后张法构件予以说明。后张法预应力混凝土构件在预应力筋张拉锚固后，预应力混凝土梁受到预加力的作用，将产生变形，对于简支构件将向上挠曲，即反拱。梁的自重随即是自重荷载，即在预加应力阶段梁将受到预加力和自重的共同作用，此时预应力损失完成了第一阶段的损失，因此预加力应扣除第一批预应力损失。此时后张法构件，因管道尚未灌浆，预应力筋与混凝土还未粘结在一起，计算截面应力时应采用扣除管道影响的净截面几何特征值。预施应力阶段梁处于弹性工作阶段，由预加力和自重引起的截面应力，可按材料力学公式计算：

$$\sigma_{cc} \text{ 或 } \sigma_{ct} = \frac{N_{pI}}{A_j} \mp \frac{N_{pI}e_p}{I_j}y \pm \frac{M_{G1}}{I_j}y \tag{4-19}$$

式中 N_{pI}——扣除第一批预应力损失的预加力值，$N_{pI}=(\sigma_{con}-\sigma_{lI})A_p$；

M_{G1}——计算截面处梁的自重或施工阶段的恒载弯矩值；

e_p——相对于净截面重心轴的预加力偏心距；

A_j，I_j——混凝土净截面面积和惯性矩。

为了保证结构在预施应力阶段（构件制造、运输、吊装）的安全，对于全预应力混凝土构件一般规定在预加力和自重作用下，梁截面上边缘不出现拉应力，梁截面的下边缘压应力亦不应超过规范规定的允许值，如图4-4（*a*）所示。

2. 正常使用阶段

正常使用阶段即为正常使用极限状态，这一工作阶段经历的时间较长，荷载组合的工况也较复杂。在这一阶段，一般假定预应力损失已全部完成，预应力筋对混凝土的作用为扣除全部预应力损失的有效预加力。对后张法构件，此时管道已灌浆，预应力筋与混凝土已经粘结在一起共同受力，计算截面应力时应采用考虑预应力筋作用的换算截面的几何特征值。全预应力混凝土构件在这一阶段处于弹性工作状态，即构件的全截面都参加工作。这一阶段在有效预加力、构件自重、恒载以及活荷载作用下的截面应力仍可按材料力学公式计算：

$$\sigma_{cc}\text{ 或 }\sigma_{ct}=\frac{N_{pe}}{A_j}\mp\frac{N_{pe}e_p}{I_j}y\pm\frac{M_{G1}}{I_j}y\pm\frac{M_{G2}}{I_0}\frac{M_p}{I_0}y_0 \tag{4-20}$$

式中 N_{pe}——扣除全部预应力损失的有效预加力；

M_{G2}——使用阶段二期恒载弯矩值；

M_p——计算截面梁的活载弯矩值；

A_0，I_0——构件换算截面面积和惯性矩；

y，y_0——所求应力之点至净截面重心轴和换算截面重心轴的距离。

在正常使用阶段，对于全预应力混凝土简支梁，其截面上缘一般保持较大的压应力，但其数值应大于规范规定的允许值；梁截面的下缘，即预压受拉边缘，一般不出现拉应力，这是理想工作状态，如图4-4（*b*）所示。对于部分预应力混凝土构件，则允许在正常使用阶段出现拉应力或出现有限宽度的裂缝。在正常使用阶段对结构往往还有最大变形的限制，以使结构在正常工作阶段不发生过大的影响使用功能的变形。

3. 承载能力极限阶段

当作用在构件上的荷载超过正常使用极限状态的值并继续增大时，预应力混凝土梁的受拉区出现拉应力，当拉应力达到混凝土抗拉强度极限值时，梁的预压受拉区边缘就会出现裂缝，如图4-4（*c*）所示。当荷载继续增大时，裂缝宽度也增大，裂缝继续向上扩展，裂缝的数量增多，混凝土受压高度迅速减小，当受压区混凝土的压应力达到混凝土的最大压应力后即进入应力应变的下降段，截面上的应力即发生应力重分布现象，最后，受压区混凝土的压应变达到极限压应变，受压区混凝土被压碎，同时受拉区的预应力筋和非预应力钢筋也都达到极限抗拉强度，构件即破坏，如图4-4（*d*）所示。构件受力的最后状态即为承载能力极限状态，它表明构件所能承受的最大荷载。从正常使用阶段到构件的破坏阶段是预应力混凝土构件的受力进入塑性工作阶段，这一阶段的受力特性即表明构件的延性特性。对于全预应力混凝土构件这一阶段的延性特性不如普通钢筋混凝土构件，全预应力混凝土构件的破坏一般表现为脆性破坏，即破坏前的变形预兆远不如钢筋混凝土构件，而部分预应力混凝十即处于两者之间。

预应力混凝土构件从正常使用极限状态到承载能力极限状态其预应力逐渐失效，在破坏前预应力完全失效。因此，在承载能力极限状态梁截面的受力分析为截面受力的平衡设计，即受压区混凝土的应力达到混凝土的抗压设计强度值。截面平衡设计时一般假定混凝土受压区的应力分布以等效矩形块代替，受拉区的预应力钢筋和非预应力钢筋的应力都达到抗拉设计强度值。

4.2.2 预应力混凝土受弯构件的正截面强度计算

受弯构件的正截面强度一般即为承载能力极限状态下的截面强度。我国现行的《混凝土结构设计规范》（GB 50010—2002）与《公路钢筋混凝土及预应力混凝土桥涵设计规范》（JTG D62—2004），对预应力混凝土受弯构件的正截面强度计算均以塑性理论为基础，并考虑截面平衡设计的协调条件。对于仅在受拉区设置预应力钢筋的矩形截面的受弯构件，如图 4-5 所示，其正截面受弯承载力的计算公式为：

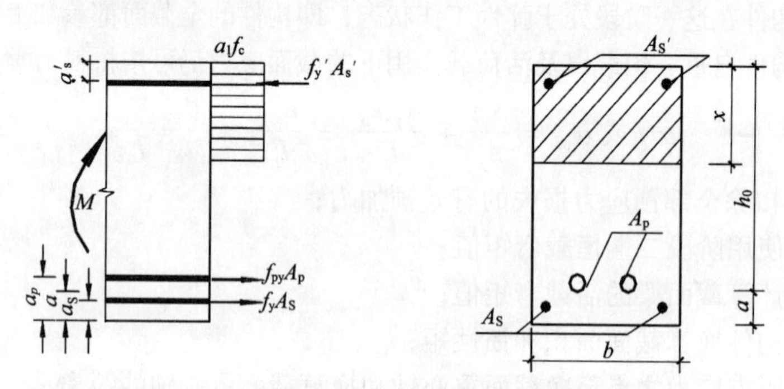

图 4-5 矩形截面受弯构件正截面抗弯承载力计算

$$M \leqslant \alpha_1 f_c \cdot b \cdot x\left(h_0 - \frac{x}{2}\right) + f'_y \cdot A'_s \cdot (h_0 - a'_s) \tag{4-21}$$

混凝土受压区高度为：

$$x = (f_y \cdot A_s - f'_y \cdot A'_s + f_{py} \cdot A_p)/\alpha_1 f_c b \tag{4-22}$$

式中 M——弯矩设计值；

h_0——受拉区预应力筋与非预应力钢筋合力中心至混凝土受压区边缘距离；

f_c——混凝土轴心抗压强度设计值。

式中，α_1 为矩形应力图的应力值，取为混凝土轴心抗压强度设计值 f_c 的系数，当混凝土强度等级不超过 C50 时，α_1 取为 1.0，混凝土受压区的高度应符合 $x \leqslant \xi_b \cdot h_0$，即为最大含筋率的限制。

对于翼缘位于受压区的 T 形截面受弯构件（考虑在受压区也存在预应力钢筋），其正截面受弯承载力按下列情况计算（图 4-6）：

（1）当符合下列条件时：

$$f_y \cdot A_s + f_{py} \cdot A_p \leqslant \alpha_1 f_c \cdot b'_f \cdot h'_f + f'_y \cdot A'_s - (\sigma'_{p0} - f'_{py})A'_p \tag{4-23}$$

按宽度为 b'_f（b'_f 为 T 形截面的翼缘板宽度）的矩形截面计算；

（2）当不符合公式（4-23）的条件时，计算中应考虑截面中腹板受压的作用，按下式计算：

$$M \leqslant \alpha_1 f_c \cdot b \cdot x\left(h_0 - \frac{x}{2}\right) + f_{cm}(b'_f - b)h'_f\left(h_0 - \frac{h'_f}{2}\right) + f'_y \cdot A'_s(h_0 - a'_s)$$
$$- (\sigma'_{p0} - f'_{py})A'_p(h_0 - a'_p) \tag{4-24}$$

混凝土受压区高度按下式确定：

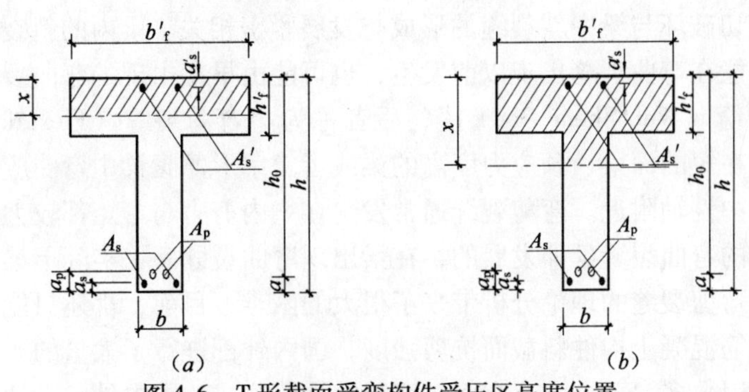

图 4-6　T 形截面受弯构件受压区高度位置

(a) $x<h'_f$；(b) $x>h'_f$

$$\alpha_1 f_c[b\cdot x+(b'_f-b)h'_f]=f_y\cdot A_s-f'_y\cdot A'_s+f_{py}\cdot A_p+(\sigma'_{p0}-f'_{py})A'_p \quad (4\text{-}25)$$

按以上两种情形计算 T 形截面受弯构件时，混凝土受压区高度也应符合相应规范的要求。

《公路钢筋混凝土及预应力混凝土桥涵设计规范》（JTG D62—2004）中正截面强度的计算与上述基本相同，但对材料强度的取值，以及构件的重要性系数等考虑不同。该规范对于 T 形截面预应力混凝土受弯构件正截面承载能力计算，按中性轴所在位置不同分为：

（1）中性轴位于翼缘内，即 $x\leqslant h'_f$，混凝土受压区为矩形，应按宽度为 b'_f 的矩形截面计算，即满足下列条件：

$$f_{sd}A_s+f_{pd}A_p\leqslant f_{cd}b'_f h'_f+f'_{sd}A_s+(f'_{pd}-f'_{p0})A'_p \quad (4\text{-}26)$$

正截面承载力计算公式为：

$$\gamma_0 M_d\leqslant f_{cd}b'_f x\left(h_0-\frac{x}{2}\right)+f'_{sd}A'_s(h_0-a'_s)+(f'_{pd}-\sigma'_{p0})(h_0-a'_p) \quad (4\text{-}27)$$

（2）中性轴位于腹板内时，即 $x>h'_f$，混凝土受压区为 T 形。

此时，截面不符合公式（4-26）的条件，其正截面承载力计算公式，由内力平衡条件可得：

$$\gamma_0 M_d\leqslant f_{cd}bx\left(h_0-\frac{x}{2}\right)+f_{cd}(b'_f-b_f)h'_f\left(h_0-\frac{h'_f}{2}\right)+f'_{sd}A'_s(h_0-a'_s)$$
$$+(f'_{pd}-\sigma'_{p0})A'_p(h_0-a'_p) \quad (4\text{-}28)$$

式中　γ_0——构件的重要性系数；

M_d——弯矩设计值；

f_{cd}——混凝土抗压强度设计值；

f_{sd}，f'_{sd}——钢筋抗拉、抗压强度设计值；

f_{pd}，f'_{pd}——预应力钢筋抗拉、抗压强度设计值。

§4.3　预应力混凝土受弯构件斜截面抗剪强度

混凝土构件的剪力破坏是受弯构件发生破坏的一种模式，或称为斜截面破坏。斜截面破坏一般是结构构件在剪力和弯矩共同作用下的破坏，有时甚至还同时伴有轴向力或扭矩。预应力混凝土构件的剪切破坏机理与钢筋混凝土构件的剪切破坏机理基本相同。钢筋混凝土构件的剪切破坏与梁中斜裂缝的形成与发展紧密相关。梁内的斜裂缝一般出现在腹板内，斜裂缝可能在弯曲裂缝出现以前发生，也可能由早期出现的弯曲裂缝延伸而成。前者称为“腹剪裂缝（Web Shear Crack）”，后者称为“弯剪裂缝（Flexure Shear Crack）”。腹剪裂缝多发生在短的深梁、预应力度高的梁或者工字形薄腹梁中弯曲应力小、剪力大的区段，且常常在中性轴附近。弯剪裂缝通常发生在梁内剪力与弯矩都较大的区段。弯剪裂缝是由早期出现的弯曲裂缝延伸发展的，在梁出现弯曲裂缝后，实际上梁的受力要发生内力重分布，这对弯剪裂缝的理论分析带来了很大的困难，目前，都还只能采用半经验的分析方法。对于钢筋混凝土构件斜截面抗剪强度，国内外都进行了大量的研究，但是由于其受力复杂、影响因数多，至今没有全面、完善的计算公式，国内外各设计规范对抗剪强度的计算差异也较大。预应力混凝土构件的斜截面抗剪能力与普通钢筋混凝土的差别在于预应力混凝土构件中配置有预应力钢筋，当预应力钢筋弯曲配置时，一般地对构件的抗剪承载力有利的。预应力混凝土梁的抗剪承载力计算也是基于钢筋混凝土斜截面强度理论的基础。本节简要介绍钢筋混凝土与预应力混凝土梁的抗剪强度的分析与计算方法，以及我国现行规范的计算规定。

钢筋混凝土梁在弯矩和剪力共同作用的剪弯区段，当其主拉应力超过混凝土抗拉强度极限值时，就产生斜裂缝。当作用的荷载持续地增大，斜裂缝不断开展，梁就会发生斜截面受剪破坏。钢筋混凝土梁斜截面破坏主要有三种形态：斜压破坏、剪压破坏和斜拉破坏。这三种破坏对于无腹筋梁主要取决于剪跨比；对于有腹筋梁则除了剪跨比之外，箍筋（包括斜筋）的配置对破坏形态也有很大的影响。不同的剪跨比在梁中产生的主应力迹线也不同。当剪跨比很小时，就可能在集中力荷载与支座反力之间形成短柱而压坏；而当剪跨比很大时，在支座与集中力荷载之间不产生直接的主压应力迹线，因此可能产生斜向受拉破坏。在一般工程中，对有腹筋梁来说只要截面尺寸合适，箍筋配置数量适当，剪压破坏是斜截面受剪破坏中最常见的一种破坏形态。

4.3.1 混凝土构件抗剪强度分析的基本方法

混凝土构件剪切破坏的影响因素很多，破坏机理复杂。国内外有关剪切破坏机理的理论和分析方法较多，现行规范一般都以基于统计分析理论的计算方法，但作为抗剪强度分析方法，最基本的还是基于桁架模式的计算方法。

1. 桁架模式

（1）古典桁架模式

设计钢筋混凝土梁腹筋的桁架模式最早由 Ritter 和 Morsch 提出的。其基本设想是：形成斜裂缝后的钢筋混凝土梁用图 4-7（a）所示桁架比拟，桁架的受压上弦杆为混凝土；受拉下弦杆是纵向受拉钢筋；腹杆则由受拉的箍筋及斜裂缝间的受压混凝土斜杆构成。对于等截面梁可比拟为具有平行弦杆的桁架，并通常假定斜裂缝的倾角为45°。

用桁架模拟法设计钢筋混凝土梁的腹部抗剪钢筋，方法简单，概念明确。但是，在剪力分配方面没有考虑各受力阶段的裂缝分布不同、应力状态不同而带来的差别；在计算箍筋应力时没有考虑腹板相对刚度的影响；而且不能满足变形协调的原则。为完善古典桁架模型，F. Leonhardt 等建议将受压弦杆比拟为倾斜的、或者改变受压对角杆的倾角，并考虑腹板刚度影响的修正桁架模式，如图 4-7（b）所示。

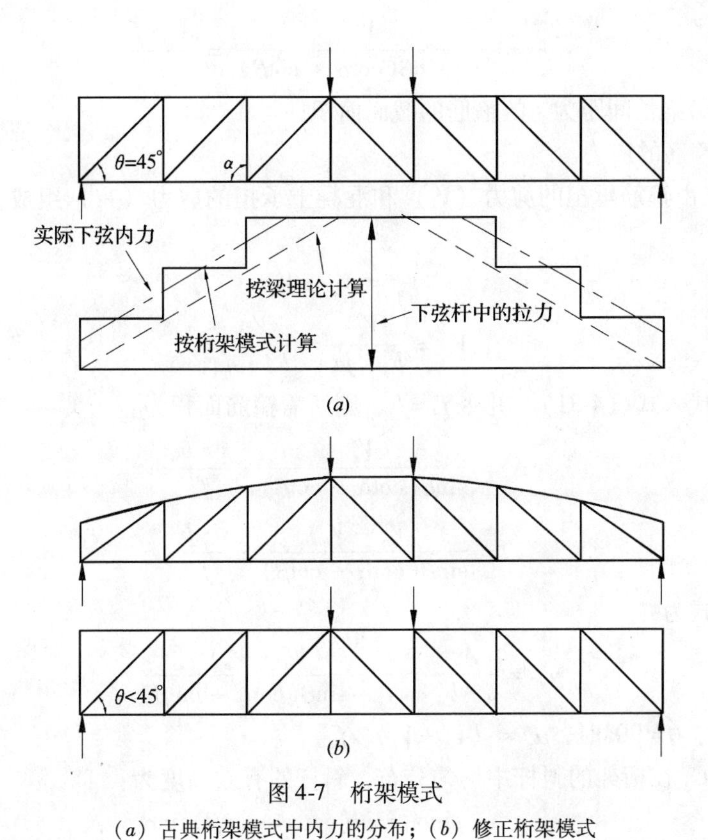

图 4-7　桁架模式

（a）古典桁架模式中内力的分布；（b）修正桁架模式

桁架模式中箍筋和斜压杆的应力计算，如图 4-8 所示，箍筋与梁纵轴夹角为 β，斜压杆倾角为 α 的平行弦桁架，荷载剪力为 V_s，根据节点 A 各内力的平衡条件，可得：

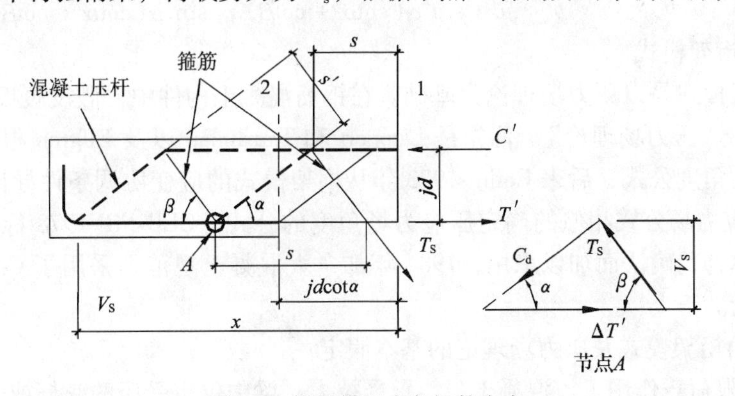

图 4-8　桁架模型中各杆件内力

$$V_s = C_d \cdot \sin\alpha = T_s \cdot \sin\beta \tag{4-29}$$

式中　C_d——斜压杆的内力；

T_s——与斜裂缝相交的各箍筋内力的合力。

由桁架的几何关系，可得箍筋间距 s 为：

$$s = jd(\cot\alpha + \cot\beta) \tag{4-30}$$

单位梁长范围内箍筋承受的力为：

$$\frac{T_s}{s}=\frac{V_s}{jd\cdot\sin\beta(\cot\alpha+\cot\beta)}=\frac{A_v\cdot f_s}{s} \tag{4-31}$$

式中 A_v——沿梁长间距为 s 的箍筋的截面面积；

f_s——箍筋的应力。

总剪力 V_u 由箍筋承担的剪力（V_s）和混凝土承担的剪力（V_c）组成，可写成名义剪应力形式：

$$V_u=V_c+V_s \tag{4-32}$$

其中

$$V_s=\frac{V_s}{b_w\cdot jd}\approx\frac{V_s}{b_w\cdot d} \tag{4-33}$$

将式（4-33）代入式（4-31），并令 $f_s=f_y$，则所需箍筋面积为：

$$A_v=\frac{V_s}{\sin\beta(\cot\alpha+\cot\beta)}\cdot\frac{s\cdot b_w}{f_y} \tag{4-34}$$

$$=\frac{(V_u-V_c)}{\sin\beta(\cot\alpha+\cot\beta)}\cdot\frac{s\cdot b_w}{f_y}$$

写成配箍率形式为：

$$\mu_s=\frac{A_v}{s\cdot b_w}=\frac{(V_u-V_c)}{f_y\cdot\sin\beta(\cot\alpha+\cot\beta)} \tag{4-35}$$

当 $\alpha=45°$，$\beta=90°$时，$\mu_s=(V_u-V_c)/f_y$。

设斜压力 C_d 在桁架的斜杆中均匀分布，斜杆的有效高度为：

$$s'=s\cdot\sin\alpha=jd(\cot\alpha+\cot\beta)\sin\alpha \tag{4-36}$$

因此，在桁架模型中斜压应力可近似按下式计算：

$$f_{cd}=\frac{C_d}{b_w\cdot s'}=\frac{V_s}{b_w\cdot jd\cdot\sin^2\alpha(\cot\alpha+\cot\beta)}=\frac{V_s}{\sin^2\alpha(\cot\alpha+\cot\beta)} \tag{4-37}$$

2. 变角桁架模式

变角桁架模式是以压力场理论为基础。在钢筋混凝土构件中，假设腹板开裂后仅有压力存在，故称“压力场理论”。首先是 Lampert 和 Thurliman 以及 Elfgren 根据塑性理论建立压应力场的角度公式，后来 Collins1973 年从桁架模式的应变协调条件导出了与 1929 年 Wagner 斜拉应力场公式相似的确定压应力场角度的公式。CEB-FIP 1978 标准规范把塑性压力场理论称为精确法而加以采用，1984 年加拿大混凝土规范则采用了 Collins 的协调斜压应力场理论。

（1）变角桁架模式及压力场理论的基本假定

1）在极限荷载作用下，混凝土不能承受拉力，梁中仅有受压的弦杆或受压的斜杆。

2）钢筋仅能承受其轴线方向的拉力或压力。

3）仅考虑低筋截面，以保证在混凝土被压碎前是由钢筋屈服而破坏。

4）在极限荷载作用下，亦即初始的弹性及非弹性位移和内力重分布发生以后，不考虑钢筋的销栓作用和裂缝间的咬合力。

5）构造设计能保证不发生局部破坏。

6）为防止混凝土早期破坏，规定了混凝土的压应力和名义剪应力的上限值。同时，还限制混凝土压应力场的倾斜角 α，以便控制内力的重分配范围。

（2）受剪单元的强度

箱形截面两侧的腹板，以及I形、T形或者矩形截面的腹板均可视为受剪单元。图4-9所示受剪单元上作用有：弯矩 M、轴向力 N 和剪力 V。桁架内力为上、下弦杆中的轴向力 F_u 及 F_i，竖向箍筋的内力 $A_w f_w$，以及混凝土斜压应力场 σ_c 的合力 D，斜压应力场的可变倾角为 α。根据平衡条件可得：

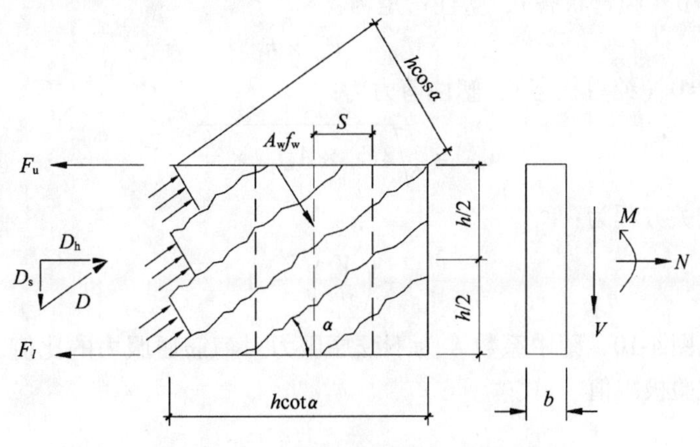

图4-9 受剪单元内力平衡图

$$D = \frac{V}{\sin\alpha} \tag{4-38}$$

$$\sigma_c = \frac{D}{bh\cos\alpha} = \frac{V}{bh} \times \frac{1}{\sin\alpha\cos\alpha} \tag{4-39}$$

$$F_u = \frac{N}{2} - \frac{M}{h} + \frac{V}{2}\cot\alpha \tag{4-40}$$

$$F_l = \frac{N}{2} + \frac{M}{h} + \frac{V}{2}\cot\alpha \tag{4-41}$$

$$A_w f_w = V \times \frac{s}{h}\tan\alpha \tag{4-42}$$

对于低筋截面应满足下列塑性条件：

上弦杆： $$F_u \leqslant F_{yu} = A_u f_{yu} \tag{4-43}$$

下弦杆： $$F_l \leqslant F_{yl} = A_l f_{yl} \tag{4-44}$$

箍筋： $$A_w f_w \leqslant A_w f_{yw} \tag{4-45}$$

式中，F_{yu}、F_{yl}及 $A_w f_{yw}$ 为屈服内力，A_u、A_l 及 A_w 分别为上弦杆、下弦杆及箍筋的截面面积，σ_{yu}、σ_{yl}及 f_{yw}分别为各钢筋的屈服强度。对于仅承受弯矩和剪力的梁则仅有两个屈服条件：

$$F_l \leqslant F_{yl} = A_l f_{yl} \tag{4-46}$$

$$A_w f_w \leqslant A_w f_{yw} \tag{4-47}$$

代入式（4-41）及式（4-42），可得弯矩和剪力的极限值 M_u 及 V_u 为：

$$F_{yl} = \frac{M_u}{h} + \frac{V_u}{2}\cot\alpha \tag{4-48}$$

$$A_w f_{yw} = V_u \times \frac{s}{h}\tan\alpha \tag{4-49}$$

其中 $$\tan\alpha = \frac{A_w f_{yw}}{V_u} \times \frac{h}{s}$$

将（4-49）式代入式（4-48），可得

$$F_{yl} = \frac{M_u}{h} + \frac{1}{2} \times \frac{V_u^2 \times s}{A_w f_{yw} \times h} \tag{4-50}$$

若剪力 $V_u = 0$（纯弯状态），塑性弯矩为：

$$M_{u0} = F_{yl} \times h \tag{4-51}$$

若弯矩 $M_u = 0$（纯剪状态），塑性剪力为：

$$V_{u0} = \sqrt{2F_{yl} \times A_w f_{yw} \times \frac{h}{s}} \tag{4-52}$$

故可得其相关方程为：

$$\frac{M_u}{M_{u0}} + \left(\frac{V_u}{V_{u0}}\right)^2 = 1 \tag{4-53}$$

相关曲线见图4-10，图中系数 K 为下弦屈服力对箍筋屈服力的比值，$\tan\alpha = 1/2$ 或 2 是变角正切的试验极限值。

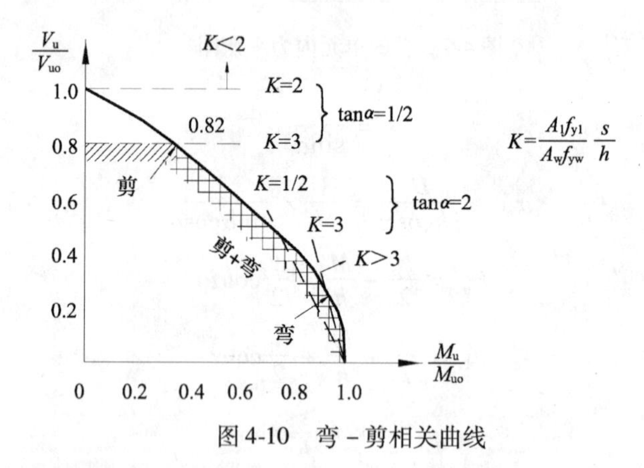

图4-10 弯－剪相关曲线

（3）斜压应力场的倾角 α

现考虑塑流开始时受剪单元的塑性应变增量如图4-11所示。若取垂直于裂缝方向的开裂程度用裂缝参数 ε_R（平均裂缝应变）表示，则可得

箍筋应变 $$\varepsilon_s = \varepsilon_R \cos^2\alpha \tag{4-54}$$

纵向应变 $$\varepsilon_l = \varepsilon_R \sin^2\alpha \tag{4-55}$$

为简化，略去混凝土斜压杆的应变，则得

剪切应变 $$\gamma = \varepsilon_s \tan\alpha + \varepsilon_l \cot^2\alpha \tag{4-56}$$

又 $$\varepsilon_s = \varepsilon_l \cot^2\alpha \tag{4-57}$$

$$\varepsilon_R = \varepsilon_s + \varepsilon_l \tag{4-58}$$

由 $d\gamma/d\alpha = 0$，求得剪切变形最小时的斜压应力场倾角 α 应满足下列条件：

$$\tan^2\alpha = \frac{\varepsilon_l}{\varepsilon_s} \tag{4-59}$$

在设计时须将倾角 α 限制在一定的范围内，以使箍筋及纵筋在构件破坏时都能屈服，

并考虑在使用荷载下的裂缝宽度不应超过允许值。

纵筋屈服时 $\varepsilon_l = \varepsilon_y$，裂缝参数为：

$$\varepsilon_R = \varepsilon_y(1 + \cot^2\alpha) \tag{4-60}$$

箍筋屈服时 $\varepsilon_s = \varepsilon_y$，裂缝参数为：

$$\varepsilon_R = \varepsilon_y(1 + \tan^2\alpha) \tag{4-61}$$

将式（4-60）及式（4-61）绘于图4-12中，可以看出 $\alpha = 45°$时，裂缝参数最小。当箍筋和纵筋同时屈服时，$\varepsilon_s = \varepsilon_y = \varepsilon_l$，则 $\alpha = 45°$。当 $\alpha > 45°$时，箍筋首先屈服，引起箍筋应变及裂缝宽度迅速增大，直至纵筋屈服。当 $\alpha < 45°$时，纵筋首先屈服，纵筋应变及裂缝宽度也将迅速加大，直至箍筋屈服。因此，倾角 α 只能在较小的范围内变动，根据试验结果，得变化范围为：

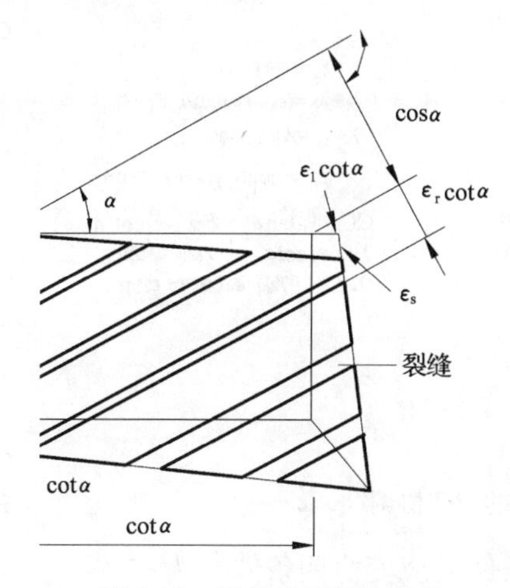

图4-11　受剪单元塑性应变

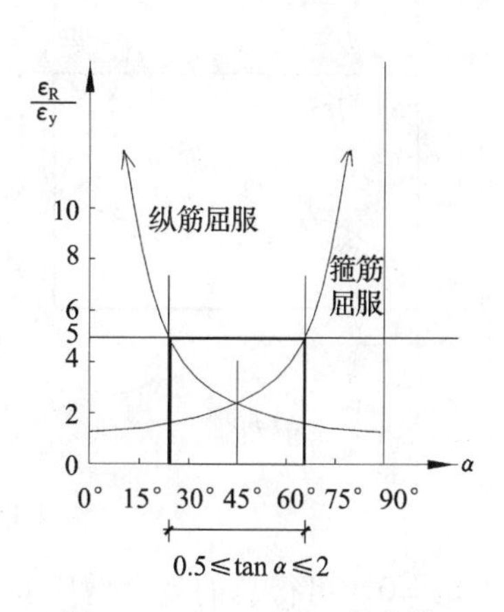

图4-12　$\varepsilon_R/\varepsilon_y$ 随 α 的变化

$$0.5 \leqslant \tan\alpha \leqslant 2 \tag{4-62}$$

$\tan\alpha = 0.5$ 时，$\varepsilon_l = \varepsilon_y$，$\varepsilon_s = 4\varepsilon_y$ $\varepsilon_R = 5\varepsilon_y$ 剪力破坏；

$\tan\alpha = 1.0$ 时，$\varepsilon_l = \varepsilon_s = \varepsilon_y$，$\varepsilon_R = 2\varepsilon_y$ 弯剪同时破坏；

$\tan\alpha = 2.0$ 时，$\varepsilon_s = \varepsilon_y$，$\varepsilon_l = 4\varepsilon_y$，$\varepsilon_R = 5\varepsilon_y$ 受弯破坏。

CEB—FIP（1978）规范对 α 角的限值为：

$$\frac{3}{5} \leqslant \tan\alpha \leqslant \frac{5}{3} \tag{4-63}$$

（4）受剪单元的应变协调条件

如图4-13（a）所示，受剪单元由箍筋拉应变 ε_s 及纵筋拉应变 ε_l 所产生的复合剪应变为：

$$\gamma = \gamma_s + \gamma_l = \varepsilon_s\tan\alpha + \varepsilon_l\cot\alpha \tag{4-64}$$

由混凝土斜压杆中压应变 ε_d 产生的变形如图4-13（b）所示，相应的剪应变为：

$$\gamma_d = \gamma_{ds} + \gamma_{dl} = \varepsilon_d(\tan\alpha + \cot\alpha) \tag{4-65}$$

将图4-13（a）与图4-13（b）迭加可得总的复合剪应变（见图4-13c）为：

$$\begin{aligned}\gamma &= \gamma_s + \gamma_l + \gamma_{ds}\gamma_{dl} \\ &= (\varepsilon_s + \varepsilon_d)\tan\alpha + (\varepsilon_l + \varepsilon_d)\cot\alpha\end{aligned} \tag{4-66}$$

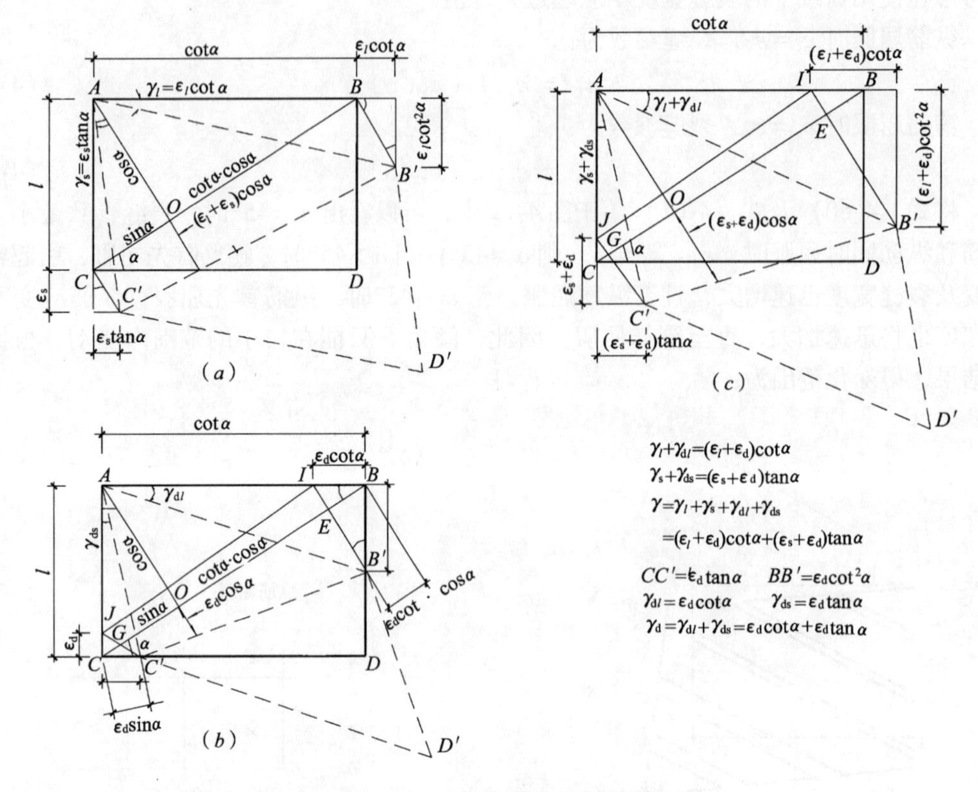

图 4-13　受剪单元的应变协调

$d\gamma/d\alpha=0$，可得总的复合剪应变最小时的条件（应变协调条件）为：

$$\tan^2\alpha=\frac{\varepsilon_l+\varepsilon_d}{\varepsilon_s+\varepsilon_d} \tag{4-67}$$

（5）受剪单元的应力－应变关系

在应变协调方程确定以后，再应用桁架内力平衡方程，以及混凝土和钢筋的应力－应变曲线，就可以计算出构件在剪力及弯矩作用下的结构行为，这种方法叫压力场理论。其破坏准则是以混凝土斜压杆中的平均应力达到某极限值为准。

受剪单元钢筋的应力仅与其轴线方向的应变有关，不承受垂直于其轴线方向的剪力，其应力－应变曲线通常可以采用双直线形。受剪单元混凝土的平均应力与平均应变的本构关系要考虑裂缝的软化效应、主拉应变的影响以及箍筋的不利作用等。

（6）预应力的影响

对于预应力混凝土构件，在极限荷载阶段，按截面平衡理论设计的适筋梁中的纵向预应力钢筋和普通钢筋都能屈服。因此，应用桁架模式时，只要在计算中考虑预应力钢筋在混凝土消压时的应变，就可以按照钢筋混凝土梁同样的方法分析。为使两种钢筋同时屈服，通常取消压应变等于预应力钢筋屈服应变与普通钢筋屈服应变之差。

对于在极限荷载下名义剪应力小、裂缝开展宽度不大、处于未开裂状态到充分发挥桁架作用的过渡范围内，腹板混凝土可提供不断减小的附加抗剪强度，此时，预应力的影响是存在的。

4.3.2 我国现行规范的计算方法

我国现行规范的抗剪强度计算仍然采用半理论半经验的方法。众所周知：预加力对受弯构件的抗剪承载能力起有利作用，预压应力阻滞了斜裂缝的出现和开展，增加了混凝土剪压区高度，从而提高了混凝土剪压区所承担的剪力。对于部分预应力混凝土构件，它的预应力度降低了，因此，会相应地削弱这一有利因素，但是它的非预应力筋的含量却增加了，那么，纵向钢筋起的暗销作用也加强了。工程设计中可采用相应规范的预应力混凝土构件斜截面抗剪强度的计算公式。我国的《混凝土结构设计规范》（GB 50010—2002）和桥规 JTG D62—2004 对预应力混凝土构件斜截面抗剪承载力的计算与钢筋混凝土构件一样，都以剪压破坏形态的受力特征为基础，斜截面所承受的剪力由斜截面受压的上缘部分未开裂的混凝土与斜截面相交的箍筋和弯起的预应力钢筋三部分共同承担（如图 4-14）。

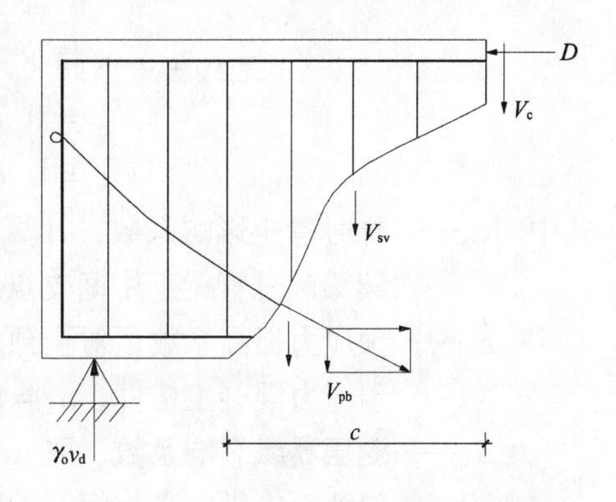

图 4-14　斜截面抗剪承载力计算图式

1.《混凝土结构设计规范》（GB 50010—2002）的计算公式

规范 GB 50010—2002 对于矩形、T 形和 I 形截面的预应力混凝土受弯构件，其斜截面的抗剪承载力按下式计算：

$$V \leqslant V_{cs} + V_p + 0.8f_y \cdot A_{sb} \cdot \sin\alpha_s + 0.8f_{py} \cdot A_{pb} \cdot \sin\alpha_p \tag{4-68}$$

$$V_{cs} = 0.7f_t \cdot b \cdot h_0 + 1.25f_{yv}\frac{A_{sv}}{s}h_0 \tag{4-69}$$

$$V_p = 0.05N_{p0} \tag{4-70}$$

式中　V——斜截面上的最大剪力设计值；

V_p——预应力所提高的抗剪承载力设计值；

N_{p0}——计算截面混凝土法向预应力等于零时的预应力筋和非预应力钢筋的合力；

V_{cs}——混凝土和箍筋的受剪承载力设计值；

A_{sv}——截面内箍筋各肢的截面面积和；

s——箍筋间距；

f_{yv}——箍筋抗拉强度设计值；

A_{sb}，A_{pb}——同一弯起平面内非预应力钢筋、弯起预应力钢筋的面积；

α_s，α_p——斜截面上非预应力弯起钢筋、预应力弯起钢筋的切线与构件纵轴线的夹角。

2. 桥规 JTG D62—2004 的计算公式

桥规 JTG D62—2004 对于矩形、T 形和工字形截面等高度的预应力混凝土受弯构件，其斜截面抗剪承载力计算的基本表达式为：

$$\gamma_0 V_d \leqslant V_{cs} + V_{sb} + V_{pb} \tag{4-71}$$

式中　V_d——斜截面最大剪力设计值；

V_{cs}——混凝土和箍筋的受剪承载力设计值；

V_{sb}——与斜截面相交的非预应力弯起钢筋的抗剪承载力；

V_{pb}——与斜截面相交的预应力弯起钢筋的抗剪承载力；

γ_0——结构的重要性系数。

混凝土和箍筋的受剪承载力设计值 V_{cs} 与预应力弯起钢筋的抗剪承载力 V_{pb} 的计算如下：

$$V_{cs} = \alpha_1\alpha_2\alpha_3 0.45 \times 10^{-3} bh_0 \sqrt{(2 + 0.6P)\sqrt{f_{cu,k}}\rho_{sv}f_{sv}} \tag{4-72}$$

$$V_{sb} = 0.75 \times 10^{-3} f_{sd} \sum A_{sb} \sin\theta_s \tag{4-73}$$

$$V_{pb} = 0.75 \times 10^{-3} f_{pd} \sum A_{pd} \sin\theta_p \tag{4-74}$$

式中 α_1——异号弯矩影响系数，计算简支梁和连续梁近边支点处时，$\alpha_1 = 1.0$；计算连续梁和悬臂梁近中间支点处时，$\alpha_1 = 0.9$；

α_2——预应力提高系数，对全预应力混凝土构件，$\alpha_2 = 1.25$；对于允许出现裂缝的预应力混凝土构件，$\alpha_2 = 1.0$；

α_3——受压翼缘影响系数，取 $\alpha_3 = 1.1$；

P——斜截面内纵向受拉钢筋的配筋百分率，$P = 100\rho$，当 $P > 2.5$ 时，取 $P = 2.5$；

$f_{cu,k}$——混凝土立方体抗压强度标准值；

f_{sv}——箍筋抗拉强度设计值；

ρ_{sv}——箍筋配筋率，$\rho_{sv} = A_{sv}/s_v b$；

A_{sv}——斜截面内配置在同一截面的箍筋各肢总截面积（mm^2）；

s_v——斜截面内箍筋间距（mm）；

A_{sb}，A_{pb}——斜截面内弯起非预应力钢筋、弯起预应力钢筋的截面积；

θ_s，θ_p——弯起非预应力钢筋、弯起预应力钢筋的水平夹角。

上述我国的房屋建筑混凝土结构设计规范与公路钢筋混凝土及预应力混凝土桥涵设计规范的斜截面抗剪强度计算公式也是国际上多数国家采用的形式。斜截面强度问题通常是通过强度计算、构造措施和截面限制条件等三方面予以解决的。例如：最小配箍率一般可以防止斜拉破坏的发生；控制梁的截面尺寸不致过小可以防止斜压破坏的发生；而对于常见的剪压破坏则通过强度计算予以保证。在工程设计中，斜截面的设计除了斜截面的抗剪强度计算外，还要进行斜截面抗弯承载力的验算。预应力混凝土受弯构件当纵向钢筋较少时，有可能发生斜截面的弯曲破坏。

§4.4 预应力混凝土构件的局部受压承载力

预应力混凝土构件在预应力筋的锚固区附近其受力一般都处于局部受压状态，尤其在预应力混凝土桥梁结构中其预应力索的张拉吨位都比较高，局部受压问题更加严重。因此，预应力混凝土构件局部受压的承载力也是设计计算中一个不可忽视的问题。

1. 局部受压承载力的计算理论

当前预应力混凝土局部受压承载力的计算理论主要有套箍理论和剪切理论两种。

（1）套箍理论

套箍理论认为：局部承压区的混凝土可看作是承受侧压力作用的混凝土芯块。当局部荷载作用增大时，受挤压的混凝土向外膨胀，核心混凝土处于三向受压状态，因此，混凝土的抗压强度有所提高。当周围混凝土环向应力达到抗拉极限强度时，混凝土开裂，试件破坏（图4-15）。

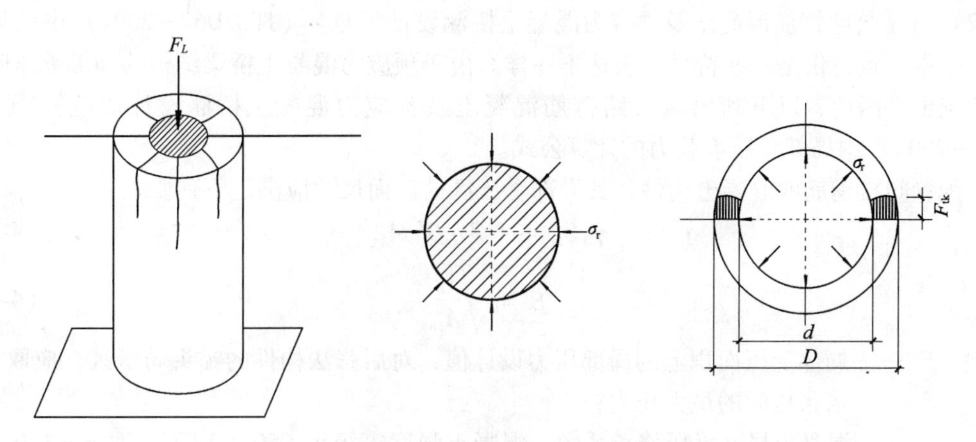

图4-15　混凝土局部承压的套箍理论受力模型

（2）剪切理论

近年来，国内外对局部承压的开裂和破坏机理开展了较多的研究，提出了以剪切破坏为标志的局部承压“剪切破坏机理”。认为在局部荷载作用下，构件端部的受力特征可以比拟为一个带多根拉杆的拱结构（图4-16*a*），紧靠承压板下面的混凝土在拱顶部分承受轴向局部荷载和拱顶的侧压力。距承压板较深的混凝土，位于拱拉杆处，承受横向拉力。当局部承压荷载达到开裂荷载时，相当于部分拉杆达到抗拉极限强度，从而产生局部纵向裂缝（图4-16*b*），当荷载继续增加，裂缝延伸，拱机构中更多的拉杆破坏，内力进一步调整，拉杆合力中心至拱顶压力中心的力臂逐渐加大，拱顶侧向压力 T 与局部荷载 N_c 的比值有所下降，承压板下核心混凝土所受的三轴应力也随之发生变化，当 N_c 与 T 的比值达到某一数值时，核心混凝土逐步形成剪切破坏的楔形体，拱机构最终破坏（图4-16*c*）。

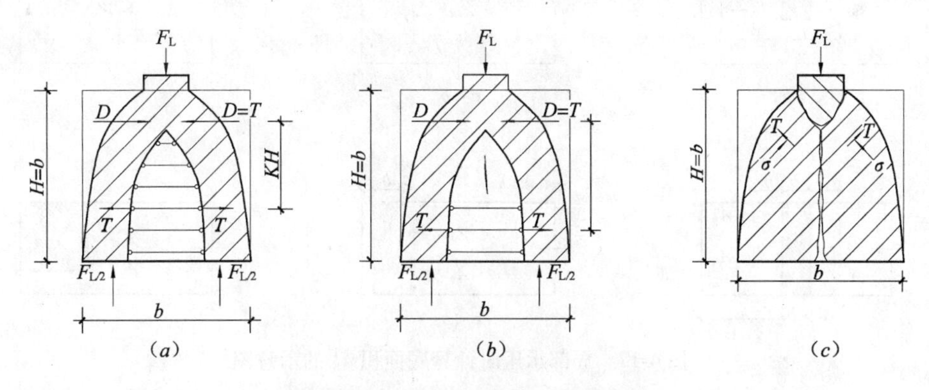

图4-16　局部承压剪切理论受力模型

（*a*）带拉杆拱结构；（*b*）局部纵向裂缝；（*c*）拱机构破坏

局部受压的套箍理论是早期局部承压构件的承载力计算中采用较多的理论，当随着对局部承压研究的逐步完善，发现套箍理论中存在与实际局部承压受力相矛盾的现象，如“套箍”外围混凝土对核心混凝土约束的解释，在外围混凝土开裂后的实际受力与试验现象不符。因此，在现行的规范中大都采用剪切理论为依据。

2. 局部承压承载力计算

对于局部承压承载力的计算我国现行规范《混凝土结构设计规范》（GB 50010—2002）与《公路钢筋混凝土及预应力混凝土桥涵设计规范》（JTG D62—2004）中的计算公式基本一致，仅是一些符号的表达不一样。由于预应力混凝土桥梁结构的局部承压问题更为突出，因此，以下列出《公路钢筋混凝土及预应力混凝土桥涵设计规范》（JTG D62—2004）中局部承压承载力的计算公式。

配置间接钢筋的混凝土构件，其局部受压区的截面尺寸应满足下列要求：

$$\gamma_0 F_{ld} \leqslant 1.3\eta_s \beta f_{cd} A_{ln} \tag{4-75}$$

$$\beta = \sqrt{\frac{A_b}{A_l}} \tag{4-76}$$

式中 F_{ld}——局部受压面积上的局部压力设计值，对后张法构件的锚头局压区，应取1.2倍张拉时的最大压力；

η_s——混凝土局部承压修正系数，混凝土强度等级为C50及以下，取 $\eta=1.0$；混凝土强度等级为C50~C80取 $\eta_s=1.0\sim0.76$，中间按直线内插；

β——混凝土局部承压强度提高系数；

A_{ln}、A_l——混凝土局部受压面积，当局部受压面积有孔洞时，A_{ln}为扣除孔洞后的面积，A_l为不扣除孔洞的面积；当局部受压面积设置垫板时，局部受压面积应计入在垫板中沿45°刚性角所扩大的面积；对于具有喇叭管并与垫板连成整体的锚具，A_{ln}可取垫板面积扣除喇叭管尾端内孔面积；

A_b——局部受压时的计算底面积，按图4-17确定。

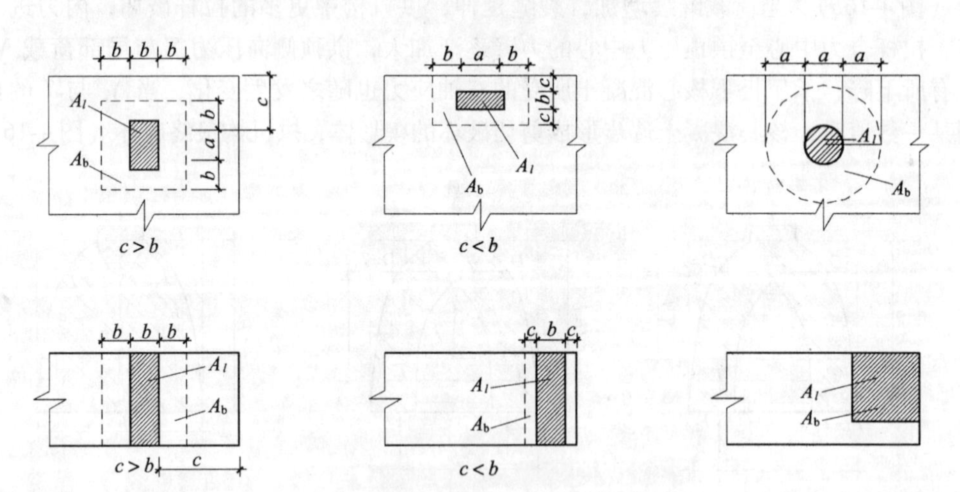

图4-17 局部承压时计算底面积 A_b 的示意图

配置间接钢筋的局部受压构件，其局部抗压承载力按下式计算：

$$\gamma_0 F_{ld} \leqslant 0.9(\eta_s \beta f_{cd} + k\rho_V \beta_{cor} f_{sd}) A_{ln} \tag{4-77}$$

$$\beta_{cor} = \sqrt{\frac{A_{cor}}{A_l}} \tag{4-78}$$

当采用方格钢筋网时

$$\rho_V = \frac{n_1 A_{s1} l_1 + n_2 A_{s2} l_2}{A_{cor} s} \tag{4-79}$$

式中 n_1、A_{s1}——方格钢筋网沿 l_1 方向的钢筋根数、单根钢筋的截面面积；

n_2、A_{s2}——方格钢筋网沿 l_2 方向的钢筋根数、单根钢筋的截面面积；

A_{cor}——方格网或螺旋形钢筋内表面范围内的混凝土核心面积；

s——方格钢筋的层距（方格钢筋网不应少于4层，图4-18）。

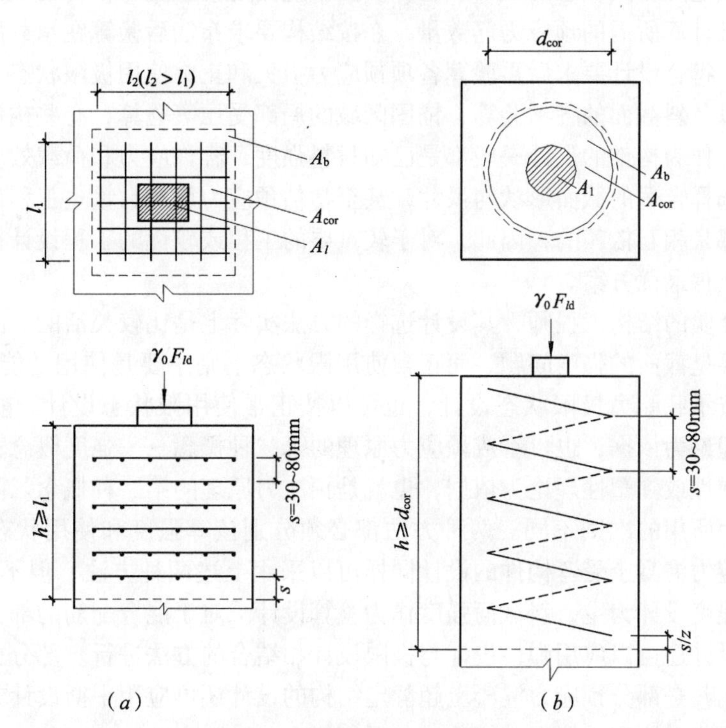

图4-18 局部承压配筋图

(a) 方格网配筋；(b) 螺旋形配筋

此时，在钢筋网两个方向钢筋截面面积相差不应大于50%。

当采用螺旋形钢筋时

$$\rho_V = \frac{4A_{ss1}}{d_{cor} s} \tag{4-80}$$

式中 A_{ss1}——单根螺旋形钢筋的截面面积；

d_{cor}——螺旋形钢筋内表面范围内混凝土核心面积的直径；

s——螺旋形钢筋的螺距（螺旋形钢筋不应少于4圈）。

为了防止梁端混凝土由于强大集中压力作用而出现裂缝，尚需对锚固区进行抗裂性验算，即局部受压区尺寸应满足式（4-75）的要求。若不能满足要求，则应加大构件端部截面尺寸，或调整局部承压面积。

预应力混凝土构件的受力特性除上述的正截面强度与正截面受力分析、斜截面抗剪强度、锚固区域局部受力特性外，也还要进行裂缝宽度、挠度变形、甚至疲劳等问题的验算，有关裂缝与变形计算的理论问题在下一章部分预应力混凝土构件中论述。

§4.5 预应力混凝土受弯构件的设计计算

4.5.1 预应力混凝土构件设计的基本要求与计算步骤

现行规范的预应力混凝土受弯构件的设计方法都采用极限状态设计法，即正常使用极限状态和承载能力极限状态的设计或验算。全预应力混凝土受弯构件的设计一般是在正常使用极限状态计算所需的预应力筋数量，在按结构要求布筋后验算在承载能力极限状态下的截面强度，符合设计要求后再验算各项预应力损失和正常使用极限状态下的控制截面应力、变形，以及斜截面的各项验算，锚固区域的局部受压等验算，有些构件还要进行其他必要的验算。作为构件的设计一般都是已知材料强度、容许应力和荷载效应，设计时根据工程经验须选择合适的截面形状与尺寸，甚至初估预应力筋的数量。工程设计中由于变量多，同时又都是相互依赖的，因此，对于较重要的工程或较优的工程设计往往要经过多次的优化才能获得最优方案。

对于有经验的结构工程师，其设计选择的方法实际上是比较灵活的。因为承载能力极限状态下主要是截面的强度问题，而正常使用限状态下则主要是使用功能的要求。因此，设计时可以按承载能力极限状态设计，也可以按正常使用限状态设计。前者称为极限设计，以塑性理论为依据，也可看成预应力原理的第二种概念——强度概念；后者可称为弹性设计，以弹性或弹塑性理论为依据，也就是预应力原理的第一种概念。两者的区别主要在于确定截面所用的准则不同。两种方法都必须分别核算强度和使用状态下的应力和挠度。部分预应力混凝土受弯构件的设计同样可以采用上述两种方法，但不论哪一种方法，均以正截面强度设计为主，斜截面强度作为验算设计。对于混合配筋的部分预应力混凝土受弯构件的设计还可以应用弹性设计与极限设计相结合的方法进行。部分预应力混凝土结构的设计，尤其是部分预应力混凝土超静定结构的设计还可应用平衡设计方法设计，其理论依据就是预应力原理的第三种概念——平衡概念。

1. 预应力混凝土构件设计的基本要求

预应力混凝土梁的设计与其他构件的设计一样均应满足安全、适用和耐久性等方面的要求，这些方面主要包括：

（1）构件应具有足够的承载力，以满足构件达到承载能力极限状态时具有一定的安全储备，这是保证结构安全可靠工作的前提。这种情况是以构件可能处于最不利工作条件下，而又可能出现的荷载效应最大值来考虑的。

（2）在正常使用极限状态下，构件的抗裂性和结构变形不应超过规范规定的限制。对允许出现裂缝的构件，裂缝宽度也应限制在一定范围内。

（3）在长期使用荷载作用下，构件的截面应力（包括混凝土正截面压应力、斜截面主压应力和钢筋拉应力）不应超过规范规定的限制。为了保证构件在制造、运输、安装时的安全工作，在短期荷载作用下构件的截面应力，也要控制在规范规定的限制范围以内。

从理论上讲，满足上述要求的设计是个复杂的优化设计问题。在设计中，对满足上述要求起决定性影响的是构件的截面选择钢筋数量估算和位置的设计，它们是设计中的控制因素。构件的其他设计要求，如应力校核、预应力钢筋的布筋形状、锚具的布置等都可以通过局部性的设计和考虑来实现。

2. 预应力混凝土简支梁设计的一般步骤

（1）根据设计要求，参照已有设计图纸和资料，选择预加力体系和锚具形式，选定截面形式，并初步拟定截面尺寸，选定材料规格。

（2）根据构件可能出现的荷载效应组合，计算控制截面的设计内力（弯矩和剪力）及其相应的组合值。

（3）从满足主要控制截面（跨中截面）在正常使用极限状态的使用要求和承载力极限状态的强度要求的条件出发，估算预应力钢筋和普通钢筋的数量，并进行合理的布置及纵断设计。

（4）计算主梁截面的几何特征值。

（5）确定张拉控制应力，计算预应力损失值。

（6）正截面和斜截面的承载力复核。

（7）正常使用极限状态下，构件抗裂性或裂缝宽度及变形验算。

（8）持久状态使用荷载作用下构件截面应力验算。

（9）短暂状态构件截面应力验算。

（10）锚固端局部承压计算与锚固区设计。

设计中应特别注意对上述各项计算结果的综合分析。若其中某项计算结果不满足要求或安全储备过大，应适当修改截面尺寸或调整钢筋的数量和位置，重新进行上述各项计算。尽量做到既能满足规范规定的各项限制条件，又不致造成个别验算项目的安全储备过大，达到全梁优化设计的目的。预应力混凝土构件的设计由于要布置预应力钢筋，而不同的预应力钢筋的布置方式对预应力混凝土构件受力的影响又不同，因此，预应力混凝土构件的设计不仅与结构的方式有关，与结构的边界和约束条件等都有关系，这一点与普通钢筋混凝土构件的设计不同。

4.5.2 预应力混凝土受弯构件设计算例

本节以预应力混凝土受弯构件的最基本构件简支梁为例，按照现行的《混凝土结构设计规范》（GB 50010—2002）与《公路钢筋混凝土及预应力混凝土桥涵设计规范》（JTG D62—2004）分别给出两个算例。

【例 4-1】 按《混凝土结构设计规范》（GB 50010—2002）的算例。某后张粘结预应力混凝土简支梁，梁的计算跨径为12m，构件工作环境要求按Ⅰ级抗裂要求设计。

【解】

1. 设计资料

（1）材料

混凝土选用 C40 混凝土，$f_{cu}=40\text{N/mm}^2$，$f_c=19.1\text{N/mm}^2$，$f_t=1.71\text{N/mm}^2$，$f_{tk}=2.39\text{N/mm}^2$，$f_{ck}=26.8\text{N/mm}^2$，$E_c=3.25\times10^4\text{N/mm}^2$；预应力钢筋选用低松弛钢绞线，$f_{ptk}=1860\text{N/mm}^2$；$f_y=1320\text{N/mm}^2$，$E_p=1.95\times10^5\text{N/mm}^2$；非预应力纵向钢筋采用 HRB335 级钢筋，$f_y=300\text{N/mm}^2$，$E_s=2.0\times10^5\text{N/mm}^2$；箍筋采用 HPB235 级钢筋，$f_y=210\text{N/mm}^2$。

（2）截面形式与尺寸

简支梁采用矩形截面，梁跨高比取为16，则截面高度 $h=12000/16=750\text{mm}$，$b=300\text{mm}$；截面几何特征：$A=2.25\times10^5\text{mm}^2$，$y_0=375\text{mm}$，$I=1.05\times10^{10}\ \text{mm}^4$，$W=2.8\times10^7\text{mm}^3$；截面尺寸如图4-19所示。

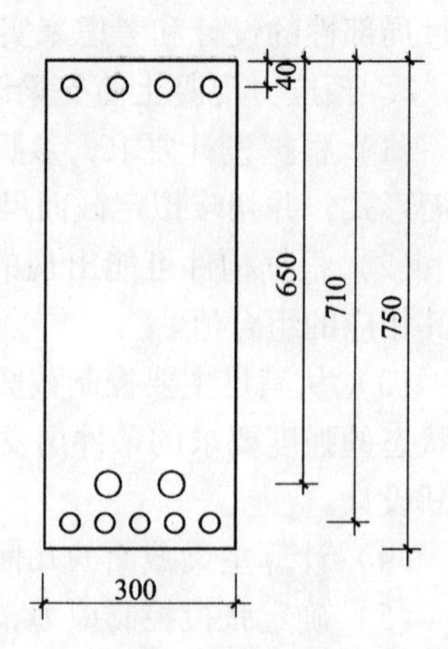

图4-19 跨中截面（单位：mm）

（3）内力计算

跨中截面极限弯矩设计值 $M_u=806.4\text{kN}\cdot\text{m}$，荷载标准组合下弯矩值 $M_k=650.8\text{kN}\cdot\text{m}$，支座边缘处的剪力设计值 $V_{max}=268.8\text{kN}$。

2. 预加力的估计

（1）预应力筋的估算与布置

控制应力和有效应力为：

$$\sigma_{con}=0.75f_{ptk}=0.75\times1860=1395\text{N/mm}^2$$

$$\sigma_{pe}=0.75\cdot\sigma_{con}=0.75\times1395=1046\text{N/mm}^2$$

$$A_{p,k}\geqslant\frac{M_k/W}{\left(\frac{1}{A}+\frac{e_p}{W}\right)\sigma_{pe}}=\frac{650.8\times10^6/2.8\times10^7}{\left(\frac{1}{2.25\times10^5}+\frac{275}{2.8\times10^7}\right)\times1046}=1558\text{mm}^2$$

选用 $\Phi^s15.2$ 钢绞线，每束截面积 139mm^2。选用 2×6 束 $\Phi^s15.2$，总截面积：

$$A_p=12\times139=1668\text{mm}^2$$

预应力钢筋按二次抛物线形布筋（如图4-20）。曲线方程为（以跨中为原点）：

$$y=\frac{500}{6000^2}x^2\quad y'=\frac{2\times500}{6000^2}x\quad y''=\frac{2\times500}{6000^2}$$

所以，$\theta_1=y'/_{x=6000}=0.1667\text{rad}$；$r_c\approx1/|y''|=36000\text{mm}$

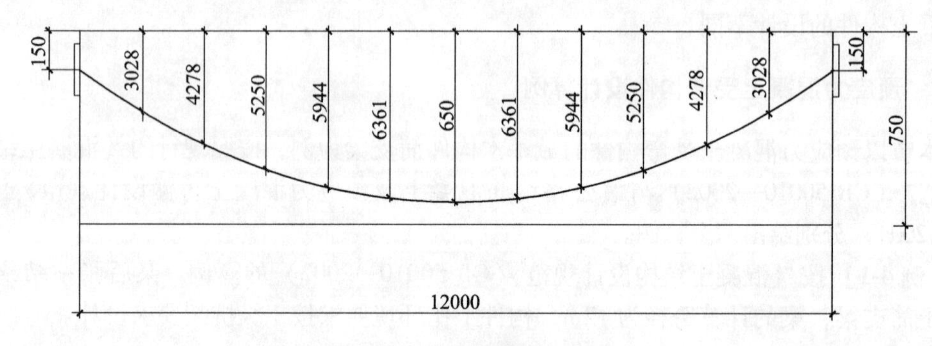

图4-20 预应力钢筋布置图

（2）按强度要求设置非预应力钢筋

设预应力筋和非预应力钢筋合力重心点离上边缘距离 $h_0=680\text{mm}$，对该点求矩

$$\sum M_z=0$$

$$M_u-\alpha_1\cdot f_c\cdot b\cdot x\cdot\left(h_0-\frac{x}{2}\right)=0$$

$$806.4\times10^6-19.1\times300\cdot x\cdot\left(680-\frac{x}{2}\right)=0$$

$$x^2-1360x+281466=0$$

解得　　　　　　　　　　$x = 254.7\text{mm}$

由 $\sum X = 0$ 得：

$$19.1 \times 300 \times 254.7 - 1668 \times 1320 - A_s \times 300 = 0$$

$$A_s < 0$$

按构造配非预应力钢筋，受拉区配 HRB335 级 5 Φ 12，$A_s = 565\text{mm}^2$，受压区配 HRB335 级 4 Φ 12，$A_s = 452\text{mm}^2$。

（3）截面几何特性

$$\alpha_p = E_p/E_c = 6.0 \quad \alpha_s = E_s/E_c = 6.15$$

跨中截面的净截面和换算截面的几何特征值为：

1）净截面

$$A_n = 2.25 \times 10^5 + (6.15 - 1) \times (565 + 452) = 2.30 \times 10^5\text{mm}^2$$

$$y_n = \frac{2.25 \times 10^5 \times 375 + (6.15 - 1) \times 565 \times 40 + (6.15 - 1) \times 452 \times 710}{2.30 \times 10^5}$$

$$= 374.5\text{mm}(\text{距下边缘})$$

$$I_n = 1.05 \times 10^{10} + 2.25 \times 10^5 \times 0.5^2 + (6.15 - 1) \times 565 \times 334.5^2 + (6.15 - 1) \times 452 \times 335.5^2 = 1.11 \times 10^{10}\text{mm}^4$$

2）换算截面

$$A_0 = 2.25 \times 10^5 + (6.15 - 1) \times (565 + 452) + (6.0 - 1) \times 1668 = 2.39 \times 10^5\text{mm}^2$$

$$y_0 = \frac{2.25 \times 10^5 \times 375 + 5.15 \times 565 \times 40 + 5.15 \times 452 \times 710 + 5 \times 1668 \times 100}{2.39 \times 10^5}$$

$$= 363.9\text{mm}(\text{距下边缘})$$

$$I_0 = 1.05 \times 10^{10} + 2.25 \times 10^5 \times 11.1^2 + 5.15 \times 565 \times 323.9^2 + 5.15 \times 452 \times 346.1^2 + 5.0 \times 1668 \times 263.9^2 = 1.17 \times 10^{10}\text{mm}^4$$

$$W_0 = \frac{I_0}{y_0} = 3.22 \times 10^7\text{mm}^3$$

3. 预应力损失计算

（1）锚具变形和钢筋内缩损失

选用夹片式锚具。查《混凝土结构设计规范》（GB 50010—2002）表 6.6.2 得，变形和钢筋内缩值为 $\alpha = 5\text{mm}$，$k = 0.0015$，$\mu = 0.25$。

反摩擦影响长度为：

$$I_f = \sqrt{\frac{aE_p}{1000\sigma_{con}(k + \mu/r_c)}} = \sqrt{\frac{5 \times 1.95 \times 10^5}{1000 \times 1395 \times (0.0015 + 0.25/36)}} = 9.1\text{m}$$

曲线筋的锚固损失为：

$$\sigma_{l1} = 2\sigma_{con} l_f (k + \mu/r_c)(1 - x/l_f)$$
$$= 2 \times 1395 \times 9.1 \times (0.0015 + 0.25/36) \times (1 - x/9.1)$$
$$= 214.4 \times (1 - x/9.1)$$

各计算截面的锚固损失 σ_{l1} 见表 4-5。

（2）钢筋束张拉时，钢筋与孔道间的摩擦产生的预应力损失 σ_{l2}

$$\sigma_{l2} = \sigma_{con}(\mu\theta + kx)$$

各计算截面处的摩擦损失见表4-5。

第一批预应力损失为 $\sigma_{lI} = \sigma_{l1} + \sigma_{l2}$

各计算截面的第一批预应力（N/mm^2）损失表 **表4-5**

计算截面	曲线筋		
	σ_{l1}	σ_{l2}	σ_{lI}
$x=0$	214.4	0	214.4
$x=6.0$	73.0	70.7	143.7

（3）预应力钢筋松弛损失

预应力钢筋的应力松弛损失（采用低松弛钢绞线）为：

$$\sigma_{l4} = 0.2\left(\frac{\sigma_{con}}{f_{ptk}} - 0.575\right)\sigma_{con} = 0.2 \times (0.75 - 0.575) \times 1395 = 48.8\text{N/mm}^2$$

（4）混凝土收缩徐变应力损失（考虑自重）

混凝土收缩，徐变引起的预应力损失（张拉预应力钢筋时，混凝土强度达到其设计值，$f'_{cu}=40\text{N/mm}^2$）为：

$$\sigma_{l5} = \frac{35 + 280\dfrac{\sigma_{pc}}{f'_{cu}}}{1 + 15\rho} \quad \sigma'_{l5} \frac{35 + 280\dfrac{\sigma'_{pc}}{f'_{cu}}}{1 + 15\rho'}$$

$$\rho = (A_p + A_s)/A_n = (1668 + 565)/2.30 \times 10^5 = 0.97\%$$

$$\rho' = A'_s/A_n = 452/2.30 \times 10^5 = 0.20\%$$

跨中截面在第一批预应力损失 σ_{lI} 完成后混凝土法向应力值为：

$$N_{PI} = A_p(\sigma_{con} - \sigma_{lI}) = (1395 - 143.7) \times 1668 = 2087.2\text{kN}$$

$$e_{pn} = y_n - a_p = 374.5 - 70 = 304.5\text{mm}$$

$$\sigma_{PCI} = \frac{N_{PI}}{A_n} + \frac{N_{PI}e_{pn} - M_G}{I_n}y = \frac{2087.2 \times 10^3}{2.30 \times 10^5} + \frac{2087.2 \times 10^3 \times 304.5 - 455.8 \times 10^6}{1.11 \times 10^{10}} \times 304.5$$

$$= 14.0\text{N/mm}^2$$

收缩徐变损失为：

$$\sigma_{l5} = \frac{35 + 280 \times \dfrac{14.0}{40}}{1 + 15 \times 0.0097} = 116.1\text{N/mm}^2$$

$$\sigma'_{l5} = \frac{35}{1 + 15 \times 0.002} = 34.0\text{N/mm}^2$$

跨中预应力总损失为：

$$\sigma_l = \sigma_{lI} + \sigma_{l4} + \sigma_{l5} = 143.7 + 48.8 + 116.1 = 308.6\text{N/mm}^2$$

与预估值（$25\%\sigma_{con} = 0.25 \times 1395 = 348.8\text{N/mm}^2$）接近。

4. 正截面抗裂验算

跨中截面的有效预应力合力为：

$$N_p = A_p(\sigma_{con} - \sigma_l) - N_s - N'_s = A_p(\sigma_{con} - \sigma_l) - A_s\sigma_{l5} - A'_s\sigma'_{l5}$$

$$= 1668 \times (1395 - 308.6) - 565 \times 116.1 - 452 \times 34.0 = 1731.1\text{kN}$$

$$e_{pn} = y_n - a_p = 374.5 - 70 = 304.5\text{mm}$$

混凝土的有效预压应力为：

$$\sigma_{pc} = \frac{N_p}{A_n} + \frac{N_p e_{pn}}{I_n} y_n = \frac{1731.1 \times 10^3}{2.30 \times 10^5} + \frac{1731.1 \times 10^3 \times 304.5}{1.11 \times 10^{10}} \times 374.5 = 25.3\text{N/mm}^2$$

由外荷载作用下的截面应力为：

$$\sigma_{ck} = \frac{M_k}{I_0} y_0 = \frac{650.8 \times 10^6}{1.17 \times 10^{10}} \times 363.9 = 20.2\text{N/mm}^2$$

$$\sigma_{ck} - \sigma_{pc} = 20.2 - 25.3 = -5.1\text{N/mm}^2 < 0$$

满足要求。

5. 施工阶段验算

要求混凝土强度达到100%时进行张拉，$f'_{ck} = f_{ck}$。

(1) 截面上边缘应力验算

$$\sigma_{cI} = \frac{N_{PI}}{A_n} - \frac{N_{PI} e_{pn} - M_G}{I_n} y = \frac{2087.2 \times 10^3}{2.30 \times 10^5} - \frac{2087.2 \times 10^3 \times 304.5 - 455.8 \times 10^6}{1.11 \times 10^{10}} \times 375.5$$

$$= 3.0\text{N/mm}^2 (\text{受压})$$

满足要求。

(2) 截面下边缘应力验算

$$\sigma_{cc} = \frac{N_{pI}}{A_n} + \frac{N_{PI} e_{pn} - M_G}{I_n} y_n = \frac{2087.2 \times 10^3}{2.30 \times 10^5} + \frac{2087.2 \times 10^3 \times 304.5 - 455.8 \times 10^6}{1.11 \times 10^{10}} \times 374.5$$

$$= 15.1 < 0.8 f_{ck} = 0.8 \times 26.8 = 21.44\text{N/mm}^2$$

满足要求。

6. 斜截面承载力计算（端部截面）

$h_w/b = 655/300 = 2.18 \leqslant 4$，由《混凝土结构设计规范》(GB 50010—2002)，可知

$$V \leqslant 0.25 \beta_c f_c b h_0 = 0.25 \times 19.1 \times 300 \times 655 = 938.3\text{kN}$$

$$V_{max} = 268.8\text{kN} < 938.3\text{kN} \qquad \text{截面满足要求。}$$

(1) N_{p0}的计算

$$N_{p0} = \sigma_{p0} A_p - \sigma_{l5} A_s$$

$$\sigma_{p0} = \sigma_{con} - \sigma_l + \alpha_E \sigma_{pc}$$

$$\sigma_{pc} = \frac{N_p}{A_n} - \frac{N_p e_{pn}}{I_n} y_n = \frac{1731.1 \times 10^3}{2.30 \times 10^5} + \frac{1731.1 \times 10^3 \times 304.5}{1.11 \times 10^{10}} \times 374.5 = 25.3\text{N/mm}^2$$

所以

$$\sigma_{p0} = \sigma_{con} - \sigma_l + \alpha_p \sigma_{pc} = 1395 - 308.6 + 6.0 \times 25.3 = 1238.2\text{N/mm}^2$$

$$N_{p0} = \sigma_{p0} A_p - \sigma_{l5} A_s = 1238.2 \times 1668 - 116.1 \times 565 = 1999.7\text{kN} > 0.3 f_c A_0$$

$$= 0.3 \times 19.1 \times 2.39 \times 10^5 = 1369.5\text{kN}$$

取 $N_{p0} = 0.3 f_c A_0 = 1369.5\text{kN}$

(2) 预应力承担的抗剪承载力

$$V_p = 0.05 N_{p0} = 0.05 \times 1369.5 = 68.5\text{kN}$$

（3）抗剪箍筋的计算

$$V_{max} = 268.8\text{kN} \leqslant 0.7f_t bh_0 + 0.05N_{p0}$$

$$= 0.7 \times 1.71 \times 300 \times 680 + 68500 = 312688 = 312.7\text{kN}$$

故只需按构造配置箍筋。

【例 4-2】 按《公路钢筋混凝土及预应力混凝土桥涵设计规范》（JTG D62—2004）计算。

一预制装配式预应力混凝土简支 T 梁桥，主梁标准跨径 $L_k = 30$m，梁全长 29.96m，计算跨径 $L_f = 29.16$m。主梁高度 $h = 1750$mm，主梁间距 $S = 1600$mm，全桥由 5 片梁组成。主梁纵、横断面尺寸如图 4-21 所示。桥面净空为净 7 + 2 × 1.5（m）。设计荷载采用公路—Ⅰ级车道荷载，结构重要性指数 $\gamma_0 = 1.1$。

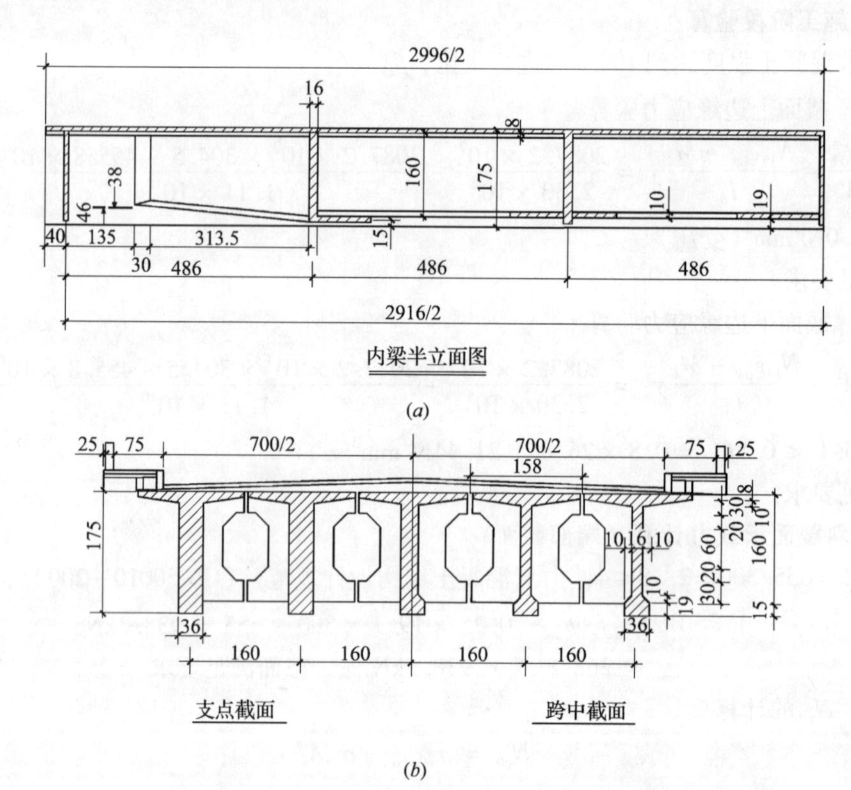

图 4-21　主梁纵、横断面尺寸图（单位：cm）

1. 材料性能参数

（1）混凝土

强度等级为 C40，主要强度指标为：强度标准值 $f_{ck} = 26.8$MPa，$f_{tk} = 2.4$MPa，强度设计值 $f_{cd} = 18.4$MPa，$f_{td} = 1.65$MPa，弹性模量 $E_c = 3.25 \times 10^4$MPa。

（2）预应力钢筋

采用 1 × 7（$d = 15.2$）标准型钢绞线，其强度指标为：抗拉强度标准值 $f_{ptk} = 1860$MPa，抗拉强度设计值 $f_{pd} = 1260$MPa，弹性模量 $E_p = 1.95 \times 10^5$MPa。相对界限受压区高度 $\xi_b = 0.4$，$\xi_{pu} = 0.2563$。

（3）普通钢筋

纵向抗拉普通钢筋采用 HRB400 钢筋，其强度指标为：抗拉强度标准值$f_{sk}=400\text{MPa}$，抗拉强度设计值$f_{sd}=330\text{MPa}$，弹性模量$E_s=2.0\times10^5\text{MPa}$。相对界限受压区高度$\xi_b=0.53$，$\xi_{pu}=0.1985$。

箍筋及构造钢筋采用 HRB335 钢筋，其强度指标为：抗拉强度标准值$f_{sk}=335\text{MPa}$，抗拉强度设计值$f_{sd}=280\text{MPa}$，弹性模量$E_s=2.0\times10^5\text{MPa}$。

2. 主梁的主要内力

（1）恒载内力

按预应力混凝土分阶段受力的实际情况，恒载内力按预制主梁（包括横隔梁）的自重、现浇混凝土板的自重、二期恒载（包括桥面铺装、人行道及栏杆）三种情况分别计算。

（2）活载内力

车辆荷载按密集运行状态公路-Ⅰ级车道荷载计算，冲击系数$1+\mu=1.1125$，人群荷载按3.5kN/m 计算。活载内力以2号梁为准，跨中截面按刚接梁法计算横向分布系数，支点截面按杠杆法计算横向分布系数。

（3）内力的主要组合结果

1）基本组合（用于承载能力极限状态计算）：

$$M_d=1.2(M_{GK1P}+M_{GK1m}+M_{GX2})+1.4M_{Q1K}1.12M_{Q2K}$$

$$V_d=1.2(V_{GK1P}+V_{GK1m}+V_{GK2})+1.4V_{Q1K}1.12V_{Q2K}$$

2）短期组合（用于正常使用极限状态计算）：

$$M_s=(M_{GK1P}+M_{GK1m}+M_{GK2})+0.7\frac{M_{Q1K}}{1+\mu}+M_{Q2K}$$

3）长期组合（用于正常使用极限状态计算）：

$$M_L=(M_{GK1P}+M_{GK1m}+M_{GK2})+0.4\left(\frac{M_{Q1K}}{1+\mu}+M_{Q2K}\right)$$

各种情况下的组合结果见表4-6。

荷载内力计算结果 **表4-6**

截面位置	项　目	基本组合 S_d		短期组合 S_s		长期组合 S_L	
		M_d	V_d	M_s	V_s	M_L	V_L
		(kN/m)	(kN)	(kN/m)	(kN)	(kN/m)	(kN)
支点	最大弯矩	0.00	718.30	0.00	472.62	0.00	395.23
	最大剪力	0.00	724.81	0.00	475.54	0.00	396.90
变截面	最大弯矩	1920.12	499.33	1098.92	280.66	812.75	310.83
	最大剪力	2054.15	613.46	1168.50	407.33	828.56	341.39
$L/4$	最大弯矩	3559.85	355.83	2428.51	235.72	2036.62	194.03
	最大剪力	3519.91	277.37	2386.67	279.99	2020.96	218.96
跨中	最大弯矩	4932.04	53.9	3322.42	24.22	2764.64	13.84
	最大剪力	4671.06	142.66	3141.36	68.49	2683.18	37.63

3. 预应力钢筋数量的确定及布置

根据跨中截面正截面抗裂要求，确定预应力钢筋数量。为满足抗裂要求，所需的有效预加力为：

$$N_{pe} \geqslant \frac{M_S/W}{0.85\left(\frac{1}{A}+\frac{e_p}{W}\right)}$$

M_S 为荷载短期效应弯矩组合设计值，由表 4-6 查得 $M_S=3322.42\text{kN}\cdot\text{m}$；估算钢筋数量时，可近似采用毛截面几何性质。按图 4-15 给定的截面尺寸计算：$A_c=0.5126\times10^6\text{mm}^2$，$y_{cx}=1095\text{mm}$，$y_{cs}=655\text{mm}$，$J_c=0.1947\times10^{12}\text{mm}^4$，$W_x=0.177808\times10^9\text{mm}^3$。

e_p 为预应力钢筋重心至毛截面重心的距离，$e_p=y_{cx}-a_p$。

假设　$a_p=150\text{mm}$，则 $e_p=1095-150=945\text{mm}$

由此得到

$$N_{pe} \geqslant \frac{3322.42\times10^6/177808000}{0.85\times\left(\frac{1}{512600}+\frac{945}{177808000}\right)}=3025625.7\text{N}$$

拟采用 $\phi^j15.2$ 钢绞线，单根钢绞线的公称截面面积 $A_{p1}=139\text{mm}^2$，抗拉强度标准值，$f_{pk}=1860\text{MPa}$，张拉控制应力取 $\sigma_{con}=0.75f_{pk}=0.75\times1860=1395\text{MPa}$，预应力损失按张拉控制应力的 20% 估算。

所需预应力钢绞线的根数为：

$$n_p=\frac{N_{pe}}{(\sigma_{con}-\sigma_s)A_p}=\frac{3025625.7}{(1-0.2)\times1395\times139}=19.5\text{，取 20 根。}$$

采用 4 束 $5\phi^j15.2$ 预应力钢筋束，HVMl5-8 型锚具，供给的预应力筋截面面积 $A_p=20\times139=2780$（mm^2），采用 $\phi55$ 金属波纹管成孔，预留管道直径为 60mm。预应力筋束的布置见图 4-22。预应力筋束的曲线要素及有关计算参数列于表 4-7 和表 4-8。

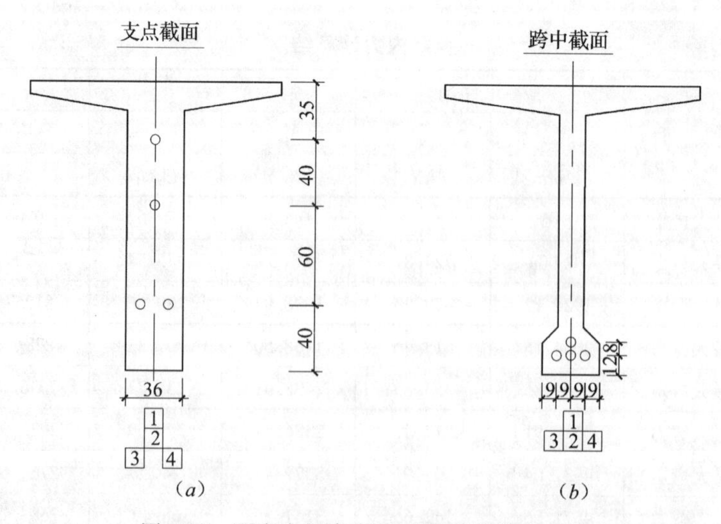

图 4-22　预应力钢束布置（尺寸单位：cm）

各钢束起弯点及其半径计算表　　　　**表 4-7**

钢束编号	升高值 c（cm）	θ_0 度	$\cos\theta_0$	$R=\frac{c}{1-\cos\theta_0}$	$\sin\theta_0$	$l_w=R\sin\theta_0$（cm）	支点至锚固点的距离 d（cm）	起弯点 k 至跨中水平距离 x_k（cm）
1	120	10	0.9848	7894.7	0.1736	1370.5	15.3	102.8
2	88	10	0.9848	5789.5	0.1736	1005.1	22.4	475.3
3	28	10	0.9848	1842.1	0.1736	319.8	18.7	1156.9
4	28	10	0.9848	1842.1	0.1736	319.8	18.7	1156.9

注：表中所示曲线方程以截面底边线为 x 坐标，以过起弯点垂线为 y 坐标。

各计算截面预应力筋束的位置和倾角　　　　**表 4-8**

计算截面	钢束编号	$l_i=x_i-x_k$（cm）	R（cm）	$\theta_i=\sin^{-1}\frac{l_i}{R}$（度）	$\sin\theta_i$	$\cos\theta_i$	$c_i=Rx$（1 − $\sin\theta_i$）（cm）	a（cm）	$a_i=a+c_i$（cm）
跨中截面	1	尚未弯起		0	0	1	0	20	同左
	2							12	
	3							12	
	4							12	
	平均倾角			0	0	1	钢束截面重心		14.0
L/4截面	1	626.2	7894.7	4.5494			24.9	20	44.9
	2	253.7	5789.5	2.5115			5.6	12	17.6
	3	尚未弯起		0	0	1	0	12	12
	4							12	12
	平均倾角			3.5305	0.0616	0.9981	钢束截面重心		21.63
变截面	1	1190.2	7894.7	8.6709			90.2	20	110.2
	2	817.7	5789.5	8.1195			58.0	12	70
	3	136.1	1842.1	4.2370			5.0	12	17
	4	136.1	1842.1	4.2370			5.0	12	17
	平均倾角			6.3161	0.1100	0.9939	钢束截面重心		53.55
支点截面	1	1355.2	7894.7	9.8843			117.2	20	137.2
	2	982.7	5789.5	9.7726			84.0	12	96
	3	301.1	1842.1	9.4075			24.8	12	36.8
	4	301.1	1842.1	9.4075			24.8	12	36.8
	平均倾角			9.6180	0.1671	0.9859	钢束截面重心		76.7

4. 截面几何性质计算

截面几何性质的计算需根据不同的受力阶段分别计算。在本算例中，主梁从施工到运营经历了如下几个阶段：

（1）主梁混凝土浇筑，预应力筋束张拉（阶段 1）

混凝土浇筑并达到设计强度后，进行预应力筋束的张拉，但此时管道尚未灌浆，因此，其截面几何性质为计入了普通钢筋的换算截面，但应扣除预应力筋预留管道的影响。该阶段顶板的宽度为160mm。

(2) 灌浆封锚，吊装并现浇顶板600mm的连接段（阶段2）

预应力筋束张拉完成并进行管道灌浆、封锚后，预应力束就已经能够参与全截面受力。再将主梁吊装就位，并现浇顶板600mm的连接段时，该段的自重荷载由上一阶段的截面承受，此时，截面几何性质应为计入了普通钢筋、预应力钢筋的换算截面性质。该阶段顶板的宽度仍为160mm。

(3) 二期恒载及活载作用（阶段3）

该阶段主梁截面全部参与工作，顶板的宽度为220mm，截面几何性质为计入了普通钢筋和预应力钢筋的换算截面性质。

各阶段截面几何性质的计算结果列于表4-9。

全预应力构件各阶段截面几何性质 表4-9

阶段	截面	A ($\times10^6$mm^2)	y_s (cm)	y_x (cm)	e_p (cm)	J ($\times10^{12}$mm^4)	W ($\times10^9$mm^3)		
							$W_s=J/y_s$	$W_x=J/y_x$	$W_p=J/e_p$
阶段1：钢束灌浆、锚固前	支点	0.7687	70.6	104.4	90.4	0.231579	0.3280	0.2218	0.2562
	变截面	0.5466	68.4	106.6	92.3	0.204181	0.2985	0.1915	0.2205
	$L/4$	0.5013	63.5	111.5	89.9	0.185726	0.2926	0.1666	0.2066
	跨中	0.5013	63.3	111.7	97.7	0.184119	0.2909	0.1648	0.1885
阶段2：二期荷载、活载	支点	0.7939	73.5	101.5	87.5	0.251324	0.3419	0.2476	0.2872
	变截面	0.5605	72.5	102.5	88.5	0.224825	0.3101	0.2193	0.2540
	$L/4$	0.5265	67.8	107.2	85.6	0.205113	0.3025	0.1913	0.2396
	跨中	0.5265	68.0	107.0	93.0	0.20714	0.3046	0.1936	0.2227

5. 承载能力极限状态计算

(1) 跨中截面正截面承载力计算

跨中截面尺寸及配筋情况见图4-22，图中：

$$a_p=\frac{120\times3+200}{4}=140\text{mm}$$

$$h_p=h-a_p=1750-140=1610\text{mm}$$

$b=160$mm，上翼缘板厚度为80mm，其平均厚度为：

$$h'_f=\frac{1}{2}\times(80+180)=130\text{mm}$$

上翼缘有效宽度取下列数值中较小者：

1) $b'_f\leqslant S=1600$mm。

2) $b'_f\leqslant L/3=29160/3=9720$mm。

3) $b'_f\leqslant b+12h'_f$，因承托坡度 $h_h/b_h=80/610=0.131<1/3$，故不计承托影响，h'_f 按上翼缘平均厚度计算：$b'_f\leqslant160+12\times130=1720$mm。

综合上述计算结果，取 $b'_f=1720$mm。

首先按公式$f_{pd}A_p \leqslant f_{cd}b'_f h'_f$判断截面类型。代入数据计算得：

$$f_{pd}A_p = 1260 \times 2780 = 3502800\text{N}$$

$$f_{cd}b'_f h'_f = 18.4 \times 1720 \times 130 = 4114240\text{N}$$

满足第一类T形，应按宽度为b'_f的矩形截面计算其承载力。

由$\sum x = 0$的条件，计算混凝土受压区高度：

$$x = \frac{f_{pd}A_p}{f_{cd}b'_f} = \frac{1260 \times 2780}{18.4 \times 1720} = 110.7\text{mm} \leqslant h'_f = 130\text{mm}$$

$$\leqslant \xi_b h_0 = 0.4 \times 1610 = 644\text{mm}$$

将$x = 110.7\text{mm}$代入下式计算截面承载能力：

$$M_{du} = f_{cd}b'_f x\left(h_0 - \frac{x}{2}\right) = 18.4 \times 1720 \times 110.7 \times \left(1610 - \frac{110.7}{2}\right)/10^6$$

$$= 5446.6\text{kN} \cdot \text{m} > \gamma_0 M_d = 4932.04\text{kN} \cdot \text{m}$$

计算结果表明，跨中截面的抗弯承载力满足要求。

（2）斜截面抗剪承载力计算

选取变截面点处进行斜截面抗剪承载力复核。截面尺寸示于图4-22（b），预应力筋束的位置及弯起角度按表4-8采用。箍筋采用HRB335钢筋，直径为8mm，双肢箍，间距$s_v = 200\text{mm}$；距支点相当于一倍梁高范围内，箍筋间距$s_v = 100\text{mm}$。

1）变截面点处斜截面抗剪承载力计算：

首先进行抗剪强度上、下限复核：

$$0.5 \times 10^{-3}\alpha_2 f_{td}bh_0 \leqslant \gamma_0 V_d \leqslant 0.51 \times 10^{-3}\sqrt{f_{cu,k}}bh_0$$

其中，$V_d = 613.46\text{kN}$，$b = 160\text{mm}$，h_0仍取1610mm。

$$0.5 \times 10^{-3}\alpha_2 f_{td}bh_0 = 0.5 \times 10^{-3} \times 1.25 \times 1.65 \times 160 \times 1610 = 265.65\text{kN}$$

$$0.51 \times 10^{-3}\sqrt{f_{cu,k}}bh_0 = 0.51 \times 10^{-3}\sqrt{40} \times 160 \times 1610 = 830.89\text{kN}$$

$$215.33\text{kN} < \gamma_0 V_d = 613.46\text{kN} < 830.89\text{kN}$$

计算结果表明，截面尺寸满足要求，但需配置抗剪钢筋。

2）斜截面抗剪承载力按下式计算：

$$\gamma_0 V_d \leqslant V_{cs} + V_{pd}$$

$$V_{cs} = \alpha_1\alpha_2\alpha_3 0.45 \times 10^{-3}bh_0\sqrt{(2 + 0.6p)\sqrt{f_{cu,k}}\rho_{sv}f_{sd,v}}$$

式中，

$$p = 100\left(\frac{A_p + A_{pd}}{bh_0}\right) = 100 \times \frac{2780}{160 \times 1610} = 1.08$$

$$\rho_{sv} = \frac{A_{sv}}{bs_v} = \frac{2 \times 50.3}{160 \times 100} = 0.0062875$$

$$V_{cs} = 1.0 \times 1.25 \times 1.1 \times 0.45 \times 10^{-3} \times 160 \times 1610$$

$$\times \sqrt{(2 + 0.6 \times 1.08)\sqrt{40} \times 0.0062875 \times 280}$$

$$= 865.47\text{kN}$$

$$V_{pd} = 0.75 \times 10^{-3} \times f_{pd}\sum A_{pd}\sin\theta_p$$

式中　θ_p——在变截面处预应力钢筋的切线与水平线的夹角，其数值由表4-8查得，

$$\theta_{p1}=8.6709°,\theta_{p2}=8.1195°,\theta_{p3,4}=4.2370°。$$

$$V_{pd}=0.75\times10^{-3}\times1260\times\frac{2780}{4}(\sin8.6709°+\sin8.1195°+2\sin4.2370°)$$

$$=288.8\text{kN}$$

$$V_{du}=V_{cs}+V_{pd}=865.47+288.8=1154.27\text{kN}>\gamma_0V_d=613.46\text{kN}$$

说明截面抗剪承载力满足要求。

6. 预应力损失计算

（1）摩擦损失 σ_{l1}

$$\sigma_{l1}=\sigma_{con}[1-e^{-(\mu\theta+kx)}]$$

式中 σ_{con}——张拉控制应力，$\sigma_{con}=0.75f_{pk}=0.75\times1860=1395\text{MPa}$；

μ——摩擦系数，取 $\mu=0.25$；

k——局部偏差影响系数，取 $k=0.0015$。

（2）锚具变形损失 σ_{l3}

反摩擦影响长度 l_f 为：

$$l_f=\sqrt{\sum\Delta l\cdot E_p/\Delta\sigma_d},\quad \Delta\sigma_d=\frac{\sigma_0-\sigma_1}{l}$$

式中 σ_0——张拉端锚下控制张拉应力；

$\sum\Delta l$——锚具变形值，OVM 夹片锚有顶压时取 4mm；

σ_1——扣除沿途管道摩擦损失后锚固端预拉应力；

l——张拉端到锚固端之间的距离，本例中 $l=14800\text{mm}$。

当 $l_f\leqslant l$ 时，离张拉端 x 处由锚具变形、钢筋回缩和接缝压缩引起的、考虑反摩擦后的预应力损失 $\Delta\sigma_x$ 为：

$$\Delta\sigma_x=\Delta\sigma\frac{l_f-x}{l_f},\quad \Delta\sigma=2\Delta\sigma_dl_f$$

当 $l_f\leqslant x$ 时，表示该截面不受反摩擦的影响。

（3）分批张拉损失 σ_{l4}

$$\sigma_{l4}=\alpha_{Ep}\sum\Delta\sigma_{pc}$$

式中 $\Delta\sigma_{pc}$——在计算截面先张拉的钢筋重心处，由后张拉的各批钢筋产生的混凝土法向应力；

α_{Ep}——预应力钢筋混凝土弹性模量之比，$\alpha_{Ep}=E_p/E_c=1.95\times10^5/3.25\times10^4=6$。

本例中预应力筋束的张拉顺序为：4→3→2→1。有效张拉力 N_{pe} 为张拉控制力减去了摩擦损失和锚具变形损失后的张拉力。

（4）钢筋应力松弛损失 σ_{l5}

$$\sigma_{l5}=\psi\cdot\xi\cdot\left(0.52\frac{\sigma_{pe}}{f_{pk}}-0.26\right)\cdot\sigma_{pe}$$

式中 ψ——超张拉系数，本例中 $\psi=1.0$；

ξ——钢筋松弛系数，本例采用低松弛钢铰线，取 $\xi=0.3$；

σ_{pe}——传力锚固时的钢筋应力，$\sigma_{pe}=\sigma_{con}-\sigma_{l1}-\sigma_{l2}-\sigma_{l4}$。

（5）混凝土收缩、徐变损失 σ_{l6}

$$\sigma_{l6} = \frac{0.9[E_p\varepsilon_{cs}(t,t_0) + \alpha_{Ep}\sigma_{pc}\phi(t,t_0)]}{1 + 15\rho\rho_{ps}}$$

$$\sigma_{pe} = \frac{N_p}{A_n} + \frac{N_p}{J_n}e_p - \frac{M_{Gk}}{J}e_p$$

$$\rho_{ps} = 1 + \frac{e_{ps}^2}{i^2}, \quad i^2 = J_n/A_n$$

式中　σ_{pc}——构件受拉区全部纵向钢筋截面重心处，由预加力（扣除相应阶段的应力损失）和结构自重产生的混凝土法向应力；

$\varepsilon_{cs}(t,\ t_0)$——预应力筋传力锚固龄期为 t_0，计算龄期为 t 时的混凝土收缩应变；

$\phi(t,\ t_0)$——加载龄期为 t_0，计算龄期为 t 时的混凝土徐变系数；

ρ——构件受拉区全部纵向钢筋配筋率，$\rho = (A_s + A_p)/A$。

设混凝土传力锚固龄期及加载龄期均为28d，计算时间 $t = \infty$，桥梁所处环境的年平均相对湿度为75%，以跨中截面计算其理论厚度 h：

$$h = 2A_c/u = 2 \times 0.723 \times 1000/6.402 = 226\text{mm}$$

查表得：$\varepsilon_{cs}(t,\ t_0) = 0.215 \times 10^{-3}$，$\phi(t,\ t_0) = 1.633$。

1号~4号钢束的各项预应力损失及混凝土收缩、徐变损失的计算见汇总表4-10~表4-13。

1号钢束预应力损失汇总表（MPa）　　**表4-10**

截面	σ_{l1}	σ_{l2}	σ_{l4}	σ_{l5}	σ_{l6}
支点	0.74	143.58	2.26	13.77	41.33
变截面	3.15	138.5	4.10	13.77	48.04
$L/4$	33.05	78.45	17.2	13.77	39.77
跨中	66.3	12.0	6.06	13.77	5.11

2号钢束预应力损失汇总表（MPa）　　**表4-11**

截面	σ_{l1}	σ_{l2}	σ_{l4}	σ_{l5}	σ_{l6}
支点	3.30	154.5	3.54	13.77	42.59
变截面	9.85	141.5	9.41	13.77	48.01
$L/4$	48.35	64.4	14.85	13.77	33.36
跨中	64.7	31.7	4.32	13.77	18.58

3号钢束预应力损失汇总表（MPa）　　**表4-12**

截面	σ_{l1}	σ_{l2}	σ_{l4}	σ_{l5}	σ_{l6}
支点	8.70	161.5	3.61	13.77	44.64
变截面	25.95	127.0	5.10	13.77	48.01
$L/4$	60.80	57.4	7.75	13.77	32.01
跨中	55.1	56.8	2.16	13.77	4.04

4 号钢束预应力损失汇总表（MPa）　　表 4-13

截面	σ_{l1}	σ_{l2}	σ_{l4}	σ_{l5}	σ_{l6}
支点	8.70	161.5	3.61	13.77	44.64
变截面	25.95	127.0	5.10	13.77	48.01
$L/4$	60.80	57.4	7.75	13.77	32.01
跨中	55.1	56.8	2.16	13.77	4.04

（6）预应力损失组合

上述各项预应力损失组合情况列于表 4-14。

预应力损失组合　　表 4-14

截面	$\sigma_{lI}=\sigma_{l1}+\sigma_{l2}+\sigma_{l4}$（MPa）					$\sigma_{lII}=\sigma_{l5}+\sigma_{l6}$（MPa）				
	1	2	3	4	平均	1	2	3	4	平均
支点	146.5	161.34	173.81	173.81	163.87	55.1	56.36	58.23	58.23	56.98
变截面	145.75	160.76	158.05	158.05	155.65	61.81	61.78	61.78	61.78	61.79
$L/4$	128.70	127.6	125.95	125.95	127.05	53.54	47.13	45.78	45.78	48.06
跨中	84.36	100.72	114.06	114.06	103.3	18.88	32.35	17.81	17.81	21.71

7. 正常使用极限状态计算

（1）抗裂性验算

1）正截面抗裂性验算

全预应力混凝土构件正截面抗裂性验算以跨中截面受拉边的正应力控制，在荷载短期效应组合作用下应满足：

$$\sigma_{st}-0.85\sigma_{pc}\leqslant 0$$

σ_{st}为在荷载短期荷载效应组合作用下，截面受拉边的应力：

$$\sigma_{st}=\frac{M_{G1PK}}{J_{n1}}y_{n1x}+\frac{M_{G2K}+0.7M_{Q1K}/(1+\mu)+M_{Q2K}}{J_0}y_{0x}$$

J_{n1}、y_{n1x}、J_0、y_{0x}分别为阶段 1、阶段 2 的截面惯性矩和截面重心至受拉边缘的距离。可由表 4-9 查得：

$$J_{n1}/y_{n1x}=0.1648\times10^9\text{mm}^3$$

$$J_0/y_{0x}=0.1936\times10^9\text{mm}^3$$

弯矩设计值为：

$$M_{G1PK}=1533.7\text{kN}\cdot\text{m},\quad M_{G2K}=589.9\text{kN}\cdot\text{m},$$

$$M_{Q1K}=1497.3\text{kN}\cdot\text{m},\quad M_{Q2K}=256.7\text{kN}\cdot\text{m},\quad 1+\mu=1.1125$$

将上述数值代入公式后得：

$$\sigma_{st}=\left(\frac{1533.7}{0.1648}+\frac{589.9+0.7\times1497.3/1.1125+256.7}{0.1936}\right)/1000$$

$$=9.31+9.24=18.55\text{MPa}$$

σ_{pc}为截面下边缘的有效预压应力：

$$\sigma_{pc}=\frac{N_p}{A_n}+\frac{N_pe_{pn}}{J_n}y_{nx}$$

$$N_p = \sigma_{pe}A_p = (\sigma_{con} - \sigma_{sI} - \sigma_{sII})$$
$$= (1395 - 103.3 - 21.71) \times 2780/1000$$
$$= 3530.6\text{kN}$$
$$e_{pn} = y_{pn} = 977\text{mm}$$

得

$$\sigma_{pc} = \left(\frac{3530.6}{0.5013} + \frac{3530.6 \times 0.977}{0.1648}\right)/1000 = 27.97\text{MPa}$$

$$\sigma_{st} = 0.85\sigma_k = 18.55 - 0.85 \times 27.97 = -5.225\text{MPa} \leqslant 0$$

计算结果表明，正截面抗裂性满足要求。

2）斜截面抗裂性验算

斜截面抗裂性验算以主拉应力控制，一般取变截面点分别计算截面上梗肋、形心轴和下梗肋处在荷载短期效应组合作用下的主拉应力，应满足 $\sigma_{tp} \leqslant 0.6f_{tk}$ 的要求。

σ_{tp} 为荷载短期效应组合作用下的主拉应力：

$$\sigma_{tp} = \pm\sigma_{pc} \mp \frac{M_{G1PK}}{J_{n1}}y_{n1} \mp \frac{M_{G1mK}}{J_{n2}} \mp \frac{M_{G2K} + 0.7M_{Q1K}/(1+\mu) + M_{Q2K}}{J_0}y_0$$

$$\tau = \frac{V_{G1PK}}{J_{n1}b}S_{nt} + \frac{V_{G1mK}}{J_{n2}b}S_{n2} + \frac{V_{G2K} + 0.7V_{Q1K}/(1+\mu) + V_{Q2K}}{J_0 b}S_0 - \frac{\sigma_{pe}A_{pe}\sin\theta_p S_{n1}}{J_{n1}b}$$

上述公式中车辆荷载和人群荷载产生的内力值，按最大剪力布置荷载，即取最大剪力对应的弯矩值。

恒载内力值：

$$M_{G1PK} = 327.4\text{kN}\cdot\text{m}, M_{G2K} = 125.7\text{kN}\cdot\text{m}$$
$$V_{G1PK} = 195.2\text{kN}\cdot\text{m}, V_{G2K} = 67.0\text{kN}\cdot\text{m}$$

活载内力值：

$$M_{Q1K} = 1020.0\text{kN}\cdot\text{m}, M_{Q2K} = 73.6\text{kN}\cdot\text{m}, 1+\mu = 1.1125$$
$$V_{Q1K} = 196.0\text{kN}\cdot\text{m}, V_{Q2K} = 21.8\text{kN}\cdot\text{m}$$

变截面点处的主要截面几何性质由表 4-9 查得：

$A_{n1} = 0.5466 \times 10^6\text{mm}^2$，$J_{n1} = 0.20418 \times 10^{12}\text{mm}^4$，$y_{n1s} = 684\text{mm}$，$y = 1066\text{mm}$

$A_0 = 0.5605 \times 10^6\text{mm}^2$，$J_0 = 0.22483 \times 10^{12}\text{mm}^4$，$y_{0s} = 725\text{mm}$，$y = 1025\text{mm}$

图 4-23 为各计算点的位置示意图。各计算点的部分断面几何性质按表 4-15 取值，表中，A_1 为图 4-23 中阴影部分的面积；S_1 为阴影部分对截面形心轴的面积矩；y_{x1} 为阴影部

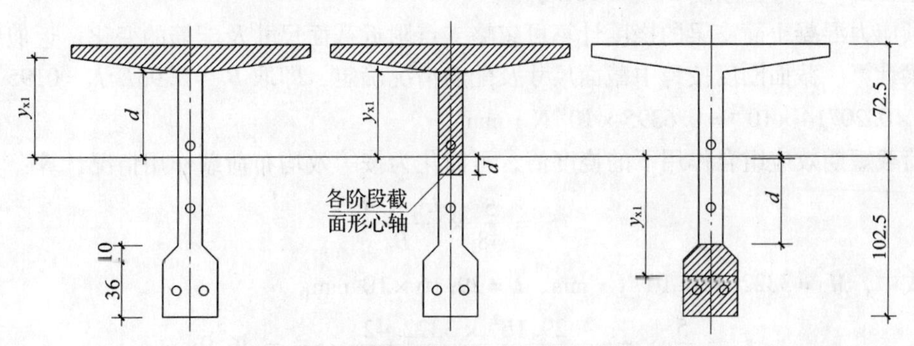

图 4-23　横断面计算点（尺寸单位：cm）

计算点几何性质 **表 4-15**

计算点	受力阶段	A_1（$\times10^6mm^2$）	y_{x1}（mm）	D（mm）	S_1（$\times10^9mm^3$）
上梗肋处	阶段 1	0.2134	612.9	504.0	0.13079
	阶段 2	0.2134	653.9	545.0	0.13954

分的形心到截面形心轴的距离；d 为计算点到截面形心轴的距离。

变截面处的有效预应力为：

$$\sigma_{pe} = \sigma_{con} - \sigma_{l\mathrm{I}} - \sigma_{l\mathrm{II}} = 1395 - 61.81 - 61.79 = 1271.4\text{MPa}$$

$$N_p = \sigma_{pe}A_p = 1271.4 \times 2780/1000 = 3534.5\text{kN}$$

$$e_{pn} = y_{pn} = 926\text{mm}$$

预应力筋弯起角度分别为：

$$\theta_{p1} = 8.6709°, \theta_{p2} = 8.1195°, \theta_{p3} = \theta_{p4} = 4.2370°$$

将上述数值代入，计算上梗肋的主拉应力。

上梗肋处

$$\sigma_{pc} = \left(\frac{3534.5}{0.5466} - \frac{3534.5 \times 0.926}{0.20418} \times 0.504\right)/1000 = 6.47 - 8.08 = -1.61\text{MPa}$$

$$\sigma_{cx} = -1.61 + \frac{327.4}{0.20418 \times 1000} \times 0.504 + \frac{125.7 + 0.7 \times 1020/1.1125 + 73.6}{0.22483 \times 1000} \times 0.545$$

$$= -1.61 + 0.81 + 2.04 = 1.24\text{MPa}$$

$$\tau = \frac{195.2 \times 0.13079}{0.20418 \times 0.16 \times 1000} + \frac{(67 + 0.7 \times 196/1.1125 + 21.8) \times 0.13954}{0.22483 \times 0.16 \times 1000}$$

$$- \frac{1271.4 \times 2780 \times \sin 6.3161° \times 0.13079}{0.20418 \times 0.16 \times 10^6} = 0.78 + 0.11 + 0.82 - 2.46 = -0.86\text{MPa}$$

$$\sigma_{tp} = \frac{1.14}{2} - \sqrt{\left(\frac{1.14}{2}\right)^2 + (-0.86)^2} = -0.44\text{MPa}$$

计算结果表明，上梗肋处主拉应力最大，其数值为 $\sigma_{tp,max} = -0.46\text{MPa}$，小于规范规定的限制值 $0.7f_{tk} = 0.7 \times 2.4 = 1.68\text{MPa}$。

（2）变形计算

1）使用阶段的挠度计算。

使用阶段的挠度值，按短期荷载效应组合计算，并考虑挠度长期影响系数 η_θ，对 C40 混凝土，$\eta_\theta = 1.60$，刚度 $B_0 = 0.95E_cJ_0$。

预应力混凝土简支梁的挠度计算可忽略支点附近截面尺寸及配筋的变化，近似地按等截面梁计算，截面刚度按跨中截面尺寸及配筋情况确定，即取 $B_0 = 0.95E_cJ_0 = 0.95 \times 3.25 \times 10^4 \times 0.20714 \times 10^{12} = 0.6395 \times 10^{16}\text{N} \cdot \text{mm}^2$。

荷载短期效应组合作用下的挠度值，可简化为按等效均布荷载作用情况计算：

$$f_s = \frac{5}{48} \times \frac{L^2 \times M_s}{B_0}$$

式中，$M_s = 3322.42 \times 10^6\text{N} \cdot \text{mm}$，$L = 29.16 \times 10^3\text{mm}$。

$$f_s = \frac{5}{48} \times \frac{29.16^2 \times 3322.42}{0.95 \times 3.25 \times 0.20714 \times 10^4} = 46.0\text{mm}$$

自重产生的挠度值按等效均布荷载作用情况计算：

$$f_{G}=\frac{5}{48}\times\frac{L^{2}\times M_{GK}}{B_{0}}$$

$$\begin{aligned}M_{GK}&=M_{G1PK}+M_{G1,mP}+M_{G2K}\\&=(1533.7+589.9)\times10^{6}\\&=2123.6\times10^{6}\text{N}\cdot\text{mm}\end{aligned}$$

$$f_{G}=\frac{5}{48}\times\frac{29.16^{2}\times2123.6}{0.95\times3.25\times0.20714\times10^{4}}=29.4\text{mm}$$

消除自重产生的挠度，并考虑挠度长期影响系数后，使用阶段挠度值为：

$$f_{l}=\eta_{\theta}(f_{s}-f_{G})=1.60\times(46.0-29.4)=26.56\text{mm}<L/600=29160/600=48.6\text{mm}$$

计算结果表明，使用阶段的挠度值满足规范要求。

2）预加力引起的反拱计算及预拱度的设置。

预加力引起的反拱近似地按等截面梁计算，截面刚度按跨中截面净截面确定，即取

$$B_{0}=0.95E_{c}J_{n}=0.95\times3.25\times10^{4}\times0.18412\times10^{12}=0.5685\times10^{16}\text{N}\cdot\text{mm}^{2}$$

反拱长期增长系数采用 $\eta_{\theta}=2.0$。

预加力引起的跨中挠度为：

$$f_{p}=-\eta_{\theta}\int_{l}\frac{M_{1}M_{p}}{B_{0}}\text{d}x$$

式中 M_{1}——所求变形点处作用竖向单位力 $P=1$ 引起的弯矩；

M_{p}——预加力引起的弯矩。

对等截面梁可不必进行上式的积分计算，其变形值由图乘法确定，在预加力作用下，跨中截面的反拱可按下式计算：

$$f_{p}=-\eta_{\theta}\frac{2\omega_{M_{1}/2}M_{p}}{B_{0}}$$

$\omega_{M_{1}/2}$为跨中截面作用单位力 $P=1$ 时，所产生的 M_{1} 图在半跨范围内的面积：

$$\omega_{M_{1}/2}=\frac{1}{2}\times\frac{L}{2}\times\frac{L}{4}=\frac{L^{2}}{16}$$

M_{p}为半跨范围 M_{1}图重心（距支点 $L/3$ 处）所对应的预加力引起的弯矩图的纵坐标：

$$M_{p}=N_{p}e_{p}$$

N_{p}为有效预加力，$N_{p}=(\sigma_{con}-\sigma_{l\text{I}}-\sigma_{l\text{II}})A_{p}$，其中 $\sigma_{l\text{I}}$，$\sigma_{l\text{II}}$ 近似取 $L/4$ 截面的损失值：

$$N_{p}=(1395-127.05-48.06)\times2780/1000=3391.3\text{N}$$

e_{p}为距支点 $L/4$ 处的预应力钢筋束偏心距，为：

$$e_{p}=y_{x0}-a_{p}$$

式中 y_{x0}——$L/4$ 截面换算截面重心到下边缘的距离，$y_{x0}=1072$mm；

a_{p}——由表 4-8 中的曲线位置求得，$a_{p}=216.3$mm。

$$M_{p}=3391.3\times10^{3}\times(1072-216.3)=2901.9\times10^{6}\text{N}\cdot\text{m}$$

由预加力产生的跨中反拱为：

$$f_p = 2.0 \times \frac{2 \times 2901.9 \times 10^6 \times 29160^2/16}{0.5685 \times 10^6} = 108.5\text{mm}$$

将预加力引起的反拱与按荷载短期效应影响产生的长期挠度值相比较可知：

$$f_p = 108.5\text{mm} > \eta_\theta f_s = 1.60 \times 46.0 = 73.6\text{mm}$$

由于预加力产生的长期反拱值大于按荷载短期效应组合计算的长期挠度，所以可不设预拱度。

8. 正常使用极限状态应力验算

按承载能力极限状态设计的预应力混凝土受弯构件，尚应计算其使用阶段正截面混凝土的法向应力、受拉钢筋的拉应力及斜截面的主压应力。计算时作用（或荷载）取其标准值，不计分项系数，汽车荷载应考虑冲击系数。

（1）跨中截面混凝土法向正应力验算

$$\sigma_{kc} = \left[\frac{N_p}{A_{\eta 1}} - \frac{N_p e_{pn1}}{W_{ns1}} + \frac{M_{G1PK}}{W_{ns1}} + \frac{M_{G1mK}}{W_{ns2}} + \frac{M_{G2K} + M_{Q1K} + M_{Q2K}}{W_{0s}}\right] \leqslant 0.5 f_{ck}$$

$$\sigma_{pe} = \sigma_{con} - \sigma_{l\text{I}} - \sigma_{l\text{II}} = 1395 - 103.3 - 21.71 = 1269.99\text{MPa}$$

$$N_p = \sigma_{pe} A_p = 1269.99 \times 2780/1000 = 3530.6\text{kN}$$

由表 4-9 查得：$e_{pn1} = y_{pn1} = 977\text{mm}$

$$\sigma_{kc} = \left(\frac{3530.6}{0.5013} - \frac{3530.6 \times 0.977}{0.2909} + \frac{1533.7}{0.2909} + \frac{589.9 + 1497.3 + 256.7}{0.3046}\right)/1000$$

$$= 8.15\text{MPa} < 0.5 f_{ck} = 0.5 \times 26.8 = 13.4\text{MPa}$$

（2）跨中截面预应力钢筋拉应力验算

$$\sigma_p = (\sigma_{pe} + \alpha_{ep}\sigma_{k,t}) \leqslant 0.65 f_{pk}$$

$\sigma_{k,t}$是按荷载效应标准值（对后张法构件不包括自重 M_{G1PK}）计算的预应力钢筋重心处混凝土的法向应力，为：

$$\sigma_{k,t} = \frac{M_{G1mK} + M_{G2K} + M_{Q1K} + M_{Q2K}}{W_{0p}}$$

$$= \frac{589.9 + 1497.3 + 256.7}{0.2227 \times 1000} = 10.52\text{MPa}$$

$$\sigma_p = \sigma_{pe} + \alpha_{ep}\sigma_{ct,k} = 1269.99 + \frac{1.95 \times 10}{3.25} \times 10.52 = 1333.11\text{MPa}$$

$$> 0.65 f_{pk} = 0.65 \times 1860 = 1209\text{MPa}$$

（3）斜截面主应力验算

一般取变截面点分别计算截面上梗肋、形心轴和下梗肋处在标准值效应组合作用下的主压应力，应满足 $\sigma_{cp} \leqslant 0.6 f_{ck}$ 的要求。本例中上梗肋处主压应力最大，故仅列出该处的计算结果，其他各处可参照上梗肋处主压应力的计算步骤进行计算。

$$\begin{matrix}\sigma_{cp} \\ \sigma_{tp}\end{matrix} = \frac{\sigma_{cxk}}{2} \pm \sqrt{\left(\frac{\sigma_{cxk}}{2}\right)^2 + \tau_k^2}$$

$$\sigma_{cxk} = \pm \sigma_{pc} \mp \frac{M_{G1PK}}{J_{n1}} y_{n1} \mp \frac{M_{G1mK}}{J_{n2}} y_{n2} \mp \frac{(M_{G2K} + M_{Q1K} + M_{Q2K})}{J_0} y_0$$

$$\tau_k = \frac{V_{G1PK}}{J_{n1} b} S_{n1} + \frac{V_{G1mk}}{J_{n2} b} S_{n2} + \frac{(V_{G2K} + V_{Q1K} + V_{Q2K})}{J_0 b} S_0 - \frac{\sigma_{pe} A_{pe} \sin\theta_p S_{n1}}{J_{n1} b}$$

上梗肋处

$$\sigma_{pc} = \left(\frac{3534.5}{0.5466} - \frac{3534.5 \times 0.926}{0.20418} \times 0.504\right)/1000 = 6.47 - 8.08 = -1.61\text{MPa}$$

$$\sigma_{cxk} = -1.61 + \frac{327.4}{0.20418 \times 1000} \times 0.504 + \frac{125.7 + 1020 + 73.6}{0.22483 \times 1000} \times 0.545$$

$$= -1.64 + 0.81 + 2.96 = 2.16\text{MPa}$$

$$\tau = \frac{159.2 \times 0.13079}{0.20418 \times 0.16 \times 1000}$$

$$+ \frac{(67 + 196 + 21.8) \times 0.13954}{0.22483 \times 0.16 \times 1000}$$

$$- \frac{1271.4 \times 2780 \times \sin 6.3161° \times 0.13079}{0.20418 \times 0.16 \times 10^6}$$

$$= 0.78 + 1.10 - 2.46 = -0.58\text{MPa}$$

$$\sigma_{tp} = \frac{2.16}{2} - \sqrt{\left(\frac{2.16}{2}\right)^2 + (-0.58)^2} = -0.15\text{MPa}$$

$$\sigma_{cp} = \frac{2.16}{2} + \sqrt{\left(\frac{2.166}{2}\right)^2 + (-0.58)^2} = 2.31\text{MPa}$$

最大主压应力 $\sigma_{cp} = 2.31\text{MPa} < 0.6f_{ck} = 0.6 \times 26.8 = 16.08\text{MPa}$。计算结果表明，使用阶段正截面混凝土法向应力、预应力钢筋拉应力及斜截面主压应力满足规范要求。

9. 施工阶段应力验算

预应力混凝土结构按短暂状态设计时，应计算构件在制造、运输及安装等施工阶段，由预加力（扣除相应的预应力损失）、构件自重及其他施工荷载引起的截面应力。对预应力混凝土简支梁，以跨中截面上、下缘混凝土正应力控制。

（1）上缘混凝土应力

$$\sigma_{ct}^{t} = \left(\frac{N_{p1}}{A_{n1}} - \frac{N_{p1}e_{pn1}}{W_{nsl}} + \frac{M_{G1PK}}{W_{n1s}}\right) \leqslant 0.7f_{tk}$$

$$N_{p1} = \sigma_{pe}A_p = (1395 - 103.3) \times 2780/1000 = 3590.93\text{kN}$$

$$e_{pn} = y_{pn} = 977\text{mm}$$

$$\sigma_{cs}^{t} = \left(\frac{3590.93}{0.5013} - \frac{3590.93 \times 0.977}{0.2909} + \frac{1533.7}{0.2909}\right)/1000$$

$$= 0.376\text{MPa} > 0$$

（2）下缘混凝土应力

$$\sigma_{cc}^{t} = \frac{N_p}{A_{n1}} + \frac{N_p e_{pn1}}{W_{n1x}} - \frac{M_{G1PK}}{W_{n1x}} \leqslant 0.75f_{ck}$$

$$\sigma_{cc}^{t} = \left(\frac{3590.93}{0.5013} + \frac{3590.93 \times 0.977}{0.1648} - \frac{1533.7}{0.1648}\right)/1000$$

$$= 19.15\text{MPa} < 0.75f_{ck} = 0.75 \times 26.8 = 20.1\text{MPa}$$

计算结果表明，在预加施应力阶段，梁的上缘不出现拉应力，下缘混凝土的压应力满足规范要求。

第5章　部分预应力混凝土结构

§5.1　概　　述

部分预应力混凝土的设计思想是允许预应力混凝土构件在正常使用极限状态出现拉应力，在某些工作环境下还允许出现有限宽度的裂缝。预应力混凝土改善了钢筋混凝土结构的抗裂性能，提高了结构的刚度，并且使高强材料得到了充分的发挥，而部分预应力混凝土则改善了全预应力混凝土的延性，降低了预应力度，使得经济性更好，在某些场合还改善了结构构造和施工工艺等问题。部分预应力概念实际上是介于预应力混凝土和钢筋混凝土之间的设计思想。部分预应力混凝土解决的关键问题是降低预应力混凝土结构的抗裂性能要求的可靠性和预应力混凝土构件是否可以带裂缝工作的问题。近20年来，部分预应力混凝土的工程实践已经证实，在全预应力混凝土与普通钢筋混凝土之间的区域，应当是部分预应力混凝土，部分预应力混凝土是完全可以符合环境与功能要求的，部分预应力混凝土的应用构成了一个完整的加筋混凝土系列。在这一系列中人们可以根据结构的不同功能和环境要求，选用合理的预应力度，达到最佳设计的目的，使结构工程师设计的思想更为活跃。

我国自从中国土木工程学会1985年出版《部分预应力混凝土结构设计建议》（以下简称《PPC建议》）以来，部分预应力混凝土结构的设计与施工进入了有章可循的阶段。交通部颁发的《公路钢筋混凝土及预应力混凝土桥涵设计规范》（JTJ 023—85）和建设部颁发的《混凝土结构设计规范》（GBJ 10—89）都已允许预应力混凝土结构采用部分预应力概念进行设计。现行的《混凝土结构设计规范》（GB 50010—2002）与《公路钢筋混凝土及预应力混凝土桥涵设计规范》（JTG D62—2004）更进一步完善了部分预应力混凝土构件的设计。所谓部分预应力混凝土构件，系指预应力度处在钢筋混凝土和全预应力混凝土两个极端状态之间的预应力混凝土构件，即某种构件按正常使用极限状态设计时，允许在短期使用荷载作用下，其截面受拉边缘出现拉应力或裂缝。《混凝土结构设计规范》（GB 50010—2002）则从其正常使用极限状态的拉应力与裂缝的控制作了规定，该规范中的裂缝控制二级与三级的预应力混凝土构件即属于部分预应力混凝土。《PPC建议》按照使用荷载短期组合作用下构件正截面混凝土的应力状态，部分预应力混凝土构件可分为以下两类：

A类：正截面中混凝土的拉应力不超过规定的A类构件混凝土的拉应力限值。

B类：正截面中混凝土的拉应力超过规定的限值，但裂缝宽度不超过规定的限值（见表5-3和表5-5）。

5.1.1 部分预应力混凝土的受力特性

梁的荷载－挠度曲线能够综合反映其工作性能。图5-1为不同预应力度适筋梁理想化的弯矩－挠度曲线。部分预应力混凝土梁的受力特性介于全预应力混凝土梁（$\lambda=1$）与钢筋混凝土梁之间（$\lambda=0$）。

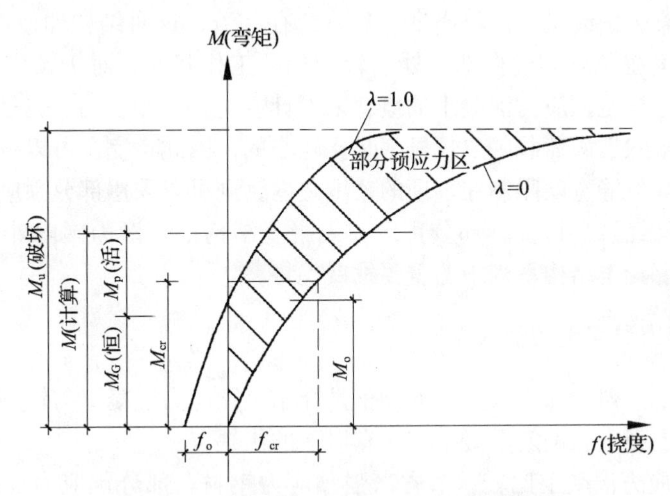

图5-1　不同预应力度梁的弯矩－挠度曲线

当没有使用荷载（包括梁本身的自重）作用时，钢筋混凝土梁没有变形；而预应力混凝土梁已受预加力的作用，梁已有反拱度f_0，此时，部分预应力混凝土梁的反拱度要比全预应力混凝土梁小。在构件自重与长期恒载作用下，产生的相应弯矩M_G，这是构件长期所处的受力状态。在这一状态下，钢筋混凝土梁的挠度已经比较大，对于恒载占总荷载比例较大的梁，甚至此时的外力弯矩M_G已经大于开裂弯矩M_{cr}，这时梁已出现裂缝。梁的挠度已大于开裂挠度f_{cr}。全预应力混凝土梁在这一阶段，一般地仍具有一定的反拱度。因为，全预应力混凝土梁的设计要求：在正常使用极限状态，梁的受拉边缘混凝土不出现拉应力，因此，在仅有恒载作用时必须有相当的预压应力储备。部分预应力混凝土梁在这一阶段的变形有较大的变化范围，视其预应力度而定。当预应力度较高时，仍存在反拱度；当预应力度较低时，梁开始呈现向下的挠度，但一般地不会出现开裂。在设计时也可以选择适当的预应力度，使得在这一阶段保持挠度为零。这也是采用部分预应力混凝土概念进行设计的一大优点。

在正常使用阶段，梁同时承受恒载与可变荷载，产生的外力弯矩即图中的M_G+M_P，在这一状态，钢筋混凝土梁受拉翼缘开裂，梁处在带裂缝工作状态，此时，梁的挠度已经比较大；对于全预应力混凝土梁在这一阶段预压受拉翼缘没有出现拉应力，梁仍处在弹性工作阶段，其挠度也较小；部分预应力混凝土梁在这一阶段处在弹塑性工作状态，允许微裂缝出现，梁的挠度也介于钢筋混凝土梁与全预应力混凝土梁之间。

在承载能力极限状态，即，梁破坏时，适筋的钢筋混凝土梁有很大的变形，破坏时延性较好，有明显的预兆；全预应力混凝土梁直至破坏挠度都比较小，破坏时呈脆性，没有明显的预兆；对于部分预应力混凝土梁，如果设置有一定数量的非预应力受力钢筋，那么，在破坏时也会有较大的挠度，也会有明显的破坏预兆。

值得注意的是：在长期荷载作用下，全预应力混凝土梁保持在相当的反拱度，尤其对于可变荷载产生的控制截面弯矩值占总荷载产生的弯矩值比值较大时，在没有可变荷载作用时，梁处于较大的反拱状态，即预压区的混凝土纤维一直处于高压应力状态，这对结构是很不利的。也是全预应力混凝土主要的缺点之一。预应力混凝土梁长期处于高压应力状态，会不断加剧徐变的发展，从而导致较大的预应力损失。而对于恒载占总荷载比例比较大的钢筋混凝土梁，裂缝又会过早出现并且持续存在着，这对结构的使用也是很不利的。因此，如何使结构在受力全过程都能处于较合理的工作状态，对于预应力混凝土构件来说，就不能单一地按全预应力混凝土的概念来设计。这是不经济的，也是不尽合理的。因为，正常使用极限状态满荷载的出现概率是比较小的，因此，完全可以根据结构使用性能的要求，只要将其裂缝宽度限制在合理的范围之内，则可以采用部分预应力的概念进行设计，使其既合理又经济。目前，部分预应力混凝土结构已逐渐为国内外土木工程界所重视，已成为加筋混凝土结构系列中的重要发展趋势。

5.1.2 部分预应力混凝土的优缺点

在加筋混凝土系列中部分预应力混凝土是介于全预应力混凝土与钢筋混凝土之间的构件，与全预应力混凝土和钢筋混凝土相比有以下的优缺点：

（1）与全预应力混凝土比较，节省高强预应力钢材。部分预应力混凝土所施加的预压力较小，因此，所需的高强预应力钢材用量也较少。

（2）部分预应力混凝土由于所需预应力筋较少，因此，制孔、灌浆、锚固等工作量少，梁端部的锚具也易于布置，总造价相应较低。

（3）可以避免过大的预应力反拱度。由于预加力的降低有效地控制了由于高压应力下，徐变而造成的反拱不断发展。

（4）提高了结构的延性。与全预应力混凝土相比，由于配置了非预应力普通受力钢筋，提高了结构的延性和反复荷载作用下结构的能量耗散能力，有利于结构的抗震、抗爆。

（5）可以合理控制裂缝。与钢筋混凝土相比，在正常使用状态下，部分预应力混凝土结构一般是不出现裂缝的，即使在偶然最大荷载出现时，混凝土梁体开裂，但当荷载移去后，裂缝就能很快闭合。

（6）部分预应力混凝土的缺点是：与全预应力混凝土相比，抗裂性略低，刚度较小，以及设计计算略为复杂；与钢筋混凝土相比，则所需的预应力工艺复杂。

总之，由于部分预应力混凝土本身所具有的特点，使之能够获得良好的综合使用性能，克服了全预应力混凝土结构的某些弊病。例如，长期处于高压应力状态下，预应力反拱度大，以及破坏时显脆性等。部分预应力混凝土结构由于预加应力较小，因此，预加应力产生的横向拉应变也小，降低了沿预应力筋方向可能出现的纵向裂缝的不利因素，有利于提高预应力结构使用的耐久性。

5.1.3 部分预应力混凝土结构中非预应力钢筋的用途

在部分预应力混凝土结构中通常配置有非预应力受力钢筋，非预应力钢筋的设置可以改善裂缝的分布，增加极限强度和提高构件的延性。同时，非预应力筋还可以配置在结构中难以配置预应力筋的部位。对于无粘结预应力混凝土结构，配置适量的非预应力筋，能够大大改善构件的裂缝，提高无粘结预应力混凝土梁的承载能力，也是无粘结预应力混凝土结构的强制性要求。部分预应力混凝土结构中配置的非预应力筋，一般都采用中等强度的带肋钢筋（HRB400钢筋等），这种钢筋对分散裂缝的分布、限制裂缝宽度以及提高破坏时的延性更为有效。

根据非预应力钢筋在结构中的功能不同，大致可分为以下三种：

（1）第一种，用非预应力筋来加强应力传递时梁的强度，如图5-2所示。这类非预应力钢筋主要在梁施加预应力时发挥作用，按照非预应力筋在梁中的位置不同，承担在施加预应力时可能出现的拉应力，或者预压受拉区过高的预压应力。

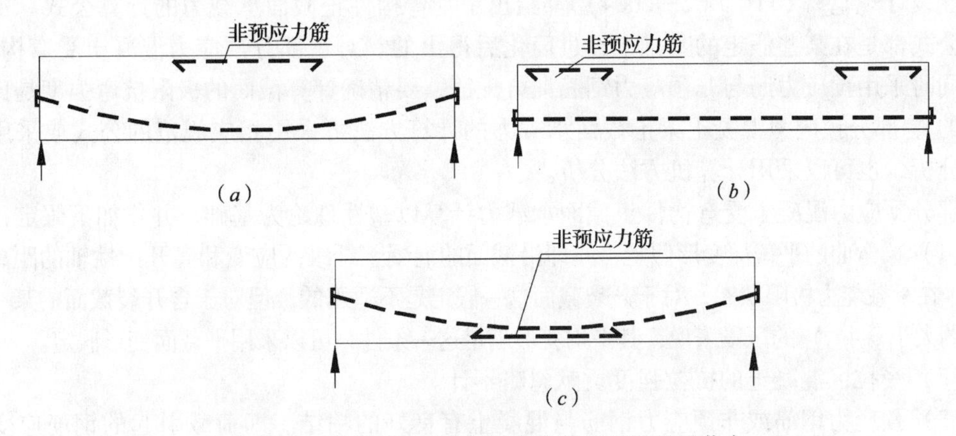

图5-2　用非预应力筋加强应力传递时梁的承载力

（*a*）跨中承受预应力引起的拉力；（*b*）在跨端承受预应力引起的拉力；（*c*）承受预应力引起的压力

（2）第二种，如图5-3所示。非预应力筋承受临时荷载或者意外荷载，这些荷载可能在施工阶段出现的。

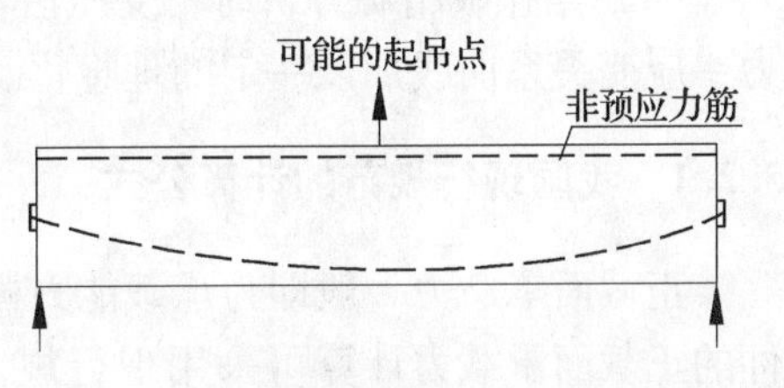

图5-3　用非预应力筋承受临时荷载

（3）第三种，是用非预应力筋来改善梁的结构性能以及提高梁的承载能力，如图5-4所示。这是部分预应力钢筋在正常使用状态与承载能力极限状态都要发挥重要作用。它有利于分散裂缝的分布，限制裂缝宽度，并能增加梁的抗弯强度和提高破坏时的延性。在悬臂梁和连续梁的尖峰弯矩区配置这种非预应力筋起的作用会更显著，如图5-4（*b*）所示。

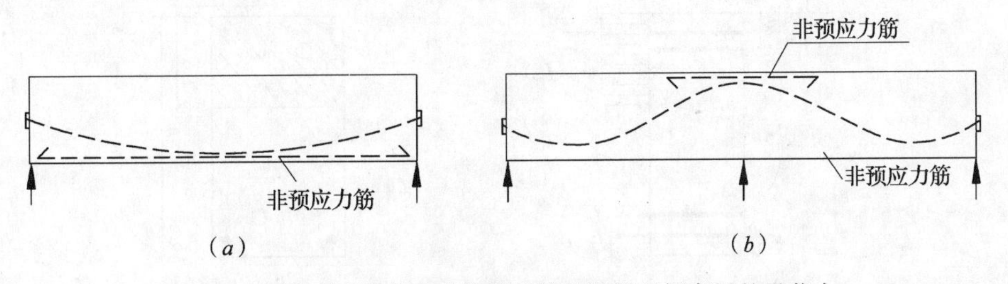

图5-4　用非预应力筋来改善梁的结构性能及提高梁的承载力

（*a*）改善裂缝分布及提高极限强度；（*b*）连续梁的负弯矩区设置非预应力筋

§5.2 部分预应力混凝土受弯构件正截面承载力

部分预应力混凝土梁一般都采用混合配筋,即同时配置有预应力筋和非预应力受力钢筋,而非预应力钢筋通常采用中等强度的钢材,非预应力钢筋与混凝土都是有粘结的。部分预应力混凝土梁的破坏形态与普通钢筋混凝土梁一样,也可分为适筋梁、超筋梁和少筋梁。现行规范一般都以适筋梁的破坏形态作为设计依据。对于极其特殊的结构也允许采用超筋梁进行设计。

部分预应力混凝土梁正截面强度的计算与全预应力混凝土梁或钢筋混凝土梁一样，我国现行的《混凝土结构设计规范》（GB 50010—2002）和《公路钢筋混凝土及预应力混凝土桥涵设计规范》（JTG D62—2004）都给出了受弯构件正截面承载力的计算公式。这些计算公式都是在某些假定的基础上经过简化后得出的。对于部分预应力混凝土受弯构件，由于同时采用预应力筋与非预应力钢筋混合配筋，要精确计算截面的极限抗弯强度是比较复杂的 。部分预应力混凝土梁正截面承载力的计算方法可采用相应规范的公式或采用试凑法分析，也可以采用计算机方法分析。

部分预应力混凝土受弯构件正截面承载力计算以塑性理论为基础，并作如下假定:

（1）梁弯曲的平截面变形假定，亦即沿截面的混凝土纤维的应变和离开中性轴的距离成正比。在承载能力极限状态，对于开裂截面这一假定是不适用的，但对于含开裂截面的某一长度（约大于$0.4h_0$）的区段来说，其平均变形满足这一条件，可以采用平截面变形假定。

（2）受拉区混凝土的抗拉强度贡献忽略不计。

（3）预应力钢筋或非预应力钢筋与混凝土有良好的粘结。即荷载引起的钢筋应变与其周围混凝土的应变相等。

（4）当作较精确分析时，受压区混凝土应力分布按某种规定的曲线变化，钢筋的应力－应变关系曲线加以一定的理想化。

5.2.1 我国现行规范的计算公式

正截面承载力一般即为承载能力极限状态下的截面承载力。部分预应力混凝土受弯构件的正截面承载力计算可采用现行规范《混凝土结构设计规范》（GB 50010—2002）和《公路钢筋混凝土及预应力混凝土桥涵设计规范》（JTG D62—2004）中钢筋混凝土或全预应力混凝土受弯构件的正截面承载力计算公式。对于矩形截面受弯构件，如图5-5所示，其正截面受弯承载弯矩的计算公式为:

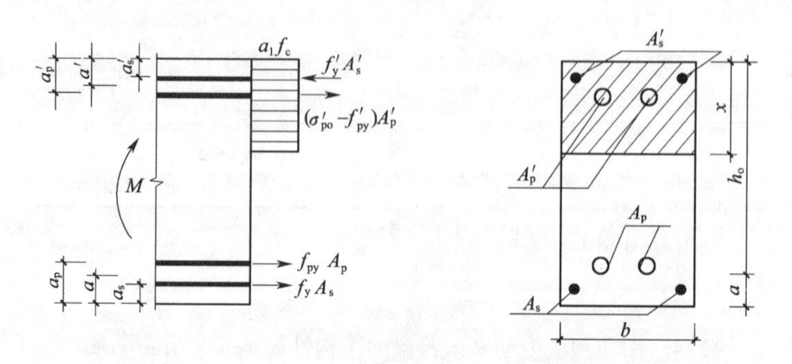

图5-5　矩形截面受弯构件正截面抗弯承载力计算

$$M \leqslant \alpha_1 f_c \cdot b \cdot x(h_0 - x/2) + f'_y \cdot A'_s \cdot (h_0 - a'_s) - (\sigma'_{p0} - f'_{py}) \cdot A'_p(h_0 - a'_p) \tag{5-1}$$

混凝土受压区高度为：

$$\alpha_1 f_c \cdot b \cdot x = f_y \cdot A_s - f'_y \cdot A'_s + f_{py} \cdot A_p + (\sigma'_{p0} - f'_{py})A'_p \tag{5-2}$$

混凝土受压区的高度应符合下列要求；

$$x \leqslant \xi_b \cdot h_0 \tag{5-3}$$

$$x \geqslant 2a' \tag{5-4}$$

式中　M——弯矩设计值；

$\xi_b = \dfrac{x_0}{h_0}$——相对界限受压区高度；

h_0——受拉区预应力筋与非预应力钢筋合力中心至混凝土受压区边缘距离；

f_c——混凝土轴心抗压强度设计值。

α_1 为矩形应力图的应力值，取为混凝土轴心抗压强度设计值f_c 的系数，当混凝土强度等级不超过 C50 时，α_1 取为 1.0，当混凝土强度等级为 C80 时，α_1 取为 0.94，其间按线性内插。

对于翼缘位于受压区的 T 形截面受弯构件，其正截面受弯承载力按下列情况计算（图 5-6）。

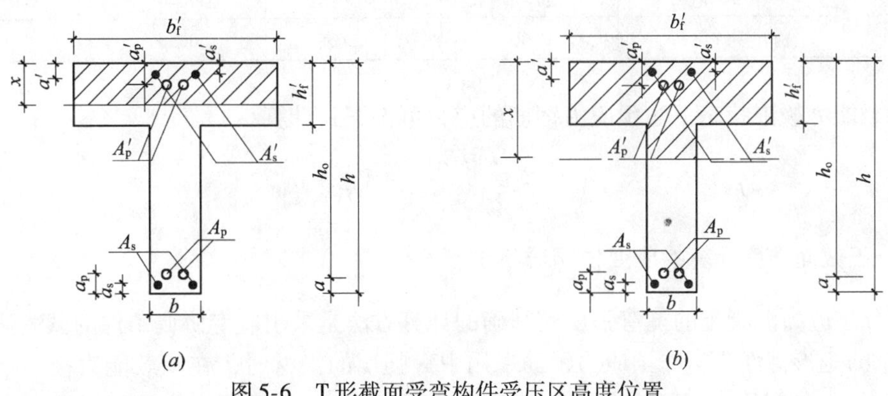

图 5-6　T 形截面受弯构件受压区高度位置

(a) $x < h'_f$；(b) $x > h'_f$

（1）当符合下列条件时：

$$f_y \cdot A_s + f_{py} \cdot A_p \leqslant \alpha_1 f_c \cdot b'_f \cdot h'_f + f'_y \cdot A'_s - (\sigma'_{p0} - f'_{py})A'_p \tag{5-5}$$

按宽度为 b'_f 的矩形截面计算；

（2）当不符合公式（5-5）的条件时，计算中应考虑截面中腹板受压的作用，按下式计算：

$$M \leqslant \alpha_1 f_c \cdot b \cdot x\left(h_0 - \frac{x}{2}\right) + \alpha_1 f_c(b'_f - b)h'_f\left(h_0 - \frac{h'_f}{2}\right) + f'_y \cdot A'_s(h_0 - a'_s) - (\sigma'_{p0} - f'_{py})A'_p(h_0 - a'_p) \tag{5-6}$$

混凝土受压区高度按下式确定：

$$\alpha_1 f_c[b \cdot x + (b'_f - b)h'_f] = f_y \cdot A_s - f'_y \cdot A'_s + f_{py} \cdot A_p + (\sigma'_{p0} - f'_{py})A'_p \tag{5-7}$$

按以上两种情形计算 T 形截面受弯构件时，混凝土受压区高度也应符合式（5-3）和式（5-4）要求。

式（5-3）中 ξ_b 的计算，《混凝土结构设计规范》（GB 50010—2002）对于预应力混凝土构件取值为：

$$\xi_b = \frac{\beta_1}{1 + \dfrac{0.002}{\varepsilon_{cu}} + \dfrac{f_{py} - \sigma_{p0}}{E_s \varepsilon_{cu}}} \tag{5-8}$$

式中 σ_{p0}——受拉区纵向预应力钢筋合力点处混凝土法向应力等于零式的预应力钢筋应力；

β_1——矩形应力图的受压区高度 x 取等于按变形平截面假定所确定的中和轴高度系数，当混凝土强度等级不超过 C50 时，β_1 取为 0.8，当混凝土强度等级为 C80 时，β_1 取为 0.74，其间按线性内插。

《桥规》JTG D62—2004 对受压区高度界限系数 ξ_b 规定如下表 5-1。

相对界限受压区高度 ξ_b **表 5-1**

混凝土强度等级		C50 及以下	C55、C60	C65、C70	C75、C80
钢筋种类	HPB235	0.62	0.60	0.58	—
	HRB335	0.56	0.54	0.52	—
	HRB400、RRB400	0.53	0.51	0.49	—
	钢绞线、钢丝	0.40	0.38	0.36	0.35
	精轧螺纹钢筋	0.40	0.38	0.36	—

承载能力极限状态下的预应力钢筋的应力可按下式计算：

$$\sigma_p = E_p \varepsilon_{cu} \left(\frac{\beta_1 h_0}{x} - 1 \right) + \sigma_{p0} \tag{5-9}$$

5.2.2 正截面强度计算的应变协调分析法

部分预应力混凝土的抗弯强度较精确的计算方法是采用应变协调条件的试凑法。如图 5-7 所示的矩形截面，当非预应力钢筋采用中等强度的钢材时，在承载能力极限状态，在极限弯矩 M_u 作用下，截面的内力如图所示，σ_{ps} 为 M_u 作用下预应力筋的极限应力。一般还认为：在承载能力极限状态，粘结非预应力钢筋的应力达到其抗拉强度设计值。

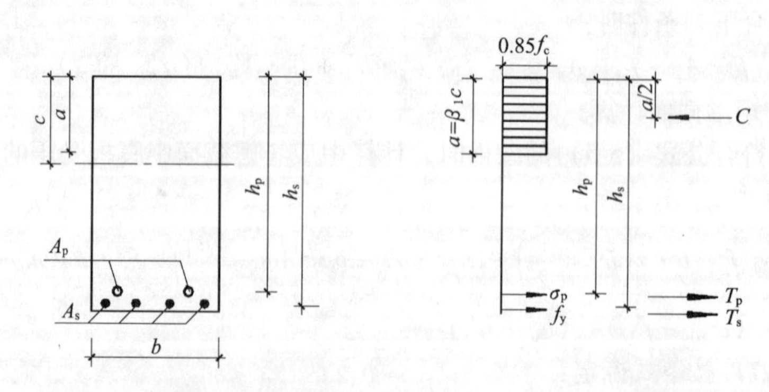

图 5-7 部分预应力混凝土梁在极限弯矩 M_u 作用下的截面内力

在极限弯矩 M_u 作用下，破坏截面的极限拉力为：

$$T = T_p + T_S \tag{5-10}$$

$$T_p = A_p \cdot \sigma_{ps} \tag{5-11}$$

$$T_s = A_s \cdot f_y \tag{5-12}$$

受压区混凝土应力取等效矩形块，均布应力 $\sigma_c = 0.85f_c$，则压力的合力：

$$C = 0.85f_c \cdot a \cdot b \tag{5-13}$$

由内力平衡条件 $C = T$ 得：

$$0.85f_c \cdot a \cdot b = A_p \cdot \sigma_{ps} + A_s \cdot f_y$$

$$a = \frac{A_p \cdot \sigma_{ps} + A_s \cdot f_y}{0.85f_c \cdot b} \tag{5-14}$$

极限弯矩 M_u 为：

$$M_u = A_p \cdot \sigma_{ps} \cdot (h_p - 0.5a) + A_s \cdot f_y (h_s - 0.5a) \tag{5-15}$$

式中　a——$a = \beta_1 \cdot c$

　　β_1——应力等效矩形块系数；

　　c——混凝土受压区高度。

由式（5-15）还不能直接求得极限弯矩值，因为预应力筋的极限应力 σ_{ps} 还是未知量。必须通过应变协调条件应用试凑法求得。对于非预应力筋采用高强度钢材时，非预应力筋的极限应力也是未知量，也应与预应力筋的极限应力一样须应用应变协调条件来求。

应用应变协调条件就是应用强度计算的平截面变形假定，如图 5-8 所示，当梁承受极限弯矩 M_u 时，截面应变的变化沿截面高度方向是线性变化的。由应变图的几何关系，可得到：非预应力筋在极限弯矩 M_u 作用下的极限应变为：

$$\varepsilon_{su} = \varepsilon_{cu} \cdot \frac{(h_s - c)}{c} \tag{5-16}$$

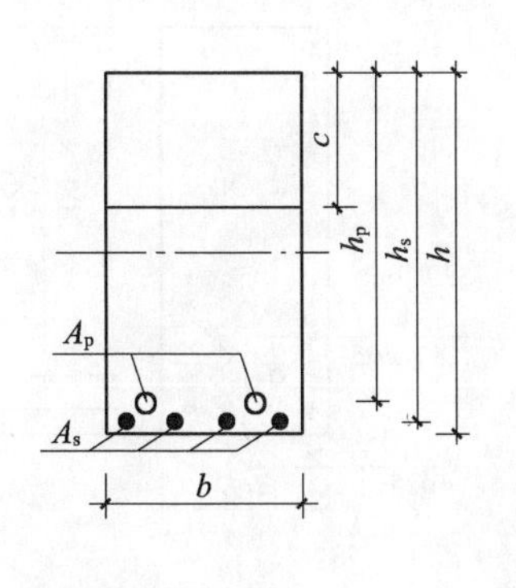

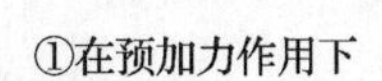
①在预加力作用下

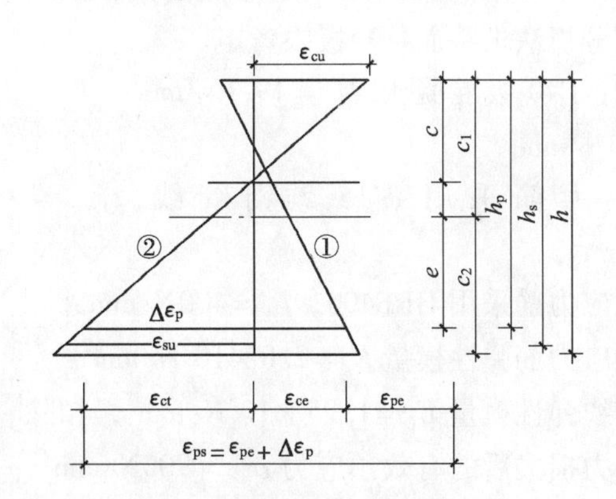

②在极限弯矩 M_u 作用下

图 5-8　截面应变的变化

预应力筋在有效预加力（扣除全部预应力损失后）作用下的拉应变：

$$\varepsilon_{pe} = \frac{\sigma_{pe}}{E_p} \tag{5-17}$$

此时，预应力筋重心水平处的混凝土压应变为：

$$\varepsilon_{ce} = \frac{A_p\sigma_{pe}}{E_c} \cdot \left(\frac{1}{A} + \frac{e^2}{I}\right) \tag{5-18}$$

当荷载由零增加到极限弯矩 M_u 时，预压受拉区的混凝土由原先的受压状态经过消压然后受拉直至开裂。对于粘结性能良好的预应力混凝土，预应力筋的应变随着其周围混凝土由预压到消压过程时，预应力筋又被拉伸了 ε_{ce}，然后又与混凝土一起产生应变增量 ε_{ct}，这一应变增量可以从应变图中的几何关系得到：

$$\varepsilon_{ct} = \varepsilon_{cu}\frac{(h_p - c)}{c} \tag{5-19}$$

因此，预应力筋的总伸长由以下三部分组成：

$$\varepsilon_{ps} = \varepsilon_{pe} + \varepsilon_{ce} + \varepsilon_{ct}$$

或

$$\varepsilon_{ps} = \varepsilon_{pe} + \varepsilon_{ce} + \varepsilon_{cu}\frac{(h_p - c)}{c} \tag{5-20}$$

求得预应力筋与非预应力筋的应变 ε_{ps}，ε_{su}之后就可以由应力－应变关系求得应力，并求得拉力为：

$$T = A_s \cdot \sigma_{su} + A_p \cdot \sigma_{ps} \tag{5-21}$$

$$\sigma_{su} = \varepsilon_{su} \cdot E_s \tag{5-22}$$

$$\sigma_{ps} = \varepsilon_{ps} \cdot E_p \tag{5-23}$$

试凑法就是先假设一中性轴高度 c，由应变关系式求得预应力筋与非预应力钢筋的应变，再由应力应变关系求得应力，从式（5-10）与式（5-13）分别求得截面的拉力 T 与压力 C，用内力平衡条件检验是否满足要求，如果两者数值不等，则修正受压区高度 C，重新计算，直至满足要求为止。上述式中的受压区高度系数 β_1，当按《混凝土结构设计规范》（GB 50010—2002）的规定时，可取 $\beta_1 = 0.8$。

【例 5-1】 如图 5-9 所示一矩形截面梁，试用应变协调分析法求截面抗弯极限弯矩。

已知：C40 级混凝土，$f_c = 19.1\text{N/mm}^2$，$E_c = 3.25 \times 10^4\text{N/mm}^2$，

预应力筋采用 $\phi^s15.2$ 钢绞线，$f_{ptk} = 1860\text{N/mm}^2$，

非预应力筋采用 HRB400，$f_{yk} = 400\text{N/mm}^2$，

非预应力筋弹性模量 $E_s = 2.0 \times 10^5\text{N/mm}^2$，

钢绞线弹性模量 $E_p = 1.95 \times 10^5\text{N/mm}^2$，扣除全部预应力损失后的有效预应力 $\sigma_{pe} = 900\text{N/mm}^2$，$A_p = 834\text{mm}^2$，$A_s = 1900\text{mm}^2$。

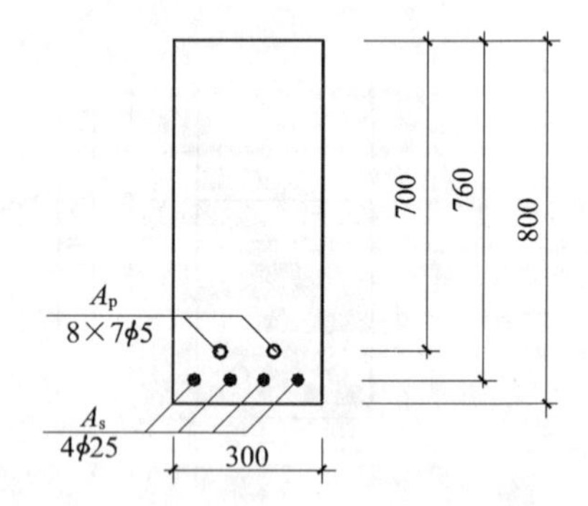

图 5-9　矩形截面梁（单位：mm）

【解】 计算截面面积、惯性矩均采用毛截面，混凝土极限压应变 $\varepsilon_{cu} = 0.0033$。

$$A = 300 \times 800 = 240 \times 10^3\text{mm}^2$$

$$I = \frac{1}{12} \times 300 \times 800^3 = 128 \times 10^8\text{mm}^4$$

$$e = 300\text{mm}$$

（1）在预加力作用下：

预应力筋水平处混凝土的预压应变

$$\varepsilon_{ce} = \frac{A_p \cdot \sigma_{pe}}{E_c} \cdot \left(\frac{1}{A} + \frac{e^2}{I}\right)$$

$$= -\frac{834 \times 900}{3.25 \times 10^4} \cdot \left(\frac{1}{240 \times 10^3} + \frac{300^2}{128 \times 10^8}\right)$$

$$= -259 \times 10^{-6}$$

预应力筋在有效预应力下的应变

$$\varepsilon_{pe} = \frac{\sigma_{pe}}{E_p} = \frac{900}{1.95 \times 10^5} = 4615 \times 10^{-6}$$

（2）在极限弯矩 M_u 作用下，当混凝土压应变达到0.0033时，由式（5-19）得：

$$\varepsilon_{ct} = -0.0033 \times \left(\frac{700 - c}{c}\right)$$

预应力筋的极限应变

$$\varepsilon_{ps} = \varepsilon_{ce} + \varepsilon_{pe} + \varepsilon_{ct}$$

$$= 259 \times 10^{-6} + 4615 \times 10^{-6} + 0.0033 \times \left(\frac{700 - c}{c}\right)$$

$$= 4874 \times 10^{-6} + 0.0033 \times \left(\frac{700 - c}{c}\right)$$

受压区混凝土应力的合力：取 $\beta_1 = 0.8$

$$C = f_c \cdot a \cdot b$$

$$= 19.1 \times 0.8 \cdot c \times 300$$

$$= 4584 \cdot c$$

非预应力筋的极限应变

$$\varepsilon_{su} = 0.0033 \times \left(\frac{760 - c}{c}\right)$$

$$T = A_s \cdot \varepsilon_{su} \cdot E_s + A_p \cdot \varepsilon_{ps} \cdot E_p$$

上式中的拉应力合力 T 与压应力合力 C，都是受压区高度 c 的函数。每次假定 c 值，若求得的压力 C 与拉力 T 差不多相等，则说明所假定的受压区高度值接近于实际值。

（3）设 $c = 300$mm：

$$\varepsilon_{ps} = 4.874 \times 10^{-3} + 3.3 \times \left(\frac{700 - 300}{300}\right) \times 10^{-3}$$

$$= 9.274 \times 10^{-3}$$

这个应变值超过预应力筋条件屈服极限应变值太多。

$$\varepsilon_{pu} = \frac{0.85 \times 1860}{1.95 \times 10^5} = 8.108 \times 10^{-3}$$

因此，假定的 $c = 300$mm 偏小，重新假定，设：

$$c = 400\text{mm}$$

$$\varepsilon_{ps}=4.874\times10^{-3}+3.3\times\left(\frac{700-400}{400}\right)\times10^{-3}$$
$$=7.349\times10^{-3}$$

非预应力筋应变

$$\varepsilon_{su}=3.3\times10^{-3}\left(\frac{760-300}{300}\right)$$
$$=2.97\times10^{-3}$$

非预应力筋达到屈服强度的应变

$$\varepsilon_{sy}=\frac{400}{2.0\times10^{5}}=2.0\times10^{-3}$$

说明非预应力筋的应变大于达到屈服强度的应变，非预应力筋已经屈服，其应力取为：

$$\sigma_{su}=400\text{N/mm}^2$$

总拉力：

$$T=1900\times400+834\times7.349\times10^{-3}\times1.95\times10^{5}$$
$$=760\times10^{3}+1195.2\times10^{3}$$
$$=1955.2\times10^{3}\text{N}$$

受压区混凝土压力

$$C=4584\times400=1833.6\times10^{3}\text{N}$$

所求得混凝土压力 C 小于拉力 T，说明所假定的受压区高度 c 仍然偏小，再次修正 c，重新计算。

（4）设 $c_1=418\text{mm}$：

$$\varepsilon_{ps}=4.874\times10^{-3}+3.3\times\left(\frac{700-418}{418}\right)\times10^{-3}$$
$$=7.1\times10^{-3}$$
$$\varepsilon_{su}=3.3\times\left(\frac{760-418}{418}\right)\times10^{-3}=2.7\times10^{-3}$$

非预应力钢筋屈服 $\sigma_{su}=400\text{N/mm}^2$

总拉力

$$T=760\times10^{3}+834\times7.1\times10^{-3}\times1.95\times10^{5}$$
$$=1914.6\text{kN}$$

受压区混凝土压力

$$C=4584\times418=1916.1\text{kN}$$

这次计算的结果已经很接近。

（5）截面的抗弯极限弯矩：

$$M_u=760\times10^{3}\times\left(760-\frac{0.8\times418}{2}\right)+1154.7\times\left(700-\frac{0.8\times418}{2}\right)\times10^{3}$$
$$=450.5\times10^{6}+615.6\times10^{6}$$
$$=1065.7\text{kN}\cdot\text{m}$$

§5.3 正常使用阶段开裂截面的应力分析

部分预应力混凝土梁一般地在长期荷载作用下，其预压受拉边缘不出现拉应力或不出现裂缝，但在短期荷载作用下，其截面预压受拉边缘允许出现拉应力或出现裂缝。对于A类和一部分B类部分预应力混凝土构件，在正常使用极限状态，虽然受拉边缘出现拉应力甚至微裂缝，梁仍具有良好的弹性工作性能。因此，对于大多数的部分预应力混凝土梁在正常使用阶段的应力计算可以采用弹性的分析方法，只有少部分的B类构件在使用阶段的应力计算要采用混凝土开裂后较复杂的分析方法。《PPC建议》规定：正常使用极限状态下的应力按弹性理论计算。

5.3.1 正常使用阶段弹性分析

受弯构件的弹性分析的基本假定是平截面变形假定，受压区混凝土的应力为三角形分布，混凝土应力应变为线性关系，以及不计受拉区混凝土的抗拉强度。

开裂截面的应变和内力关系如图5-10所示。

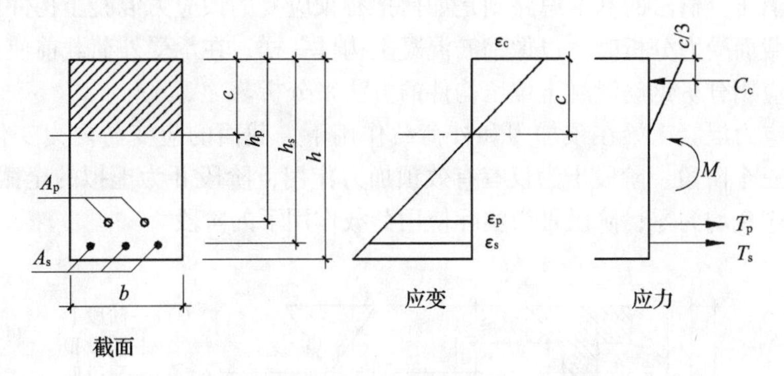

图5-10 弹性分析的截面应变与内力

在设计弯矩 M 作用下，上边缘混凝土的压应变为 ε_c，则混凝土压应力为：

$$\sigma_c = E_c \cdot \varepsilon_c \tag{5-24}$$

混凝土压力 C_c 为：

$$C_c = \frac{1}{2}\sigma_c \cdot b \cdot c \tag{5-25}$$

预应力筋应变：

$$\varepsilon_p = \varepsilon_{pe} + \varepsilon_{ce} + \varepsilon_c \cdot \left(\frac{h_p - c}{c}\right) \tag{5-26}$$

非预应力筋应变：

$$\varepsilon_s = \varepsilon_c \cdot \left(\frac{h_s - c}{c}\right) \tag{5-27}$$

预应力筋和非预应力筋中的拉力合力分别为：

$$T_p = A_p \cdot E_p\left[\varepsilon_{pe} + \varepsilon_{ce} + \varepsilon_c \cdot \left(\frac{h_p - c}{c}\right)\right] \tag{5-28}$$

$$T_s = A_s \cdot E_s \cdot \varepsilon_c \left(\frac{h_s - c}{c} \right) \tag{5-28}$$

截面内力矩平衡条件：

$$M = T_p \left(h_p - \frac{c}{3} \right) + T_s \left(h_s - \frac{c}{3} \right) \tag{5-30}$$

上述式中的受压区高度 c 可以从给定的 ε_c 由内力平衡条件求得。由于是弹性分析，因此，确定两个差值较大的压区混凝土外纤维的应变 ε_c 值，分别求得相应的受压区高度 c 与对应的内力矩 M 值等，其他中间值就可以由内插求得。

5.3.2 全截面消压分析法

上述的弹性分析法是根据内力平衡和应变协调两个条件，应用试凑法求得开裂截面的应力。但由于试凑法需要多次试算，对于外力弯矩已知时，还可以采用全截面消压分析法。全截面消压分析法的基本原理是钢筋混凝土大偏心受压构件的分析方法。预应力混凝土与钢筋混凝土的不同之处在于钢筋混凝土在使用荷载作用之前，截面没有初始的变形，而预应力混凝土则在使用荷载作用之前，截面的混凝土已经施加了预应力，因此，已经存在预应变。消压分析法的基本思路则是如何把有预应变的预应力混凝土构件比拟为：在使用荷载下的截面受力分析时，也像钢筋混凝土构件一样，在承受外荷载前使全截面的应变为零，然后应用分析钢筋混凝土偏压构件的方法来分析。

部分预应力混凝土梁在预加力和外荷载作用下，截面的应变与内力变化可分解为图 5-11 所示的三个阶段。阶段Ⅰ为仅有有效预加力作用，阶段Ⅱ为虚拟的全截面消压阶段，即全截面的应变均为零；阶段Ⅲ为实际使用荷载作用下的阶段。

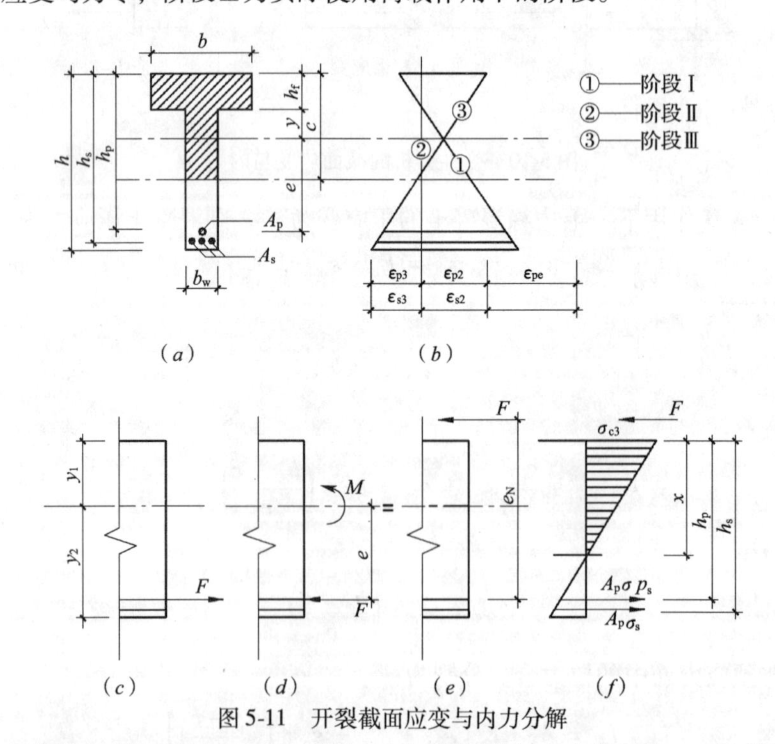

图 5-11 开裂截面应变与内力分解

(a) 开裂截面；(b) 截面应变；(c) 虚拟力；(d) 抵消虚拟力；(e) 偏心距 e_N；(f) 截面应力

阶段Ⅰ：仅有预加力 N_{pe} 作用时，预应力筋应力为：

$$\sigma_{p1} = \sigma_{pe} = \frac{N_{pe}}{A_p} \tag{5-31}$$

预应力筋的应变：

$$\varepsilon_{pe} = \frac{\sigma_{pe}}{E_p} \tag{5-32}$$

预应力筋重心处混凝土的预压应变：

$$\varepsilon_{ce} = \frac{N_{pe}}{A_c \cdot E_c}\left(1 + \frac{e^2}{r^2}\right) \tag{5-33}$$

式中　$r^2 = \frac{I}{A}$——截面回转半径。

阶段Ⅱ：虚拟的全截面消压状态，即假想有一个力作用于构件，使得全截面的应变都恢复为零。如图 5-11（b）中的②状态。此时，预应力筋处的混凝土的应变由预压应变 ε_{ce} 变化到零，相应地预应力筋增加了拉应变 ε_{ce}（式 5-33）。预应力筋的应力增量为：

$$\sigma_{p2} = E_p \cdot \varepsilon_{ce} \tag{5-34}$$

这一状态预应力筋的总拉力：

$$N_{po} = N_{pe} + \sigma_{p2} \cdot A_p$$

$$N_{po} = (\sigma_{pe} + \sigma_{p2})A_p \tag{5-35}$$

或写成

$$N_{po} = N_{pe}\left[1 + \frac{n_p \cdot A_p}{A_c} \cdot \left(1 + \frac{e^2}{r^2}\right)\right] \tag{5-36}$$

上述式中　N_{pe}——有效预加力

A_c——截面净面积

n_p——预应力筋与混凝土的弹性模量比。

这意味着，要达到阶段Ⅱ的虚拟状态，必须在预应力筋重心处施加一大小与 N_{po} 相等、方向相反的作用力，如图 5-11（c）所示，$F = N_{po}$。

阶段Ⅲ：在阶段Ⅱ，假想在预应力筋重心处作用了一个 $F = N_{po}$ 的拉力，而实际上是不存在的，是一虚拟的力。因此，必须施加一个和 F 大小相等、方向相反的压力 F（图 5-11d）以抵消虚拟拉力的影响。因此，阶段Ⅲ的受力为压力 F 与外荷载弯矩 M 同时作用，这样，即转化为一偏心力的作用。其作用点离预应力筋重心的距离 e_N，如图 5-11（e）：

$$e_N = \frac{M}{N_{po}} \tag{5-37}$$

这样，预应力混凝土梁开裂截面的受力分析就与钢筋混凝土大偏心受压构件类似，可以按大偏心受压构件的分析方法进行计算。

截面最后的实际应力为：

$$\sigma_c = \sigma_{c3} \tag{5-38}$$

$$\sigma_s = \sigma_{s3} \tag{5-39}$$

$$\sigma_{ps} = \sigma_{pe} + \sigma_{p2} + \sigma_{p3} \tag{5-40}$$

σ_{p2}、σ_{p3}分别为状态Ⅱ与状态Ⅲ所求得预应力筋应力增量。大偏心受压的求解关键是求截面的受压区高度，图 5-11（f）中的 x。对于矩形截面，对 F 作用线求矩有：

$$\frac{1}{2}\sigma_{c3}\cdot b\cdot x\left(e_N-h_p+\frac{x}{3}\right)-A_p\cdot\sigma_{p3}\cdot e_N-A_s\cdot\sigma_{s3}\cdot(e_N-h_p+h_s)=0$$

注意到：

$$\sigma_{p3}=n_p\cdot\sigma_{c3}\cdot\frac{h_p-x}{x}\tag{5-41}$$

$$\sigma_{s3}=n_s\cdot\sigma_{c3}\cdot\frac{h_s-x}{x}\tag{5-42}$$

整理后得：

$$x^3+Ax^2+Bx+C=0\tag{5-43}$$

式中

$$A=3(e_N-h_p)$$

$$B=\frac{6}{b}[n_p\cdot A_p\cdot e_N+n_s\cdot A_s\cdot(e_N-h_p+h_s)]$$

$$C=-\frac{6}{b}[n_p\cdot A_p\cdot e_N h_p+n_s\cdot A_s\cdot(e_N-h_p+h_s)\cdot h_s]$$

求中性轴的方程为三次方程，可以用试凑法求得。在求得 x 后，受压区边缘的混凝土应力为：

$$\sigma_{c3}=\frac{2N_{po}\cdot x}{bx^2-2n_p\cdot A_p\cdot(h_p-x)-2n_s\cdot A_s\cdot(h_s-x)}\tag{5-44}$$

对于 T 形截面，中性轴方程形式也是式（5-43），其中系数 A、B、C 为：

$$A=3(e_N-h_p)$$

$$B=\frac{6}{b_w}[(b-b_w)h_f\cdot(e_N-h_p+\frac{h_f}{2})+n_p\cdot A_p\cdot e_N+n_s\cdot A_s\cdot(e_N-h_p+h_s)]$$

$$C=-\frac{6}{b_w}[(b-b_w)\cdot\frac{hf^2}{2}\cdot(e_N-h_p+\frac{2}{3}h_f)+n_p\cdot A_p\cdot e_N\cdot h_p+n_s\cdot A_s\cdot h_s\cdot(e_N-h_p+h_s)]$$

$$\sigma_{c3}=\frac{2N_{po}\cdot x}{b_w x^2+(2x-h_f)\cdot(b-b_w)\cdot h_f-2n_p\cdot A_p\cdot(h_p-x)-2n_s\cdot A_s\cdot(h_s-x)}\tag{5-45}$$

式中的符号见图 5-11。

【例 5-2】 用全截面消压分析法求例 5-1 截面梁（见图 5-12）在弯矩 $M=800\text{kN}\cdot\text{m}$ 作用下，截面的各项应力。

【解】 有效预加力

$$N_{pe}=900\times834=750.6\text{kN}$$

预应力筋与混凝土的弹性模量比 $n_p=\dfrac{1.95\times10^5}{3.25\times10^4}=6$

$$n_s=6.15$$

在有效预加力 N_{pe} 作用下，预应力筋重心处混凝土的预压应力：

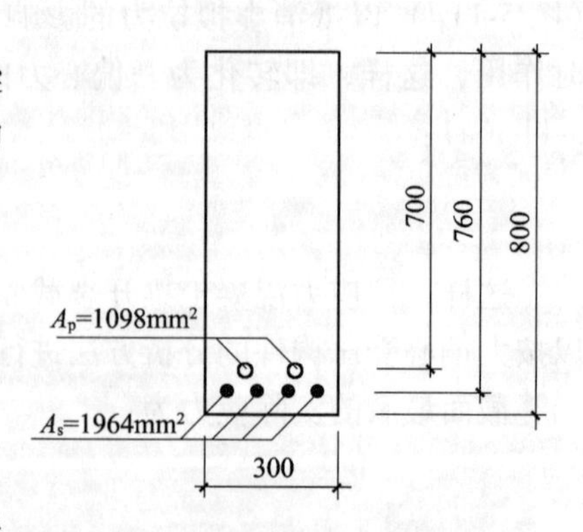

图 5-12　矩形截面梁

$$\sigma_{ce} = -\frac{750.6\times10^3}{240\times10^3} - \frac{750.6\times10^3\times300^2}{128\times10^8}$$
$$= -3.13 - 5.28$$
$$= -8.41\text{N/mm}^2$$
$$\sigma_{p2} = n_p \cdot \sigma_{ce} = 50.46\text{N/mm}^2$$

消压拉力：

$$F = (\sigma_{pe} + \sigma_{p2}) \cdot A_p$$
$$= (900 + 50.46) \times 843$$
$$= 792.7\text{kN}$$

偏心距：$e_N = \frac{M}{F} = \frac{800\times10^6}{792.7\times10^3} = 1009\text{mm}$

根据方程（5-43），求偏心受压时的受压区高度 x：

$$A = 3\times(1009-700) = 927$$
$$B = \frac{6}{300}[6\times834\times1009 + 6.15\times1900\times(1009-700+760)]$$
$$= \frac{1}{50}\times(5.05\times10^6 + 12.49\times10^6)$$
$$= 0.351\times10^6$$
$$C = -\frac{6}{300}\times[6\times834\times1009\times700 + 6.15\times1900\times(1009-700+760)\times760]$$
$$= -\frac{1}{50}(3.534\times10^9 + 9.49\times10^9)$$
$$= -0.26\times10^9$$

代入式（5-43）得

$$x^3 + 927x^2 + 0.351\times10^6x - 0.26\times10^9 = 0$$

解得：$x = 370\text{mm}$

在弯矩 M 作用下，混凝土上边缘压应力：

$$\sigma_c = \frac{-2\times792.7\times10^3\times370}{300\times370^2 - 2\times6\times834\times(700-370) - 2\times6.15\times1900\times(760-370)}$$
$$= \frac{-5.866\times10^8}{4.107\times10^7 - 0.330\times10^7 - 0.911\times10^7}$$
$$= -20.47\text{N/mm}^2$$

由式（5-42）得非预应力筋应力：

$$\sigma_s = 6.15\times20.47\times\frac{(700-370)}{370} = 132.70\text{N/mm}^2$$

预应力筋应力

$$\sigma_p = 900 + 50.46 + 6\times20.47\times\frac{(700-370)}{370} = 1060\text{N/mm}^2$$

§5.4 混凝土受弯构件正截面受力分析的计算机方法

钢筋混凝土结构受力分析的计算机方法在20世纪70年代就开始得到应用，但由于钢筋混凝土结构是两种不同材料的组合，混凝土本构关系的复杂性，尤其是混凝土裂缝产生与发展的复杂性和变异性使得计算机分析方法至今不能得到很好的应用。但对于混凝土受弯构件的正截面受力分析应用计算机方法则相对容易，因为混凝土受弯构件的正截面受力分析应用计算机方法时其截面的条带离散，混凝土和钢筋的应力－应变关系，裂缝的产生与发展等的假定都与实际受力状况比较接近。对于部分预应力混凝土受弯构件截面承载力分析，要做比较精确分析时，受压区混凝土的应力就不能简单地采用等效矩形块，受拉区的预应力筋和非预应力钢筋也不能认为都同时达到设计强度值，而应当根据其应变的分布按照应力应变关系求得相应的应力。因此，应用钢筋混凝土截面非线性的计算机方法来分析部分预应力混凝土受弯构件是适用的，同时，它不仅可以求得截面的抗弯极限弯矩，还能对受力的全过程进行分析。

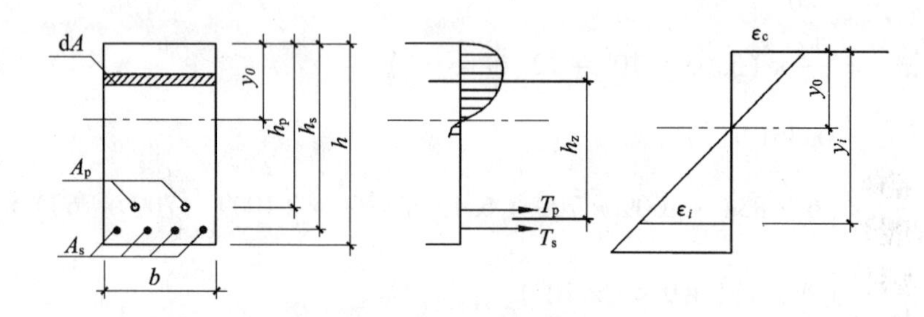

图5-13 钢筋混凝土截面非线性分析

应用钢筋混凝土截面非线性的计算机方法时，几个关键的问题是：

（1）截面条带的划分：即需将钢筋混凝土截面划分成若干个条带，根据钢筋混凝土截面非线性分析的经验，一般梁受压区混凝土的条带划分应不小于7条，预应力钢筋与非预应力钢筋作为独立的条带。

（2）确定沿截面高度的变形分布：由梁变形的平截面假定，可建立截面上各条带的应变表达式（式5-46），这一条件即为变形协调条件。

$$\varepsilon_i = \left(1 - \frac{y_i}{y_0}\right) \cdot \varepsilon_c \tag{5-46}$$

（3）截面内力与外力的平衡，即截面受力平衡条件。截面受压区混凝土的压力：

$$C = \int_0^{y_0} \sigma_c \cdot \mathrm{d}A \tag{5-47}$$

受拉区预应力钢筋和非预应力钢筋的拉力：

$$T = T_p + T_s = A_p \cdot \sigma_{ps} + A_s \cdot \sigma_s \tag{5-48}$$

截面内力平衡条件：

$$C = T$$

即：

$$\int_{0}^{y_0} \sigma_c \cdot \mathrm{d}A = A_p \cdot \sigma_{ps} + A_s \cdot \sigma_s \tag{5-49a}$$

在数值计算中表达为：$\sum_{i=1}^{n} \sigma_{ci} \cdot \Delta A_i = A_p \cdot \sigma_{ps} + A_s \cdot \sigma_s$ (5-49b)

截面的极限弯矩：

$$M_u = \left(\int_{0}^{Y_0} \sigma_c \cdot \mathrm{d}A\right) \cdot h_z \tag{5-50a}$$

或 $$M_u = T \cdot h_z$$

在数值计算中表达为：$M_u = \sum_{i=1}^{n} \sigma_{ci} \cdot \Delta A_i \cdot h_i$ (5-50b)

或 $$M_u = A_p \cdot \sigma_{ps} \cdot h_p + A_s \cdot \sigma_s \cdot h_s$$

(4) 混凝土和钢筋的应力－应变关系式。本程序中的材料强度值为《混凝土结构设计规范》(GB 50010—2002) 中的混凝土强度标准值，混凝土应力－应变关系式采用E. Hognestad建议的模式。预应力钢筋与非预应力钢筋的强度也均采用标准值，使用时可根据各相应规范进行修改。

(5) 程序计算的收敛判别。程序中对应变增量和中和轴计算增量进行了收敛判别处理，以保证程序的正常运行，防止进入死循环。

(6) 截面达到破坏的极限条件。一般以混凝土达到极限抗压应变值或钢筋被拉断为破坏条件。对于部分预应力混凝土受弯构件应用钢筋混凝土截面非线性分析程序计算分析时，还应注意到截面变形的初始条件，以及预应力应作为作用在截面上的一个荷载工况。以下提供适用于部分预应力混凝土受弯构件受力分析的源程序，本程序还可分析截面开裂的程度。程序的说明、框图和及程序如下；

变量及数组说明

K——截面循环变量　　NE——计算截面数

FNEX——外部轴向力　　FMEX——外部弯矩

YK0——中性轴高度初始值（后为计算值）

EB0——混凝土外层纤维压应变初始值（后为计算值）

NRIS——截面开裂条带号记录　　HP——截面有效高度

EC——混凝土弹性模量　　EP——预应力筋弹性模量

ES——非预应力钢筋弹性模量　　FCON——混凝土抗压强度标准值

FYP——预应力钢筋抗拉强度标准值　　FYS——非预应力钢筋抗拉强度标准值

HTB (10) ——截面参数数组，HTB (h1，h2，h3，b1，b2，b3，h_s，A_s，h_p, A_p)

AI (20) ——截面条带面积数组（截面划分为20条带）

ZI (21) ——截面条带力臂数组

EI (21) ——截面条带应变数组

截面非线性分析源程序：

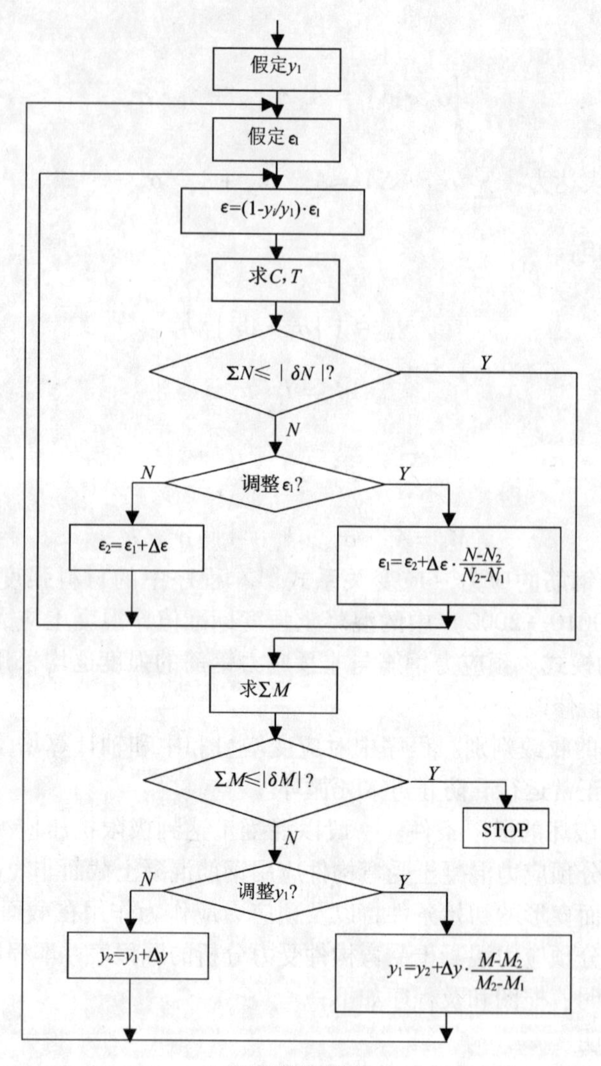

程序流程框图

```
SUBROUTINE   NLACRS (K, NE, FNEX, FMEX, YK0, EB0, NRIS, HP, HTB)
C  NONLINEAR   ANALYSIS   OF CROSS-SECTION
   IMPLICIT   REAL * 8 (A-H, O-Z)
   DIMENSION   HTB (NE, 10), EI (21), ZI (20), AI (20)
   COMMON/C1/EC, EP, ES, FCON, FYP, FYS
   DYK = YK0/50.
   DEB = EB0/20.
   DO   41 I = 1, 5
   ZI (I)  = (I - 0.5)  * HTB (K, 1) /5.0
   AI (I)  = HTB (K, 4)  * HTB (K, 1) /5.0
41  CONTINUE
   DO   42 I = 6, 17
```

```
      ZI (I) =HTB (K, 1) + (I-5.5) *HTB (K, 2) /12.0
      AI (I) =HTB (K, 5) *HTB (K, 2) /12.0
42    CONTINUE
      DO  43 I=18, 20
      ZI (I) =HTB (K, 1) +HTB (K, 2) + (I-17.5) *HTB (K, 3) /3.0
      AI (I) =HTB (K, 6) *HTB (K, 3) /3.0
43    CONTINUE
      IF (FCON.EQ .20.1)    THEN
      ETEN=2.01/EC
      ELSE  IF (FCON .EQ.  26.8)    THEN
      ETEN=2.4/EC
      ELSE  IF (FCON .EQ.  32.4)    THEN
      ETEN=2.65/EC
      ELSE  IF (FCON .EQ.  38.5)    THEN
      ETEN=2.85/EC
      END  IF
      ESS=FYS/ES
      NDYK=0
      NDEB=0
      YK=YK0
48    EB=EB0
50    NRIS=20
      IF (YK .LT.  0.0) STOP  333
      IF (EB .GT.  0.0) STOP  555
      IF (EB .LT.  -0.0033)    THEN
      WRITE (*, 777)
      WRITE (6, 777)
      WRITE (6, 776) K, NRIS, YK, EB, FN, FM
      STOP  222
      END  IF
      DO  46 I=1, 20
      EI (I) =EB* (1.0-ZI (I) /YK)
46    CONTINUE
      EI (21) =EB* (1.0-HTB (K, 7) /YK)
      DO  44 I=1, 20
      EX=EI (I)
      IF (EX .LE.  -0.002) THEN
      EI (I) = -FCON* (1.0+115.385* (EX+0.002))
      ELSE  IF (EX .LE.  0.0)    THEN
```

```
      EI (I) =1000.0 * FCON * EX * (1 +250.0 * EX)
      ELSE  IF (EX .LE.  ETEN) THEN
      EI (I) =EC * EX
      ELSE  IF (EX .GT.  ETEN) THEN
      EI (I) =0.0
      IF (I .LT.  NRIS)    NRIS = I
      END  IF
44    CONTINUE
      EX = EI (21)
      IF (EX .GT.  ESS) THEN
      EI (21) = FYS
      ELSE
      EI (21)  = EX * ES
      END  IF
      FN =0.0
      FM =0.0
      DO  45 I =1, 20
      FN = FN + EI (I) * AI (I)
      FM = FM + EI (I) * AI (I) * (HP-ZI (I))
45    CONTINUE
      FN = FN + EI (21) * HTB (K, 8)
      FM = FM + EI (21) * HTB (K, 8) * (HP-HTB (K, 7))
      IF (FNEX .EQ.  0) THEN
      IF (ABS (FN) .LT.  0.01) GOTO  56
      ELSE
      T =1.0 - ABS (FN/FNEX)
      IF (ABS (T) .LE.  0.05)    GOTO  56
      END  IF
      IF (NDEB .EQ.  0) THEN
      FN1 = FN
      ELSE
      FN2 = FN
      END  IF
      IF (NDEB .EQ.  1)    GOTO  58
61    EB = EB + DEB
      NDEB =1
      GOTO  50
58    EB = EB + DEB * (FNEX-FN2) / (FN2-FN1)
      NDEB =0
```

```
      GOTO  50
56    WRITE ( *, 773) NRIS
      WRITE ( *, 775) YK, EB
      T=1.0-ABS (FM/FMEX)
      IF (ABS (T) .LE. 0.05)   GOTO  55
      IF (NDYK .EQ. 0) THEN
      FM1=FM
      ELSE
      FM2=FM
      END  IF
      IF (NDYK .EQ. 1) GOTO  62
63    YK=YK-DYK
      NDYK=1
      GOTO  48
62    YK=YK+DYK (FMEX-FM2) / (FM2-FM1)
      NDYK=0
      GOTO  48
55    WRITE ( *, 774) NRIS
      EB0=EB
      YK0=YK
      WRITE (6, 776) K, NRIS, YK, EB, FN, FM
      WRITE (6, 778)
      WRITE (6, 779) (EI (I), I=1, 21)
773    FORMAT (10X,'INTERNAL FORCE EQUIBLIUM!', 3X,'NRISS=', I4)
774    FORMAT (10X,'INTERNAL MOMENT EQUIBLIUM!', 3X,'NRISS=', I4)
775    FORMAT (5X,'YK=', F12.5,      'EB=', F12.5)
776    FORMAT (2X,'NE=', I4,    'NRIS=', I4, /,
       &'YK=', F12.5,'EB=', F12.5,'FN=', F12.5,'FM=', F12.5)
777    FORMAT (10X,'CONCRETE HAS BEEN CRUSHED!')
778    FORMAT (10X,'NORMAL STRESS OF EVERY STRIP')
779    FORMAT (2X, 5F10.5, /)
40    RETURN
      END
```

§5.5 裂缝的控制与计算

部分预应力混凝土结构与全预应力混凝土结构重要的区别之一就是在正常使用阶段，在某些环境条件下，预压受拉区边缘允许出现限值范围内的拉应力甚至裂缝。预应力混凝土允许出现裂缝是人们对预应力混凝土结构安全度观念的转变，也是对部分预应力混凝土概念的接受。著名的预应力专家法国的 Freyssinet 在20世纪50年代后期也转变了他一贯坚持“完全”预应力的观点，认为：由于短暂的超载引起的有限的拉应力（$5N/mm^2$）应当是无害的。实际上，早在20世纪30年代奥地利的 Emperger 就提出了允许出现裂缝的部分预应力混凝土概念。他认为：对钢筋混凝土附加少量的预应力筋以改善结构的裂缝与挠度性能。

钢筋混凝土构件裂缝的研究已经较多，也提出了较成熟的理论，但对于部分预应力混凝土结构裂缝的研究至今还不完善，部分预应力混凝土结构由于预加力的存在，其裂缝的产生与开展受到预加力的约束作用，因此，其裂缝的控制和计算与钢筋混凝土结构又不完全相同。目前，国内外对部分预应力混凝土结构的裂缝控制与计算采用的方法基本上可归结为两种：一种是直接计算裂缝宽度并加以限制，另一种是通过计算名义拉应力的方法验算。但不管采用哪一种方法，裂缝的控制都不可忽视地要采取必要的构造措施和严格的施工管理。

5.5.1 开裂弯矩

预应力混凝土受弯构件的开裂弯矩 M_{cr} 定义为：使梁的预压受拉边缘开始出现裂缝时的弯矩：

$$M_{cr} = (\sigma_{pc} + \gamma f_{tk}) W_0 \tag{5-51}$$

式中 γ——截面抵抗矩塑性影响系数；

f_{tk}——混凝土轴心抗拉强度标准值；

σ_{pc}——有效预加力产生的预压受拉边缘混凝土的压应力；

W_0——换算截面预压受拉边缘的抵抗矩。

混凝土构件的截面抵抗矩塑性影响系数 γ 可按下式计算：

$$\gamma = \frac{2S_0}{W_0} \tag{5-52}$$

式中 S_0——换算截面重心轴以上（或以下）部分面积对重心轴的面积矩。

也可按下式计算：

$$\gamma = \left(0.7 + \frac{120}{h}\right)\gamma_m \tag{5-53}$$

式中 γ_m——截面抵抗矩塑性影响系数基本值，对于常用截面可按表5-2取用；

h——截面高度（mm），当 $h < 400$mm 时，取 $h = 400$mm；当 $h > 1600$mm 时，取 $h = 1600$mm；对圆形、环形截面取 $h = 2r$，r 为圆形截面的半径或环形截面的外环半径。

截面抵抗矩塑性影响系数基本值 γ_m　　表 5-2

截面形状	矩形截面	翼缘位于受压区的T形截面	对称I形截面或箱形截面		翼缘位于受拉区的倒T形截面		圆形和环形截面
			$b_f/b \leq 2$，h_f/h 为任意值	$b_f/b > 2$，$h_f/h < 0.2$	$b_f/b \leq 2$，h_f/h 为任意值	$b_f/b > 2$ $h_f/h < 0.2$ 为任意值	
γ_m	1.55	1.50	1.45	1.35	1.50	1.40	$1.6 - 0.24\gamma_1/\gamma$

注：b 为各肋宽度的总和；r_1 为环形截面的内环半径，对于圆形截面 r_1 为零。

对于一般的矩形截面梁，截面塑性系数 γ 可取1.75，对于板混凝土弯拉强度 f_r 有增大的趋势。当高度较大或对于I字形截面梁，混凝土弯拉强度 f_r 趋于减小。

对于部分预应力混凝土受弯构件，其开裂弯矩的计算用于控制最小配筋率的要求，即：

$$\frac{M_u}{M_{cr}} \geqslant 1.2 \tag{5-54}$$

式中 M_u——破坏弯矩。

这就保证了梁截面有一定的延性，梁在开裂后，外荷载继续增大时不至于立即破坏。

5.5.2 裂缝计算理论

混凝土构件的裂缝是一种普遍现象。混凝土的裂缝可区分为微观裂缝和宏观裂缝，其区分一般以肉眼是否可见为界，肉眼可见裂缝一般以0.05mm为界。大于0.05mm的裂缝称为“宏观裂缝”，宏观裂缝是微观裂缝扩展的结果。微观裂缝对结构没有明显的危险性。钢筋混凝土或预应力混凝土产生裂缝以及影响裂缝开展的因素很多，而且各影响因素又有较大的随机性。混凝土裂缝的产生除承受外荷载产生的拉应力超过极限抗拉强度导致混凝土开裂外，在构件受荷前，由于混凝土的不均匀收缩以及混凝土结硬过程水化热的温差等因素造成的初始微裂缝也是产生开裂的重要因素。影响混凝土裂缝宽度的主要因素有：钢筋的直径、混凝土保护层的厚度、配置的钢筋总面积与混凝土拉区面积的比、混凝土的抗拉强度、以及构件的截面形式等。对于裂缝的计算至今没有完善的、统一的计算公式。但就裂缝宽度计算的基本理论可以归结为粘结滑移理论与无滑移理论。

1. 粘结滑移理论

混凝土结构裂缝的粘结滑移理论最早是由 Saligar（1936）和 MypaЩeЪ（1940）等提出的。这一理论认为裂缝的开展是由于钢筋和相邻混凝土不再保持变形协调，出现相对滑移而形成的。因此，裂缝间距是通过粘结力从钢筋传递到混凝土上的力所决定的，裂缝宽度则是构件开裂后钢筋和混凝土的相对滑移造成的，如图5-14所示。根据这一理论建立的平均裂缝宽度 δ_m 的计算公式：

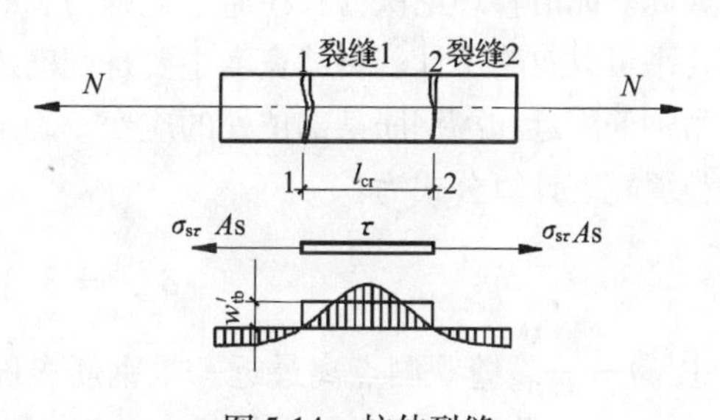

图5-14 拉伸裂缝

$$\delta_m = l_{cr}(\bar{\varepsilon}_s - \bar{\varepsilon}_c) \tag{5-55}$$

式中 l_{cr}——平均裂缝间距；

$\bar{\varepsilon}_c$，$\bar{\varepsilon}_s$——裂缝间混凝土和钢筋平均拉应变。

通常，在混凝土开裂前钢筋与混凝土的粘结力没有被破坏，钢筋的应变 ε_s 与混凝土的应变 ε_c 基本一样，但是，当混凝土开裂后变形集中于钢筋，钢筋的应变远人于混凝土的应变，即 $\bar{\varepsilon}_c \leqslant \bar{\varepsilon}_s$ 因此，混凝土开裂后可忽略不计混凝土的应变 $\bar{\varepsilon}_c$，钢筋的平均应变为；

$$\bar{\varepsilon}_s = \phi \cdot \frac{\sigma_s}{E_s} \tag{5-56}$$

式中　ϕ——考虑混凝土参与受拉工作的系数，$\phi \leqslant 1.0$。

因此，式（5-55）又可简化为：

$$\delta_m = l_{cr} \cdot \phi \cdot \frac{\sigma_s}{E_s} = \phi \cdot \frac{\sigma_s}{E_s} \cdot l_{cr} \tag{5-57}$$

$$l_{cr} = k \cdot \frac{d}{\rho} \tag{5-58}$$

式中　k——与粘结力特性有关的系数；

d——钢筋直径；

ρ——配筋率。

从滑移理论的公式中可以看出：反映粘结力的 d/ρ 是决定裂缝间距的主要参数，从而也是决定裂缝宽度的主要参数。显然，配置的钢筋直径小、配筋率大的构件，裂缝间距小，裂缝宽度也小。反之则裂缝间距大，裂缝宽度也大。

2. 无滑移理论

混凝土结构裂缝的无滑移理论是20世纪60年代的Broms和Base等人提出的。这种与粘结滑移理论观点相反的看法主要是针对粘结滑移理论与实验结果存在不符合的缺点。因为按粘结滑移理论，混凝土表面的裂缝宽度与钢筋表面处的裂缝宽度是一样的，这与实际不符，如图5-15所示。尤其是受弯构件，其裂缝的性状并非如此。无滑移理论认为：在通常允许的裂缝宽度范围内，变形钢筋与混凝土之间的相对滑移几乎可以忽略不计。裂缝宽度主要是钢筋周围混凝土受力时变形不均匀造成的，裂缝宽度是由钢筋附近和离钢筋某部位处的应变差确定的。Base等人通过理论与实验研究，导得的最大裂缝宽度计算公式为：

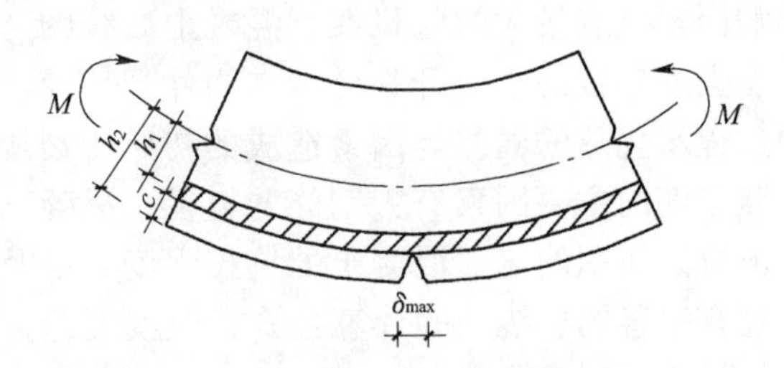

图5-15　弯曲裂缝示意

$$\delta_{max} = 3.3 \cdot c \cdot \frac{\sigma_s}{E_s} \cdot \frac{h_2}{h_1} \tag{5-59}$$

式中　c——裂缝观测点离最近一根钢筋表面的距离；

h_2，h_1——分别为梁底与主筋重心位置到中性轴的距离。

式（5-59）中的 h_2/h_1 是考虑梁弯曲时，梁底裂缝比主筋位置处裂缝宽度的增大倍数。无滑移理论强调裂缝两侧的混凝土截面不是相互平行的两个平面，而是两个曲面，且裂缝宽度随远离钢筋的距离的增大而增大。因此，混凝土保护层的厚度对外观裂缝宽度有重要的影响。

粘结滑移理论与无滑移理论是裂缝计算的两个最基本理论，这两个理论既对立又统一。它们分别描述了钢筋混凝土构件在不同受力情况下的裂缝机理。这两个既对立又统一的理论的结合应用，就能比较全面地描述混凝土的裂缝机理。目前，在这两个理论基础上，有关裂缝计算的公式繁多。各个公式考虑的因素也不尽相同，计算结果差异也较大。

5.5.3 裂缝的控制

1. 裂缝控制的一般规定

几乎所有的混凝土结构都带有裂缝，而裂缝对构件使用的耐久性有着密切的关系。因此，对混凝土结构的裂缝宽度的限制是非常必要的。裂缝宽度容许值的大小直接影响到安全、经济问题。国内外对裂缝宽度问题都做了大量的研究，探讨裂缝对钢筋锈蚀的影响。目前，统一的认识是：① 裂缝宽度与钢筋锈蚀之间近似呈线性关系；② 环境对钢筋锈蚀程度有比较明显的影响。对于部分预应力混凝土受弯构件的裂缝控制，《PPC 建议》提供了两种方法：一种是计算“特征裂缝宽度”，使构件出现的裂缝宽度控制在规范允许值的范围之内。另一种是采用名义拉应力的方法。

（1）《混凝土结构设计规范》（GB 50010—2002）的规定

《混凝土结构设计规范》（GB 50010—2002）对混凝土结构的裂缝控制等级作了如下划分：一级——严格要求不出现裂缝的构件，按荷载效应的标准组合进行计算时，构件受拉边缘混凝土不应产生拉应力；二级——一般要求不出现裂缝的构件，按荷载效应的准永久组合进行计算时，构件受拉边缘混凝土不应产生拉应力，而按荷载效应的标准组合进行计算时，构件受拉边缘混凝土容许产生拉应力，但拉应力不应超过混凝土的抗拉强度标准值 f_{tk}；三级——允许出现裂缝的构件，最大裂缝宽度按荷载效应的标准组合并考虑长期作用影响计算的最大裂缝宽度值不应超过允许值。

建筑结构构件裂缝控制等级及最大裂缝宽度限值（mm） **表 5-3**

环境类别	钢筋混凝土结构		预应力混凝土结构	
	裂缝控制等级	w_{lim}（mm）	裂缝控制等级	w_{lim}（mm）
一	三	0.3（0.4）	三	0.2
二	三	0.2	二	—
三	三	0.2	—	—

注：表中数值用于验算荷载作用引起的最大裂缝宽度，并仅适用于正截面的验算。

混凝土结构的环境类别 **表 5-4**

环境类别		条　　件
一		室内正常环境
二	*a*	室内潮湿环境：非严寒和非寒冷地区的露天环境、与无侵蚀性的水或土壤直接接触的环境
	b	严寒和寒冷地区的露天环境、与无侵蚀性的水或土壤直接接触的环境
三		使用除冰盐的环境；严寒和寒冷地区冬季水位变动的环境；滨海室外环境
四		海水环境
五		受人为或自然的侵蚀性物质影响的环境

表 5-4 为结构构件所处的环境类别，它与结构的耐久性有关。对于所有混凝土构件，处于海水环境与有侵蚀性物质影响的环境都不允许出现裂缝。对于预应力混凝土构件，仅允许在室内正常环境的构件以裂缝控制。

（2）桥规（JTG D62）的规定

桥规（JTG D62）对预应力混凝土构件以全预应力、A 类与 B 类构件区分。

全预应力混凝土构件，在短期荷载效应组合下：

预制构件 $$\sigma_{st} - 0.85\sigma_{pc} \leqslant 0 \tag{5-60}$$

分段浇筑或砂浆接缝的纵向分块构件 $$\sigma_{st} - 0.80\sigma_{pc} \leqslant 0 \tag{5-61}$$

A 类预应力混凝土构件，在荷载短期效应组合下：

$$\sigma_{st} - \sigma_{pc} \leqslant 0.7f_{tk} \tag{5-62}$$

在荷载长期效应组合下：

$$\sigma_{lt} - \sigma_{pc} \leqslant 0 \tag{5-63}$$

式中 σ_{st}——荷载短期效应组合下边缘混凝土的法向应力；

σ_{lt}——荷载长期效应组合下边缘混凝土的法向应力；

σ_{pc}——有效预加力作用下的边缘混凝土的预压应力。

对于 B 类预应力混凝土构件则允许边缘混凝土开裂，但裂缝宽度不超过限定值（0.20mm）。同时该规范还对 A 类与 B 类预应力混凝土构件的斜截面抗裂作了规定。表 5-5为桥规对钢筋混凝土与 B 类预应力混凝土构件的裂缝限定值。

桥梁结构裂缝宽度限值表 **表 5-5**

环境类别	钢筋混凝土构件	采用精轧螺纹钢筋的预应力混凝土构件	采用钢丝或钢绞线的预应力混凝土构件
Ⅰ类	0.20mm	0.20mm	0.10mm
Ⅱ类			
Ⅲ类	0.15mm	0.15mm	不允许出现裂缝
Ⅳ类			

表 5-5 中的环境类别的规定的环境条件为：Ⅰ类为温暖或寒冷地区的大气环境、与无侵蚀性的水或土壤接触的环境；Ⅱ类为寒冷地区的大气环境、使用除冰盐的环境、滨海环境；Ⅲ类为海水环境；Ⅳ类为受侵蚀性物质影响的环境。

（3）CEB—FIP 模式规范（1990）的规定

CEB—FIP 模式规范（1990）对预应力混凝土构件在常遇荷载下的裂缝宽度限制值为 0.20mm。该模式规范对使用极限状态下的开裂极限状态和过大压力极限状态，要求对任一截面应作下列验算：

对裂缝形成和过大徐变效应

$$\sigma(F_d) \leqslant \alpha \cdot f_d \tag{5-64}$$

对最大裂缝宽度

$$w(F_d, f) \leqslant w_{lim} \tag{5-65}$$

对裂缝的再开展

$$\sigma(F_d) \leqslant 0 \tag{5-66}$$

式中 σ，F_d——规定作用组合下的应力、拉力；

f_d——抗拉、抗剪或抗压设计强度；

w，w_{lim}——规定公式计算的裂缝宽度和裂缝宽度限值；

α——描述这个极限状态的系数。

2. “特征裂缝宽度”控制

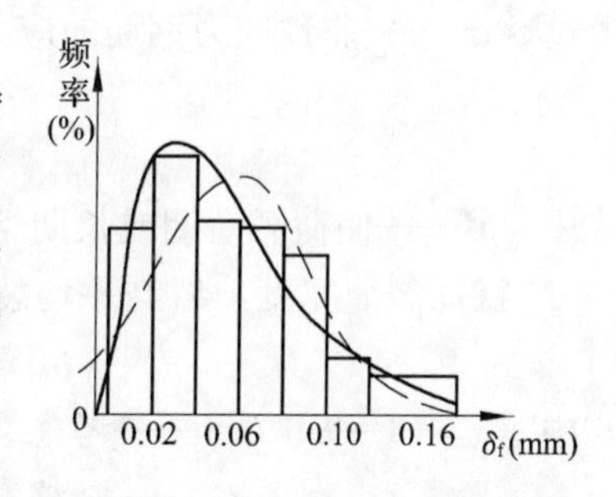

图 5-16　某试件裂缝宽度频率分布

“特征裂缝宽度”是指构件中的裂缝宽度小于该特征值的保证率为95%的裂缝宽度。由于裂缝宽度受多种因素的影响，带有较大的随机性，要确定某一构件中最大裂缝宽度的具体数值是很困难的。构件受力后会出现多根的裂缝，即使在等弯矩区段或等轴力区段各根裂缝的宽度也不尽相同，不同宽度的裂缝出现的概率也不同。图 5-16 为某试件裂缝宽度的频率分布，多数裂缝的宽度在平均值附近波动，裂缝宽度比平均值大得越多的裂缝出现的概率也越低。因此，针对这些情况，用“特征裂缝宽度”这一概念含义更明确。它是用数理统计方法估计超过某一宽度的裂缝出现的概率。这一概念的提出使裂缝的计算与控制更加明确、合理。《PPC 建议》给出的“特征裂缝宽度”的计算公式为：

$$\delta_{fk} = \alpha_1 \cdot \alpha_2 \left(2.4 c_s + v \frac{d}{u_e} \right) \frac{\sigma_s}{E_s} \tag{5-67}$$

式中　c_s——纵向钢筋侧面的净保护层厚度（mm）；

d——钢筋直径（mm），当采用不同直径的钢筋时：

$$d = 4 \cdot \frac{A_s + A_p}{U}$$

式中　U——钢筋周长的总和；

u_e——纵向钢筋的有效配筋率：

$$u_e = \frac{A_s + A_p}{A_{ce}}$$

式中　A_{ce}——受钢筋影响的有效混凝土截面面积，按图 5-17 计算；

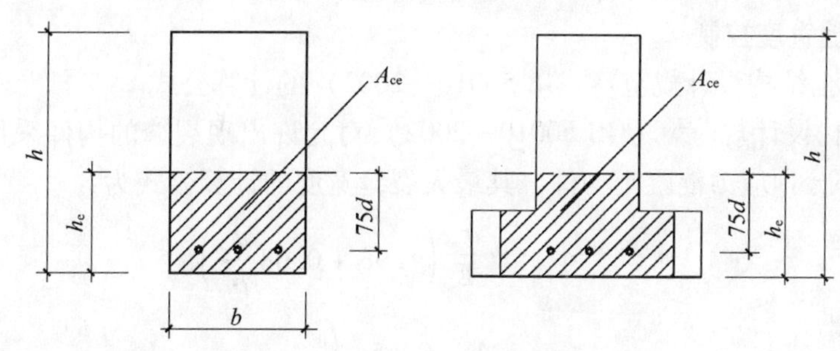

图 5-17　受钢筋影响的有效混凝土截面

υ——钢筋粘结特性系数；

规律变形钢筋　　$v = 0.02$；

光面圆钢筋或钢丝　　$v = 0.04$；

α_1——裂缝宽度的扩大系数；

受弯构件　　$\alpha_1 = 1.8$；

α_2——裂缝宽度的长期增长系数；

当荷载为短期组合时，$\alpha_2 = 1.2$；

当荷载为长期组合时，$\alpha_2 = 1.4$；

σ_s——非预应力钢筋的应力或预应力筋的应力增量，对受弯构件可按下式计算：

$$\sigma_s = \frac{M - 0.75M_{cr}}{0.87h_0(A_p + A_s)} \tag{5-68}$$

式中 M——使荷载短期或长期组合作用下的弯矩。

“特征裂缝宽度”δ_{fk}与平均裂缝宽度δ_{fm}有如下关系；

$$\delta_{fk} = (1 + K \cdot C_v)\delta_{fm} = \alpha \cdot \delta_{fm} \tag{5-69}$$

式中 $\alpha = (1 + K \cdot C_v)$——考虑裂缝宽度离散性的扩大系数；

C_v——裂缝宽度的变异系数；

K——与分布类型及特征裂缝宽度的保证率有关的系数。

式（5-67）是由实验资料统计分析，由平均裂缝宽度计算公式导出的。式中受弯构件钢筋应力的计算采用的是简化方法。

《PPC 建议》还规定：对于变形钢筋，如果其最大应力不超过表 5-6 中所列的最大值，可以不验算特征裂缝宽度，但构件纵向受拉钢筋的有效配筋率不低于 0.006。从表中数值可以看出：钢筋受限最大应力与特征裂缝宽度成正比，与配置的变形钢筋直径成反比。

可不验算特征裂缝宽度的最大钢筋应力（MPa） **表 5-6**

变形钢筋直径（mm）	$\delta_{fk}=0.1$（mm）	$\delta_{fk}=0.2$（mm）	$\delta_{fk}=0.3$（mm）	$\delta_{fk}=0.4$（mm）
32	55	110	165	220
25	65	130	190	260
20	75	150	220	300
12	95	190	280	380

注：表中数值可按线性内插。

3. 最大裂缝宽度控制

（1）《混凝土结构设计规范》（GB 50010—2002）的计算公式

《混凝土结构设计规范》（GB 50010—2002）对允许出现裂缝的构件采用最大裂缝宽度控制。对于部分预应力混凝土构件，其最大裂缝宽度的计算公式为：

$$w_{max} = \alpha_{cr} \cdot \psi \frac{\sigma_{sk}}{E_s}\left(1.9c + 0.08\frac{d_{eq}}{\rho_{te}}\right) \tag{5-70}$$

$$\psi = 1.1 - 0.65\frac{f_{tk}}{\rho_{te}\sigma_{sk}} \tag{5-71}$$

$$\rho_{te} = \frac{A_S + A_P}{A_{te}} \tag{5-72}$$

式中 α_{cr}——构件受力特征系数，对于预应力混凝土受弯、偏心受压构件取 1.7，对于轴心受拉构件取 2.2；

ψ——为裂缝间纵向受拉钢筋应变不均匀系数：当 $\psi<0.2$ 时，取 $\psi=0.2$；当 $\psi>1$ 时，取 $\psi=1$；对直接重复荷载的构件，取 $\psi=1$；

A_{te}——有效受拉混凝土面积，对于受弯构件可取 $A_{te}=0.5bh+(b_f-b)h_f$；

d_{eq}——受拉区纵向钢筋的等效直径（mm）；

ρ_{te}——纵向受拉钢筋配筋率，在裂缝计算中，当 $\rho_{te}<0.01$ 时，取 $\rho=0.01$；

c——最外层纵向受拉钢筋外边缘至受拉区底边的距离（mm）；当 $c<20$ 时，取 $c=20$；当 $c>65$ 时，取 $c=65$；

σ_{sk}——按荷载效应的标准组合计算的纵向钢筋等效应力，对于受弯构件：

$$\sigma_{sk}=\frac{M_k}{0.87h_0A_s} \tag{5-73}$$

式中 M_k——荷载效应标准组合计算的弯矩值。

式（5-70）考虑了裂缝宽度分布的不均匀性和荷载长期效应组合的影响。最大裂缝宽度的限制按本章前述的该规范的限制值。

（2）桥规（JTG D62）的最大裂缝计算公式

对于矩形、T形和I形截面钢筋混凝土构件及B类预应力混凝土受弯构件，其最大裂缝宽度 w_{fk} 可按下列公式计算：

$$w_{fk}=C_1C_2C_3\frac{\sigma_{ss}}{E_s}\left(\frac{30+d}{0.28+10\rho}\right) \tag{5-74}$$

$$\rho=\frac{A_s+A_p}{bh_0+(b_f-b)h_f} \tag{5-75}$$

式中 C_1——钢筋表面形状系数，对光面钢筋，$C_1=1.4$；对带肋钢筋，$C_1=1.0$；

C_2——作用（或荷载）长期效应影响系数，$C_2=1+0.5\frac{N_l}{N_s}$，其中 N_l 和 N_s 分别为按照作用（或荷载）长期效应组合和短期效应组合计算的内力值（弯矩或轴向力）；

C_3——与构件受力性质有关的系数，当为钢筋混凝土板式受弯构件时，$C_3=1.15$，其他受弯构件 $C_3=1.0$，轴心受拉构件 $C_3=1.2$，偏心受拉构件 $C_3=1.1$，偏心受压构件 $C_3=0.9$；

σ_{ss}——开裂截面的纵向钢筋应力；

d——纵向受拉钢筋直径（mm），当用不同直径的钢筋时，d 改用换算直径 d_e，$d_e=\frac{\sum n_id_1^2}{\sum n_id_i}$，式中，对钢筋混凝土构件，$n_i$ 为受拉区第 i 种普通钢筋的根数，d_i 为受拉区第 i 种普通钢筋的公称直径；对混合配筋的预应力混凝土构件，预应力钢筋为由多根钢丝或钢绞线组成的钢丝束或钢绞线束，式中 d_i 为普通钢筋公称直径、钢丝束或钢绞线束的等代直径 d_{pe}，$d_{pe}=\sqrt{n}d$，此处，n 为钢丝束中钢丝根数或钢绞线束中钢绞线根数，d 为单根钢丝或钢绞线的公称直径，对于钢筋混凝土构件中的焊接钢筋骨架，公式（5-74）中的 d 或 d_e 应乘以1.3系数；

ρ——纵向受拉钢筋配筋率，对钢筋混凝土构件，当 $\rho>0.02$ 时，取 $\rho=0.02$；当 $\rho<0.006$ 时，取 $\rho=0.006$；对于轴心受拉构件，ρ 按全部受拉钢筋截面面积 A_s 的一半计算；

b_f——构件受拉翼缘宽度；

h_f——构件受拉翼缘厚度。

预应力混凝土受弯构件计算裂缝宽度时，由作用（或荷载）短期效应组合引起的开裂截面纵向受拉钢筋的应力 σ_{ss}，可按下列公式计算：

$$\sigma_{ss}=\frac{M_s \pm M_{p2}-N_{p0}(z-e_p)}{(A_p+A_s)z} \tag{5-76}$$

$$e=e_p+\frac{M_s \pm M_{p2}}{N_{p0}} \tag{5-77}$$

式中 z——受拉区纵向普通钢筋和预应力钢筋合力点至截面受压区合力点的距离；

e_p——混凝土法向应力等于零时纵向预应力钢筋和普通钢筋合力的作用点至受拉区纵向预应力钢筋和普通钢筋合力点的距离；

N_{p0}——混凝土法向应力等于零时预应力钢筋和普通钢筋的合力；

M_{p2}——由预加力 N_p 在后张法预应力混凝土连续梁等超静定结构中产生的次弯矩。

4. 用名义拉应力控制裂缝宽度

用名义拉应力控制裂缝宽度，就是将开裂的部分预应力混凝土梁假定为未开裂的混凝土梁。用材料力学的方法计算在设计弯矩和预加力作用下的截面边缘最大拉应力，即：

$$\sigma_c=\frac{M}{W}-\left(\frac{N_p}{A}+\frac{N_p \cdot e_p}{W}\right) \tag{5-78}$$

式中 M——使用荷载产生的弯矩；

e_p——预应力筋重心至截面重心轴的距离；

A——截面面积，对于后张法构件，在灌浆前取净面积，在预应力筋与混凝土具有粘结力后，为换算截面；

W——受拉边缘的截面抵抗矩。

对于公路桥梁的 B 类构件，混凝土的允许名义拉应力按表 5-7 采用。该表的数值为基本允许名义拉应力，它考虑了施工预应力的方式、混凝土强度、以及容许裂缝宽度的等级等因素。但未考虑梁高及非预应力钢筋含量等因素的影响。因此，在使用时还要进行高度与非预应力钢筋含量的修正。构件高度修正系数按表 5-8 采用；非预应力钢筋含量的修正为：对于后张构件混凝土允许名义拉应力可以增加 4μ（N/mm^2），对先张构件可以增加 3μ（N/mm^2），$\mu=A_s/A_c$。但在任何情况下，混凝土的允许名义拉应力不得大于其立方体抗压强度的 1/4。

混凝土容许名义拉应力（MPa） **表 5-7**

构件类别	裂缝宽度（mm）	混凝土强度等级		
		C30	C40	≥C50
后张构件（灌浆）	0.10	3.2	4.1	5.0
	0.15	3.5	4.6	5.6
	0.20	3.8	5.1	6.2
	0.25	4.1	5.6	6.7
先张构件	0.10	—	4.6	5.5
	0.15	—	5.3	6.2
	0.20	—	6.0	6.9
	0.25	—	6.5	7.5

构件高度修正系数 表 5-8

构件高度（cm）	≤20	40	60	80	≥100
修正系数	1.1	1.0	0.9	0.8	0.7

§5.6 部分预应力混凝土受弯构件变形计算

部分预应力混凝土构件的挠度变形介于全预应力混凝土与钢筋混凝土之间，当部分预应力混凝土构件没有开裂时其变形计算与全预应力混凝土没有什么不同，但在混凝土开裂后其挠度计算要比没有开裂时复杂得多。部分预应力混凝土构件出现裂缝后刚度降低，会产生较大的变形。但是，由于预应力的存在，其挠度计算又不同于普通钢筋混凝土结构。因而部分预应力混凝土构件变形计算成为一个重要的问题，部分预应力混凝土的变形（挠度与转角）计算主要是确定刚度问题。由于混凝土开裂后梁的刚度变化的影响因素比较多，现行国内外的计算方法也较多。以下介绍常用的几种方法。

1.《PPC 建议》的计算方法

《PPC 建议》中指定的计算方法为：部分预应力混凝土受弯构件在使用荷载短期效应组合作用下的变形（挠度和转角），可根据构件的刚度 B，用材料力学的方法计算，构件的刚度：

$$B = \alpha E_c \cdot I_o \tag{5-79}$$

式中 α——构件截面的弹性刚度折减系数；

I_o——换算截面的惯性矩。

对于 A 类构件和 $M \leqslant M_f$（M_{cr}）的 B 类构件：

$$\alpha = 0.85$$

对于 $M > M_f$ 的 B 类构件：

$$\alpha = \frac{0.85 \cdot \beta \cdot M}{\beta \cdot M_f + 0.85(M - M_f)} \tag{5-80}$$

式中 M——使用荷载短期效应组合作用下的弯矩；

M_f——截面开裂弯矩，即 M_{cr}。

$$\beta = \frac{0.1 + 2n_s\mu}{1 + 0.5\gamma_1} \leqslant 0.50$$

$$\gamma_1 = \frac{(b_i - b) \cdot h_i}{bh}$$

式中 b_i、h_i——分别为倒 T 形截面受拉区翼缘的宽度和高度，I 字形截面取 $\gamma_1 = 0$。

式（5-80）的刚度计算公式是在荷载短期效应组合作用下的。在荷载长期效应组合作用下，由于混凝土的收缩和徐变，变形将进一步增大。因此，计算荷载长期效应组合作用下的变形时，要考虑荷载的长期效应。考虑荷载长期效应的一般方法是将短期变形乘以长期变形增长系数或刚度降低系数；或者在曲率或刚度公式中考虑混凝土收缩和徐变的增长值。《PPC 建议》对于使用荷载长期效应组合作用下，构件的挠度乘以长期增长系数 η。

η 值按下式计算：

$$\eta = \frac{M_c \cdot \theta + (M - M_c)}{M} \tag{5-81}$$

式中 M_c——使用荷载长期效应组合作用下的弯矩；

θ——挠度增长系数，一般取 2.0。

计算部分预应力混凝土构件的反拱度值时，构件的刚度 B 应按弹性刚度乘以 0.85 取值。计算使用阶段的反拱值时，应乘以长期增长系数 2.0。

2. 双直线法

部分预应力混凝土构件的挠度可以分为开裂前的挠度 f_1 和开裂后的挠度 f_2。如图 5-18 所示，即将挠度曲线看成双直线形，开裂前主要是弹性的；混凝土开裂后，由于开裂截面的刚度降低使挠度增长加快。求开裂后的短期总挠度是分别求开裂前和开裂后的挠度，然后叠加。这种方法是 CEB-FIB 模式规范所推荐的。第一段直线的斜率相应于未开裂截面的刚度 I_g，挠度按未开裂截面计算；第二段直线的斜率相应于开裂截面的刚度，总挠度计算公式为：

$$f = \beta \cdot l^2 \left[\frac{M_{cr}}{E_c \cdot I_g} + \frac{(M - M_{cr})}{0.85 E_c \cdot I_{cr}} \right] \tag{5-82}$$

式中 I_g——毛截面惯性矩；

I_{cr}——开裂截面惯性矩；

M——计算挠度的截面弯矩；

M_{cr}——对应截面的开裂弯矩；

β——挠度常数，与支承条件、荷载形式及截面位置等有关。

同样在长期荷载作用下的挠度，应考虑长期荷载的挠度增长系数。

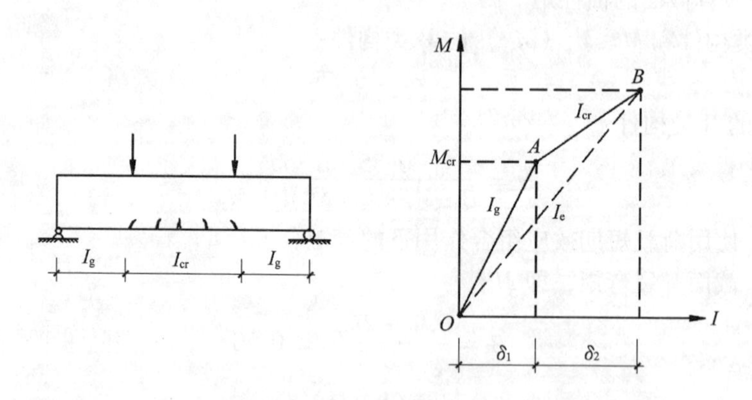

图 5-18 部分预应力混凝土梁的弯矩 - 挠度图

3. 有效惯性矩法

有效惯性矩法是美国混凝土协会 ACI 规范根据 Branson 的建议提出的。有效惯性矩指的是带裂缝工作的梁的平均惯性矩，全梁一般取同一数值。有效惯性矩法与双直线法的主要区别可以从图 5-18 中看出。有效惯性矩的表达式为：

$$I_e = I_{cr} + \left(\frac{M_{cr}}{M} \right)^3 (I_g - I_{cr}) \tag{5-83}$$

式中　I_e——有效惯性矩。

式（5-83）适用于简支梁，在计算时，还应将 M_{cr} 和 M 扣除预加力引起的反拱弯矩 $N_p \cdot e_p$。

4.《混凝土结构设计规范》（GB 50010—2002）的计算公式

按照《混凝土结构设计规范》GB 50010—2002，混凝土构件挠度的计算可采用求短期刚度并考虑荷载长期作用的影响进行计算。对于矩形等常用截面受弯构件的刚度 B 与其短期刚度 B_S 的关系由下式计算：

$$B = \frac{M_k}{M_q(\theta - 1) + M_k} B_S \tag{5-84}$$

式中　M_k——按荷载效应的标准组合计算的最大弯矩值；

M_q——按荷载效应的准永久组合计算的最大弯矩；

B_S——短期刚度值；

θ——荷载长期作用时对挠度增大的影响系数，对于预应力混凝土构件，取 $\theta = 2.0$。

在荷载效应的标准组合作用下，预应力混凝土受弯构件的短期刚度按以下各式计算：

对于要求不出现裂缝的构件

$$B_S = 0.85 E_c I_0 \tag{5-85}$$

对于允许出现裂缝的构件

$$B_s = \frac{0.85 E_c I_0}{\kappa_{cr} + (1 - \kappa_{cr})\omega} \tag{5-86}$$

$$\kappa_{cr} = \frac{M_{cr}}{M_k} \quad 当 \kappa_{cr} > 1.0 时，取 \kappa_{cr} = 1.0;$$

$$\omega = \left(1.0 + \frac{0.21}{\alpha_E \rho}\right)(1 + 0.45\gamma_f) - 0.7 \tag{5-87}$$

式中　α_E——钢筋弹性模量与混凝土弹性模量的比值；

ρ——纵向受拉钢筋配筋率，$\rho = \dfrac{A_p + A_s}{b \cdot h_0}$；

γ_f——受拉翼缘面积与腹板有效面积的比值：

$\gamma_f = \dfrac{(b_f - b)\ h_f}{b \cdot h_0}$，其中，$b_f$，$h_f$ 为受拉区翼缘的宽度、高度。

5. 桥规 JTG D62—2004 的计算公式

桥规 JTG D62 对预应力混凝土构件的计算挠度时的构件刚度按下列要求计算：

（1）全预应力混凝土和 A 类预应力混凝土构件

$$B_0 = 0.95 E_c I_0 \tag{5-88}$$

（2）允许开裂的 B 类预应力混凝土构件

在开裂弯矩 M_{cr} 作用下　　$B_0 = 0.95 E_c I_0$　　（5-89）

在（$M_s - M_{cr}$）作用下　　$B_{cr} = E_c I_{cr}$　　（5-90）

式中　M_s——荷载短期效应组合计算的弯矩值。

§5.7　部分预应力混凝土受弯构件的设计

5.7.1　部分预应力混凝土的构造要求

部分预应力混凝土结构一般均采用混合配筋，即设置预应力钢筋的同时都配置中等强度以下的非预应力受力钢筋。非预应力钢筋宜布置在构件受拉边的外侧，非预应力钢筋的设置除了承担一定的拉力或力矩之外，主要目的是限制裂缝的开展、满足耐久性等要求。非预应力钢筋宜布置在受拉边外侧（预应力筋外侧），主要是由于部分预应力混凝土大都采用高强度预应力筋，它们对腐蚀更敏感。同时非预应力钢筋采用的是中等强度的钢材，有明显的屈服台阶，比预应力筋有更大的变形能力。采用混合配筋时，非预应力钢筋根据预应力度的大小按以下原则配置：

（1）当预应力度 λ 较高时，非预应力钢筋宜采用较小的直径及较密的间距；

（2）当预应力度 $\lambda<0.3$ 时，可按钢筋混凝土构件的构造规定布置；

（3）先张法构件当预应力筋采用均匀布置的单根钢丝时，如预应力钢丝能满足强度要求，可不设置非预应力钢筋。

部分预应力混凝土受弯构件的最小配筋率应满足下列要求：

$$\frac{M_{u}}{M_{cr}} \geqslant 1.20 \tag{5-91}$$

式中　M_{u}——破坏弯矩；

M_{cr}——开裂弯矩。

最小配筋率是为了避免脆性破坏，即避免一旦开裂后就产生破坏。使构件从开裂到破坏应有一定的安全储备。

部分预应力混凝土受弯构件的最大配筋率应符合下列条件：

对一般构件　　$x \leqslant 0.40h_{p}$

对延性要求较高的构件　　$x \leqslant 0.30h_{p}$

最大配筋率的规定主要是根据变形协调条件，当构件达到破坏时，使高强预应力筋能充分发挥其极限强度，中等强度的非预应力钢筋也能达到屈服强度。现行规范一般都通过限制相对界限受压区高度 ξ_{b} 来限制最大配筋率。桥规 JTG D62 对采用钢绞线、钢丝作为预应力筋的预应力混凝土构件其相对界限受压区高度 ξ_{b}，当混凝土强度为 C50 以下时取 0.40；当混凝土强度为 C80 时，取 0.35。《混凝土结构设计规范》（GB 50010—2002）则按下式计算：

$$\xi_{b} = \frac{\beta_{1}}{1 + \dfrac{0.002}{\varepsilon_{cu}} + \dfrac{f_{py} - \sigma_{p0}}{E_{s}\varepsilon_{cu}}} \tag{5-92}$$

式中　ξ_{b}——相对界限受压区高度，$\xi_{b}=x_{b}/h_{0}$；

x_{b}——界限受压区高度；

σ_{p0}——受拉区纵向预应力筋合力点处混凝土法向应力为零时的预应力筋应力；

β_{1}——等效矩形应力图系数，当混凝土强度等级小于等于 C50 时，β_{1} 取 0.8；当混凝土强度等级为 C80 时，β_{1} 取为 0.74；其间线性内插。

除满足上述构造要求外，部分预应力混凝土构件中的预应力筋和非预应力钢筋的最小保护层厚度，钢筋之间的净距等应该按各有关规范的规定采用。

5.7.2 预应力筋的索界

预应力混凝土构件的设计要求在各受力阶段构件的各部位均不出现拉应力（全预应力）或拉应力在允许值的范围（部分预应力）。预应力混凝土构件的受力主要有施加预应力阶段、正常使用阶段及承载能力极限阶段的强度验算。构件设计中，拉应力的控制主要在施加预应力阶段与正常使用阶段。在这两个阶段，构件的受力状态不同，构件的弯矩设计包络图不同，因此，在这两个阶段所需的预加力与预应力筋的布置也不同，它是在一定的变化范围内的。这种允许预应力筋在一定范围内布置，并使预应力混凝土构件在施加预应力阶段与正常使用阶段，构件的任一截面均不出现拉应力或拉应力在某一限定值之内的界限称为索界。图 5-19 所示为预应力混凝土简支梁的索界，根据索界的定义可以导的索界的范围。

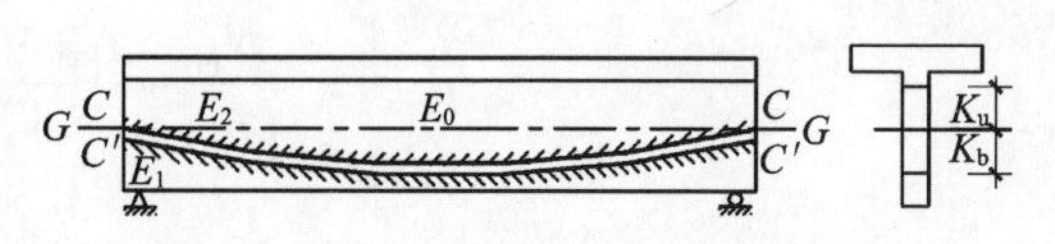

图 5-19 预应力混凝土简支梁的索界

1. 全预应力混凝土构件的索界

（1）在施加预应力阶段

这一阶段的荷载为预加力 N_{PI} 和第一期恒载 M_{g1}（自重）。任意截面上边缘应力为：

$$\sigma_{cu}=-\frac{N_{pI}}{A_c}+\frac{N_{pI}\cdot e_{pI}}{W_u}-\frac{M_{g1}}{W_u}\leqslant 0 \tag{5-93}$$

$$e_{p1}\leqslant E_1=k_b+\frac{M_{g1}}{N_{pI}} \tag{5-94}$$

式中 N_{pI}——扣除第一阶段预应力损失后的预加力；

W_u——截面上边缘抵抗矩；

$k_b=\frac{W_u}{A_c}$——截面下核心距。

（2）在使用荷载作用阶段

这一个阶段作用的荷载为有效预加力与外力设计弯矩 $M=M_{g1}+M_{g2}+M_p$，任意截面的下边缘应力为：

$$\sigma_{cb}=-\frac{N_{pe}}{A_c}-\frac{N_{pe}\cdot e_{p2}}{W_b}+\frac{M}{W_b}\leqslant 0 \tag{5-95}$$

$$e_{p1}\geqslant E_2=\frac{M}{N_{pe}}-k_u \tag{5-96}$$

式中 N_{pe}——有效预加力，扣除所有预应力损失；

W_b——截面下边缘抵抗矩；

$k_u=\frac{W_b}{A_e}$——截面上核心距。

由此可求出索界的范围：

$$\frac{M}{N_{pe}}-k_u\leqslant e_p\leqslant\frac{M_{g1}}{N_{pI}}+k_b \tag{5-97}$$

2. 部分预应力混凝土构件的索界

（1）施加预应力阶段

在这一阶段构件允许出现有限的拉应力，当采用名义拉应力法时，有 $\sigma_l = [\sigma_l]$，$[\sigma_l]$ 为允许名义拉应力，则任意截面上边缘应力为：

$$\sigma_{cu} = -\frac{N_{PI}}{A_c} + \frac{N_{PI} \cdot e_{p2}}{W_u} - \frac{M_{g1}}{W_u} \leqslant [\sigma_l] \tag{5-98}$$

$$e_{p1} \leqslant k_b + \frac{M_{g1}}{N_{pI}} + [\sigma_l] \cdot \frac{W_u}{N_{pI}} \tag{5-99}$$

（2）正常使用阶段

这一阶段允许在构件的预压受拉边缘出现拉应力时，则任意截面的下边缘应力为：

$$\sigma_{cb} = -\frac{N_{pe}}{A_c} - \frac{N_{pe} \cdot e_{p2}}{W_b} + \frac{M}{W_b} \leqslant [\sigma_l] \tag{5-100}$$

$$e_{p2} \geqslant \frac{M}{N_{pe}} - k_u - [\sigma_l] \cdot \frac{W_b}{N_{pe}} \tag{5-101}$$

同理可求得索界范围为：

$$\frac{M}{N_{pe}} - k_u - [\sigma_l] \cdot \frac{W_b}{N_{pe}} \leqslant e_p \leqslant k_b + \frac{M_{g1}}{N_{pI}} + [\sigma_l] \cdot \frac{W_u}{N_{pI}} \tag{5-102}$$

上式即为部分预应力混凝土受弯构件的索界范围。

5.7.3 部分预应力混凝土受弯构件的设计

部分预应力混凝土受弯构件的设计与钢筋混凝土或预应力混凝土结构一样，一般都是已知材料强度、容许应力和荷载效应。设计者必须选择合适的截面形状与尺寸以及最合适的配筋。由于许多变量又都是相互依赖的，因此，设计问题要复杂得多。对于较重要的工程宜采用设计优化分析方法，以获得最优方案。通常的工程设计首先从一些经验规则估算出一个近似的截面，即初步设计，然后进行分析计算以核对适合程度，再进行修改。经多次试凑可以求得经济合理的方案。

由于部分预应力混凝土是处于全预应力混凝土和普通钢筋混凝土之间的构件，从功能要求和预应力选择的区域都比较大，因此，其设计的方法也更灵活。部分预应力混凝土受弯构件设计的一般步骤为：

（1）初步选择构件的截面形式与尺寸（一般根据经验规律）。选择混凝土、预应力筋以及非预应力钢筋等材料，计算梁毛截面的几何特性值，尤其是受拉边缘的截面抵抗矩 W_b。

（2）计算自重及恒载弯矩 M_g 和正常使用极限状态下可变荷载产生的弯矩 M_p，并求使用荷载作用下设计控制截面的梁底弯拉应力：

$$\sigma_{ct} = \frac{M_g + M_p}{W_b}$$

（3）根据构件所处环境条件要求，确定构件类别：

A 类构件：在使用荷载短期组合作用下，正截面中混凝土的拉应力不超过其抗拉设计允许值。

B 类构件：正截面中混凝土的拉应力可以超过规定值，但裂缝宽度按表 5-3 或表 5-4 的规定限值，按名义拉应力法设计时，可根据裂缝宽度的限值查得相应的允许名义拉应力。

（4）计算控制截面预压受拉边缘混凝土所需的有效预压应力 σ_{ce}。由此可以求得预应力度。

$$\sigma_{ce} \geqslant \sigma_{ct} - [\sigma_{ct}]$$

式中 σ_{ce}——混凝土有效预压应力；

σ_{ct}——使用荷载作用下梁底弯拉应力；

$[\sigma_{ct}]$——A 类构件为允许的混凝土轴心抗拉强度设计值，B 类构件为允许的名义拉应力（即 $[\sigma_{he}]$）；

$$\sigma_{ce} = \frac{M_0}{W_b}$$

M_0——消压弯矩。

受拉边缘混凝土应力：

$$\sigma_{ct} = \frac{M_g + M_p}{W_b} = \frac{M}{W_b}$$

消压概念的预应力度：

$$\lambda = \frac{M_0}{M} = \frac{\sigma_{ce}}{\sigma_{ct}}$$

（5）计算所需的有效预加力 N_{pe}

$$\sigma_{pe} = \frac{N_{pe}}{A}\left(1 + \frac{e_p \cdot y_b}{r^2}\right) \geqslant \sigma_{ct} - [\sigma_{ct}]$$

得

$$N_{pe} \geqslant \frac{A \cdot (\sigma_{ct} - [\sigma_{ct}])}{\left(1 + \frac{e_p \cdot y_b}{r^2}\right)}$$

式中 $r^2 = \frac{I}{A}$；

e_p——预应力筋合力重心至截面重心轴距离；

y_b——梁底边缘至截面重心轴距离。

（6）估算预应力筋的数量：

$$A_p = \frac{N_{pe}}{\sigma_{pe}} = \frac{N_{pe}}{\alpha\sigma_{con}}$$

式中 σ_{con}——控制张拉应力；

α——估计预应力损失的折减系数。

预应力损失值一般为控制张拉应力的 30% ~40% 。因此，折减系数的取值范围可在 0.6 ~0.7 之间，对高强粗钢筋可取 0.7。高强钢丝及钢绞线可取 0.6 ~0.65。如采用无粘结筋，则预应力损失会略小。

（7）根据正截面承载力要求确定非预应力钢筋的截面积 A_s。这需要承载能力极限状态的弯矩值。因此，非预应力钢筋截面积的确定是根据极限设计原理计算的。

（8）进行各项验算。包括斜截面抗剪强度的验算、变形及裂缝宽度的验算。根据验算的结果进行必要的修正或更改。

【例 5-3】 按照部分预应力混凝土，做一受弯构件的截面设计。混凝土强度等级为 C40。预应力筋采用 $\phi^s 15.2$ 高强钢绞线，非预应力筋采用 HRB335 级钢。构件工作环境裂缝控制等级为三级，允许裂缝宽度［δ_f］＝0.1mm。已知在正常荷载标准组合作用下，截面最大恒载弯矩 $M_g = 90\text{kN} \cdot \text{m}$（未计自重），最大可变荷载弯矩 $M_p = 160\text{kN} \cdot \text{m}$，梁的极限承载弯矩 $M_u = 460\text{kN} \cdot \text{m}$，梁的计算跨径为 9.0m。

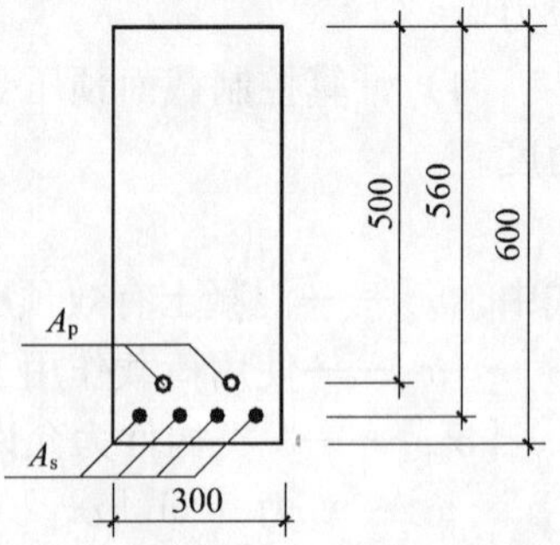

A_p 500 560 600 A_s 300

图 5-20　截面尺寸（单位：mm）

【解】1. 初步选择梁的矩形截面

$$b \times h = 300\text{mm} \times 600\text{mm}$$

如图 5-20 所示，查混凝土结构设计规范，材性指标为：

混凝土　$f_c = 19.1\text{N/mm}^2$

$E_c = 3.25 \times 10^4 \text{N/mm}^2$

预应力筋：强度标准值 $f_{ptk} = 1860\text{N/mm}^2$

强度设计值 $f_{py} = 1320\text{N/mm}^2$

非预应力钢筋：抗拉强度设计值 $f_y = 300\text{N/mm}^2$

由规范相应表得，构件允许裂缝宽度［σ_f］＝0.1mm 时的允许名义拉应力［σ_{ct}］＝4.1N/mm²

毛截面几何特征值：

$$A = 0.3 \times 0.6 = 0.18\text{m}^2$$

$$I = \frac{1}{12} \times 0.3 \times 0.6^3 = 0.0054\text{m}^4$$

$$W_b = 0.018\text{m}^3$$

$$r^2 = \frac{I}{A} = 0.03\text{m}^2$$

2. 在使用荷载作用下的梁底应力

$$\sigma_{ct} = \frac{M_g + M_p}{W_b} = \frac{(90 + 160) \times 10^{-3}}{0.018} = 13.89\text{N/mm}^2$$

3. 梁底所需的预压应力

按允许裂缝宽度值查得允许名义拉应力值［σ_t］＝4.1N/mm²，该值为基本名义拉应力值，尚应考虑梁高度的修正系数和非预应力筋的提高系数。当梁高为 600mm 时，由表 5-8 内插得高度修正系数为 0.9。非预应力钢筋先初估配筋率为 0.5%。因此，可以求得经修正后的名义拉应力值：

$$[\sigma_{ct}] = 0.9 \times 4.1 + 4 \times 0.5\% = 3.71\text{N/mm}^2$$

梁底所需的预加压应力

$$\sigma_{ce} = 13.89 - 3.71 = 10.18\text{N/mm}^2$$

预应力度　$\lambda = \dfrac{\sigma_{ce}}{\sigma_{ct}} = \dfrac{10.18}{13.89} = 0.73$

所需的预加力与预应力筋截面积

设：$e_p = 200\text{mm}$；$y_b = 300\text{mm}$

$$N_{pe} = \frac{A \cdot \sigma_{ce}}{\left(1 + \frac{e_p \cdot y_b}{r^2}\right)} = \frac{0.18 \times 10.18}{\left(1 + \frac{0.2 \times 0.3}{0.03}\right)}$$

$$= 0.611\text{MN} = 611\text{kN}$$

后张法施工，钢绞线的张拉控制应力为：

$$\sigma_{con} = 0.7 f_{ptk} = 0.7 \times 1860 = 1302\text{N/mm}^2$$

考虑预应力总的损失为30%的张拉控制应力，则有效预应力为：

$$\sigma_{pe} = 0.75 \cdot \sigma_{con} = 0.75 \times 1302 = 911.4\text{N/mm}^2$$

所需预应力筋截面积：

$$A_p = \frac{N_{pe}}{\sigma_{pe}} = \frac{611 \times 10^3}{911.4} = 670.4\text{mm}^2$$

选用$\phi^s 15.2$钢绞线，每束截面积139mm^2。选用5束$\phi^s 15.2$，总截面积：

$$A_p = 5 \times 139 = 695\text{mm}^2$$

4. 按强度要求设置非预应力钢筋

设预应力筋和非预应力钢筋合力重心点离上边缘距离$h_z = 530\text{mm}$，对该点求矩

$$\sum M_z = 0$$

$$M_u - \alpha_1 \cdot f_c \cdot b \cdot x \cdot \left(h_z - \frac{x}{2}\right) = 0$$

$$0.46 - 19.1 \times 0.3 \cdot x \cdot \left(0.53 - \frac{x}{2}\right) = 0$$

$$x^2 - 1.06x + 0.161 = 0$$

解得 $x = 0.184\text{m} = 184\text{mm}$

由$\sum X = 0$得：

$$19.1 \times 0.3 \times 0.184 - 695 \times 1302 \times 10^{-6} - A_s \times 300 = 0$$

$$A_s = 456\text{mm}^2$$

选用HRB335级3 Φ 14，$A_s = 461\text{mm}^2$

若按强度理论计算预应力度。由式（1-7）得：

$$PPR = \frac{695 \times 1320}{695 \times 1320 + 461 \times 300} = 0.87$$

至此是初步设计。根据所确定的截面尺寸、预应力筋和非预应力筋的截面积以及纵向布置尺寸等进行重新验算，包括预应力损失的计算、斜截面抗剪强度、正常使用荷载作用下的变形验算等。本例仅作部分项目的验算。

5. 部分项目的验算

（1）开裂弯矩

$$M_{cr} = (\sigma_{pc} + \gamma \cdot f_{tk}) W_0$$

对于矩形截面，$\gamma_m = 1.55$，$\gamma = (0.7 + 120/600) \times 1.55 = 1.395$，$f_{tk} = 2.4\text{N/mm}^2$。实际施加的预压力（扣除全部预应力损失）

$$N_{pe} = 695 \times (1302 - 390.6) = 633.4\text{kN}$$

梁底混凝土预压应力

$$\sigma_{pc} = 633.4 \times 10^{-3}\left(\frac{1}{0.18} + \frac{0.2}{0.018}\right)$$
$$= 10.56\text{N/mm}^2$$

换算截面积（预应力钢筋：$\alpha_E = 6$；非预应力钢筋：$\alpha_E = 6.15$）

$$A_0 = 0.18 + (6 - 1) \times 695 \times 10^{-6} + (6.15 - 1) \times 461 \times 10^{-6}$$
$$= 0.18 + 0.00348 + 0.00237$$
$$= 0.1859\text{m}^2$$
$$x_o = 293\text{mm}(\text{距下边缘})$$
$$I_o = 0.0054 + 0.18 \times 0.007^2 + 0.00348 \times 0.193^2 + 0.00237 \times 0.253^2$$
$$= 0.00569\text{m}^4$$
$$W_0 = \frac{0.00569}{0.293} = 0.019\text{m}^3$$

开裂弯矩

$$M_{cr} = (\sigma_{pc} + \gamma f_{tk})W_0 = (11.63 + 1.395 \times 2.4) \times 0.019 = 284.6\text{kN} \cdot \text{m}$$

开裂弯矩 M_{cr}略大于使用弯矩 $M_g + M_p$。

（2）最小配筋率

截面实际配筋在极限状态下，受拉区的总拉力

$$T = 695 \times 1320 + 461 \times 300 = 1055.7\text{kN}$$
$$x = \frac{1055.7}{300 \times 19.1} = 184\text{mm}$$

截面实际极限弯矩

$$M_u = 695 \times 1320 \times \left(0.5 - \frac{0.184}{2}\right) + 461 \times 300 \times \left(0.56 - \frac{0.184}{2}\right) = 439\text{kN} \cdot \text{m}$$
$$\frac{M_u}{M_{cr}} = \frac{439}{284.6} = 1.54 > 1.2$$

最小配筋率满足要求。

（3）最大配筋率

预应力钢筋合力点处由预应力产生的混凝土法向应力为：

$$\sigma_{pc} = \frac{N_{pe}}{A_n} + \frac{N_{pe} \cdot e_{pn}^2}{I_n} = \frac{633.4 \times 10^3}{0.18237 \times 10^6} + \frac{633.4 \times 10^3 \times 217^2}{0.00556 \times 10^{12}} = 8.84\text{N/mm}^2$$
$$\sigma_{p0} = \sigma_{con} - \sigma_l + \alpha_E \cdot \sigma_{pc} = 1302 - 390.6 + 6.15 \times 8.84 = 965.75\text{N/mm}^2$$
$$\varepsilon_{cu} = 0.0033 - (40 - 50) \times 10^{-5} = 0.0032$$
$$\xi_b = \frac{\beta_1}{1 + \frac{0.002}{\varepsilon_{cu}} + \frac{f_{py} - \sigma_{p0}}{E_s \cdot \varepsilon_{cu}}} = \frac{0.8}{1 + \frac{0.002}{0.0034} + \frac{1320 - 1066.8}{2.0 \times 10^5 \times 0.0034}} = 0.402$$

受压区高度 $x = 184\text{mm} < \xi_b \cdot h_0 = 0.402 \times 530 = 200.87\text{mm}$，满足最大配筋率要求。

第 6 章　无粘结预应力混凝土结构

§6.1　概　　述

通常说的预应力混凝土一般都是指预应力筋浇筑在混凝土体内，与混凝土粘结在一起共同受力的结构。这种粘结预应力混凝土结构当采用曲线配筋时，尤其对于超静定预应力混凝土结构，采用后张法施工时，预应力筋的孔道预留和预应力筋张拉后孔道的灌浆等都比较困难与麻烦。也正是因为这一施工上的困难与施工工期长，预应力混凝土在房屋结构中的应用与发展在 20 世纪 70 年代前一直停滞不前。在 20 世纪 70 年代以后，一种可以与混凝土没有粘结关系的无粘结预应力筋研制成功，并很快得到广泛的推广应用。目前，无粘结预应力混凝土有两种型式：一种是预应力筋仍然设置在混凝土体内但与混凝土没有粘结在一起，预应力筋在孔道的两个锚固点间可以自由滑动，这种形式主要用于房屋结构；另一种是预应力筋设置在混凝土体外，亦称体外索无粘结预应力混凝土，这种形式施工最为简便，多用于桥梁结构与跨径较大的房屋结构，用于箱形结构最合适。图 6-1 为无粘结筋置于混凝土体内的无粘结预应力混凝土结构，图 6-2 与图 6-3 为无粘结筋置于混凝土体外的无粘结预应力混凝土结构。

图 6-1　施工中的某工程无粘结预应力混凝土悬臂梁

无粘结预应力筋的概念，早在 20 世纪 20 年代，德国的 R. Farber 就提出并取得了专利。在第二次世界大战期间，德国柏林的 Dischinger 也成功地应用了无粘结预应力筋。无粘结预应力混凝土的显著优点是由于无需预留孔道，也不必灌浆，因此施工简便、工期短、造价也较低。在我国，自 20 世纪 80 年代以来，无粘结预应力混凝土得到了广泛的应用。在房屋建筑方面，早期有代表性的建筑是广东国际大厦（63层）。目前，无粘结预应力混凝土已经得到较广泛的应用，在房屋结构中应用数量最大的是楼盖结构。在桥梁结构中应用无粘结预应力混凝土也已非常成功，福州洪塘大桥是20世纪80年末我国首次采用无粘结预应力混凝土的连续梁结构。该桥采用了每跨40m，五跨一联的31孔多跨连续箱形梁桥，连续梁部分总长1240m，无粘结预应力筋布置于箱形梁内混凝土体外。

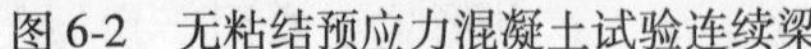

图6-2　无粘结预应力混凝土试验连续梁

图6-3　置于箱形梁内混凝土体外的无粘结筋

无粘结预应力混凝土结构具有无需预留孔道、无需灌浆等优点，而且，这种结构不仅经济而且还具有更换预应力筋的可能性，以及预应力筋可以单独防腐的特点，今后将更加广泛地被应用。由于无粘结预应力混凝土结构的预应力筋与混凝土不是粘结在一起，因此，它的受力性能与通常的粘结预应力混凝土结构不同。由于预应力筋与混凝土不是粘结在一起，预应力筋在梁体内的变形不像粘结预应力混凝土那样，预应力筋与其周围的混凝土有相同的应变；无粘结预应力混凝土结构中无粘结预应力筋的变形是由两个锚固点间的变形累积而成的，如果忽略局部孔道的摩擦力影响，那么，无粘结筋的应变在两相邻锚固点间是均匀的。这样在通常设计中的控制截面破坏时，无粘结筋的应力达不到设计强度。因此，存在无粘结预应力混凝土梁的受弯极限承载力要比相应的粘结预应力混凝土梁要低。至今，国内外研究的资料表明：无粘结梁的抗弯极限强度比相应的粘结梁要低10%～30%左右。

无粘结预应力混凝土结构的无粘结预应力筋与混凝土没有粘结在一起，预应力筋在纵向的两锚固点间可以自由滑动，因此无粘结筋可以看作起拉杆作用的独立杆件。这样无粘结预应力混凝土就是具有内部多余联系的静定或超静定结构（图6-4）。

试验与理论分析都证实：无粘结预应力混凝土梁在混凝土开裂之前，其受力性能与粘结梁相似，但在混凝土开裂后则大不一样，无粘结梁在混凝土开裂后其受力形态更接近于带拉杆的扁拱，而不同于梁。同时在混凝土开裂后平截面变形假定只适用于混凝土梁体的平均变形，而不适用于无粘结筋。这就使得其受力分析比粘结梁要复杂得多。无粘结预应力混凝土梁还由于在梁破坏时无粘结筋的极限应力达不到其抗拉极限强度，因此破坏时更显得脆性。

§6.2 无粘结预应力筋的极限应力

无粘结预应力混凝土中无粘结预应力筋的应力计算不像粘结预应力混凝土那样，预应力筋由于外荷载引起的应变可以根据相应截面的混凝土的应变求得。由于无粘结筋的变形不服从平截面变形假定，因此，由于外荷载产生的无粘结筋的应力计算比较复杂。国内外近年来对无粘结筋应力计算的研究已经不少，有些已经反映在设计规范中。例如美国的ACI规范，英国的CP-110规范，以及我国的“PPC建议”和《无粘结预应力混凝土结构技术规程》等。德国的K. kordina在这方面做了比较全面的研究。

6.2.1 混凝土开裂前预应力筋的应力增量

由于无粘结预应力混凝土结构的预应力筋与混凝土没有粘结在一起，在外荷载作用下梁弯曲时，无粘结筋起着拉杆的作用，因此，无粘结预应力混凝土结构可以看成一种具有多余联系的结构。混凝土开裂前，荷载作用下产生的应力增量可以应用结构力学的方法求解。图6-4所示的简支无粘结梁，在外荷载作用下预应力筋的多余力 X_1 为：

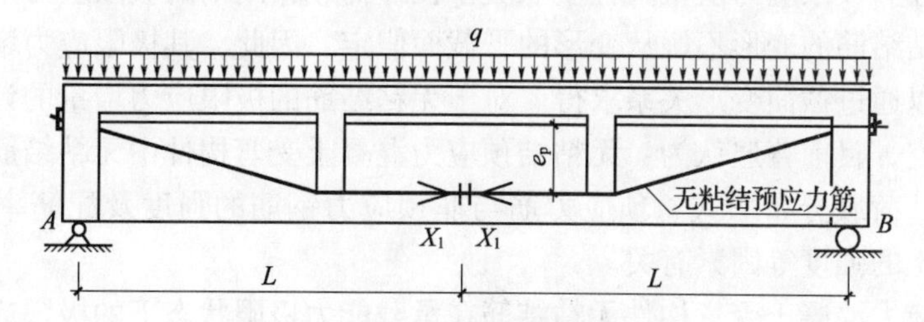

图6-4 无粘结梁预应力筋的拉杆作用

$$X_1 = -\frac{\Delta_{1q}}{\delta_{11}} \tag{6-1}$$

当忽略混凝土梁的轴力对变形的影响时，有

$$\Delta_{1q} = -\int \frac{M^0 \cdot y(e)}{E_c \cdot I_c} ds \tag{6-2}$$

$$\delta_{11} = \int \frac{y^2(e)}{E_c \cdot I_c} ds + \frac{l_p}{E_p \cdot A_p} \tag{6-3}$$

式中 $y(e)$ ——预应力筋坐标方程；

M^0 ——外荷载产生的弯矩；

l_p ——预应力筋长度。

对于在满跨均布荷载下，预应力筋按二次抛物线布置时，有：

$$X_1 = \frac{ql^2}{8e_p}\left(1 + \frac{8n_p \cdot l \cdot e_p^2 \cdot A_p}{15 l_p \cdot I_c}\right) \tag{6-4}$$

预应力筋的应力增量为：

$$\Delta\sigma_p = \frac{X_1}{A_p} \tag{6-5}$$

无粘结筋在混凝土开裂前的应力增量的计算，也可以近似认为无粘结筋的应变增量等于混凝土全梁应变增量总和的平均值，即

$$\Delta \varepsilon_{p} = \frac{\Delta}{l} \tag{6-6}$$

式中　Δ——在外荷载作用下混凝土全梁应变之和，即

$$\Delta = \int \varepsilon_{c} \mathrm{d}s = \int \frac{M^{0} \cdot y(e)}{E_{c} \cdot I_{c}} \mathrm{d}s$$

无粘结筋的应力增量为：

$$\Delta \sigma_{p} = E_{p} \cdot \frac{\Delta}{l} = \frac{n_{p}}{l} \int \frac{M^{0} \cdot y(e)}{I_{c}} \mathrm{d}s \tag{6-7}$$

在满跨均布荷载作用下，无粘结筋的应力增量可近似取相应的粘结预应力梁应力增量的一半，即

$$\Delta \sigma_{p} = \frac{1}{2} \cdot \frac{n_{p} \cdot M^{0} \cdot y(e)}{I_{c}} \tag{6-8}$$

6.2.2　无粘结筋的极限应力增量

无粘结预应力筋的极限应力即为在承载能力极限状态下的应力，这是无粘结梁的抗弯强度的重要指标。极限应力值很大程度取决于在外荷载作用下的极限应力增量。在无粘结梁中，由于无粘结筋的变形不服从变形的平截面假定，因此，其极限应力增量的计算不像粘结梁那样可以通过截面变形关系求得。对于无粘结筋的极限应力增量的计算方法国内外已有不少的研究，目前普遍认为：无粘结预应力混凝土受弯构件中无粘结筋的极限应力与构件的跨高比、荷载分布形式、预应力筋与非预应力钢筋的强度及配筋率、有效预应力值、以及混凝土的强度等因素有关。

无粘结预应力混凝土受弯构件无粘结筋在承载能力极限状态下的极限应力：

$$\sigma_{p} = \sigma_{pe} + \Delta \sigma_{p} \tag{6-9}$$

式中　σ_{pe}——永存预应力（扣除全部预应力损失的预应力）；

$\Delta \sigma_{p}$——极限应力增量。

但无粘结筋的最大应力 σ_{p} 不大于预应力筋的抗拉设计强度。

对于无粘结预应力筋的极限应力在规范中作出规定的已有美国的 ACI 规范，英国的 CP-110 等，我国有关无粘结筋极限应力增量的计算反映在“PPC 建议”与《无粘结预应力混凝土结构技术规程》（以下简称“UPC 规程”）中。

1.《UPC 规程》的计算公式

我国的“UPC 规程”对于同时配有粘结非预应力钢筋的无粘结预应力混凝土结构，其无粘结预应力筋的极限应力以综合配筋指标 β_{0} 表示。对采用碳素钢丝、钢绞线作无粘结预应力筋的受弯构件，在承载能力极限状态下无粘结预应力筋的应力设计值建议按下列公式计算：

（1）对跨高比小于等于 35，且 $\beta_{0} \leqslant 0.45$ 的构件

$$\sigma_{p} = \frac{1}{1.2} [\sigma_{pe} + (500 - 770 \beta_{0})] \tag{6-10}$$

$$\beta_{0} = \beta_{p} + \beta_{s} = \frac{A_{p} \cdot \sigma_{pe}}{f_{cm} \cdot b \cdot h_{p}} + \frac{A_{s} \cdot f_{y}}{f_{cm} \cdot b \cdot h_{p}} \tag{6-11}$$

式中　β_{0}——综合配筋指标；

σ_{pe}——扣除全部预应力损失后，无粘结预应力筋的有效预应力。

（2）对跨高比大于35，且$\beta_0 \leqslant 0.45$的构件

$$\sigma_p = \frac{\sigma_{pe} + (250 - 380\beta_0)}{1.2} \tag{6-12}$$

无粘结筋的应力σ_p均不应小于无粘结预应力筋的有效预应力σ_{pe}，也不应大于无粘结预应力筋的抗拉强度设计值f_{py}。

2. ACI 的规定

美国规范 ACI318—89 规定：

$$\Delta\sigma_p = 70 + \frac{f_c}{100\rho_p}(\text{MPa}) \tag{6-13}$$

式中 f_c——混凝土的圆柱体抗压强度；

ρ_p——无粘结筋的含筋率。

限制条件：$\sigma_p \leqslant f_{py}$及$\sigma_p \leqslant \sigma_{pe} + 400$

式（6-13）考虑了预应力筋的配筋率与混凝土的抗压强度的影响，但是没有考虑构件几何尺寸的影响，对于跨高比较大的构件（尤其是板）该式所得的数值是偏大的。因此，ACI—318 规范又补充规定对于跨高比大于35的板修改为：

$$\Delta\sigma_p = 70 + \frac{f_c}{300\rho_p}(\text{MPa}) \tag{6-14}$$

限制条件：$\sigma_p \leqslant f_{py}$及$\sigma_p \leqslant \sigma_{pe} + 200$

为了改善裂缝分布，ACI 规范对梁和单向板都规定必须配置配筋率不低于0.004A、屈服强度低于420MPa的变形钢筋，A为截面混凝土受拉区的面积。

3. CP-110 与《PPC 建议》的方法

CP-110 规范则更大程度地考虑了跨高比的影响，对于不同的跨高比（10～30）及不同配筋指标以列表的方式给出了无粘结预应力筋的极限应力增量。我国的“PPC 建议”对混合配筋的无粘结梁也以与 CP-110 类同的方式给出了无粘结筋的应力增量。表6-1为《PPC 建议》的无粘结预应力筋极限应力增量的取值。

无粘结预应力筋极限应力增量 $\Delta\sigma_p$（N/mm²） **表6-1**

配筋指标 $q_y + q_g$	跨高比 L/h_y 10	≥20	配筋指标 $q_y + q_g$	跨高比 L/h_y 10	≥20
≤0.10	490	490	0.20	343	294
0.15	441	441	0.25	245	196

注：1. 表中数据经过国际单位换算；

2. L——梁的总长度；

h_y——无粘结预应力筋重心至构件受压边缘的距离；

$$q_y = A_y \cdot \sigma_y / b \cdot h_y \cdot R; \tag{6-15}$$

$$q_g = A_g \cdot R_g / b \cdot h_y \cdot R; \tag{6-16}$$

式中，σ_y为扣除相应阶段预应力损失后，受拉区预应力筋的应力，不宜低于$0.6R_y$。从表中可以明显看出，随着梁的跨高比增大，无粘结筋的极限应力增量趋于降低；同时随着配筋指标的增大，无粘结筋的极限应力增量也减少。

4. 德、英等国家的规定

（1）德国 DIN4227 规定

单跨梁：$$\sigma_p = \sigma_{pe} + 110 \quad (\text{MPa}) \tag{6-17}$$

悬臂梁：$$\sigma_p = \sigma_{pe} + 50 \quad (\text{MPa}) \tag{6-18}$$

连续梁：$$\sigma_p = \sigma_{pe} \quad (\text{MPa}) \tag{6-19}$$

上式对于连续梁实际上是不考虑无粘结筋的极限应力增量。

（2）英国 BS8110（1985）的规范公式

$$\sigma_p = \sigma_{pe} + \frac{7000}{L/h_p}(1 - 1.7f_{pu} \cdot A_p/f_{cu} \cdot b \cdot h_p) \tag{6-20}$$

该式规定；无粘结预应力筋极限应力增量与跨高比 L/h_p 成反比关系，且 $\sigma_p \leqslant 0.7f_{pu}$，（$f_{pu}$为预应力筋的特征强度）。

（3）加拿大 CAN3-A23. 3-M84 的规范公式：

$$\sigma_p = \sigma_{pe} + \frac{5000}{l_0}(d_p - c_y) \tag{6-21}$$

限制条件：$\sigma_p \leqslant f_{py}$

式中 c_y——假设无粘结筋达到 f_{py} 时的混凝土受压区高度；

d_p——无粘结筋至截面受压边缘的距离；

l_0——无粘结筋锚固端之间的距离除以形成破坏机构所需的塑性铰的数目。

在计算 c_y 值时，将计及非预应力钢筋的影响。

5. K. Kordina 方法

上述的几种方法都着重考虑构件断面的特性，而对于外荷载的形式及结构的结束条件等没有考虑。对于在承载能力极限状态下无粘结筋总的伸长一般认为是梁中混凝土变形的总和。而在弯曲变形下混凝土的变形又是集中在比较接近于梁开裂区的塑性区域，如图 6-5 所示。K. Kordina 的研究文献［41］把无粘结筋的应变增量与体现混凝土变形的曲率分布直接联系起来。他提出的无粘结筋的应变增量计算公式（式 6-22）不仅考虑了构件断面指标，也考虑了荷载因素。

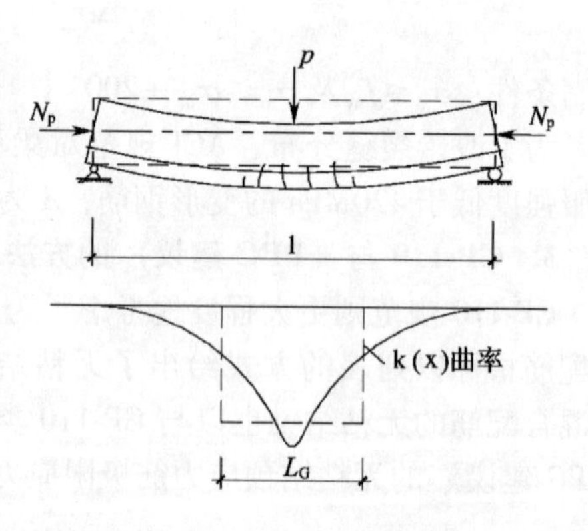

图 6-5　无粘结梁的混凝土变形分布

$$\Delta\varepsilon_p = \frac{1}{L} \cdot K_b \cdot K_v \cdot K_s \cdot K_f \cdot L_G \tag{6-22}$$

式中 K_b——混凝土强度影响系数；

K_v——预应力筋含筋率的影响系数；

K_s——非预应力筋含筋率的影响系数；

K_f——构件断面几何尺寸系数；

L_G——荷载对塑性区影响长度。

上式中的各个影响系数都由试验数据统计而得。荷载影响长度取值于图 6-6，并由式（6-23）求得：

$$L_G = (0.2 + 0.25L_B/L_0) \cdot L_0 \tag{6-23}$$

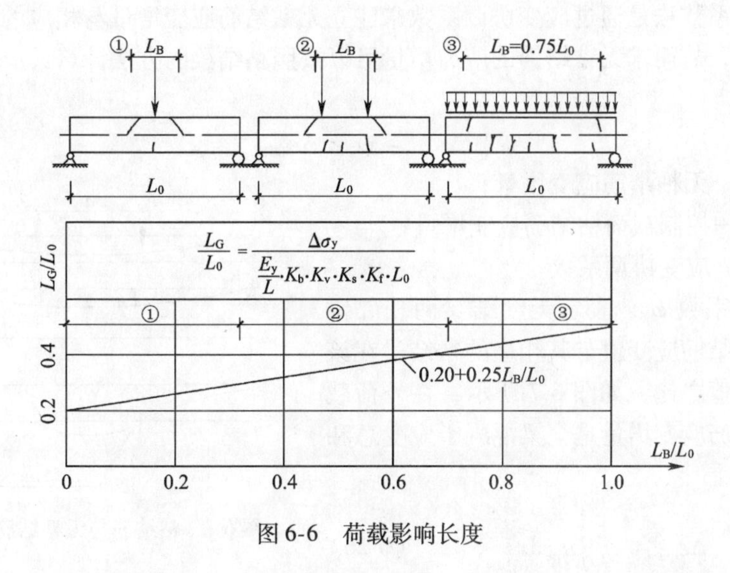

图6-6　荷载影响长度

K. Kordina 的研究认为非预应力筋的影响甚微，可取 $K_s=1.0$。同时用于设计时考虑0.65 的折减系数，则

$$\Delta\sigma_p = 0.65\left(\frac{E_p}{L}\cdot K_b\cdot K_v\cdot K_s\cdot K_f\cdot K_G\right) \tag{6-24}$$

应用 K. Kordina 公式计算时，对于同一根梁当跨高比$\frac{L_0}{h}=15$时，承受满跨均布荷载、三分点集中力荷载、以及仅跨中集中力荷载的无粘结筋的应力增量比值为1∶0.77∶0.57。这意味着荷载形式对无粘结筋极限应力增量的影响还是很大的。

6. 无粘结预应力筋极限应力计算的变形协调系数法

无粘结预应力筋极限应力增量取决于其应变增量，无粘结筋的应变与粘结筋的应变的不同在于无粘结筋不服从变形的平截面假定，无粘结筋的应变是两锚固点间混凝土应变的总和的均值，文献［32］对无粘结预应力混凝土梁进行了系统的研究，应用钢筋混凝土截面非线性有限元法对国内外百余根无粘结预应力混凝土试验梁进行了分析比较，分析了影响无粘结筋极限应力增量的因素，认为无粘结筋极限应力增量的主要影响参数可归结为：外荷载形式、梁的跨高比以及综合配筋指标三个参数。在此基础上，提出了变形协调系数法计算无粘结筋极限应力的实用方法，并使无粘结预应力筋的应力分析与粘结预应力梁能够建立起一定的联系。

无粘结筋极限应力增量影响因素中，外荷载形式代表了梁的弯矩分布形式，对于简支梁可用跨中作用一集中力及梁跨的三分点分别作用一集中力来表示。国内外的实验都表明在这两种荷载形式下无粘结筋应力增量的差异还是较大的。梁的跨高比 L/h 反映了梁的柔度，于梁变形曲率关系较大，一般地，随着跨高比的增大无粘结筋极限应力有降低的趋势。综合配筋指标 β_0 表示梁截面中性轴高度及其转动能力，它包含了无粘结预应力筋与粘结非预应力筋的含量与强度，以及混凝土强度等因素，而这些因素在工程实际中很难完全分离开。综合配筋指标 β_0 是诸因素中影响量最显著的参数，并随着 β_0 的增大，无粘结筋极限应力要降低。

变形协调系数法是通过应变协调系数来建立无粘结筋应变增量与相应的粘结筋应变增量之间的关系，从而求无粘结筋的应力增量可以按照粘结梁的方法计算，应变协调系数定义为：

$$\Delta\varepsilon_{pu} = \varphi_u \cdot \Delta\varepsilon_{pb} \tag{6-25}$$

式中 $\Delta\varepsilon_{pu}$——无粘结筋应变增量；

$\Delta\varepsilon_{pb}$——控制截面粘结筋应变增量；

φ_u——应变协调系数。

应变协调系数 φ_u，表示无粘结梁两相邻锚固点间的无粘结筋应变值与其相应的粘结梁在该区域最大应变值之比，如图 6-7 所示，在外荷载作用下无粘结筋应变增量是全梁混凝土应变总和的均值，即：

$$\Delta\varepsilon_{pu} = \frac{1}{L}\int_0^l \varepsilon_{pe}\mathrm{d}x \tag{6-26}$$

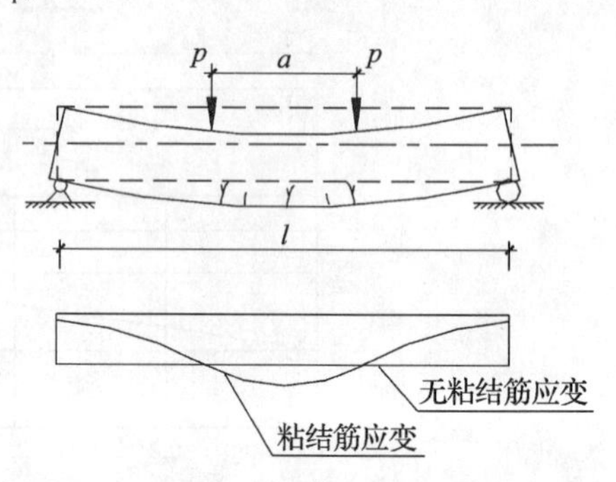

图 6-7 粘结筋与无粘结筋应变分布

而：

$$\varepsilon_{pe} = \varepsilon_{ce} + \varepsilon_{ct} \tag{6-27}$$

$$\varepsilon_{ce} = \frac{\sigma_{pe} \cdot A_p}{E_c \cdot A_c} \cdot \left(1 + \frac{e^2}{r^2}\right) \tag{6-28}$$

$$\varepsilon_{ct} = \varepsilon_c \cdot \left(\frac{h_p - y_0}{y_0}\right) \tag{6-29}$$

式中 ε_{pe}——外荷载作用下预应力筋重心处混凝土的应变；

ε_{ce}——永存预应力作用下预应力筋重心处混凝土的应变；

ε_{ct}——全截面消压后预应力筋重心处混凝土的应变；

e——预应力筋偏心距；

$r^2 = I/A_e$——截面回转半径。

当永存预应力与布索形状已知时，ε_{ce}可以容易地求得，而 ε_{ct}则可应用有限元法或其他数值方法求解。因此，变形协调系数表达为；

$$\varphi_u = \frac{\int_0^l(\varepsilon_{ce} + \varepsilon_{ct})\mathrm{d}x}{L \cdot \Delta\varepsilon_{pb}} \tag{6-30}$$

$\Delta\varepsilon_{pb}$为相应的粘结梁控制截面预应力筋的最大应变，可应用全截面消压法或其他方法求解。由前述的参数分析，可将应变协调系数归结为：

$$\varphi_u = \varphi_{u1}(q_0) \cdot \varphi_{u2}(L/h_p) \tag{6-31}$$

式中 φ_{u1}——与综合配筋指标 q_0 有关的参数；

φ_{u2}——与跨高比有关的参数。

文献［32］通过国内外 100 多根无粘结预应力混凝土梁试验结果得回归分析，得到应变协调系数 φ_{u1}和 φ_{u2}，列于表 6-2。

建立了无粘结梁与粘结梁的变形协调关系后，即可求得无粘结筋的极限应力：

应变协调系数 **表 6-2**

参数形式		φ_{u1}	φ_{u2}
$F=3$	$L/h_p \leqslant 25$	$1.078-1.95q_0$	1
	$L/h_p > 25$	$1.078-1.95q_0$	$0.694+0.655/(L/h_p)$
$F=\infty$		$0.86-1.84q_0$	$0.694+0.655/(L/h_p)$

$$\sigma_{pu} = \sigma_{pe} + \varphi_u \cdot \Delta\sigma_{pb} < f_{py} \tag{6-32}$$

式中 σ_{pu}——无粘结筋极限应力；

σ_{pe}——有效预拉应力；

$\Delta\sigma_{pb}$——粘结预应力筋极限应力增量；

f_{py}——预应力筋强度设计值。

7. 无粘结连续梁预应力筋的极限应力

无粘结连续梁将是预应力混凝土结构的一种重要结构形式，对于无粘结预应力混凝土连续梁的无粘结筋的极限应力，国内外试验资料都极少，只有极少的文献论述了梁的无粘结筋的极限应力。有些学者认为：可以取两个相邻弯矩零点的区间，将这一区间长度视为单跨梁计算。K. Kordina（文献［41］）认为：连续梁的塑性铰一般出现在内支座和跨内集中力作用点处，即正负弯矩的峰值点处。因此，两跨连续梁形成三个塑性铰时即形成机构。在其研究的基础上，提出了如下的近似计算公式：

$$\Delta\sigma_p = \frac{E_p}{L}\sum_{i=1}^{3} K_{bi} \cdot K_{vi} \cdot K_{fi} \cdot L_{Gi} \tag{6-33}$$

式中 L 为两个锚固端之间的无粘结筋的长度。其他系数与式（6-22）相同。荷载影响长度 L_{Gi} 的取值参见图 6-6。式（6-33）也表示当不考虑局部管道摩擦时，无粘结筋的伸长等于相应区间混凝土变形的总和。计算中对于多跨连续梁也只考虑两个锚固端之间的三个塑性变形区域。

图 6-8 为一无粘结预应力混凝土连续梁，其计算无粘结筋极限应力增量的三个塑性变形区域 L_{B1}、L_{B2}、L_{B3}。式（6-33）也是理想化的计算公式，当用于工程设计时建议乘以 0.65 的折减系数。

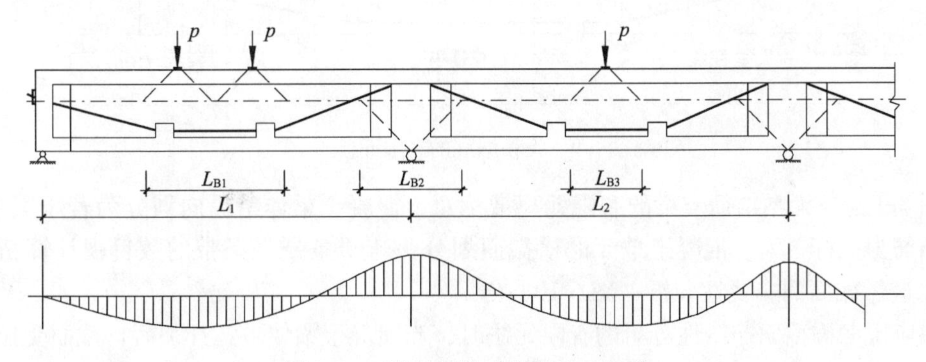

图 6-8 无粘结预应力混凝土连续梁

§6.3　无粘结预应力混凝土梁的极限弯矩

由于无粘结预应力混凝土梁破坏时无粘结预应力筋中的应力达不到其极限设计强度值。因此，无粘结梁的极限抗弯强度要比相应的粘结梁低。导致无粘结预应力筋中的极限应力达不到其极限强度的主要原因是：在梁变形时，无粘结筋与混凝土梁体可以发生相对的滑动。从而无粘结筋的应变沿梁长在两锚固点间是均匀分布的。这就使得在发生破坏的控制截面的无粘结预应力筋的应变比相应粘结梁的预应力筋的应变要小，如图6-7所示。国内外近年来对无粘结梁的极限抗弯强度进行了较多的研究。普遍认为纯无粘结梁的极限抗弯强度比相应的粘结梁要低10% ~30%左右。但是，当同时配有粘结非预应力钢筋时，梁的极限抗弯能力就会大有提高。

无粘结梁的抗弯强度的计算关键是确定的极限荷载作用下无粘结筋的应力。由于无粘结筋的极限应力的影响因素很多，上一节已介绍了现行的各种计算方法，但这些大都建立在试验基础上，理论上还很难建立一个完善的模式。在工程设计中，无粘结梁抗弯承载弯矩的计算即根据上一节中的某一种方法求得无粘结筋的极限应力，然后，按第4章正截面承载力计算公式可求得相应的截面极限弯矩。无粘结预应力混凝土梁极限弯矩的计算也可以应用有限元法分析。

无粘结预应力混凝土结构的混凝土开裂后，开裂截面的有效抵抗矩降低，而无粘结筋仍然起拉杆的作用。实质上是超静定结构的内力重分布问题。因此，混凝土开裂后，梁的抗弯强度、无粘结筋的应力及混凝土的应力可以用考虑钢筋混凝土非线性分析的有限元法来求解。这种方法不仅能分析梁的抗弯强度，还可求得无粘结筋的应力，同时还可以进行受力全过程分析。对于纯弯曲的无粘结预应力混凝土梁弯曲产生的裂缝基本上是垂直于梁纵轴的，因此，有限元分析时，可以将混凝土梁体离散为杆系梁单元，预应力钢索则可视为拉杆单元的模式（图6-9）。对于弯剪共同作用时，可以将混凝土梁体离散为平面三角形单元，无粘结筋仍为拉杆单元。

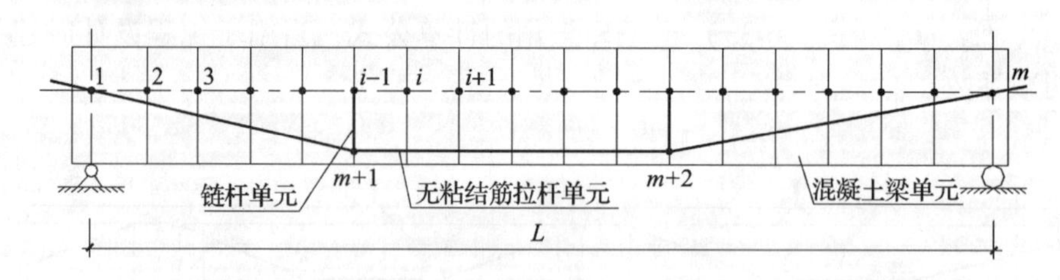

图6-9　无粘结梁的有限元模拟

图6-9为一无粘结简支梁的有限元离散示意，混凝土梁体沿纵向划分为若干梁单元，无粘结筋为拉杆单元。混凝土单元的横截面划分为若干条带（条带的数目视计算精度而定）以进行截面的非线性分析（图6-10）。

在应用考虑截面非线性分析的有限元法时，当混凝土梁体单元开裂后，截面受拉区的混凝土退出工作，截面的有效面积降低，使得中性轴上升，因此，在计算过程中必须不断地调整梁的中性轴坐标。这种中性轴坐标的变化，实际上是反映了无粘结梁在混凝土开裂后的坦拱作用。在进行混凝土单元截面非线性分析时，混凝土的应力－应变关可采用第2

章中混凝土受压区的应力－应变关系。若考虑受拉区混凝土的贡献，受拉区混凝土的应力－应变关系可采用线性关系表达式：

$$\sigma_{ct} = E_c \cdot \varepsilon_{ct} \tag{6-34}$$

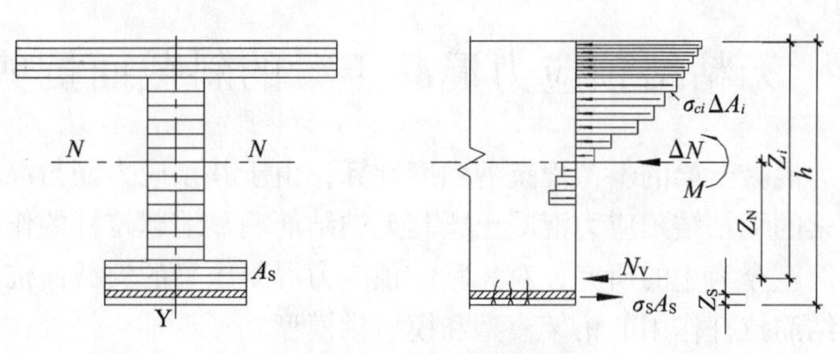

图 6-10 梁单元的截面应力

当混凝土应力大于允许拉应力时则认为开裂，开裂区混凝土退出工作。当采用平面三角形单元来离散混凝土梁体时，混凝土的应力－应变关系需采用二维的本构关系式。

截面非线性分析的内力平衡条件为：

（1）水平力平衡条件

$$\sum_{i=1}^{n} \sigma_{ci} \cdot \Delta A_i + \sigma_s \cdot A_s = N_p + \Delta N \tag{6-35}$$

式中 σ_{ci}——混凝土条带的应力；

ΔA_i——混凝土条带的面积；

σ_s——非预应力钢筋的应力；

A_s——非预应力钢筋的横截面面积；

N_p——预加力；

ΔN——外荷载在该截面产生的轴向力增量。

（2）力矩平衡

$$\sum_{i=1}^{n} \sigma_{ci} \cdot \Delta A_i \cdot Z_i + \sigma_s \cdot A_s \cdot Z_s = M + \Delta N \cdot Z_N \tag{6-36}$$

式中 Z_i——混凝土条带至预应力钢索合力中心的力臂；

Z_s——非预应力钢筋重心至预应力钢索合力中心的力臂；

Z_N——截面重心至预应力钢索中心距离；

M——外力弯矩。

力矩平衡计算采用对预加力合力中心点求矩。应用有限元非线性分析方法求无粘结梁的极限承载弯矩，必须通过混凝土开裂后结构内力分析的多次迭代计算逐步逼近。截面极限承载弯矩的判断准则是：在混凝土单元非线性分析中，当如下条件之一满足时，认为达到该截面的极限承载弯矩：（1）受压区混凝土最外层条带的应变达到极限压应变 ε_u（如 0.33%），或受压区各条带的混凝土应变都达到轴压应变特征值（如 0.2%）；（2）预应力筋的应力达到条件屈服强度（或屈服强度），当配有非预应力钢筋时，非预应力筋的应力也达到屈服强度。

应用考虑混凝土截面非线性分析的有限元法，不仅可用以分析无粘结梁的弯曲强度，还可用以求算无粘结预应力筋的极限应力，变形协调系数法就是应用这种方法编制了程序对国内外100多根试验梁进行了参数分析比较，从而回归出变形协调系数。

在简化计算时，可将无粘结预应力筋的设计强度值乘以一降低系数（如0.8～0.85），然后按照前一章部分预应力混凝土的计算方法一样进行计算。

§6.4　无粘结预应力混凝土梁的斜截面抗剪强度

无粘结预应力混凝土梁的斜截面抗剪强度计算，由于其预应力筋与混凝土没有粘结在一起，尤其体外索的无粘结预应力混凝土梁其无粘结筋明显地起拉杆的作用，因此，与粘结梁还是不同的。至今为止的研究，对无粘结预应力混凝土梁的斜截面抗剪强度计算主要提出了考虑无粘结筋拉杆作用的桁架模型和模拟拱模型。

1. 用于无粘结梁的变角度桁架模型

（1）基本假定

1）平面桁架的构成：以受压区混凝土为桁架的上弦杆，受拉区纵筋内力和无粘结筋内力的增量作为桁架的下弦杆内力，斜裂缝间的混凝土为桁架的斜腹杆，受拉腹杆由腹筋承担。

2）混凝土斜腹杆和腹筋拉杆之间没有应力传递，如图6-11中的 I、J 和 B、C 点。斜腹杆和受拉腹杆分别在 A、D 点和 H、K 点与上下弦连接。结构内力的传递只在上、下弦节点。

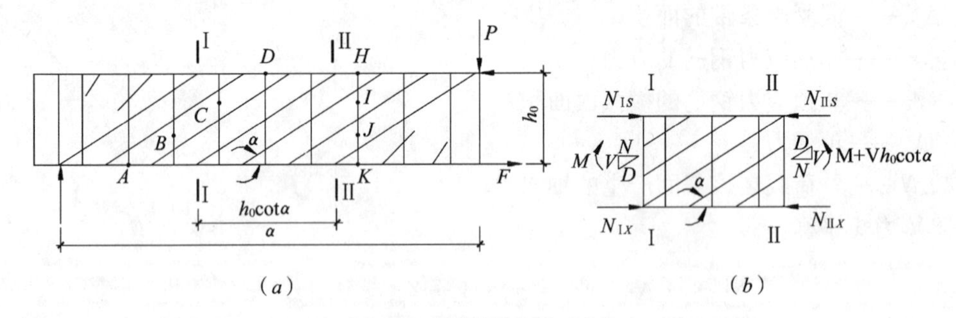

图6-11　梁段桁架内力图

（a）梁在集中力作用下的桁架模型；（b）梁单元体

3）混凝土斜腹杆内压应力均匀分布，箍筋在节点间是等应变的。

4）为简化计算，忽略无粘结筋的弯起对下弦杆合力点的影响，认为下弦杆平行于上弦杆。

（2）桁架内力平衡分析

避开支座和集中荷载作用点附近的应力集中区，取梁体中间一微段，如图6-11（b）所示。梁段上作用着剪力 V 和弯矩 M。剪力和弯矩产生的I—I截面桁架上下弦轴力为：

$$N_{IS} = -\frac{M}{h_0} + \frac{V}{2}\cot\alpha \tag{6-37}$$

$$N_{IX} = \frac{M}{h_0} + \frac{V}{2}\cot\alpha \tag{6-38}$$

式中　α——斜腹杆倾角，$\tan \geqslant \frac{h_0}{a}$；

h_0，a——分别为桁架高度与剪跨区长度。

由基本假定：从摩尔应力圆可以得到混凝土斜腹杆压应力 f_2。设混凝土中剪应力平均值为 $V/b \cdot h_0$，由力平衡得：

$$f_2 = \frac{V}{b \cdot h_0 \cdot \sin\alpha \cdot \cos\alpha} \tag{6-39}$$

$$V = f_2 \cdot b \cdot h_0 \cdot \sin\alpha \cdot \cos\alpha \tag{6-40}$$

式中 b——梁宽度。

受拉腹杆穿过斜裂缝，其竖向力 V_{SV} 为：

$$V_{SV} = \frac{A_{SV} \cdot f_{SV}}{s} \cdot h_0 \cdot \cot\alpha \tag{6-41}$$

式中 A_{SV}，f_{SV}，s——分别为箍筋截面积、箍筋应力、箍筋间距。

（3）桁架抗剪承载能力计算

对于无粘结预应力混凝土梁，其破坏形态常见的有以下三种：

1）箍筋未达到屈服强度，混凝土斜腹杆达到极限强度时，则桁架抗剪承载力由混凝土决定，由式（6-40）得：

$$V = f'_c \cdot b \cdot h_0 \cdot \sin\alpha \cdot \cos\alpha \tag{6-42}$$

$$\sin\alpha = \frac{A_{SV} \cdot f_{SY} \cdot h_0 \cdot \cot\alpha / s}{V/\sin\alpha} = \sqrt{\frac{A_{SV} \cdot f_{SY}}{s \cdot b \cdot f'_c}} \tag{6-43}$$

式中 f_{SY}——箍筋设计强度；

f'_c——斜腹杆混凝土极限强度。

根据 A. Placas 和 P. E. Regan 的研究，取 $f'_c = (25 + 500\mu_K)\sqrt{f_{cc}}$（磅力/英寸^2）。其中，$\mu_K$ 为配箍率，f_{cc} 为混凝土圆柱体抗压强度。

2）箍筋及纵向粘结钢筋达到屈服强度，无粘结筋未屈服时，则桁架受剪承载能力由图 6-11 中力的平衡得：

$$V = F \cdot h_0 / a \tag{6-44}$$

$$\tan\alpha = \frac{A_{SV} \cdot f_{SY} \cdot h_0 / s}{V} = \frac{A_{SV} \cdot f_{SY} \cdot a}{F \cdot s} \tag{6-45}$$

式中 F——下弦杆内力，$F = R_g \cdot A_g + \Delta F_{PS}$；

R_g，A_g——分别为纵向粘结筋屈服强度及截面积；

ΔF_{PS}——无粘结筋内力增量，$\Delta F_{PS} = A_P(\sigma_P - \sigma_e)$；

其中，A_P，σ_P，σ_e 分别为无粘结筋面积、梁破坏时无粘结筋应力及有效预应力。

3）箍筋及纵向粘结钢筋达到屈服强度，无粘结筋也达到设计强度时，则受剪承载力为：

$$V = V_T - F_P \cdot \sin\theta \tag{6-46}$$

$$\tan\alpha = \frac{A_{SV} \cdot f_{SY} \cdot a}{(V_T - F_P \cdot \sin\theta) \cdot s} \tag{6-47}$$

式中 V_T——梁在弯曲破坏时的剪力；

F_P——无粘结筋达到设计强度时的总拉力；

θ——无粘结筋弯起角度。

无粘结预应力混凝土梁总的受剪承载能力 V_U 为：

$$V_U = V + V_P \tag{6-48}$$

式中 V——比拟桁架承担的抗剪能力，按上述方法计算；

V_P——无粘结筋的竖向分力承担的抗剪能力。

2. 模拟拱计算模型

无粘结梁在一系列弯剪裂缝、腹剪裂缝和次生裂缝出现后，开裂的梁被分割成从拱形受压区伸出的梳齿状块体。在临界斜裂缝出现后，梁的主要内力是通过临界斜裂缝上方的混凝土拱体传递。斜裂缝下方拱体承受的内力为通过销剪作用、腹筋竖向力、骨料咬合力传递给斜裂缝上方的拱体。为此，把无粘结预应力混凝土梁比拟成一个带拉杆的模拟拱传力模型，并可由此导出计算公式。无粘结梁的拱体受力模型如图 6-12 所示。

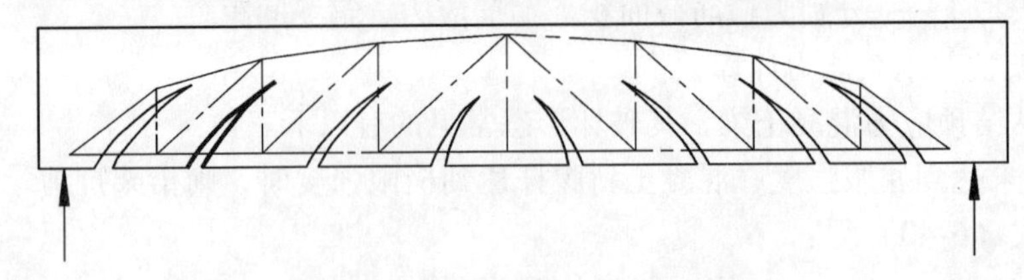

图 6-12　无粘结梁的拱体受力模型

（1）基本假定

1）无粘结梁中，混凝土承担的剪力由模拟拱的拱体承担。

2）模拟拱的水平推力，由位于梁底下缘的纵向粘结筋及无粘结筋的水平分力增量平衡。

3）模拟拱的起拱点在距离支座一定距离的 b 处。未开裂的混凝土可用桁架比拟，桁架拉腹杆由未开裂的混凝土拉应力比拟，如图 6-13 所示。

4）拱轴线取二次抛物线，如图 6-14 所示。拉杆拱按二铰拱计算。拱矢高取粘结筋与无粘结筋水平分力增量的合力点至上翼缘板受压区中心的竖向距离。

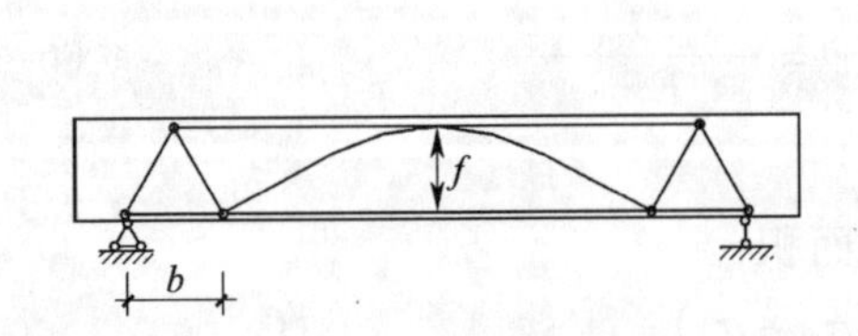

图 6-13　模拟拱

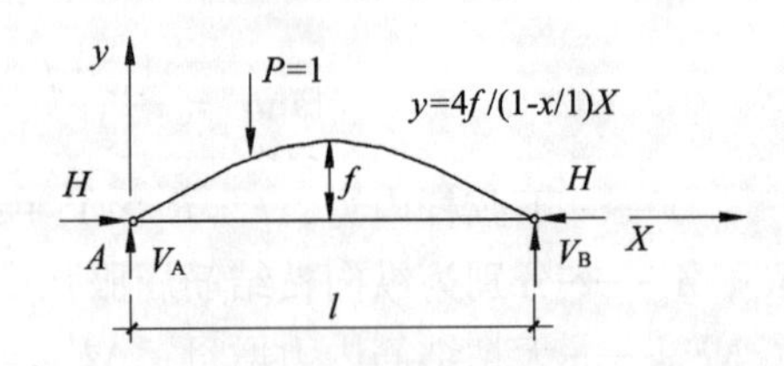

图 6-14　模拟拱计算图式

（2）模拟拱内力平衡分析

如图 6-14 所示，在单位力 $p=1$ 作用下，拱的水平推力为：

$$H_1 = \frac{5L}{8f} \cdot K(1-K)(1+K-K^2) \tag{6-49}$$

式中 K——单位力作用点离座标原点的水平距离与跨长的比值。

在单位均布荷载 $q=1$ 作用下，拱的水平推力为：

$$H_2 = \frac{L^2}{8f} \tag{6-50}$$

(3) 模拟拱受剪承载能力计算

模拟拱的受剪承载能力 V_c，可从拱的水平推力与荷载关系式求得。以跨中集中荷载及均布荷载作用的情况为例，可导出其计算式：

$$V_c = \frac{F - (q/H_2)}{2H_1} \tag{6-51}$$

式中 F——模拟拱拉杆内力，取值方法同上节桁架模型。

无粘结预应力混凝土梁的受剪承载能力 V_U，由任意截面上的剪力平衡求得；

$$V_U = V_c + V_P \tag{6-52}$$

式中 V_P——无粘结筋的竖向分力提供的剪力。

(4) 模拟拱起拱点的确定

模拟拱起拱点与支承点之距离 b，它与纵向钢筋配筋率 μ_s 有关，按 M. Specht [文献40] 提出的经验公式计算：

$$b = 0.25\sqrt[3]{\mu_s} \tag{6-53}$$

§6.5 无粘结预应力混凝土梁的裂缝及抗震构造

6.5.1 无粘结预应力混凝土梁的裂缝

对于无粘结预应力混凝土梁的裂缝分布及其破坏机理本文作者进行了纯无粘结筋预应力混凝土梁（即仅配有无粘结预应力筋）与无粘结部分预应力混凝土梁（除无粘结预应力筋外，还设置有粘结非预应力钢筋）的受力性能试验。比较结果表明：仅配有无粘结预应力筋的预应力混凝土梁破坏时出现的裂缝根数少、裂缝宽度大，而且裂缝的间距大。这种梁破坏时显较大的脆性。图6-15与图6-16为纯无粘结预应力混凝土的简支梁与纯无粘结预应力混凝土两跨连续梁的裂缝分布情况。试验梁的典型截面如图6-18所示。

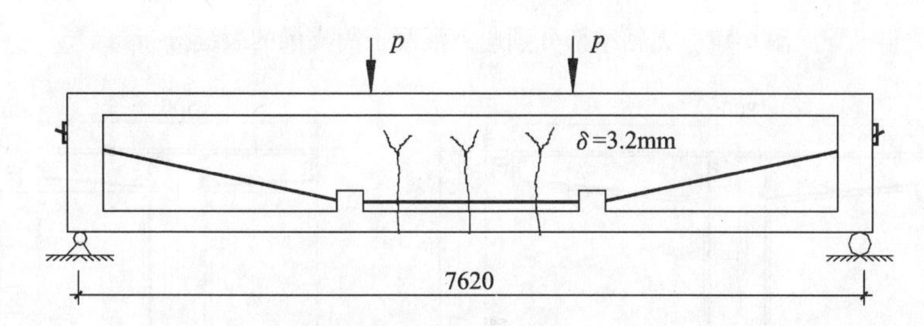

图6-15 无粘结预应力混凝土简支试验梁的裂缝分布

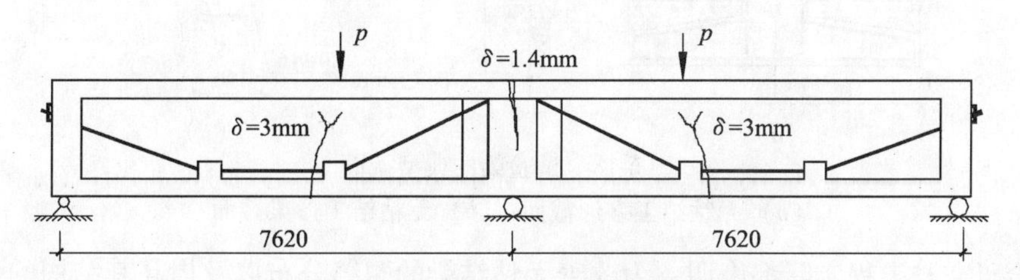

图6-16 无粘结预应力混凝土连续梁的裂缝分布

两根试验梁加载至破坏都仅出现三根主裂缝。图 6-15 所示的简支模型梁，三根主裂缝都在跨内的纯弯曲区域。图 6-16 的两跨连续梁的三根主裂缝分别出现在两个集中力荷载作用点下与内支座处，即塑性铰出现的部位。无粘结梁这种裂缝根数少，裂缝宽度大是构件设计中所不希望的。因为这表明构件破坏前没有显著的预兆、塑性铰区域小、延性差。

改善无粘结预应力混凝土梁裂缝性状的最有效方法是采用混合配筋，即在受拉区配置非预应力粘结受力钢筋。图 6-17 为无粘结部分预应力混凝土梁裂缝分布情况。图示试验梁配置无粘结筋与图 6-15 的试验梁相同，但在受拉区增设了 4 Φ 16 非预应力受力钢筋。配有非预应力钢筋的试验梁的裂缝分布得到了明显的改善，裂缝分布呈细而密的性状。接近于钢筋混凝土梁的破坏性状。无粘结梁配置适当的非预应力粘结钢筋不仅有效地改善了裂缝的分布性状，增加了延性，也提高了梁的抗弯强度。近期来，国内外对无粘结部分预应力混凝土梁的裂缝进行了大量的研究，普遍认为：在无粘结预应力混凝土梁中设置普通粘结钢筋对梁在开裂后的裂缝分布有重要影响。在英国规范 BS8110 中也体现了非预应力粘结钢筋对控制裂缝的作用。该规范采用限制设计名义拉应力的设计方法，当附加粘结钢筋配置在受拉区内，并位于靠近混凝土受拉外纤维时，可适当提高设计名义拉应力值，且与所配置的附加钢筋的截面面积成正比，名义拉应力最大可增至 $0.25f_{cu}$。美国 ACI 规范的裂缝限制也考虑了粘结筋的作用，并且裂缝的控制不仅取决于配筋的数量，而且取决于钢筋的间距、直径以及在受拉区中的分布。

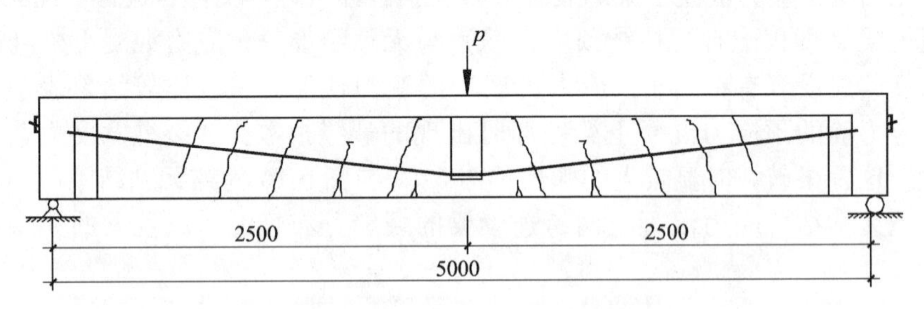

图 6-17 无粘结部分预应力混凝土简支梁的裂缝分布

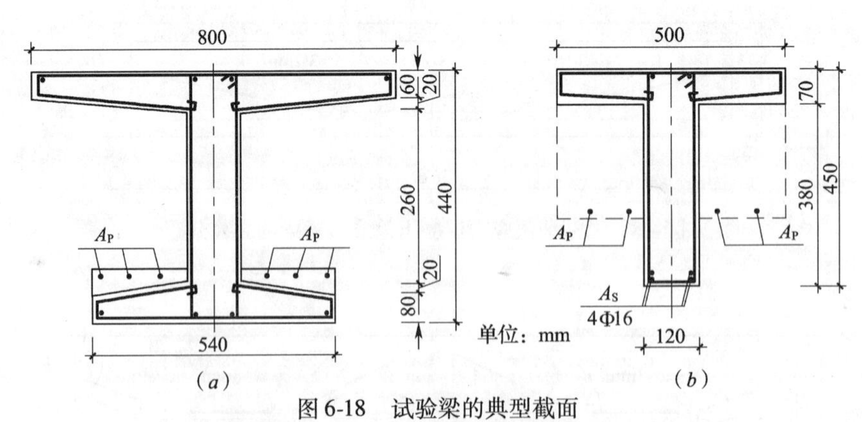

图 6-18 试验梁的典型截面

(a) 无粘结工字形截面；(b) 无粘结 T 形梁截面

试验研究与工程实际都表明：为改善无粘结梁的裂缝分布以及提高其结构的延性，应当设置一定数量的粘结非预应力钢筋。因此，工程中大多数的无粘结预应力混凝土结构实际上是无粘结部分预应力混凝土结构。所以，其裂缝控制与裂缝宽度的计算一般也可采用上一章部分预应力混凝土的理论与计算公式。

6.5.2 无粘结预应力混凝土结构的抗震要求

无粘结预应力混凝土在抗震地区的使用，在国内外都存在不同的看法。这是由于对无粘结预应力混凝土结构的抗震性能的研究不够完善。但国内外设计与应用经验表明，无论粘结与无粘结预应力结构，只要设计合理，都可获得相同的地震安全性，都可以在地震区采用。无粘结预应力混凝土结构在抗震方面的特点是：其能量消散能力不如粘结预应力混凝土结构，但它却具有良好的挠度恢复性能。只要锚具有足够的强度保证，无粘结筋的变形总是可以沿其全长均匀分布。这一点比粘结预应力筋的抗震性能要好。

无粘结预应力混凝土结构的抗震设计与其他混凝土结构的抗震设计一样，遵循的原则都是“强柱弱梁、强剪弱弯、强节点弱构件”。加强构造，合理选材，尤其要保证结构构件的连接和锚固。在抗震设计中，设置一定数量的非预应力粘结钢筋，采用混合配筋的方式，就是选择合理的预应力度，满足配筋限值。一般结构的预应力度可控制在 λ 或PPR = 0.5 ~ 0.7（或0.8）之间。

无粘结预应力混凝土结构（尤其是框架结构）的水平地震作用取值问题，至今国内外的研究还很少。新西兰规范规定预应力混凝土结构设计荷载要比普通钢筋混凝土结构提高20%进行设计。这是考虑预应力混凝土结构的阻尼小，滞回曲线形状狭窄，能量耗散能力差，因此地震反应大。无粘结预应力混凝土结构水平地震作用计算方法一般采用振型分解反应谱法。

《PPC建议》指出：在地震地区，无粘结预应力筋可用于部分预应力或全预应力混凝土楼面和屋面结构体系（通常为单向或双向平板，仅起刚性水平横隔板作用而不参与框架结构的工作）。如无粘结预应力筋的锚具有足够的强度能承受动载或地震力引起的应力波动，或无粘结预应力筋两端采用局部灌浆增强时，则亦可用于部分预应力混凝土简支梁和连续梁。如果用一部分有粘结非预应力钢筋代替一部分预应力筋，则这种混合配筋的部分预应力混凝土梁的延性及能量耗散性能均有较大的改善，在抗震设计中，对于无粘结预应力混凝土结构设置一定数量的非预应力粘结钢筋是重要的，这也使无粘结预应力混凝土的应用范围可以更广一些。因此，从概念设计的观点来看，无粘结部分预应力混凝土的结构性能最好，应用前景最广泛。

本文作者对无粘结部分预应力混凝土结构的抗震性能进行了无粘结部分预应力混凝土结构框架、框架的梁柱节点、以及扁梁框架与扁梁框架节点等的拟静力与拟动力的试验研究。这些试验研究表明：配有适当粘结非预应力钢筋的无粘结部分预应力混凝土结构的动力性能良好，在框架混凝土梁体开裂后无粘结预应力筋要比普通的粘结预应力筋起更好的约束作用。因此，无粘结部分预应力混凝土结构只要合理设计，并保证无粘结预应力筋的锚固不受破坏，无粘结部分预应力混凝土结构在地震设防区域的应用是可行的。有关预应力混凝土结构的抗震性能在本书的第8章有较详尽的论述。

6.5.3 无粘结预应力混凝土梁的构造措施

无粘结预应力混凝土的构造要求是在普通粘结预应力混凝土结构的基础上，根据无粘结的特点而提出的。主要是对无粘结预应力筋、粘结非预应力钢筋的含量、锚固措施、以及抗震构造等方面的要求。

1. 无粘结预应力筋的防腐

无粘结预应力筋是专门生产的预应力钢材。钢材必须沿其全长涂刷防腐蚀材料以保证钢材的耐久性。涂料可采用柏油、沥青玛琋脂、黄油、石腊以及环氧树脂或进行表面镀锌。涂料要求化学稳定性好、防腐性能好、摩阻力小。对涂料还应加以适当保护。一般做法是外加塑料套管或缠绕防水塑料纸带以防止施工过程中涂料被刮去或碰坏。外包材料应采用聚乙烯或聚丙烯，并保证无粘结预应力筋对混凝土能产生自由滑动。对于预应力筋设置在混凝土体外的无粘结筋也可以用强度高的塑料套管保护，然后在塑料套管内灌入水泥砂浆作为防腐。

2. 钢材与锚具

对无粘结筋钢材的要求与粘结预应力筋相同，预应力钢材应尽可能采用高强钢绞线，我国现行国家标准《预应力混凝土钢绞线》（GB/T 5224）已取消普通松弛的预应力钢绞线，因此，一般都采用低松弛的预应力钢绞线。非预应力钢筋宜采用 HRB335 级或 HRB400 级热轧钢筋。

由于无粘结预应力混凝土结构的锚具起着极为重要的传力作用，并保证永存预应力的耐久性，因此，对无粘结预应力筋用的锚具以及束与束的连接器的要求极为严格。强度应保证能发挥预应力筋极限强度的95%以上，同时不发生超过预期值的滑动。锚具的静载锚固性能应符合下列要求：

$$\eta_a \geqslant 0.95 \tag{6-54}$$

$$\varepsilon_{apu} \geqslant 2.0\% \tag{6-55}$$

式中 η_a——预应力筋锚具组装件静载试验测得的锚具效率系数；

ε_{apu}——预应力筋锚具组装件达到实测极限拉力时的总应变。

锚具的效率系数按下式计算：

$$\eta_a = \frac{F_{apu}}{\eta_p \cdot F_{apu}^e} \tag{6-56}$$

$$F_{apu}^e = f_{ptm} \cdot A_{pm} \tag{6-57}$$

式中 η_a——锚具的效率系数；

F_{apu}——预应力筋锚具组装件的实测极限拉力；

η_p——预应力筋的效率系数；

F_{apu}^e——预应力筋锚具组装件中各根预应力钢材计算极限拉力之和；

f_{ptm}——预应力钢材抽样试件实测抗拉强度平均值；

A_{pm}——预应力钢材抽样试件截面面积平均值。

结构物上的锚具应妥善保护，通常采用先涂防腐蚀材料，然后再浇灌混凝土予以封闭的措施，以防止锚具受侵蚀。在构造上还应采取措施堵塞水分或其他有害物质进入锚具的缝隙。另一个保证锚具有可靠性的措施是于靠近锚具的部位进行局部灌浆使预应力筋与混凝土之间有一定的粘结。这种灌浆的长度较短，通常不超过1m，对灌浆设备的要求不高，技术不复杂，是一个可行的有效措施。

3. 非预应力粘结钢筋

《PPC 建议》指出：无粘结预应力混凝土受弯构件的预压受拉区应配置一定数量的非预应力钢筋，最小含量应符合下列规定：

梁中配置的非预应力受拉钢筋在极限状态下的拉力，应不低于预应力筋和非预应力钢筋在极限状态下拉力总和的25%：

$$\frac{A_s \cdot f_y}{A_s \cdot f_y + A_p \cdot \sigma_p} \geqslant 0.25 \tag{6-58}$$

$$\sigma_p = \sigma_{pe} + \Delta\sigma_p \tag{6-59}$$

式中 σ_p——无粘结筋极限应力。

同时，非预应力钢筋的抗拉强度不大于400MPa。非预应力钢筋应布置在构件受拉边缘外侧，以使得非预应力钢筋有较大的变形，以及增大预应力筋的保护层。

房屋建筑的单向板与双向板中配置的非预应力钢筋，还应符合《无粘结预应力混凝土结构技术规程》的有关规定。

ACI 规范规定：所有使用无粘结预应力筋的受弯构件，都应按要求配置粘结钢筋。粘结钢筋的最小面积应符合下式要求：

$$A_s = 0.004A \tag{6-60}$$

式中 A——弯曲受拉边缘至毛截面重心轴之间的横截面面积；

A_s——非预应力受拉钢筋面积。

对于桥梁结构，尤其是采用预制拼装的构件，非预应力受力钢筋是难以设置的，这种结构目前还只能是纯无粘结预应力混凝土结构。预制拼装施工方法是桥梁结构的一大优点，因此，如何在这种结构中采用无粘结部分预应力混凝土是值得研究。

§6.6 无粘结预应力混凝土梁的设计

在实际工程中，无粘结预应力混凝土结构一般按部分预应力的概念设计，即为改善结构的延性及其抗震性能，必须同时设置粘结非预应力钢筋，这在房屋建筑中是规范的强制性要求。因此，其设计步骤基本与前一章的部分预应力混凝土的设计相同，所不同的是无粘结筋的极限应力一般要比其设计强度低，以及要考虑无粘结预应力混凝土结构的构造要求等。下面以一工程算例说明无粘结预应力混凝土结构的设计过程。

【例 6-1】 18m 跨无粘结部分预应力混凝土框架梁设计计算。某工程会议厅采用无粘结部分预应力混凝土结构，框架梁跨度 18m，柱网间距 6m，梁截面尺寸 400mm × 1200mm；板跨度 6m，单向板，板厚 150mm。梁板混凝土强度等级 C40，f_{tk} = 2.39N/mm^2，f_c = 19.1N/mm^2，E_c = 3.25 × 10^{4}N/mm^2；无粘结预应力筋为 ϕ^s15.2 钢绞线，f_{ptk} = 1860N/mm^2，f_{py} = 1320N/mm^2，E_p = 1.95 × 10^{5}N/mm^2；非预应力钢筋采用 HRB335 级钢筋，f_y = 300N/mm^2，E_s = 2.00 × 10^{5}N/mm^2。

【解】

1. 控制截面弯矩值：

框架梁线荷载标准值为，恒载 g_k = 51.5kN/m，

活载 q_k = 21kN/m。

正常使用极限状态（荷载标准值）与承载力极限状态（荷载设计值）下控制截面的弯矩值见表6-3。

控制截面弯矩值（单位 kN·m） **表6-3**

UPPC 框架梁		跨中正弯矩	支座负弯矩
正常使用极限状态	恒载（M_{gk}）	1151	935
	活载（M_{qk}）	469	381
承载力极限状态（Mu）		2038	1656

2. 无粘结筋的估算：

预应力筋的设计以正常使用极限状态下跨中截面的恒载弯矩值为消压弯矩，即使预应力的作用抵消全部恒载产生的效应，同时考虑预应力次力矩及弯矩重分布的影响，取弯矩幅值调整系数跨中为1.2，支座为0.9。

（1）梁截面几何特征值：

T形截面梁翼缘计算宽度 b'_f 取值按《混凝土结构设计规范》（GB 50010—2002），

则有 $b'_f = b + 12 \cdot h'_f = 2200\text{mm}$

如图6-19，$y_1 = 789\text{mm}$

$y_2 = 411\text{mm}$

T形截面梁面积 $A = 7.5 \times 10^5 \text{mm}^2$

惯性矩 $I = 1.057 \times 10^{11} \text{mm}^4$

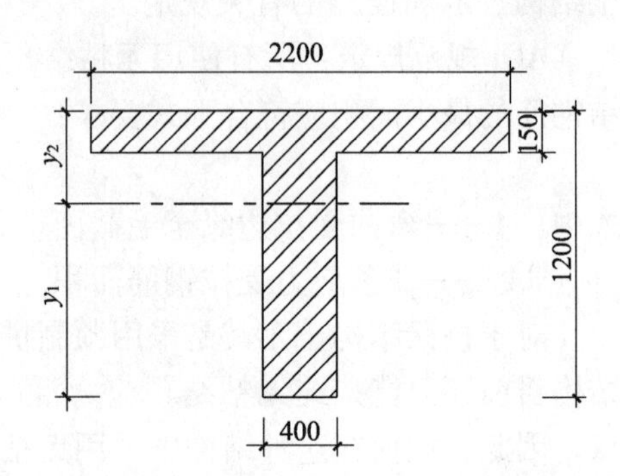

图6-19 梁的截面

（2）消压弯距产生的跨中截面下边缘混凝土应力：

$$\sigma_{pc} = \frac{M_0}{W} = \frac{1.2M_{gk}}{I/y_1}$$

$$= \frac{1.2 \times 1151 \times 10^6}{\frac{1.057 \times 10^{11}}{789}} = 10.31\text{N/mm}^2$$

跨中截面所需的有效预加力：

$$N_{pe} = \frac{\sigma_{pc}}{\frac{1}{A_c} + \frac{e_p}{W}} = \frac{10.31}{\frac{1}{7.5 \times 10^5} + \frac{689}{1.340 \times 10^8}} = 1592.2\text{kN}$$

（3）每股钢绞线（$\phi^s 15.2$）的有效张拉力：

张拉控制应力 $\sigma_{con} = 0.75 f_{ptk} = 0.75 \times 1860 = 1395\text{N/mm}^2$

预应力损失值一般先按（25% ~30%）σ_{con}估计。

则预应力损失 $\sigma_l = 30\% \sigma_{con} = 418.5\text{N/mm}^2$

每股钢铰线的有效张拉力 $N_{pe1} = (\sigma_{con} - \sigma_l) \cdot A_{P1}$

$= (1395 - 418.5) \times 139$

$= 135.7\text{kN}$

（4）跨中截面所需钢铰线数：

$$n = \frac{N_{pe}}{N_{pe1}} = \frac{1592.2}{135.7} = 11.7\text{束}$$

则跨中截面选用12束钢绞线（$A_p = 1668\text{mm}^2$），即$2-6\times\phi^s15.2$。

梁端截面处预应力筋数选用同跨中（$2-6\times\phi^s15.2$）。

3. 预应力损失的计算

预应力损失计算按《无粘结预应力混凝土结构技术规程》（送审稿）和《混凝土结构设计规范》（BG 50010—2002）的规定进行。预应力筋的布置采用与梁弯矩图相一致的正反二次抛物线，曲线采用四段抛物线平滑过渡，如图6-20所示。锚具选用XM15-6型系列群锚。施工时一端张拉。

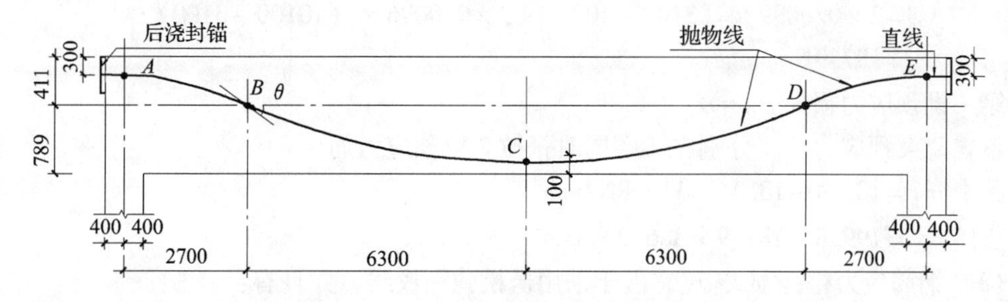

图6-20 无粘结预应力混凝土单跨框架梁

（1）摩擦损失σ_{l2}：

无粘结筋的摩擦系数$\mu = 0.09$，局部偏差系数$\kappa = 0.004$［按《无粘结预应力混凝土技术规程》（送审稿）取值］，AB、BC采用同一抛物线形。

抛物线BC的方程（原点位于C点）：$y = \frac{689}{6300^2}x^2$

故 $$\theta = y' = \frac{689\times2}{6300^2}x\,|_{x=6300} = \frac{689\times2}{6300} = 0.219\text{rad}$$

$\sigma_{l2} = \sigma_{con}\ (1 - e^{-kx-\mu\theta})$，各段摩擦损失计算见表6-4。

（2）锚具内缩损失σ_{l1}：

采用夹中锚具，$a = 5\text{mm}$

各段摩擦损失　　表6-4

线段	x（m）	θ（rad）	$kx+\mu\theta$	$e^{-(kx+\mu\theta)}$	端点应力（N/mm^2）	跨中应力（N/mm^2）
AB	3.1	0.219	0.0321	0.9684	1350.9	44.1
BC	6.3	0.219	0.0449	0.9561	1291.6	103.4
CD	6.3	0.219	0.0449	0.9561	1235.0	160.0
DE	3.1	0.219	0.0321	0.9684	1196.0	199.0

$i_1 = \sigma_a\ (k+\mu/r_{c1})$ $i_2 = \sigma_b\ (k+\mu/r_{c2})$（$r_{c1}$、$r_{c2}$分别为曲线$AB$曲线$BC$的曲率半径）（规范附录$D$）

$$r_{c1} = r_{c2} = \frac{1}{y''} = \frac{6300^2}{689\times2} = 28802.6\text{mm}$$

$i_1 = 1395 \times (0.004/1000 + 0.09/28802.6) = 0.0099\text{N/mm}^3$

$i_2 = 1350.9 \times (0.004/1000 + 0.09/28802.6) = 0.0096\text{N/mm}^3$

$$l_f = \sqrt{\frac{aE_p}{1000i_2} - \frac{i_1 (l_1^2 - l_0^2)}{i_2} + l_1^2}$$

$$= \sqrt{\frac{5 \times 10^{-3} \times 1.95 \times 10^5}{1000 \times 0.0096} - \frac{0.0099 \times (3.1^2 - 0.4^2)}{0.0096} + 3.1^2}$$

$= 10.1\text{m} > 9.4\text{m}$

跨中 $\sigma_{l1} = 2i_2 (l_f - x) = 2 \times 0.0096 \times (10100 - 9400) = 13.44\text{N/mm}^2$

支座 $\sigma_{l1} = 2i (l_1 - l_0) + 2i_2 (l_f - l_1)$

$= 2 \times 0.0099 \times (3100 - 400) + 2 \times 0.0096 \times (10100 - 3100)$

$= 187.9\text{N/mm}^2$

第一批预应力损失 $\sigma_{lI} = \sigma_{l1} + \sigma_{l2}$

设置2束预应力筋，分别在梁端同时张拉2束预应力筋

跨中 $\sigma_{l1} = 103.4 + 13.44 = 116.8\text{N/mm}^2$

支座 $\sigma_{l1} = 199.0 + 187.9 = 386.9\text{N/mm}^2$

(3) 钢筋应力松弛损失 σ_{l4}，由于采用低松弛钢铰线，并且有：

$$0.7f_{ptk} < \sigma_{con} \leqslant 0.8f_{ptk}$$

$$\sigma_{l4} = 0.2 \left(\frac{\sigma_{con}}{f_{ptk}} - 0.575\right) \sigma_{con} = 0.2 \times (0.75 - 0.575) \times 1395 = 48.83\text{N/mm}^2$$

(4) 混凝土收缩徐变引起的预应力损失 σ_{l5}：

考虑自重的影响，即全部恒载的影响。

跨中 $N_p = (1395 - 116.8) \times 1668 = 2132.0\text{kN}$

$$\sigma_{pc} = \frac{2132.0 \times 10^3}{7.5 \times 10^5} + \frac{(2132.0 \times 10^3 \times 689 - 1151 \times 10^6}{1.340 \times 10^8} = 5.22\text{N/mm}^2$$

支座 $N_p = (1395 - 386.9) \times 1668 = 1681.5\text{kN}$

$$\sigma_{pc} = \frac{1681.5 \times 10^3}{7.5 \times 10^5} + \frac{[1681.5 \times 10^3 \times (411 - 300) - 935 \times 10^6] \times (411 - 300)}{1.057 \times 10^{11}}$$

$= 1.46\text{N/mm}^2$

估算非预应力钢筋 A_s。

消压概念的预应力度，$\lambda = \dfrac{M_0}{M}$

式中 M_0——消压弯矩，即使构件控制截面预压受拉边缘应力抵消为零的弯矩值；

M——使用荷载短期效应组合下控制截面的弯矩值；

$$\lambda = \frac{M_{gk}}{M_{gk} + M_{qk}} = \frac{g_k}{q_k + g_k} = 0.71$$

当选取消压概念的预应力度 $\lambda = 0.71$ 作为强度概念的预应力程度来配置非预应力钢筋时，有：

$$PPR = \frac{A_p\sigma_{pu}}{A_p\sigma_{pu} + A_sf_y} = 0.71$$

其中 $\sigma_{pu}=0.85f_{py}=0.85\times1320=1122\text{N/mm}^2$

则 $A_s=\dfrac{1668\times1122\times(1-0.71)}{300\times0.71}=2548\text{mm}^2$

跨中，预选 5 Φ 25（$A_s=2454\text{mm}^2$）　$A_n\approx A=7.5\times10^5\text{mm}^2$

$$\rho=\frac{A_P+A_S}{A_n}=\frac{1668+2454}{7.5\times10^5}=0.550\%$$

张拉预应力钢筋时，混凝土强度达到其设计值，$f'_{cu}=40\text{N/mm}^2$

$$\sigma_{l5}=\frac{35+280\dfrac{\sigma_{pc}}{f'_{cu}}}{1+15\rho}=\frac{35+280\times\dfrac{5.22}{40}}{1+15\times0.550\%}=66.1\text{N/mm}^2$$

支座，预选 4 Φ 25（$A_s=1964\text{mm}^2$）

$$\rho=\frac{1668+1964}{7.5\times10^5}=0.484\%$$

$$\sigma_{l5}=\frac{35+280\times\dfrac{1.46}{40}}{1+15\times0.484\%}=42.2\text{N/mm}^2$$

总损失 $\sigma_l=\sigma_{l1}+\sigma_{l4}+\sigma_{l5}$

所以，总损失跨中 $\sigma_l=116.8+48.83+66.1=231.7\text{N/mm}^2$

支座 $\sigma_l=386.9+48.83+42.2=477.9\text{N/mm}^2$

若 σ_l 计算值与第 2 点（4）中估算值相差较大，则应进行调整。

4. 非预应力筋的计算：

跨中截面

弯矩设计值（考虑次力矩的不利影响）为：

$$M=1.2M_u=1.2\times2038=2445.6\text{kN}\cdot\text{m}$$

$$\sigma_{pu}=\frac{1}{1.2}[\sigma_{pe}+(500-770\beta_0)]$$

其中 $A_p=1668\text{mm}^2$，$A_s=2454\text{mm}^2$，

$\sigma_{pe}=\sigma_{con}-\sigma_l=1395-231.7=1163.3\text{N/mm}^2$　　$f_y=300\text{N/mm}^2$

$$\beta_0=\frac{A_p\sigma_{pe}}{bh_pf_c}+\frac{A_sf_y}{bh_pf_c}=\frac{1668\times1163.3}{400\times19.1\times1100}+\frac{2455\times300}{400\times1100\times19.1}=0.319<0.45$$

$$\sigma_{pu}=\frac{1}{1.2}[1163.3+(500-770\times0.319)]=1181.4\text{N/mm}^2>0.85f_{py}=1122\text{N/mm}^2$$

取 $\sigma_{pu}=0.85f_{py}=1122\text{N/mm}^2$

预应力筋和非预应力筋合力点至混凝土边缘的距离 $a=80\text{mm}$，得受压区高度 x 为：

$$x=1120-\sqrt{1120^2-\frac{2\times2445.6\times10^6}{2200\times19.1}}=53.22\text{mm}<h'_f=150\text{mm}$$

属于第一类截面

$$A_s=\frac{b'_fxf_c-A_p\sigma_{pu}}{f_y}=\frac{2200\times53.22\times19.1-1668\times1122}{300}=1216\text{mm}^2$$

根据延性要求：$\dfrac{A_sf_y}{A_sf_y+A_p\sigma_p}\geqslant0.25$，$\sigma_p=1122\text{N/mm}^2$

可得 $A_s \geqslant 2079.4\text{mm}^2$　工程实际配 $5\phi25$（$A_s = 2454\text{mm}^2$）

支座截面

弯矩设计值为　$M = 0.9M_u = 0.9 \times 1656 = 1490.4\text{kN} \cdot \text{m}$

$$\sigma_{pu} = \frac{1}{1.2}[\sigma_{pe} + (500 - 770\beta_0)]$$

其中 $A_p = 1668\text{mm}^2$，$A_s = 1964\text{mm}^2$，$\sigma_{pe} = \sigma_{con} - \sigma_l = 1395 - 477.9 = 917.1\text{N/mm}^2$，$f_y = 300\text{N/mm}^2$

$$\beta_0 = \frac{1668 \times 917.1}{400 \times 19.1 \times 900} + \frac{1964 \times 300}{400 \times 900 \times 19.1} = 0.31 < 0.45$$

$$\sigma_{pu} = \frac{1}{1.2}[917.1 + (500 - 770 \times 0.31)] = 982\text{N/mm}^2 < 0.85f_{py} = 1122\text{N/mm}^2$$

预应力筋和非预应力筋合力点至混凝土边缘的距离 $a = 220\text{mm}$，得受压区高度 x 为：

$$x = 980 - \sqrt{980^2 - \frac{2 \times 1490.4 \times 10^6}{400 \times 19.1}} = 224.9\text{mm}$$

$$A_s = \frac{b'_f x f_c - A_p\sigma_{pu}}{f_y} = \frac{400 \times 224.9 \times 19.1 - 1964 \times 1007}{300} < 0$$

同理，支座截面也必须满足延性要求。

工程实际非预应力钢筋的配筋为 4 Φ 25（$A_s = 1964\text{mm}^2$）

§6.7　无粘结预应力混凝土楼盖

6.7.1　概述

无粘结预应力混凝土在房屋建筑中应用最广泛的是楼盖结构，在楼盖结构中应用预应力混凝土使得结构高度降低，增加了建筑的空间。在一般楼盖结构中，可分为单向板与双向板。根据结构功能的不同可设计成：无梁无柱帽双向平板、带柱帽或托板的双向平板、密肋板、带宽扁梁的板、以及周边梁支承的双向平板。带宽扁梁的板由于具有建筑的双向良好抗震性能，近来得到了广泛的应用。

无粘结预应力混凝土板的结构高度设计根据国内外的经验；对于单向板，其厚度宜取跨度的 1/45～1/40；板柱体系的双向板厚度宜取柱网长边的 1/45～1/40；对于带平托板的双向平板（以柱中心向各向延伸计，平托板的延伸长度不宜小于板跨度的 1/6，平托板的厚度宜大于 1.5 倍板厚）厚度宜取柱网长边尺寸的 1/50～1/45；对于密肋板，其肋高（包括板厚）宜取柱网长边尺寸的 1/35～1/30。

无粘结预应力混凝土板的内力分析根据板的结构特征，可采用弹性或弹塑性方法分析。其受力计算主要分为单向体系与双向体系。竖向荷载作用下的矩形柱网无粘结预应力混凝土平板、密肋板，可按等代框架法进行内力计算。

等代框架法是将三维结构简化为两个通过柱轴线的正交等代框架，如图 6-21 所示。在无侧力构件支撑时，应考虑侧向水平荷载的作用，水平荷载产生的内力应组合等代框架的平板中。在侧向力作用下，等代框架的计算宽度取下列公式计算结果的较小值：

$$b_y = \frac{1}{2}(l_x + b_d) \tag{6-61}$$

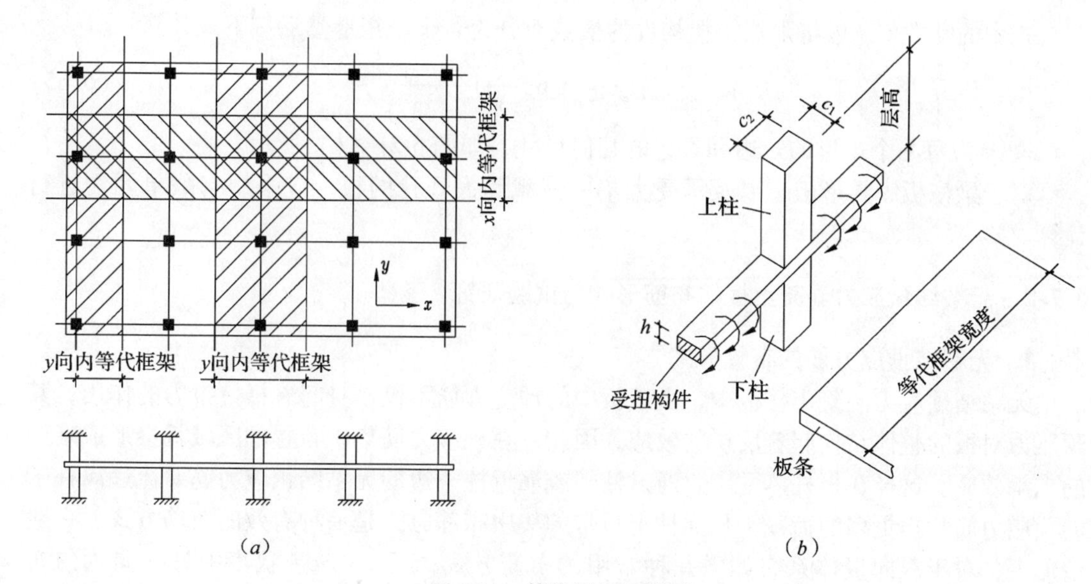

图 6-21　等代框架计算图

（a）等代框架；（b）等效柱及抗扭构件

$$b_y = \frac{3}{4} l_y \tag{6-62}$$

式中　b_y——y 向等代框架的计算宽度；

l_x，l_y——等代梁的计算跨度；

b_d——平托板的有效宽度。

在设置有剪力墙或筒体等抗侧力构件的高层结构中，水平荷载主要由抗侧力构件承受，楼板主要承受竖向荷载的作用。此时，矩形柱网的无粘结预应力混凝土平板、密肋板等代框架梁的板宽可取柱两侧半跨之和。

ACI 规范的分析方法将等代框架分解为三个部分：1）水平板带；2）柱子或其他支撑结构；3）在板带的柱间起弯矩传递作用的柱两侧的受扭板带。水平板带与垂直构件间的弯矩传递与它们之间的连接情况和相对刚度有关。在三向体系中，柱子所承受的弯矩比由板柱框架计算模型所求得的值要小，须考虑柱子的转动能力，可采用增加有效长度的等效柱代替，以减小柱的弯矩值。

等效柱的柔度（$1/K_{ec}$）应取板梁上方和下方实际柱子的柔度（$1/\sum K_c$）及附加抗扭构件的柔度（$1/K_t$）之和，即

$$\frac{1}{K_{ec}} = \frac{1}{\sum K_c} + \frac{1}{K_t} \tag{6-63}$$

其中抗扭附加构件的刚度 K_t 按下式计算：

$$K_t = \sum \frac{9E_c \cdot C}{l_2\left(1 - \frac{c_2}{l_2}\right)^3} \tag{6-64}$$

式中　c_2——与 l_2 垂直方向的柱宽；

l_2——与 l_1 垂直方向的柱距；

E_c——混凝土的弹性模量。

式中的常数 C，可将附加抗扭构件的横截面分为若干个矩形然后按下式计算：

$$C = \sum(1 - 0.63\frac{x}{y})\frac{x^3 \cdot y}{3} \tag{6-65}$$

x、y 为每一个矩形的短边和长边的几何尺寸，如图 6-21（b）所示。

对于梁格板、异形板、以及承受大集中荷载和大开孔的板，应采用有限单元法进行计算。

6.7.2 无粘结预应力混凝土板的布筋形式与试验研究

1. 无粘结预应力筋的布置形式

无粘结预应力混凝土楼板中，由于板中的预应力筋不仅本身起着抵抗拉力的作用，其预压力对板的整体结构起着反拱的效应，因此，在预应力筋集中布置的区域就会形成暗梁的支承效应。这样在板柱体系中，通过柱子或靠近柱子边的无粘结预应力筋要比远离柱子的预应力筋承担更多的荷载，从而柱上板带的集中布筋方式是一种有效的布筋方式。一般情形下，对于双向板体系有如下几种常用的布筋方式；1）一向带状集中另一向均匀布置；2）柱上板带与跨内均匀布置；3）双向柱上板带集中布置。柱上板带为每边各离柱边 $L/4$ 跨度范围内。板带布置法是将无粘结预应力筋总量的 60% ~75% 分布在柱上板带，其余的布置在跨内区域。集中布置是将预应力筋集中布置在离柱边不超过 6 倍板厚的范围内。

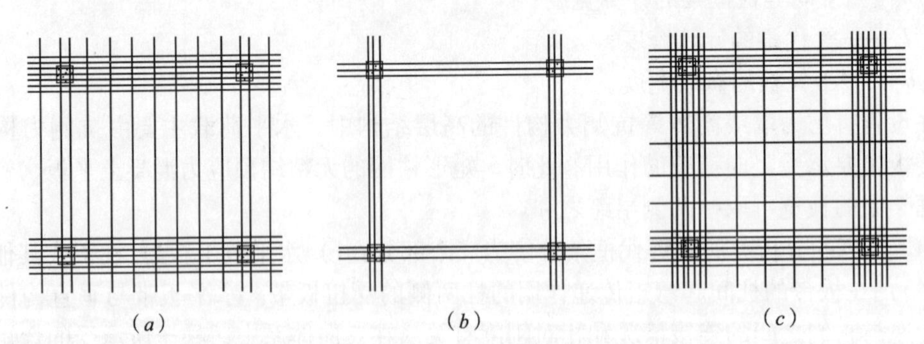

图 6-22　无粘结预应力筋的布置方式

（a）一向集中另一向均布；（b）双向板带集中；（c）一向 75% 柱上板带，25% 跨内均布；另一向均布

2. 非预应力钢筋的布置

无粘结预应力混凝土板还应设置一定数量的粘结非预应力钢筋，以提高结构的抗弯强度及延性。对于单向板纵向非预应力钢筋的截面面积 A_s 不应小于 0. 2% bh，b 为板的宽度，h 为板的高度。钢筋直径一般不小于 8mm，间距不大于 200mm。

对于等厚的实体双向板，非预应力纵向钢筋的设置应符合以下规定：

（1）负弯矩区的纵向非预应力钢筋：在柱边的负弯矩区，每一方向上的非预应力钢筋的截面面积不应小于 0. 075% bh，l 为平行于计算纵向钢筋方向板的跨度，h 为板的厚度。而且，这些钢筋应分布在离柱边 1. 5h 的板宽范围内。每一方向至少应设置 4 根直径不小于 16mm 的钢筋，间距不应大于 300mm，外伸出柱边长度至少为支座每一边净跨的 1/6。

（2）正弯矩区的纵向非预应力钢筋：在正弯矩区每一方向上的非预应力钢筋的截面

面积不应小于0. 15% bh；在正常使用极限状态下受拉区不允许出现拉应力时，双向板每一方向上的纵向非预应力钢筋的截面面积应小于0. 1% bh，钢筋直径不应小于6mm，间距不应大于200mm。

3. 无粘结预应力混凝土楼盖的试验研究

无粘结预应力混凝土楼盖的受力复杂，尤其是无梁的板柱体系。本文作者曾进行了九柱板的模型试验，从中得到无粘结预应力混凝土九柱板结构体系的受力特性，以及裂缝状况，见图6-23。

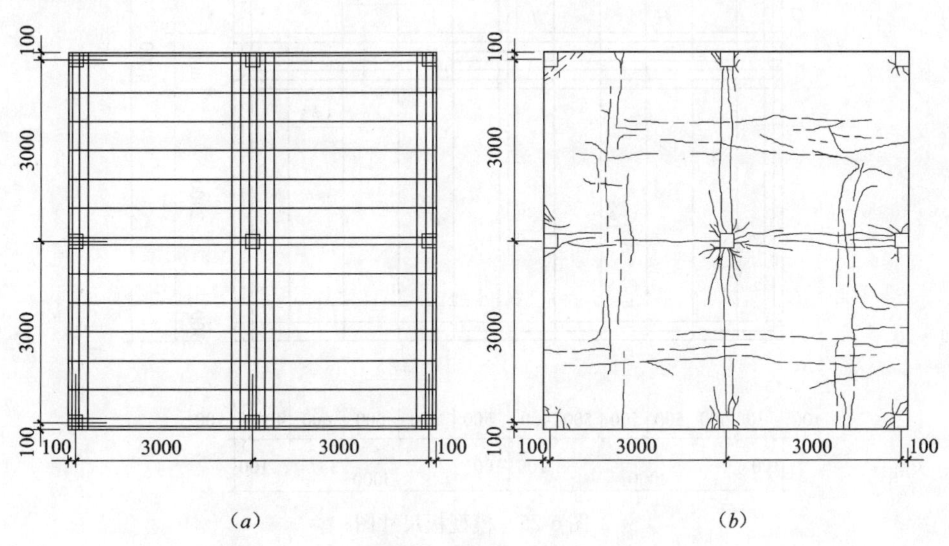

图6-23 九柱板的试验

(*a*) 试验板的尺寸；(*b*) 试验板的裂缝形式

文献［45］进行了不同配筋形式的板柱体系的模型试验，探讨了不同配筋形式的板柱体系在竖向荷载作用结构的开裂荷载、挠曲变形、极限承载弯矩、裂缝的开展及其分布、以及其破坏模式。

图6-24 不同配筋形式的板柱体系的试验

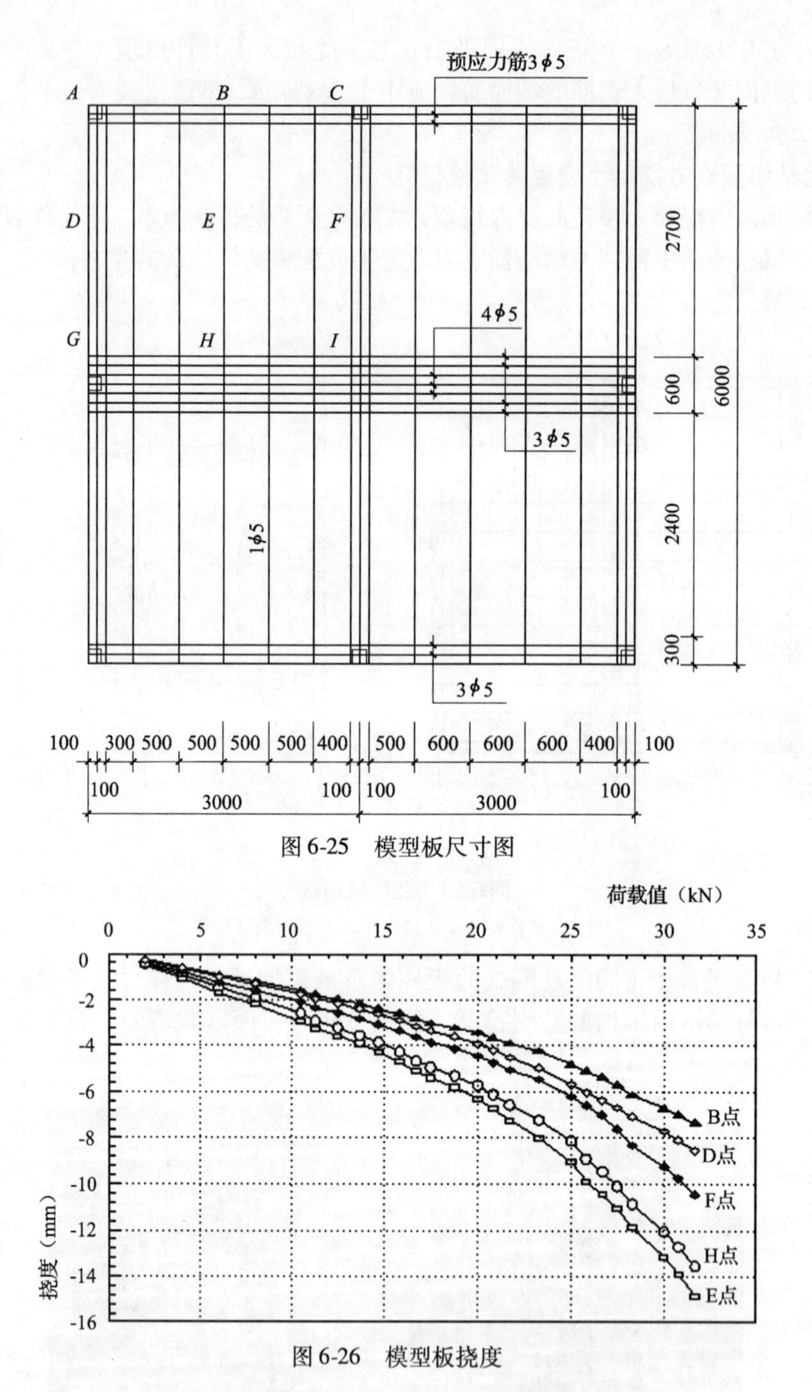

图 6-25 模型板尺寸图

图 6-26 模型板挠度

对于无粘结预应力混凝土板的不同配筋方式对板结构性能的影响，文献［45］应用有限元法对板的各种不同预应力筋产生的预应力效应等代为不同荷载集度的线荷载进行了内力计算比较。从有限元法的分析结果也可说明：相同跨度的板预应力钢筋布筋形式不同，板的抗裂度不同，双向板带的布筋方式可获得较高的抗裂度，并且随着板跨度的增大，更显出其优越性。

无粘结预应力混凝土板结构在开裂后，结构体系发生了变化，用弹性方法分析内力误差较大。从实验可以看出：无粘结预应力混凝土板的极限承载力应用板的塑性理论分析还是适合的。

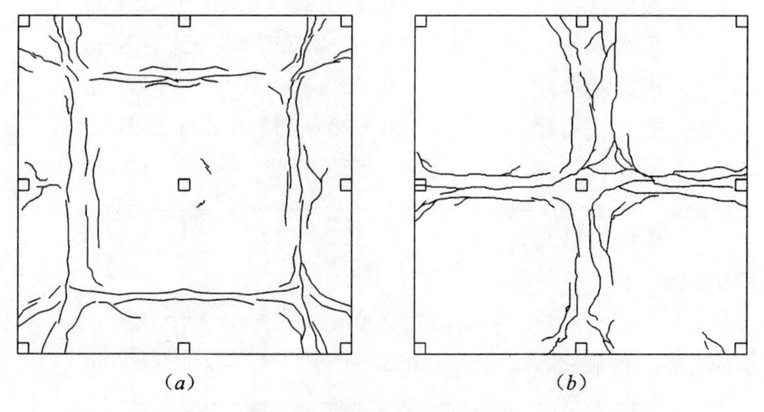

图 6-27　模型板的裂缝分布

(a) 板面裂缝展开图；(b) 板底裂缝展开图

6.7.3　无粘结预应力混凝土楼盖设计算例

1. 设计资料

某高层建筑的标准层结构局部平面布置如图 6-28 所示。楼面采用部分预应力（UPPC）混凝土梁板结构。混凝土强度等级为 C40；无粘结预应力筋采用钢绞线（f_{ptk} = 1860MPa）；为增大结构的抗侧移刚度，柱上板带采用扁梁形式，其截面尺寸为 1300mm × 300mm；跨中板带的板厚为 170mm。

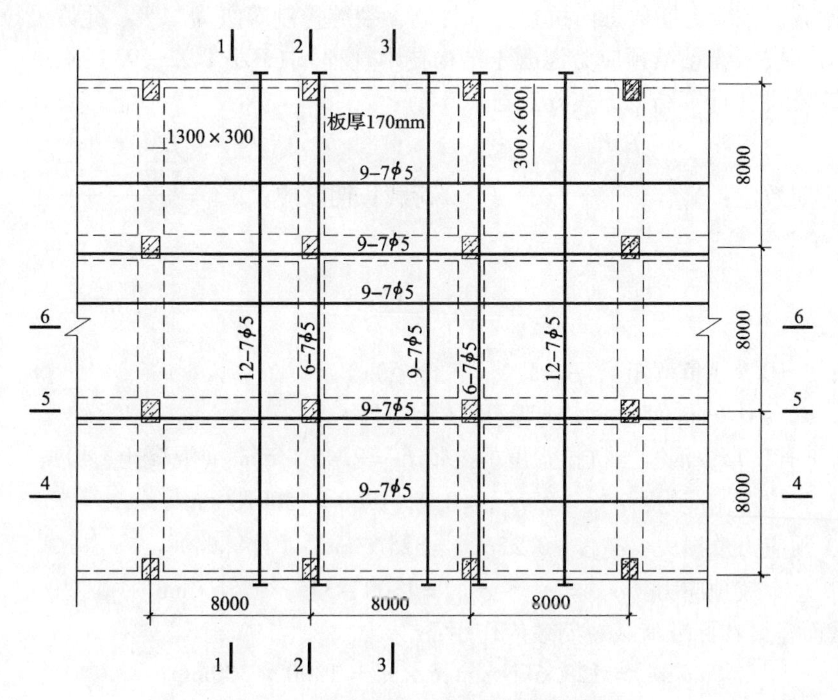

图 6-28　楼盖结构无粘结预应力筋布置

2. 荷载取值

（1）楼面恒载标准值：

板自重：	0.17×25=4.25	kN/m^2
板底抹灰：	0.02×17.5=0.35	kN/m^2
板面结合层：	0.03×20=0.6	kN/m^2
板面块石层：	0.025×25=0.625	kN/m^2
吊顶：	0.5	kN/m^2
楼面恒载总计：	6.325	kN/m^2

（2）楼面活载标准值：

办公室：	2.0	kN/m^2

（3）墙体等效楼面荷载：3.5 kN/m^2

楼面短期荷载标准值：	11.825	kN/m^2
楼面长期荷载标准值：	10.625	kN/m^2
楼面短期荷载设计值：	14.590	kN/m^2

3. 无粘结预应力混凝土板的内力分析

建筑结构型式采用框筒结构形式，水平力主要由筒体结构承担，竖向力主要由框架结构承担；无粘结预应力筋用于承受竖向恒载及活载，分配到框架结构上的部分水平力产生的内力由非预应力钢筋承担；无粘结预应力板内力采用 Super-Sap 进行弹性内力分析，控制截面的内力计算结果详表 6-5、表 6-6。

4. 无粘结预应力筋的估算

各控制截面预应力筋数量由抗裂要求控制，裂缝控制等级为二级，允许受拉区混凝土出现拉应力，按《无粘结预应力混凝土结构技术规程》（JGJ/T 92—93）附录一的无粘结筋数量估算公式（计算结果详表 6-6 与表 6-7）：

荷载短期效应：$N_{pes}=\dfrac{\dfrac{\beta M_s}{W}-\alpha_{cts}\gamma f_{tk}}{\dfrac{1}{A}+\dfrac{e_p}{W}}$　　荷载长期效应：$N_{pel}=\dfrac{\dfrac{\beta M_l}{W}-\alpha_{ctl}\gamma f_{tk}}{\dfrac{1}{A}+\dfrac{e_p}{W}}$

$$A_p=\frac{N_{pe}}{\sigma_{pe}}$$

其中：$\beta=0.9$（负弯矩）；$\beta=1.2$（正弯矩）；

$\alpha_{cts}=0.6$（短期）；$\alpha_{ctl}=0.25$（长期）

$\gamma=1.75$；混凝土抗拉强度标准值 $f_{tk}=2.45N/mm^2$（混凝土 C40）；

张拉控制应力：$\sigma_{con}=0.7f_{ptk}=0.7\times1860=1300N/mm^2$；

预应力总损失：$\sigma_{l,tot}=0.25\sigma_{con}=325N/mm^2$（计算略）

总有效预应力：$\sigma_{pe}=\sigma_{con}-\sigma_{l,tot}=1300-325=975N/mm^2$

1-1 截面扁梁在标准荷载短期效应作用下，

$$M_s=129.6kN\cdot m;b\times h=1300\times300mm$$

$$A=390\times10^3mm^3$$

$$W = \frac{1}{6} \times 1300 \times 300^2 = 19.5 \times 10^6 \text{mm}^3$$

$$e_p = 110\text{mm}$$

$$N_{pes} = \frac{\frac{1.2 \times 129.6 \times 10^6}{19.5 \times 10^6} - 0.6 \times 1.75 \times 2.45}{\frac{1}{390 \times 10^3} + \frac{110}{19.5 \times 10^6}} = \frac{7.975 - 2.573}{8.205 \times 10^{-6}} = 658.1 \times 10^3 \text{N}$$

$$A_{ps} = \frac{N_{pes}}{\sigma_{pe}} = \frac{658.1 \times 10^3}{975} = 674.9 \text{mm}^2$$

每7ϕ5 钢绞线的横截面积 $A'_{ps} = 139.95\text{mm}^2$；

则需要配置预应力筋的股数为 $n_s = \frac{A_{ps}}{A'_{ps}} = \frac{674.9}{139.95} = 4.9$ 股；

其余截面需配的预应力筋股数计算详表6-5及表6-6。

5. 预应力度 λ 的计算（按消压概念的预应力度）

（1）1-1截面扁梁实配预应力筋9股

$$A_{ps} = 139.95 \times 9 = 1259.55 \text{mm}^2$$

$$N_{pes} = A_{ps} \times \sigma_{pe} = 1259.55 \times 975 = 1228 \times 10^3$$

$$N_{pes} = \frac{1.2 \times \frac{M_0}{19.5 \times 10^6}}{\frac{1}{390 \times 10^3} + \frac{110}{19.5 \times 10^6}} = \frac{M_0}{133.3} = 1228 \times 10^3$$

消压弯矩 $M_0 = 163.7\text{kN} \cdot \text{m}$

则短期荷载组合效应时预应力度 $\lambda = \frac{M_0}{M_s} = \frac{163.7}{129.6} = 1.263$，

长期荷载组合效应时预应力度 $\lambda = \frac{M_0}{M_l} = \frac{163.7}{116.5} = 1.405$。

（2）2-2截面实配预应力筋18股

$$A_{ps} = 139.95 \times 18 = 2519.1 \text{mm}^2$$

$$N_{pes} = A_{ps} \times \sigma_{pe} = 2519.1 \times 975 = 2456 \times 10^3$$

$$N_{pes} = \frac{0.9 \times \frac{M_0}{120 \times 10^6}}{\frac{1}{2400 \times 10^3} + \frac{70}{120 \times 10^6}} = \frac{M_0}{133.3} = 2456 \times 10^3$$

消压弯矩 $M_0 = 327.4\text{kN} \cdot \text{m}$

则短期荷载组合效应时预应力度 $\lambda = \frac{M_0}{M_s} = \frac{327.4}{498.4} = 0.657$

长期荷载组合效应时预应力度 $\lambda = \frac{M_0}{M_l} = \frac{327.4}{447.8} = 0.731$

其余截面预应力度 λ 的计算详表6-6及表6-7。

因扁梁楼板中应力及弯矩分布极不均匀，整个截面采用预应力筋通长布置时受力较小处预应力筋过剩，出现预应力度 λ 大于1的现象；而在受力较小处 $\lambda \in (0.3 \sim 0.8)$，为较理想值。实际工程中，可采用跨中预应力筋较大间距布置，支座预应力筋加密布置的方法处理 $\lambda \geqslant 1$ 的问题。本实例中，预应力筋基本接近《无粘结预应力混凝土结构技术规程》规定的最大间距每米一根，故不做上述处理。

6. 预应力筋布置

结合结构布置形式，采用柱上板带框架扁梁集中布筋，跨中板带均匀布置法。比较计算结果，预应力筋数量由荷载长期效应控制，参照有关设计资料，柱上板带集中布置及跨中板带均匀布置数量详表6-5及表6-6。

预应力筋估算（标准荷载短期效应） **表6-5**

	1-1截面		2-2截面	3-3截面	
	扁梁	板跨中		扁梁	板跨中
短期弯矩 M_s（kN·m）	129.6	85.2	−498.4	105.3	65.1
截面尺寸 $b\times h$（mm）	1300×300	6700×170	8000×300	1300×300	6700×170
截面面积 A（mm^2）	390×10^3	1139×10^3	2400×10^3	390×10^3	1139×10^3
抵抗矩 W（mm^3）	19.5×10^6	32.2×10^6	120×10^6	19.5×10^6	32.2×10^6
偏心距 e_p（mm）	110	45	70	110	45
N_{pes}（kN）	658.1	264.9	1165.5	475.9	0
A_{ps}（mm^2）	674.9	271.7	1195	488	0
理论股数 n_s（股）	4.9	2.0	8.6	3.5	0
实配股数 n_s（股）	9	9	18	9	9
预应力度 $\lambda=\frac{M_0}{M_s}$	>1	0.880	0.657	>1	>1

	4-4截面		5-5截面	6-6截面	
	扁梁	板跨中		扁梁	板跨中
短期弯矩 M_s（kN·m）	127.4	140.6	−559.2	106.6	113.4
截面尺寸 $b\times h$（mm）	1300×300	6700×170	8000×300	1300×300	6700×170
截面面积 A（mm^2）	390×10^3	1139×10^3	2400×10^3	390×10^3	1139×10^3
抵抗矩 W（mm^3）	19.5×10^6	32.2×10^6	120×10^6	19.5×10^6	32.2×10^6
偏心距 e_p（mm）	110	45	110	110	45
N_{pes}（kN）	641.6	1172.4	1219.2	485.7	726.9
A_{ps}（mm^2）	658.0	1202.0	1250	498.1	745.5
理论股数 n_s（股）	4.7	8.7	9.0	3.6	5.4
实配股数 n_s（股）	6	12	18	6	12
预应力度 $\lambda=\frac{M_0}{M_s}$	0.857	0.711	0.586	>1	0.882

预应力筋估算（标准荷载长期效应） **表 6-6**

	1-1 截面		2-2 截面	3-3 截面	
	扁梁	板跨中		扁梁	板跨中
长期弯矩 M_l（kN·m）	116.5	76.6	-447.8	94.6	58.5
截面尺寸 $b \times h$（mm）	1300×300	6700×170	8000×300	1300×300	6700×170
截面面积 A（mm^2）	390×10^3	1139×10^3	2400×10^3	390×10^3	1139×10^3
抵抗矩 W（mm^3）	19.5×10^6	32.2×10^6	120×10^6	19.5×10^6	32.2×10^6
偏心距 e_p（mm）	110	45	70	110	45
N_{pel}（kN）	742.7	783.6	2286.6	578.5	487.1
A_{pl}（mm^2）	761.7	803.7	2345.2	593.3	499.6
理论股数 n_l（股）	5.5	5.8	16.8	4.3	3.6
实配股数 n_l（股）	9	9	18	9	9
预应力度 $\lambda=\frac{M_0}{M_l}$	>1	0.979	0.731	>1	>1

	4-4 截面		5-5 截面	6-6 截面	
	扁梁	板跨中		扁梁	板跨中
长期弯矩 M_l（kN·m）	114.5	126.3	-502.5	95.8	101.9
截面尺寸 $b \times h$（mm）	1300×300	6700×170	8000×300	1300×300	6700×170
截面面积 A（mm^2）	390×10^3	1139×10^3	2400×10^3	390×10^3	1139×10^3
抵抗矩 W（mm^3）	19.5×10^6	32.2×10^6	120×10^6	19.5×10^6	32.2×10^6
偏心距 e_p（mm）	110	45	110	110	45
N_{pel}（kN）	727.9	1597.8	2342.6	587.5	1198.1
A_{pl}（mm^2）	746.3	1638.7	2402.6	602.5	1228.8
理论股数 n_l（股）	5.4	11.8	17.3	4.3	8.9
实配股数 n_l（股）	6	12	18	6	12
预应力度 $\lambda=\frac{M_0}{M_l}$	0.953	0.792	0.652	>1	0.982

7. 验算预应力筋作用效应并考虑次内力的影响

将无粘结预应力筋对结构的作用以等代荷载施加到结构上进行有限元位移法分析，可求出结构在外荷载、预应力等代荷载共同作用下结构的内力及弹性挠度，该法可同时计入次内力的影响。

等代均布线荷载计算：

$$q=\frac{8N_{pe}\cdot f}{l^2};$$

式中 f——预应力矢高；

l——预应力筋反弯点间距离。

8. 结构强度验算：

（1）抗弯强度计算：详表 6-7。

结构抗弯强度（设计荷载短期效应） **表 6-7**

	1-1 截面		2-2 截面	3-3 截面	
	扁梁	板跨中		扁梁	板跨中
设计弯矩 M_s（kN·m）	169.9	115.1	604.9	139.9	90.3
截面尺寸 $b \times h$（mm）	1300×300	6700×170	8000×300	1300×300	6700×170
综合配筋指标 β_0	0.203	0.100	0.083	0.261	0.100
预应力筋应力设计值 σ_p	1061	1165	1176	1061	1165
预应力抵抗弯矩 M_{pr}（kN·m）	323.8	174.3	717.6	323.8	174.3
	4-4 截面		5-5 截面	6-6 截面	
	扁梁	板跨中		扁梁	板跨中
设计弯矩 M_s（kN·m）	167.2	183.5	679.9	141.5	149.9
截面尺寸 $b \times h$（mm）	1300×300	6700×170	8000×300	1300×300	6700×170
综合配筋指标 β_0	0.203	0.122	0.083	0.203	0.122
预应力筋应力设计值 σ_p	1099	1151	1176	1099	1151
预应力抵抗弯矩 M_{pr}（kN·m）	249.9	229.5	717.6	249.9	229.5

$$\sigma_p = \frac{\sigma_{pe} + (500 - 770\beta_0)}{1.2} \qquad \beta_0 = \beta_p + \beta_s = \frac{A_p \sigma_{pe}}{f_{cm} b h_p} + \frac{A_s \sigma_y}{f_{cm} b h_p}$$

其中：$f_{cm} = 21.5\text{N/mm}^2$；$\sigma_{pe} = 975\text{N/mm}^2$；

$\sigma_y = 210\text{N/mm}^2$（HPB235 级）；$\sigma_y = 310\text{N/mm}^2$（HPB335 级）。

扁梁面、梁底非预应力筋为 $8\phi18$，$A_s = 2036\text{mm}^2$；满足构造要求。

板底及板面分布筋均为 $\phi10@200$；每米板宽 $A_s = 654\text{mm}^2$；满足构造要求。

（2）板的抗冲切计算：因柱位处有 300mm 高的扁梁交叉通过，相当于柱位处设有柱帽，符合抗冲切强度要求的尺寸，板的抗冲切强度满足要求。

表 6-7 板的抗弯强度计算表明：仅由预应力筋提供的抗弯强度已满足要求，因此，非预应力粘结钢筋按构造要求设置。

第7章　预应力混凝土超静定结构

预应力技术是解决大跨结构的重要技术之一，预应力混凝土超静定结构在工程实际中应用得非常广泛。超静定结构在给定的跨度和荷载下，其设计控制截面的弯矩值要比相应的静定结构的弯矩值要小，同时，超静定结构的刚度大，挠度变形小，还具有材料进入塑性变形后结构内力重分布的特性，因此，结构整体受力合理。对于预应力混凝土超静定梁，当在多个连续跨上布置连续预应力筋时，可将预应力筋布置为竖向曲线形状，这样，同一根预应力筋既可抵抗外力产生的正弯矩又可抵抗外力产生的负弯矩，因此，不仅使结构受力合理，而且只需要较少的锚具，张拉的施工费用也大大减少。预加力在超静定结构中产生的效应与其在静定结构中产生的效应有较大差异，其主要差异是预加力产生的次内力、徐变的影响，以及内力重分布等问题。本章着重论述预定应力混凝土连续梁的受力特性，以及荷载平衡法设计原理的应用。

§7.1　预应力超静定结构的次内力

7.1.1　静定结构中的预加力效应

静定结构承受预加力作用时，在结构中产生的反力自身平衡。如图7-1所示的简支梁，当在简支梁的两端施加一对预加力 N_p 时，由力的平衡条件可得梁任一截面的弯矩、轴力、剪力分别为：

弯矩：　$M = N_p \cdot \cos\theta_i \cdot y_i$　　(7-1)

轴力：　$N = N_p \cdot \cos\theta_i$　　(7-2)

剪力：　$V = N_p \cdot \sin\theta_i$　　(7-3)

式中　θ_i——截面 i 的预应力筋转角；

y_i——预应力筋的偏心坐标值。

当 θ_i 值很小时，可认为 $N \approx N_p$，$V \approx N_p \cdot \theta_i$，两者误差小于3%。

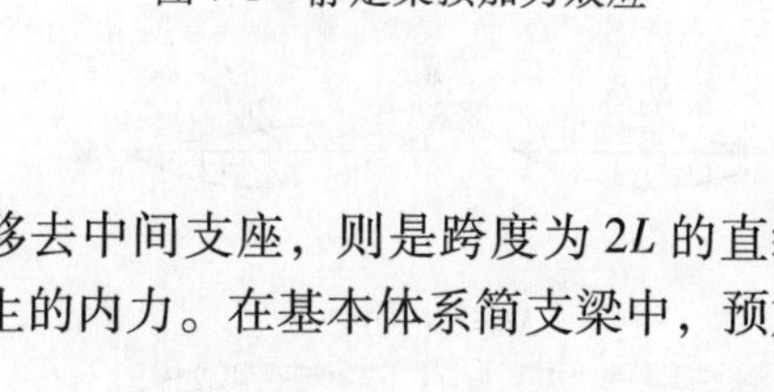

图7-1　静定梁预加力效应

7.1.2　超静定结构中的预加力效应

图7-2所示为一直线配筋的两等跨连续梁。若移去中间支座，则是跨度为2L的直线配筋的简支梁。由简单的力法，可以求得预加力产生的内力。在基本体系简支梁中，预加力产生的初预矩为：

$$M^0 = N_p \cdot e \tag{7-4}$$

$$X_1 = -\frac{\Delta_{1P}}{\delta_{11}} \tag{7-5}$$

$$\Delta_{1P} = -\frac{1}{EI} \times \frac{1}{2} \times \frac{l}{2} \times 2l \times N_p \times e = -\frac{N_p \cdot l^2 \cdot e}{2EI}$$

$$\delta_{11} = 2 \times \frac{1}{2} \times \frac{l}{2} \times l \times \frac{2}{3} \times \frac{l}{2} \times \frac{1}{EI} = \frac{l^3}{6EI}$$

$$X_1 = \frac{3N_P \cdot e}{l}$$

$$\because M = M^0 + M'$$

$$\therefore M_B = -N_P \cdot e + \frac{3}{2} N_P \cdot e = \frac{1}{2} N_P \cdot e$$

式中 M^0——初预矩，即预加力在基本体系中产生的内力矩；

M'——次力矩，预加力在超静定结构中产生的附加内力矩。

因此，超静定结构在预加力作用下，由预加力产生的反力不能自身平衡，它要传递到外部支撑（支座），产生支座次反力，由此产生了次力矩。由预加力在超静定结构中产生的总预矩图的分布与其预应力筋与梁的形心轴所围成的图形不同，这一点与预应力静定结构大不一样。

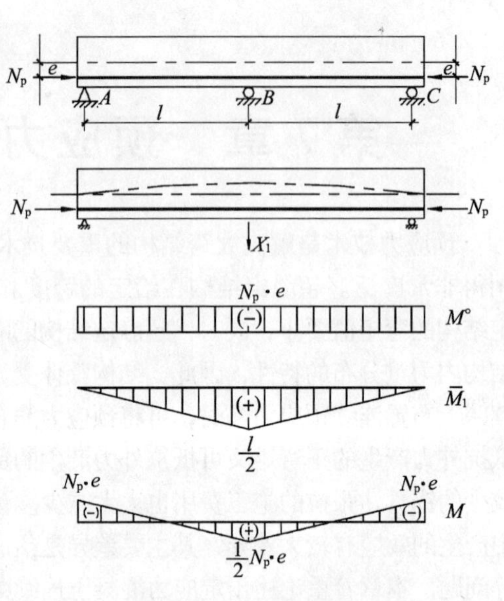

图 7-2　直线配筋两等跨梁

7.1.3　用力法求解次力矩

用力法求解预加力产生的次力矩与求解外荷载产生的内力解法一样，只要用初预矩图代替外荷载在基本体系中产生的弯矩图即可。如图 7-3 所示，一抛物线形配筋的两等跨连续梁，其预加力为 N_p，抛物线筋在跨中的垂度为 f，在中间支座处的偏心距均为 e，用力法求解次力矩，取中间支座的弯矩约束为多余力，即：

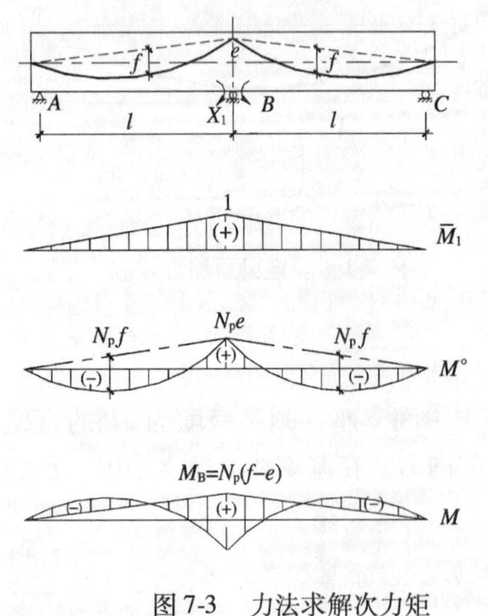

图 7-3　力法求解次力矩

$$X_1 = -\frac{\Delta_{1P}}{\delta_{11}}$$

$$\delta_{11} = \frac{2l}{3EI}$$

$$\Delta_{1P} = 2 \cdot N_P \cdot \left(-\frac{2}{3} \cdot l \cdot f \cdot \frac{1}{2} + \frac{1}{2} \cdot l \cdot e \cdot \frac{2}{3}\right)/EI$$

$$= \frac{2N_P \cdot l}{3EI}(e - f)$$

$$X_1 = N_P \cdot (f - e)$$

$$M = M^0 + X_1 \cdot \bar{M}_1 \tag{7-6}$$

在支座 B 处

$$M = N_P \cdot e + N_P \cdot (f - e) = N_P \cdot f \tag{7-7}$$

在梁任意截面处

$$M = N_P \cdot e + N_P \cdot (f - e) \cdot \frac{x}{l} \tag{7-8}$$

预应力超静定梁由于次力矩的影响，在梁截面内由预加力产生的压力线（C 线）与预应力筋的合力重心线（c. g. s.）一般不会重合，次力矩 M' 使预加力的压力线偏离

c. g. s. 线，偏离距离为：

$$\Delta e = \frac{M'}{N_{\mathrm{P}}} \tag{7-9}$$

总预矩使压力线偏离混凝土截面形心线（c. g. c. 线）的距离为：

$$e_{\mathrm{p}} = \frac{M}{N_{\mathrm{P}}} \tag{7-10}$$

预加力对于超静定梁，要产生次反力。这不仅存在次力矩，还要产生次剪力，在结构分析中应予以考虑，但是次剪力的数值一般不大，其影响不像次力矩那样值得重视。应用力法求解预加力的次内力，在超静定次数不高时比较方便，但当超静定次数较高时，则计算繁杂。因此，对于多跨连续梁更宜采用力矩分配法。

【例 7-1】 如图 7-4 所示一预应力混凝土门式刚架，梁柱的线刚度比为 $i_{BB'}:i_{AB}=1.12:1.0$，刚架横梁预应力筋采用抛物线形布置，其有效预加力为 140kN，柱的预应力筋采用直线布筋，有效预加力为 160kN，结构的细部尺寸等示于图 7-4。试用力法计算该结构在预加力作用下的总预矩。

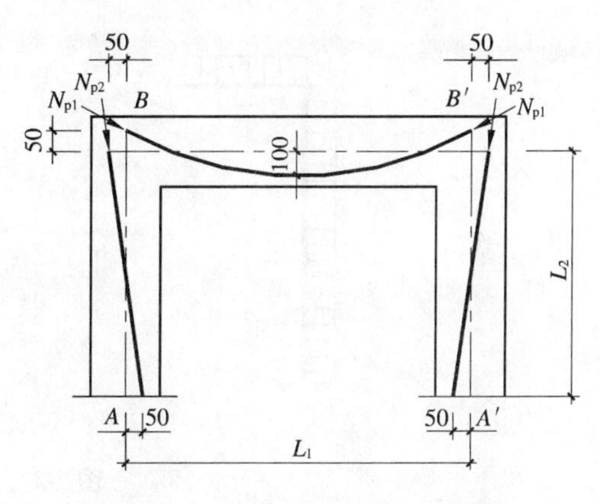

图 7-4　预应力混凝土门式刚架（单位：mm）

【解】 由于本例所示结构是一对称结构，且施加的预加力荷载也是对称的，因此可以简化为如图 7-5（a）所示的半跨结构计算简图。计算式中 $N_{\mathrm{pe1}}=N_{\mathrm{p1}}$，$N_{\mathrm{pe2}}=N_{\mathrm{p2}}$。

（1）选取基本体系

由于对称关系，简化后的体系为二次超静定刚架。选取滑动支承端的水平反力及力矩为多余未知力，得到图 6-5（a）的基本体系。

（2）力法方程及求解

力法方程

$$\begin{cases}\delta_{11}x_1+\delta_{12}x_2+\Delta_{1\mathrm{N}}=0\\ \delta_{21}x_1+\delta_{22}x_2+\Delta_{2\mathrm{N}}=0\end{cases}$$

$$\delta_{11}=\frac{\frac{1}{2}\times l_2\cdot l_2\times\frac{2}{3}l_2}{EI_2}=\frac{l_2^3}{3EI_2}$$

$$\delta_{22}=\frac{\frac{1}{2}\times l_1\times 1\times 1}{EI_1}+\frac{l_2\times 1\times 1}{EI_2}=\frac{l_1}{2EI_1}+\frac{l_2}{EI_2}$$

$$\delta_{12}=\frac{\frac{1}{2}\times l_2\cdot l_2\times(-1)}{EI_2}=-\frac{l_2^2}{2EI_2}$$

$$\Delta_{1\mathrm{N}}=\frac{\frac{1}{2}\times l_2\times l_2\times\left(-\frac{N_{\mathrm{pe2}}\times 0.05}{3}\right)}{EI_2}=-\frac{N_{\mathrm{pe2}}\times 0.05\times l_2^2}{6EI_2}$$

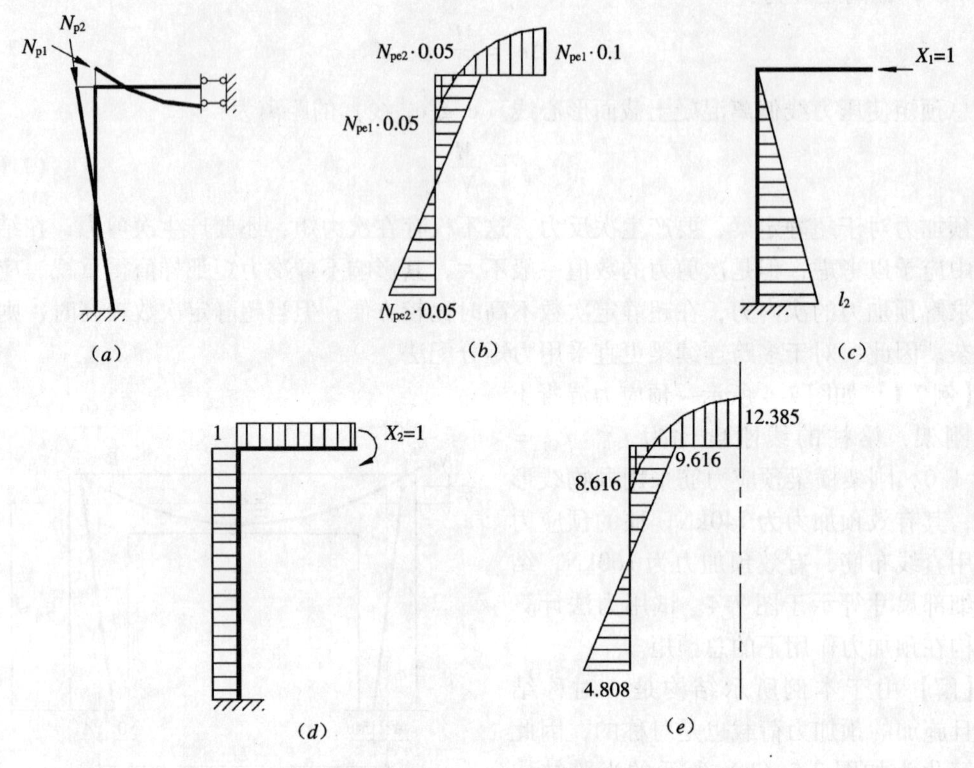

图 7-5　力法求解

(a) 基本体系；(b) $M(N_{pe})$；(c) $\bar{M}_1$ 图；(d) $\bar{M}_2$ 图；(e) 总预矩图

$$\Delta_{2N}=\frac{\frac{2}{3}\times N_{pe1}\times(0.1+0.05)\times\frac{l_1}{2}\times 1}{EI_1}-\frac{\frac{l_1}{2}\times N_{pe1}\times 0.05\times 1}{EI_1}=\frac{0.05\times N_{pe1}\cdot l_1}{2EI_1}$$

由线刚度比 $i_{BB'}:i_{AB}=1.12:1.0$，可求得：

$$EI_2=l_2\qquad EI_1=1.12l_1$$

$$\therefore\ \Delta_{1N}=-\frac{N_{pe2}\times 0.05\times 5}{6}=-\frac{160\times 0.05\times 5}{6}=-\frac{20}{3}$$

$$\Delta_{2N}=\frac{N_{pe1}\times 0.05}{1.12\times 2}=\frac{140\times 0.05}{2.24}=3.125$$

$$\delta_{11}=\frac{5^2}{3\times 1}=\frac{25}{3},$$

$$\delta_{12}=-\frac{5^2}{2\times 5}=-\frac{5}{2},$$

$$\delta_{22}=\frac{1}{1.12\times 2}+\frac{5}{5}=1.4464$$

解力法方程，求多余未知力：

$$\begin{cases}\frac{25}{3}x_1-\frac{5}{2}x_2-\frac{20}{3}=0\\ -\frac{5}{2}x_1+1.4464x_2+3.125=0\end{cases}$$

$$\begin{cases}x_1 = 0.3154\\x_2 = -1.6155\end{cases}$$

（3）作总预矩图

由弯矩叠加公式：$M = M^0 + \sum_{i=1}^{2} x_i M_i$，得总预矩图，绘于图 7-5（$e$）。

7.1.4 力矩分配法求解预应力超静定梁

1. 预加力的等效荷载

（1）直线配筋

图 7-6（a）为一折线预应力筋的梁段，预应力筋在截面 C 处转折，转折点两端与轴线夹角分别为 θ_A 与 θ_B。预加力值为 N_P。由力的平衡可知：在 N_P 作用下，转折点处将对梁体的混凝土产生一个向上的竖向分力

$$V_c = N_P \cdot \sin\theta_A + N_P \cdot \sin\theta_B \tag{7-11}$$

当 θ 值较小时（一般情况预应力筋的转折角都很小），有

$$V_c = N_P(\theta_A + \theta_B) \tag{7-12}$$

即，对于直线配筋的构件，在力筋的转折点处预应力筋对混凝土梁体产生一个集中力。

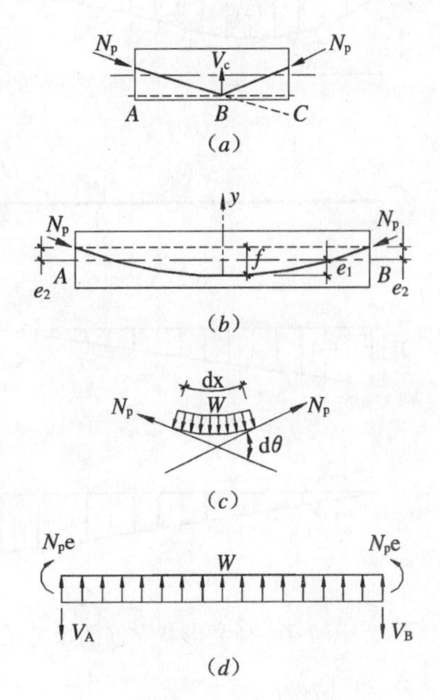

图 7-6　预加力的等效荷载

（2）曲线配筋

曲线预应力筋在预应力连续梁中最为常见，且通常都采用沿梁长曲率固定不变的二次抛物线形，如图 7-6（b）所示。该抛物线方程可表达为：

$$y = f \cdot \left(\frac{2x}{l}\right)^2 - e_1 \tag{7-13}$$

由式（7-12），并从图 7-6（c）可得到

$$N_P \cdot d\theta = w \cdot dx \tag{7-14}$$

当预应力筋的转角较小时可求得：

$$\therefore w = N_P \frac{d\theta}{dx}$$

$$\because \theta = \tan\theta = \frac{dy}{dx}$$

$$\therefore w = N_P \frac{d^2y}{dx^2}$$

$$\because y = f \cdot \left(\frac{2x}{l}\right)^2 - e_1$$

曲线配筋预加力的等效荷载集度为：

$$w = \frac{8N_P \cdot f}{l^2} \tag{7-15}$$

梁体中预应力筋对结构产生的效应，可以用等效荷载表示。根据预应力筋形式的不同，对结构的效应，可分别用一组集中力、力矩以及均布荷载来代替。然后用结构力学的

方法进行计算，得到的值是预加力产生的总预矩。这种方法可以简化预应力连续结构的内力分析与结构设计，与普通钢筋混凝土的计算方法相近，更适用于工程设计。

2. 任意形状预应力筋布置单跨梁的固端弯矩

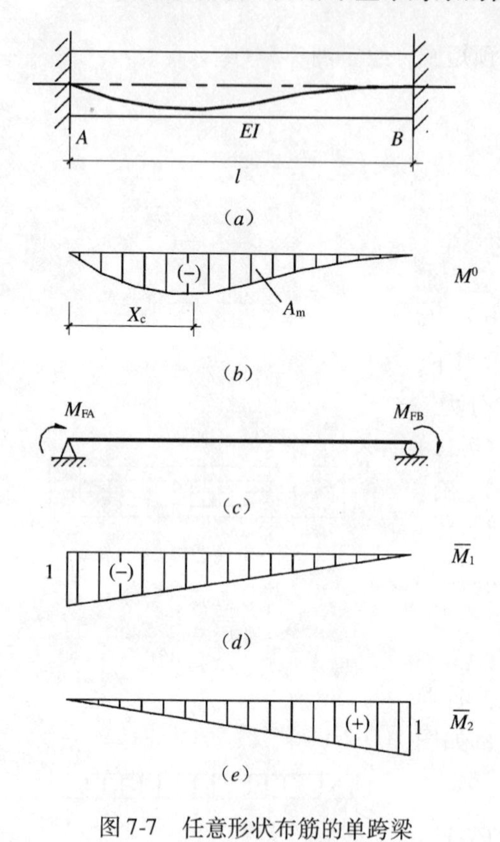

图 7-7　任意形状布筋的单跨梁

图 7-7 所示为一任意形状布筋的单跨梁。用力法可以求得预加力产生的梁的两端固端弯矩，取两端的约束弯矩为多余力，基本体系为一简支梁：

$$\begin{aligned}\delta_{11}\cdot X_1+\delta_{12}\cdot X_2+\Delta_{1N}&=0\\ \delta_{21}\cdot X_1+\delta_{22}\cdot X_2+\Delta_{2N}&=0\end{aligned}\qquad(7\text{-}16)$$

$$\delta_{11}=\delta_{22}=\frac{l}{3EI}$$

$$\delta_{12}=\delta_{21}=-\frac{l}{6EI}$$

$$\Delta_{1N}=\frac{1}{EI}\cdot A_m\cdot\frac{l-x_c}{l}$$

$$\Delta_{2N}=-\frac{1}{EI}\cdot A_m\cdot\frac{x_c}{l}$$

$$\therefore\begin{cases}\dfrac{l}{3}X_1-\dfrac{1}{6}X_2+A_m\cdot\dfrac{l-x_c}{l}=0\\ -\dfrac{l}{6}X_1+\dfrac{l}{3}X_2-A_m\cdot\dfrac{x_c}{l}=0\end{cases}$$

从而解得
$$\begin{cases}x_1=M_{FA}=-\dfrac{6A_m}{l^2}\left(\dfrac{2}{3}l-x_c\right)\\ x_2=M_{FB}=\dfrac{6A_m}{l^2}\left(x_c-\dfrac{l}{3}\right)\end{cases}\qquad(7\text{-}17)$$

其中　A_m——预应力筋与梁轴线所围的图形面积；

　　　x_c——所围的图形形心的距离。

式（7-17）中的 M_{FA} 与 M_{FB} 就是任意布筋时，单跨梁的两端固端弯矩。

3. 力矩分配法求解预应力超静定梁

按上述方法求得预加力的等效荷载，及其产生的固端弯矩后，就可以很方便地应用力矩分配法求得预加力产生的总预矩。

【例 7-2】 如图 7-8 所示等截面两跨预应力混凝土连续梁，一跨为二次抛物线形布筋，另一跨为折线形布筋。预加力 $N_P=1000\text{kN}$，力筋在 D 点转折，$\theta_D=0.085$。用力矩分配法求预加力产生的弯矩图。

【解】

（1）等效荷载及固端弯矩

由式（7-15）得等效荷载为：

$$q_u=\frac{8\times1000\times\left(0.3+\dfrac{0.2}{2}\right)}{15^2}=14.22\text{kN}\cdot\text{m}$$

$$\sin\theta = 0.085$$

$$V_D = N_P \cdot \sin\theta = N_P \cdot \theta_D = 1000 \times 0.085 = 85\text{kN}$$

预加力的等效荷载如图 7-8（b）。等效荷载固端弯矩为：

$$m_{AB} = -100.0\text{kN} \cdot \text{m}$$

$$m_{BA} = \frac{V_D b}{2l^2}(l^2 - b^2) = \frac{85 \times 9}{2 \times 15^2}(15^2 - 9^2) = 244.8\text{kN} \cdot \text{m}$$

$$m_{BC} = \frac{1}{8}q_u l^2 = \frac{1}{8} \times 14.22 \times 15^2 = 399.9\text{kN} \cdot \text{m}$$

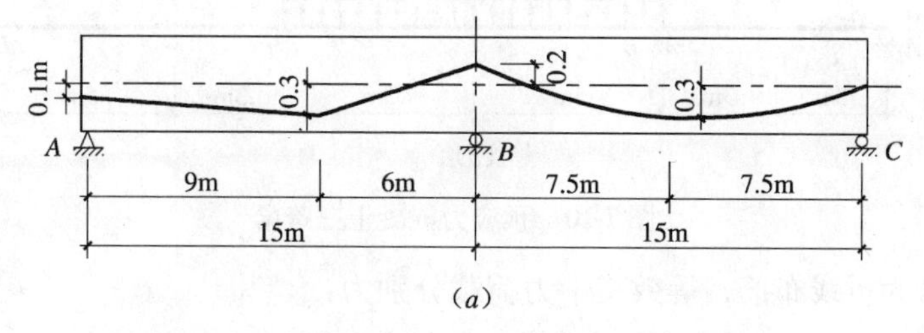

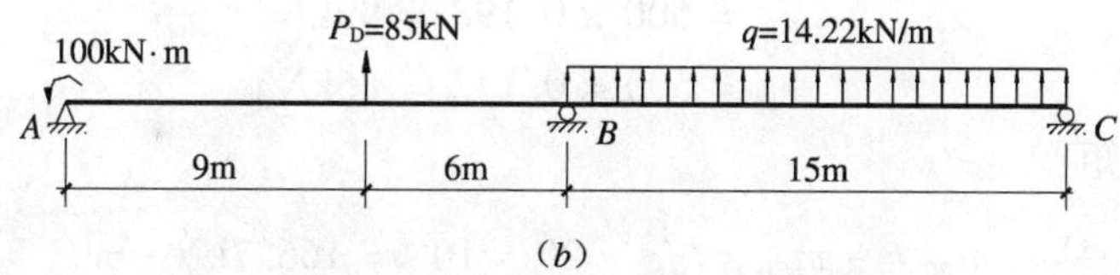

图 7-8　两跨预应力混凝土连续梁

（2）力矩分配法计算

用弯矩分配法计算过程如下：

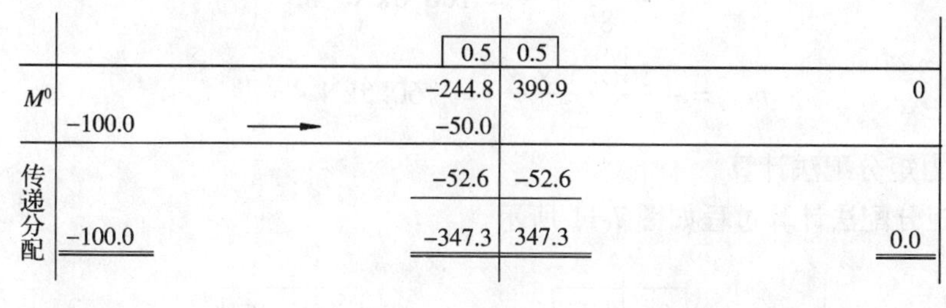

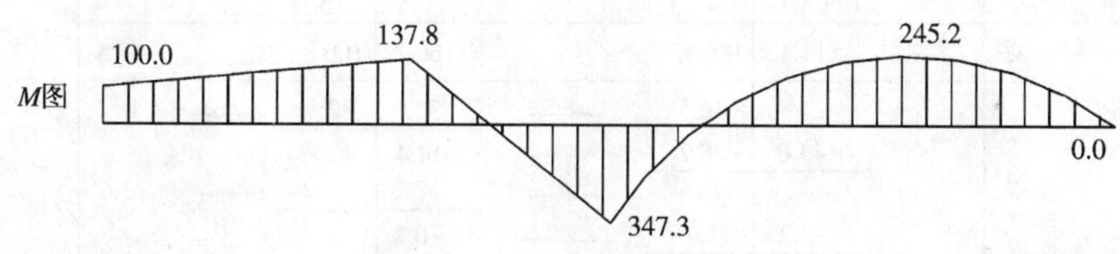

图 7-9　力矩分配法计算图

【例 7-3】图 7-10 所示预应力混凝土三跨梁，采用二次曲线与折线两种布筋形式，用力矩分配法求预加力的总预矩。预加力 $N_P = 500\text{kN}$。

【解】（1）等效荷载及固端弯矩

BC 跨为二次曲线布筋，等效荷载为：

$$q_{BC} = \frac{8 \times 500 \times 0.5}{10^2} = 20\text{kN/m}$$

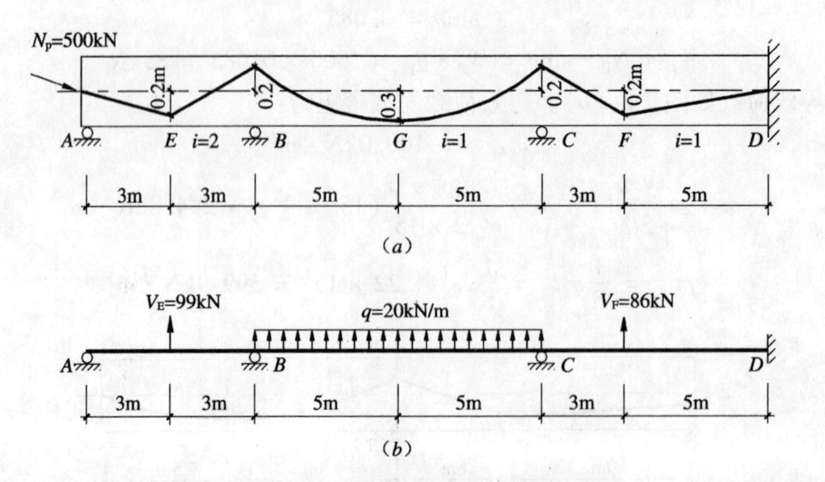

图 7-10　预应力混凝土三跨梁

AB、CD 跨为折线布筋，等效集中力荷载分别为：

$$V_E = 500 \times 0.198 = 99\text{kN}$$

$$V_F = 500 \times 0.172 = 86\text{kN}$$

各跨固端弯矩：

$$m_{BC} = -m_{CB} = \frac{1}{12} \times 20 \times 10^2 = 166.7\text{kN} \cdot \text{m}$$

$$m_{BA} = -\frac{3 \times 99 \times 6}{16} = -111.4\text{kN} \cdot \text{m}$$

$$m_{CD} = \frac{86 \times 3 \times 5^2}{8^2} = 100.8\text{kN} \cdot \text{m}$$

$$m_{DC} = -\frac{86 \times 5 \times 3^2}{8^2} = -60.5\text{kN} \cdot \text{m}$$

（2）力矩分配法计算

用弯矩分配法计算过程如图 7-11 所示。

	0.6	0.4		0.5	0.5		
M^0	−111.4	166.7		−166.7	100.8		−60.5
传递分配		16.5	←	32.9	32.9	→	16.5
	−43.0	−28.7	→	−14.4			
		3.6	←	7.2	7.2	→	3.6
	−2.2	−1.4	→	−0.7			
				0.4	0.4	→	0.2
	−156.6	156.7		−141.3	141.3		−40.2

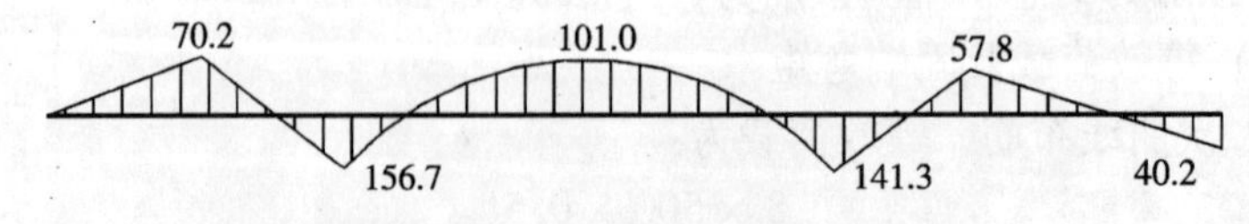

图 7-11　力矩分配法计算图

§ 7.2 线性变换与吻合力筋

线性变换和吻合力筋概念是预应力混凝土连续梁特有的受力特性，这些概念对预应力混凝土超静定结构的设计与施工很有益处。

1. 线性变换

线性变换是预应力混凝土连续梁中的预加力效应的重要特性之一，它描述了连续梁中预应力筋重心线与预加力产生的压力线之间的关系。我们先从一典型的两跨连续梁来分析这一关系。如图 7-12 所示，两端支座处预应力筋合力重心偏心距为 e_1，中间支座处偏心距为 e。用力法求解，选择中间支座的力矩为多余约束力。

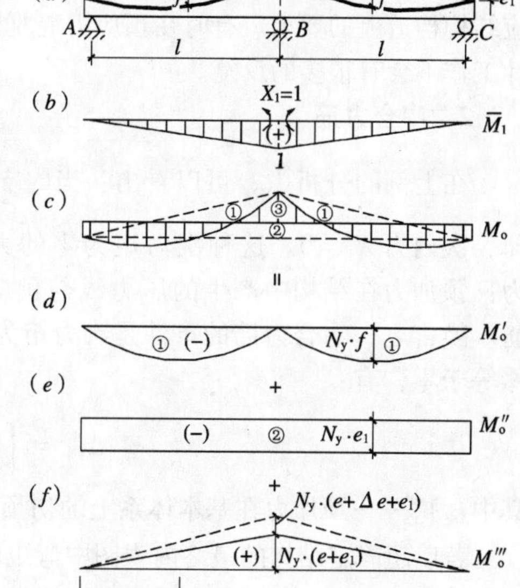

图 7-12　连续梁的预加力效应

$$X_1 = -\frac{\Delta_{1N}}{\delta_{11}}$$

$$\delta_{11} = \frac{2}{EI} \times \left(\frac{1}{2} \cdot l \cdot \frac{2}{3}\right) = \frac{2l}{3EI}$$

$$\begin{aligned}\Delta_{1N} &= \frac{N_y}{EI}\Big[-2 \times \frac{2}{3} \cdot l \cdot f \cdot \frac{1}{2} - 2 \cdot l \cdot e_1 \\ &\quad \times \frac{1}{2} + 2 \times \frac{1}{2} \cdot l \cdot (e + e_1) \times \frac{2}{3}\Big] \\ &= \frac{N_y \cdot l}{EI}\left(-\frac{2}{3}f - \frac{e_1}{3} + \frac{2}{3}e\right)\end{aligned}$$

$$X_1 = N_y\left(f + \frac{e_1}{2} - e\right) \tag{7-18}$$

$$M^1 = X_1 \cdot \overline{M}_1 = N_y\left(f + \frac{e_1}{2} - e\right) \tag{7-19}$$

当变动中间内支座处的预应力筋的偏心距，而保持其他因数均不变，即使偏心距 e 增加为 $e + \Delta e$ 时（或以 $e + \Delta e$ 代替 e），有

$$M_N = M^0 + M^1 \tag{7-20}$$

$$\begin{aligned}M^1 &= N_y \cdot \left[f + \frac{e_1}{2} - (e + \Delta e)\right] \cdot \overline{M}_1 \\ &= N_y\left(f + \frac{e_1}{2} - e\right) \cdot \overline{M}_1 - N_y \cdot \Delta \mathrm{e} \cdot \overline{M}_1\end{aligned} \tag{7-21}$$

从式（7-21）可以看出：由于中间支座的偏心距增加 Δe，使得次力矩的改变量为 $N_y \cdot \Delta e \cdot \overline{M}_1 = N_y \cdot \Delta e \cdot \frac{x}{l}$，它沿梁的纵向为线性分布。但是，中间支座的偏心距增加 Δe 后，其总预矩却完全相同，即没有发生变化。这是因为偏心距增加 Δe 时，初预矩的增加值为：$\Delta e \cdot N_y \cdot \frac{x}{l}$，如图 7-12（$f$）所示，与次力矩的改变量完全相同，并且沿梁纵向均

为线性分布。因此，可导得结论：在预应力连续梁中，预加力产生的压力线只与力筋在梁端的偏心距和力筋在跨内的形状有关，而与力筋在内支座中间支点处的偏心距无关。由此可知，线性变换原则为：在预应力超静定梁中，只要保持力筋合力的重心在两端的位置不变；保持力筋在跨内的形状不变，而只改变力筋在中间支点上的偏心距，则预加力在梁内的压力线不变，即总预矩不变，这就是线性变换原则。

线性变换原则在工程设计中可以灵活地应用，可以解决预应力筋布置过于集中等问题，即在保证力筋合力的偏心距、形状和垂度不变的条件下，调整力筋合力线的位置以适应结构构造上的要求。有时在预应力混凝土结构的设计中，可以应用线性变换原则，使设计工作不会有很多的反复。

2. 吻合力筋

在上例的分析中，可以看出：当内支座预应力筋的偏心距 $e=f+\frac{e_1}{2}$ 时，则 $\Delta_{1N}=0$，即，次内力 $X_1=0$。这种次力矩为零的力筋位置称为吻合力筋的位置。吻合力筋定义为：预加力在结构中产生的压力线与预应力筋合力重心线相重合的预应力筋为吻合力筋。换言之，吻合力筋的条件是次力矩为零，即初预矩 M_i^0 在多余约束方向的产生的位移等于零，有：

$$\Delta_{1N}=\int\frac{M_i^0\cdot\bar{M}_i}{EI}\mathrm{d}x=0 \tag{7-22}$$

其中 M_i^0——预加力在基本体系上的初预矩。

若以超静定结构的最终内力图中弯矩值 M_P 代替 M_i^0，即令 $M_i^0=k\cdot M_P$，则

$$\Delta_{1N}=\int\frac{M_P\cdot\bar{M}_i}{EI}\mathrm{d}x=0 \tag{7-23}$$

本式就是超静定结构变形验算的公式（用来检验最后弯矩图是否正确），即超静定结构的最终弯矩图应在任一多余力方向上不产生不协调的变位。

由此可以导得结论：超静定结构在外力荷载作用下的弯矩包络图的相似图形就是预应力筋的吻合力筋的线型。吻合力筋对连续梁的受力分析比较容易，但并不能表明其结构性能优弱，在实际工程中不必强调吻合力筋的必要。良好的预应力筋合力线（c. g. s.）位置的实际选择，取决于得到一条理想的压力线，以满足各种实际要求，而不是预应力筋的吻合性与非吻合性。在预应力连续梁的工程设计中，对预应力筋合力线的布置，一般都是：在支座截面尽可能设置于梁的上缘，而在跨中截面则尽量设置于梁的下缘，使得两者都有较大的预加力的偏心距，以充分发挥预应力筋在预应力结构中的最佳效用和提高截面的抗弯能力。这样的布置一般都会是非吻合力筋的。

§7.3 预应力混凝土超静定梁的徐变及其次内力

7.3.1 徐变与收缩变形对结构的影响

混凝土结构的徐变与收缩变形是影响因素极为复杂的变形。混凝土的收缩是混凝土体内水泥凝胶体中游离水蒸发，而使其本身体积缩小的一种物理化学现象，它是不依赖于荷载而与时间有关的一种变形。收缩变形的性质一般用时间 $t=\infty$ 时的极限收缩率 $\varepsilon_{s\infty}$ 来表

示，即混凝土的收缩变形在达到一定的期限后其影响趋近于某一终值 $\varepsilon_{s\infty}$。混凝土的徐变则是与外力荷载及时间均有关系的一种非弹性性质的变形。在长期荷载作用下，混凝土体内水泥胶体微孔隙中的游离水将经毛细管里挤出并蒸发，产生了胶体缩小形成徐变过程。混凝土徐变变形同混凝土收缩一样，初期增长很快，以后逐渐缓慢，一般在 5 ~ 15 年后其增长达到一个极限值。但它不同于混凝土的收缩变形，其变形累计总和值很可观，高达弹性变形的 1 ~ 3 倍，在某些不利环境条件下还可能更大。

与收缩变形类似，徐变变形也可部分恢复。人们从试验中观察到，卸载后除去瞬时弹性回复外，随时间增长还有一定的变形恢复过程，即滞后弹性效应。最后剩下的残留变形则是不可恢复的徐变变形，即屈服效应，见第 2 章的混凝土典型变形过程。

混凝土的收缩与徐变变形问题在混凝土材料一章中已作了简要的论述，本章主要论述混凝土的收缩与徐变对超静定预应力混凝土结构的影响，及其次内力的计算等问题。

一般地说，混凝土徐变和收缩对结构的变形、结构的内力分布和结构截面（在组合截面情况下）的应力分布都会产生影响。其主要影响如下：

（1）徐变与收缩会增大结构的挠度，这是由于徐变与收缩都会降低混凝土的弹性模量。

（2）徐变与收缩导致预应力损失，混凝土的徐变与收缩会产生变形，导致已张拉的预应力筋有所回缩，使预应力损失增大。

（3）徐变与收缩使截面应力发生重分布，并使超静定梁结构内力重分布，即产生次内力。

（4）收缩往往使构件表面开裂，影响结构的外观，甚至影响使用。

（5）对于预应力结合梁，由于预制构件与现场浇筑部件之间的不同的徐变值，或由于梁体钢与混凝土板具有不同的徐变值，从而导致结构内力重分布。

（6）对于节段施工的桥梁或在施工过程中发生体系转换时，从前期结构延续下来的应力状态所产生的徐变变形受到后期结构的约束，从而也导致了结构内力重分布。

（7）另外，外加强迫变形如支座沉降对超静定结构产生的约束力，也将在混凝土徐变的过程中发生变化。近来的研究还表明：混凝土的徐变对细长混凝土压杆产生的附加变形在验算压杆稳定时也是不可忽视的。

7.3.2 混凝土的收缩应变

混凝土的收缩变形是不依赖于荷载而与时间有关的一种变形。其主要影响因素是相对空气湿度，在不同的相对湿度的条件下，$t=\infty$ 时会有不同的极限收缩率 $\varepsilon_{s\infty}$。气候特别干燥的地区，收缩率最大（$\varepsilon_{s\infty}\approx 60\times 10^{-5}$）混凝土的收缩极限率受到混凝土龄期的影响。例如在潮湿处放置一年时间后，柱体的极限收缩率可以减少到 40% 左右。混凝土的收缩率还与构件的厚度、水灰比、以及温度等因素都有关。

关于收缩应变量的计算，CEB-FIP（1970）曾建议能明显地描述混凝土收缩变形影响因数的表达式：

$$\varepsilon_{st}=\varepsilon_{c}\cdot K_{b}\cdot K_{s}\cdot K_{\mu}\cdot K_{t} \tag{7-24}$$

式中 ε_{c}——取决于环境条件（相对湿度）的应变参数；

K_{b}——取决于混凝土配合比的参数；

K_s——取决于构件理论厚度的参数；

K_μ——取决于构件横截面含筋率的参数，可由下式求得：

$$K_\mu = \frac{1}{1 + n \cdot \mu}，n \text{ 可用 } 20；$$

K_t——随时间而变化的参数。

各国规范计算混凝土收缩变形的公式较多，我国采用类似于 FIP 的建议公式：

$$\varepsilon_s(t, \tau) = \varepsilon_{so}[\beta_s(t) - \beta_s(\tau)] \tag{7-25}$$

式中 $\varepsilon_{so} = \varepsilon_{s1} \cdot \varepsilon_{s2}$；

ε_{s1}——依环境条件而定；

ε_{s2}——依理论厚度 h_0 而定；

β_s——与混凝土龄期及理论厚度 h_0 有关的系数；

$h_0 = \lambda \cdot \frac{2A_c}{u}$——理论厚度；

λ——依周围环境而定的系数；

u——与大气接触的截面周边长度。

以上系数可查阅有关规范使用。

7.3.3 徐变变形计算理论

1. 徐变应变及徐变系数

混凝土的徐变变形也可大致分为；线性变形、非线性变形，以及不稳定变形三个阶段。当持续应力不大于 $0.5f_{cd}$（f_{cu}混凝土棱柱体极限抗压强度）时，徐变变形表现出与初始弹性变形成比例的线性关系。因此，在这个阶段可以引入徐变比例系数 φ（徐变系数），建立徐变应变的表达式：

$$\varepsilon_c = \varphi \cdot \varepsilon_e \tag{7-26}$$

式中 φ——徐变系数。

当时间 $t = \infty$ 时，极限徐变系数 φ_∞ 反映混凝土徐变变形极限值。

混凝土的徐变应变及徐变系数是与持续荷载的应力、加载龄期、以及计算龄期有关的函数。CEB-FIP（1970）建议的徐变系数的表达式为：

$$\varphi(t, \tau) = K_c \cdot K_d \cdot K_b \cdot K_e \cdot K_t \tag{7-27}$$

式中 K_c——取决于环境条件的参数；

K_d——取决于加载时混凝土硬化程度的参数；

K_e——取决于构件理论厚度的系数；

K_b，K_t——与式（7-24）中的系数相同。

CEB－FIP 标准规范（1978 年版）又采用下述的徐变系数表达式：

$$\varphi(t, \tau) = \beta_a(\tau) + \varphi_d(t, \tau) + \varphi_f(t, \tau) \tag{7-28}$$

式中 $\beta_a(\tau)$——加载后最初几天产生的不可恢复的变形系数；

$\varphi_d(t, \tau)$——可恢复的弹性变形系数或徐弹系数；

$\varphi_f(t, \tau)$——不可恢复的流变系数或徐塑系数。

1990 年版 CEB-FIP 标准规范的徐变系数表达式有很大变动，形式上也类似于系数乘积：

$$\varphi(t,\tau)=\varphi_0\beta_c(t,\tau)=\Phi_{RH}\beta_{fcm}\beta(\tau)\beta_c(t,\tau) \tag{7-29}$$

式中　φ_0——名义徐变系数；

Φ_{RH}——环境相对湿度修正系数；

β_{fcm}——混凝土强度修正系数；

$\beta_{(\tau)}$——加载龄期修正系数；

$\beta_c(t,\tau)$——徐变进程时间系数。

以上 Φ_{RH}、$\beta_c(t,\tau)$ 除与环境相对湿度有关，也与构件的理论厚度有关。水泥品种、养护温度对徐变的影响，通过修正加载龄期 τ 予以考虑。

国际预应力协会（FIP）与我国 JTJ 023—85 规范关于混凝土徐变应变与徐变系数的建议公式为：

$$\varepsilon_c(t,\tau)=\frac{\sigma_\tau}{E_{28}}\varphi(t,\tau) \tag{7-30}$$

式中　$\varepsilon_c(t,\tau)$——加载龄期为τ，应力为 σ_τ，当时刻为 t 时的徐变应变；

E_{28}——28d 龄期的混凝土弹性模量。

弹性应变及徐变应变总和：

$$\varepsilon_b(t,\tau)=\sigma_\tau\left[\frac{1}{E_c(\tau)}+\frac{\varphi(t,\tau)}{E_{28}}\right] \tag{7-31}$$

式中　E_c——加载龄期τ时混凝土弹性模量。

徐变系数的计算公式为：

$$\varphi(t,\tau)=\beta_a(\tau)+\varphi_d\cdot\beta_d(t-\tau)+\varphi_f[\beta_f(t)-\beta_f(\tau)] \tag{7-32}$$

式中　$\beta_a(\tau)=0.8\left[1-\frac{f_c(\tau)}{f_{c\infty}}\right]$；

$\frac{f_c(\tau)}{f_{c\infty}}$——混凝土龄期 τ 时的强度与最终强度之比；

φ_d——滞后弹性模量，可取 0.4；

φ_f——$\varphi_f=\varphi_{f1}\cdot\varphi_{f2}$ 为徐塑系数；

φ_{f1}——依周围环境而定的系数；

φ_{f2}——依理论厚度 h_0 而定的系数；

$\beta_d(t-\tau)$——随时间而增长的滞后弹性应变系数；

$\beta_f(t)$——随混凝土龄期而增长的滞后塑性应变系数；

t,τ——计算徐变系数时的混凝土龄期、混凝土的加载龄期。

计算时，各系数查阅各有关规范。

2. 徐变理论——徐变系数 $\varphi(t,\tau)$ 与加载龄期的关系

徐变系数 $\varphi(t,\tau)$ 与计算时刻以及构件加载时混凝土的龄期都有关系，徐变理论则是描述徐变系数 $\varphi(t,\tau)$ 与加载龄期之间的关系。

如前所述，在不变应力下：

$$\varepsilon_c=\varphi_t\cdot\varepsilon_e$$

则总变形为：

$$\varepsilon_b = \varepsilon_e(1+\varphi_t) = \frac{\sigma}{E}(1+\varphi_t) \tag{7-33}$$

由于应力变化引起的应变增量：

$$d\varepsilon_b = d_\tau \sigma_\tau \cdot \frac{1}{E} \cdot [1+\varphi(t,\tau)] \tag{7-34}$$

式中，$d_\tau \sigma_\tau = \frac{\partial \sigma_\tau}{\partial \tau} d\tau$ 为应力梯度（随时间变化）。因此，从加载龄期 τ_0 到计算时刻 t，总应变为：

$$\varepsilon_b(t) = \frac{\sigma(\tau_0)}{E}[1+\varphi(t,\tau_0)] + \int_{\tau 0}^{t} \frac{\partial \sigma(\tau)}{\partial \tau} \cdot \frac{1}{E} \cdot [1+\varphi(t,\tau)] d\tau \tag{7-35}$$

显然，由于徐变产生的总应变量由不变应力变形部分与应力变化量两部分组成。上列式中的徐变系数与龄期的关系一般有老化理论、先天理论及混合理论三种。

（1）老化理论

老化理论的基本假定是：不同加载龄期 τ 的混凝土徐变曲线在任意时刻 $t(t>\tau)$，徐变增长率都相同（图 7-13），所以，有如下结论：

1）确定了加载龄期 τ_0 的徐变曲线后，由坐标垂直平移可得到不同加载龄期 τ 的徐变曲线。

2）当加载龄期增大至一定值后，徐变终极值 $\varphi_{K\tau}$ 趋近于零，亦即认为混凝土的徐变基本完成。

3）任意加载龄期 τ 的混凝土在 t 时的徐变系数计算公式为：

$$\varphi_{t,\tau} = \varphi_{t,\tau_0} - \varphi_{\tau,\tau_0} \tag{7-36}$$

式中 φ_{t,τ_0}——加载龄期为 τ_0 时，混凝土至 t（$t>\tau$）时刻的徐变系数；

φ_{τ,τ_0}——加载龄期为 τ_0 时，混凝土至 τ（$\tau>\tau_0$）时刻的徐变系数。

因此，基于老化理论的徐变系数值取决于加载龄期。

（2）先天理论

先天理论的基本假定是：不同加载龄期混凝土的徐变增长规律都一样（图 7-14），所以有如下结论：

1）τ_0 的徐变曲线确定后，由坐标水平平移可得到不同加载龄期的徐变曲线。

2）混凝土的徐变终极值与加载龄期无关，是一个常值。

3）不同加载龄期 τ 的混凝土在相同的加载持续时间所求得的徐变系数相等，并在该点上有相同的徐变增长率。

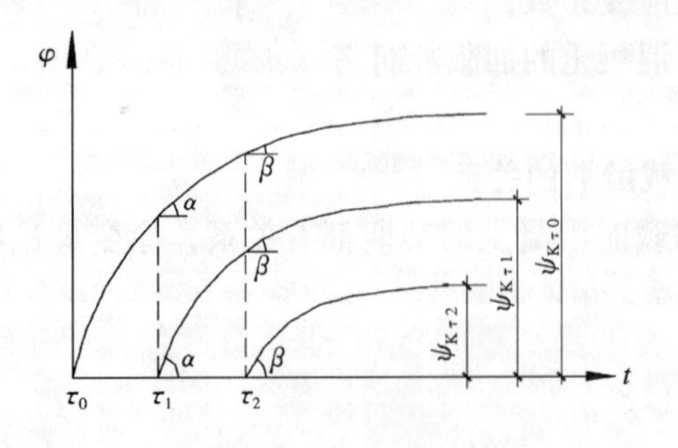

图 7-13 老化理论的徐变曲线

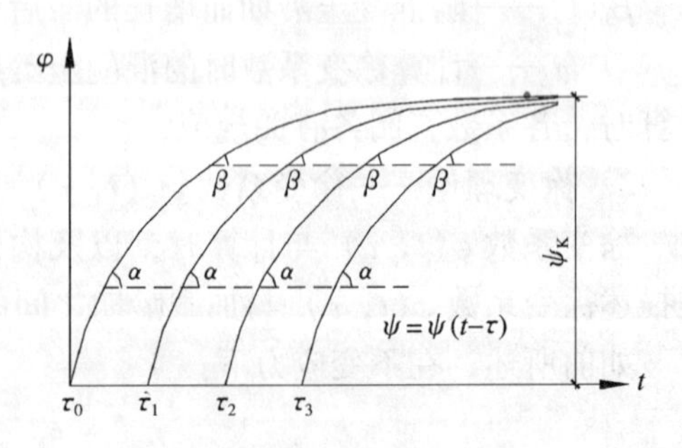

图 7-14 先天理论的徐变曲线

4）任意加载龄期τ的混凝土在t时的徐变系数计算公式为：

$$\varphi_{t,\tau}=\varphi_0(t-\tau) \tag{7-37}$$

式中　$\varphi_0(t-\tau)$——加载持续时间为$t-\tau$时的徐变系数。

因此，基于先天理论的徐变系数取决于作用在构件上的荷载持续的时间。

（3）混合理论

混凝土徐变理论的老化理论和先天理论分别从两个角度描述了徐变系数与加载龄期的关系。在长期的工程应用和实验中发现：老化理论比较符合于初期加载情况；而先天理论则比较符合混凝土构件后期加载的情况。采用单一理论描述混凝土的徐变变形时，不能很好地反映实际情况。因此，又提出了综合两种理论的混合理论，即混凝土初期加载时用老化理论，后期加载时用先天理论；或者计算的前期用老化理论，后期用先天理论，当然应用混合理论求得的徐变值是趋于偏大的。

3. 徐变系数的数学模式

徐变系数的数学模型是反映徐变系数随时间变化规律的数学函数式，或称为徐变曲线。目前国际上徐变系数的数学表达式有多种，主要被采用的有 Dischinger 函数式、H. Tröst 与 W. Rat 表达式、Z. P. Bažant 表达式、以及 D. E. Branson 表达式等。

（1）Dischinger 函数式

Dischinger 函数式是德国的 Dischinger 较早期提出的、也是比较简便实用的徐变曲线函数式：

$$\varphi_{t,0}=\varphi_{k0}(1-e^{-\beta t}) \tag{7-38}$$

式中　$\varphi_{t,0}$——加载龄期$\tau=0$（混凝土开始硬化时）的混凝土在$t(t>\tau)$时的徐变系数；

φ_{k0}——徐变终值，即加载龄期$\tau=0$，在$t\to\infty$时的徐变系数；

β——徐变增长速度系数。

Dischinger 公式用于老化理论时，则加载龄期为τ时，混凝土的徐变曲线函数式为：

$$\varphi_{t,\tau}=\varphi_{t,0}-\varphi_{\tau,0}=\varphi_{k0}(1-e^{-\beta t})-\varphi_{k0}(1-e^{-\beta\tau})=\varphi_{k0}(e^{-\beta\tau}-e^{-\beta t}) \tag{7-39}$$

Dischinger 公式若用于先天理论时，则加载龄期为τ时混凝土的徐变曲线函数式为：

$$\varphi_{t,\tau}=\varphi_{k0}[1-e^{-\beta(t-\tau)}] \tag{7-40}$$

这个数学表达式比较简单。Dischinger 在此函数式的基础上，建立了求解预应力混凝土超静定结构的徐变次内力和变形的方法，称为狄辛格（Dischinger）方法。

（2）H. Tröst 与 W. Rat 表达式

1967 年 H. Tröst 与 W. Rat 提出徐变系数$\varphi(t,\tau)$的一般表达式可写成：

$$\varphi(t,\tau)=k_\tau\varphi_N f(t-\tau) \tag{7-41}$$

式中　τ——产生徐变的常应力$\sigma(\tau)$开始加载时混凝土的龄期，简称加载龄期；

$(t-\tau)$——常应力$\sigma(\tau)$持续作用时间；

k_τ——加载龄期的影响系数；

$f(t-\tau)$——徐变随时间发展的函数，$t=\tau$，$f(t-\tau)=0$；$t=\infty$，$f(t-\tau)=1.0$；

φ_N——徐变系数特征值，$\varphi_N=\varphi_0C_2C_3$，其中$\varphi_0$、$C_2$、$C_3$分别为取决于环境、混凝土成分及稠度、构件尺寸的系数。

式（7-41）又可写成：

$$\varphi(t,\tau)=\varphi(\infty,\tau)f(t,\tau) \tag{7-42}$$

式中　$\varphi(\infty,\tau)=k_{\tau}\varphi_{N}=k_{\tau}C_{2}C_{3}$；

φ_0——加载龄期为 τ 时徐变系数终值。

在式（7-42）表达式中，连乘系数的多少视考虑因素的多少而定，每一种系数可以从现成的图表中查得，或按一定的公式计算。目前，采用这种表达方式的有英国规范BS5400（1984 年版第四部分），及美国 ACI209 委员会的建议（1982 年版）。

（3）Z. P. Bažant 表达式

Z. P. Bažant 提出了由基本徐变和干燥徐变组成的徐变表达式，称为 BP 模式，用徐变系数 $J(t,\tau,t_0)$ 表示为总应变：

$$J(t,\tau,t_0)=\frac{1}{E(\tau)}+C_0(t,\tau)+C_d(t,\tau,t_0)-C_P(t,\tau,t_0) \tag{7-43}$$

式中　t_0，τ，t——分别表示干燥龄期、加载龄期及计算徐变时的龄期；

$\frac{1}{E(\tau)}$——单位应力产生的初始弹性应变；

$C_0(t,\tau)$——单位应力产生的基本（无水分转移）徐变；

$C_d(t,\tau,t_0)$——单位应力产生的干燥（有水分转移）徐变；

$C_P(t,\tau,t_0)$——干燥以后徐变的减小值。

（4）D. E. Branson 表达式

D. E. Branson 于 1964 年提出双曲线幂函数徐变系数表达式，也是美国 ACI209 委员会所建议的形式：

$$\varphi(t,\tau)=\frac{(t-\tau)^{d}}{B+(t-\tau)^{d}}\varphi_{\infty} \tag{7-44}$$

式中　φ_{∞}——徐变系数终极值；

B、d——由试验确定的常数，美国 ACI209 委员会在 1982 年报告中取 $B=10$，$d=0.6$。

1975 年 Z. P. Bažant 也提出了双幂函数来表示基本徐变：

$$C_0(t,\tau)=A(\tau^{-m}+a)(t-\tau)^{n} \tag{7-45}$$

式中 m，a，n 是一些与影响徐变因素有关的函数。这是徐变系数最为复杂的时间函数，但其适合计算机编程运算。

7.3.4　徐变引起的变形计算

1. 应力不变条件下徐变引起的变形计算

应力不变条件下，在时间历程（$t-\tau$）内，结构内任意点上的应力为常数值。结构内任意点在 t 时刻的总应变计算公式为：

$$\varepsilon(x,y)=\frac{\sigma(x,y)}{E}[1+\varphi(t,\tau)] \tag{7-46}$$

应用虚功原理，结构在外荷载 P 作用下，经 $t-\tau$ 时刻后，k 点的总变形（弹性变形与徐变变形之和）计算公式为：

$$\Delta_{kp}=\iint_{l\,F}\varepsilon(x,y)\bar{\sigma}(x,y)\,\mathrm{d}F\mathrm{d}x \tag{7-47}$$

式中　$\bar{\sigma}(x,y)$——虚拟单位力作用在 k 点上所引起结构内的虚应力；

$$\overline{\sigma}(x,y) = \frac{\overline{M}_K(x)\cdot y}{I(x)}$$

可得变形计算公式：

$$\Delta_{kp} = \int_l \frac{M_P(x)\overline{M}_K(x)}{EI(x)}dx + \int_l \frac{M_P(x)\overline{M}_K(x)}{EI(x)}dx\cdot\varphi(t,\tau) \tag{7-48}$$

式中 $M_P(x)$ ——外荷载 P 作用下引起的结构内弯矩；

$\overline{M}_K(x)$——虚拟单位力作用在 k 点上所引起结构内弯矩。

式（7-48）中，第一项是外荷载产生的弹性变形，第二项是考虑徐变影响的变形增量。式（7-48）可简写为：

$$\Delta_{kp} = \delta_{kp} + \delta_{kp}^{\varphi} \tag{7-49}$$

$$\delta_{kp}^{\varphi} = \delta_{kp}\cdot\varphi(t,\tau) \tag{7-50}$$

2. 应力变化条件下徐变引起的变形计算

在预应力混凝土超静定结构中，混凝土的徐变将引起结构次内力，它与加载龄期及计算时间有关，结构中的应力始终是在不断变化的，同时随着时间的变化与受徐变的影响，混凝土的弹性模量也在变化。因此，结构在经历 $t-\tau_0$ 时刻后，结构的徐变变形与弹性变形并非保持线性关系。在应力变化条件下，其应变可用下式表达：

$$\varepsilon_{bt} = \frac{\sigma(\tau_0)}{E}[1+\varphi(t,\tau_0)] + \frac{\sigma(t)-\sigma(\tau_0)}{E_\varphi} \tag{7-51}$$

式中 $\sigma(t)-\sigma(\tau_0)$——徐变引起的应力变化部分（即徐变次力矩产生的应力）；

$\sigma(\tau_0)$——加载龄期为 τ_0 的初始应力；

$E_\varphi=\gamma(t,\tau_0)E$——有效弹性模量（考虑徐变影响的弹性模量）；

$\gamma(t,\tau_0)=1/[1+\rho(t,\tau_0)\cdot\varphi(t,\tau_0)]$ ——弹性模量折算系数；

$\rho(t,\tau_0) = \dfrac{\int_{\tau 0}^{t}\dfrac{\partial\sigma(\tau)}{\partial\tau}\cdot\varphi(t,\tau)d\tau}{[\sigma(t)-\sigma(\tau_0)]\cdot\varphi(t,\tau_0)}$——时效系数。

在本节下述的有效弹性模量法中，上述的时效系数 $\rho(t,\tau)$ 与有效系数 $\gamma(t,\tau)$ 可按以下公式计算：

$$\rho(t,\tau) = \frac{1+(\beta(\tau)+0.4k_v)/\varphi(t,\tau)}{1-\frac{1}{c}\cdot e^{-\varphi(t,\tau)/c}} - \frac{c}{\varphi(t,\tau)} \tag{7-52}$$

$$\gamma(t,\tau) = \frac{1-\frac{1}{c}\cdot e^{-\varphi(t,\tau)/c}}{\beta(\tau)+0.4k_v+\varphi(t,\tau)} \tag{7-53}$$

式中 $c=1+\beta(\tau)+0.4k_v$；

β——徐变增长速度系数 1.0～4.0；

k_v——滞后弹性变形系数。

因此，用有效弹性模量表达的应力变化条件下徐变引起的变形为：

$$\Delta_{KP} = \int_l \frac{M_0\overline{M}_K}{EI}[1+\varphi(t,\tau_0)]dx + \int_l \frac{M(t)\overline{M}_K}{E_\varphi I}dx \tag{7-54}$$

式中 $\bar{M}_{K}$——单位虚载作用在超静定结构 k 点上所引起的弯矩；

M_0——外荷载作用在超静定结构上所引起的弯矩；

$M(t)$——徐变次力矩。

7.3.5 徐变引起的次内力计算方法

混凝土结构在持续荷载作用下发生徐变，致使混凝土弹性模量发生变化，结构变形会持续增大。对于预应力混凝土静定结构，徐变变形产生的反力构件自身能够平衡，不会产生附加内力；而对于超静定结构，由于徐变产生的变形受到多余联系的约束，构件不能自由变形，因此与预加力的效应一样会产生次内力。徐变变形与加载龄期有关，还随时间不断地变化，因此，由于徐变产生的次内力计算要比预加力产生的次内力计算复杂得多。对于预制拼装的超静定预应力混凝土桥梁结构，还存在体系转换与各预制构件不同龄期等问题，使得徐变产生的次内力计算更为复杂。

早在20世纪30年代，德国的F. Dischinger就提出了混凝土收缩、徐变所引起的混凝土与钢筋截面应力重分布以及结构内力重分布计算的微分方程解法，但这种方法当超静定次数高时计算十分复杂，准确性也较差。20世纪60年代H. Tröst引入松弛系数的概念，并提出由徐变导致的应力与应变关系的代数方程表达式，这一方法计算简单，精度也较高。到20世纪70年代，Z. P. Bažant对H. Tröst提出的公式进行了证明，并将它推广应用到变化的弹性模量和无限界的徐变系数。Tröst-Bažant将按龄期调整的有效模量法与有限单元法相结合，使得混凝土结构的徐变、收缩计算能够更有效地应用有限元方法进行全过程分析。由于Dischinger方法的力学概念十分明确，因此，它仍是解析问题的最基本的方法。

1. 徐变次内力计算的微分方程求解法（Dischinger方法）

徐变次内力计算的微分方程求解法，即Dischinger方法是在时间增量 $d\tau$ 内建立变形增量的协调微分方程求解。混凝土的徐变理论采用老化理论，徐变系数的数学模式即采用Dischinger表达式（式7-38）。这是一种不考虑滞后弹性影响的结构徐变次内力计算方法。考虑滞后弹性影响的结构徐变次内力计算方法称为扩展的Dischinger方法或有效弹性模量法。

（1）时间增量 $d\tau$ 内变形增量 $d\Delta$ 的计算：

在任意时刻 τ 时的应力增量产生的应变增量为：

$$d\varepsilon_{\tau}=\frac{d\sigma_{\tau}}{E}+\frac{\sigma_{\tau}}{E}d\varphi(t,\tau) \tag{7-55}$$

上式的物理意义是：在时间增量 $d\tau$ 内，总应变增量等于应力增量 $d\sigma_{\tau}$ 引起的弹性应变增量与应力状态 σ_{τ} 引起的徐变应变增量之和。上式中假定在时间增量 $d\tau$ 内混凝土的弹性模量保持不变。

式（7-55）中，σ_{τ}是 τ_0时刻加载的初始应力 σ_0 与经历时间 τ 后因徐变引起的变化量 $\sigma_c(\tau)$ 之和，即

$$\sigma_{\tau}=\sigma_0+\sigma_c(\tau) \tag{7-56}$$

式中 σ_0——是 τ_0 时刻加载的初始应力；

$\sigma_c(\tau)$——徐变引起的应力变化量。

应用前述的徐变变形计算公式可得到：

$$\mathrm{d}\Delta_{\mathrm{KP}} = \int_l \frac{\mathrm{d}M(t)\overline{M}_{\mathrm{K}}}{EI}\mathrm{d}x + \int_l \frac{M_0\overline{M}_{\mathrm{K}}}{EI}\mathrm{d}x \cdot \mathrm{d}\varphi(t,\tau) + \int \frac{M(t)\overline{M}_{\mathrm{K}}}{EI}\mathrm{d}x \cdot \mathrm{d}\varphi(t,\tau) \qquad (7\text{-}57)$$

上式即为时间增量 $\mathrm{d}\tau$ 内结构变形增量的计算公式。式中第一项为弹性瞬时应变增量，第二项为初始应力 σ_0 引起的徐变变形增量，第三项为徐变次内力 $M(t)$ 引起的徐变变形增量。

（2）增量变形协调微分方程

与力法原理一样，沿任一多余约束方向的变形协调条件为：

$$\mathrm{d}\Delta_{\mathrm{kp}} = 0$$

即：

$$\int_l \frac{\mathrm{d}M(t)\overline{M}_{\mathrm{K}}}{EI}\mathrm{d}x + \int_l \frac{M_0\overline{M}_{\mathrm{K}}}{EI}\mathrm{d}x \cdot \mathrm{d}\varphi(t,\tau) + \int \frac{M(t)\overline{M}_{\mathrm{K}}}{EI}\mathrm{d}x \cdot \mathrm{d}\varphi(t,\tau) = 0 \qquad (7\text{-}58)$$

上式就是 Dischinger 增量变形协调微分方程。它表示：在时间增量内，沿多余约束方向（一般为外部支座）的变形协调条件。下面我们以一次超静定的两跨连续梁为例推导计算过程。

图 7-15 为一两跨连续梁，采用逐跨架设法施工。第一施工阶段先架设梁段 1，经若干天后又架设第二梁段，1、2 梁段连接后即由一静定带伸臂简支梁转换为两跨连续梁。梁段 1 混凝土的加载龄期为 τ_1，梁段 2 混凝土的加载龄期为 τ_2（$\tau_2 > \tau_1$）。取其基本结构为简支梁，结构因混凝土徐变引起的次内力以支座 1 上的赘余力 X_{1t} 表示。应用式（7-57）建立时间增量 $\mathrm{d}\tau$ 内，在支座 1 上多余联系的增量变形协调条件方程 $\mathrm{d}\Delta_{!\mathrm{p}}=0$。

注意到：在应用式（7-57）计算图中支座 1 上的变形增量时，式中 $\overline{M}_{\mathrm{K}}$、$M(t)$、$\mathrm{d}M(t)$、$M_0$ 等符号都应以符合本图的相应表示式，如：

1）$\overline{M}_{\mathrm{K}}=M_1$，由于计算变形不在结构 k 点，而在结构的支座 1 的位置上，所以 $\overline{M}_1$ 为赘余力 $X_{1t}=1$ 在基本结构上引起的弯矩。

2）显然，$M(t)=X_{1t}\overline{M}_1, \mathrm{d}M(t)=\mathrm{d}X_{1t}\overline{M}_1$。

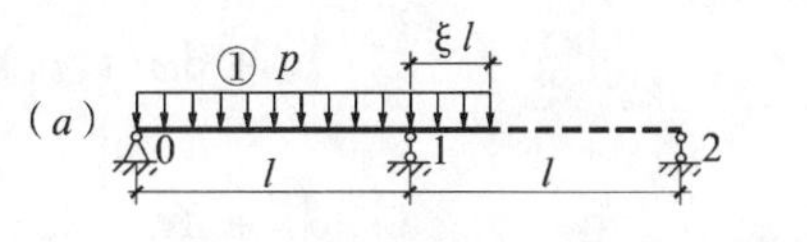

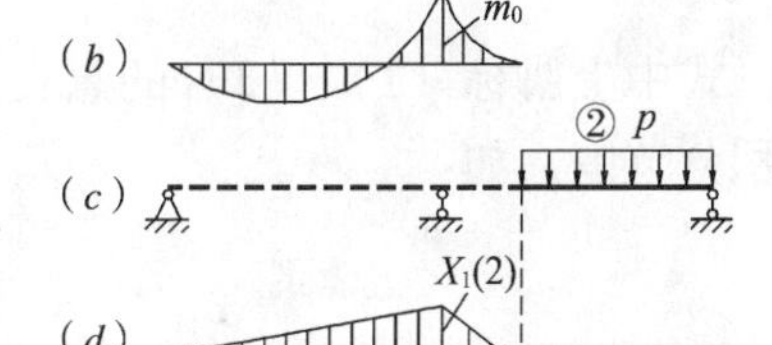

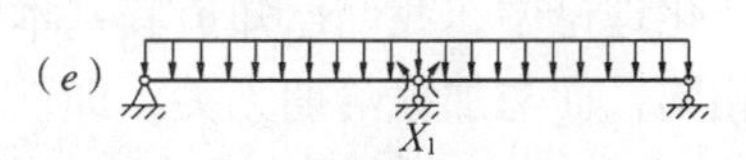

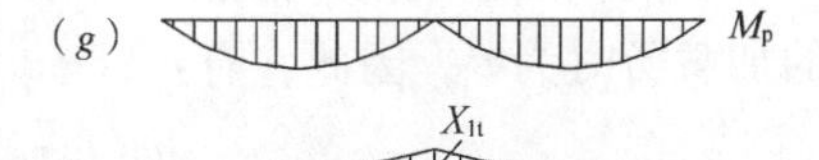

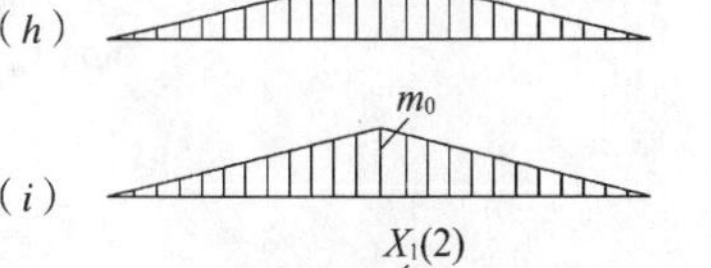

图 7-15　徐变次内力计算示例

3）M_0 为结构的初始内力，$M_0=X_{10}M_1+M_{\mathrm{P}}$，$X_{10}$ 为支座 1 上的初始内力，本图中为 $m_0+X_1(2)$，M_{P} 为由外荷载 p 在基本结构上产生的内力，即图 7-15（f）的弯矩图。换句话说，图 7-15（b）、（d）两个弯矩图可由图 7-15（f）、（h）、（i）三个弯矩图代替。

考虑到梁段 1、2 的加载龄期不同，计算变形增量时应分段积分，即

$$\mathrm{d}\Delta_{1\mathrm{P}} = \mathrm{d}x_{1t}\int \frac{\overline{M}_1^2}{EI}\mathrm{d}x + x_{10}\int \frac{\overline{M}_1^2}{EI}\mathrm{d}x \cdot \mathrm{d}\varphi(t,\tau) + \int \frac{\overline{M}_1 M_{\mathrm{P}}}{EI}\mathrm{d}x \cdot \mathrm{d}\varphi(t,\tau) + x_{1t}\int \frac{\overline{M}_1^2}{EI}\mathrm{d}x \cdot \mathrm{d}\varphi(t,\tau)$$

(7-59)

当考虑两段梁的加载龄期不同时，上式为：

$$
\begin{aligned}
\mathrm{d}\Delta_{1p} = & \mathrm{d}x_{1t}\int_0^{2l}\frac{\overline{M}_1^2\mathrm{d}x}{EI} + X_{10}\left\{\int_0^{(1+\zeta)l}\frac{\overline{M}_1^2\mathrm{d}x}{EI}\mathrm{d}\varphi(t,\tau_1) + \int_{(1+\zeta)l}^{2l}\frac{\overline{M}_1^2\mathrm{d}x}{EI}\mathrm{d}\varphi(t,\tau_2)\right\} \\
& + \int_0^{(1+\zeta)l}\frac{M_P\overline{M}_1\mathrm{d}x}{EI}\mathrm{d}\varphi(t,\tau_1) + \int_{(1+\zeta)l}^{2l}\frac{M_P\overline{M}_1}{EI}\mathrm{d}\varphi(t,\tau_2) \\
& + X_{1t}\left\{\int_0^{(1+\zeta)l}\frac{\overline{M}_1^2\mathrm{d}x}{EI}\mathrm{d}\varphi(t,\tau_1) + \int_{(1+\zeta)l}^{2l}\frac{\overline{M}_1^2\mathrm{d}x}{EI}\mathrm{d}\varphi(t,\tau_2)\right\}
\end{aligned}
\tag{7-60}
$$

令 $\delta_{11} = \int\frac{\overline{M}_1^2\mathrm{d}x}{EI}$，$\delta_{1P} = \int\frac{M_P\overline{M}_1}{EI}\mathrm{d}x$，代入上式，得：

$$
\begin{aligned}
\mathrm{d}\Delta_{1p} = & \mathrm{d}X_{1t}\cdot\delta_{11} + X_{10}\cdot\mathrm{d}\varphi(t,\tau_2)\left\{\delta_{11}{}^{(1)}\frac{\mathrm{d}\varphi(t,\tau_1)}{\mathrm{d}\varphi(t,\tau_2)} + \delta_{11}{}^{(2)}\right\} \\
& + \mathrm{d}\varphi(t,\tau_2)\left\{\delta_{1P}{}^{(1)}\frac{\mathrm{d}\varphi(t,\tau_1)}{\mathrm{d}\varphi(t,\tau_2)} + \delta_{1P}{}^{(2)}\right\} \\
& + X_{1t}\cdot\mathrm{d}\varphi(t,\tau_2)\left\{\delta_{11}{}^{(1)}\frac{\mathrm{d}\varphi(t,\tau_1)}{\mathrm{d}\varphi(t,\tau_2)} + \delta_{11}{}^{(2)}\right\}
\end{aligned}
\tag{7-61}
$$

式中上脚标（1）、（2）的意义是：考虑梁段1、2的不同加载龄期，表示按梁段1、2的积分范围，如：

$$
\delta_{11}{}^{(1)} = \int_0^{(1+\zeta)l}\frac{\overline{M}_1^2}{EI}\mathrm{d}x,\delta_{11}{}^{(2)} = \int_{(1+\zeta)l}^{2l}\frac{\overline{M}_1^2}{EI}\mathrm{d}x
$$

从老化理论中，我们已知道其基本特征是各加载龄期不同的徐变曲线在 t' 时刻的徐变增长率相同，而与加载龄期无关，即

$$
\frac{\mathrm{d}\varphi(t',\tau)}{\mathrm{d}t} = \varphi_K\cdot\beta\cdot e^{-\beta t'} \tag{7-62}
$$

对于本例，当以梁段2的加载龄期为基准时，则梁段1加载时间历程为 $t = t' + \tau_1$，梁段2的加载历时为 t'，因此，有：

$$
\frac{\mathrm{d}\varphi(t,\tau_1)}{\mathrm{d}\varphi(t,\tau_2)} = \frac{\varphi_K\cdot\beta\cdot e^{-\beta(t'+\tau_1)}}{\varphi_K\cdot\beta\cdot e^{-\beta t'}} = e^{-\beta\tau_1} \tag{7-63}
$$

令：

$$
\begin{aligned}
\delta_{11}^* &= \delta_{11}^{(1)}e^{-\beta\tau_1} + \delta_{11}^{(2)} \\
\delta_{1P}^* &= \delta_{1P}^{(1)}e^{-\beta\tau_1} + \delta_{1P}^{(2)}
\end{aligned}
\tag{7-64}
$$

上式称为徐变体系的常变位与载变位。由此可得增量变形协调的微分方程，即狄辛格方程可简写为：

$$
[\delta_{11}^*(X_{1t} + x_{10}) + \delta_{10}^*]\mathrm{d}\varphi_t + \delta_{11}\mathrm{d}x_{1t} = 0 \tag{7-65}
$$

上式的解：

$$
X_{1t} = (X_1^* - X_{10})[1 - e^{-\frac{\delta_{11}^*}{\delta_{11}}\cdot\varphi t}] \tag{7-66}
$$

式中，$X_1^* = -\delta_{1P}^*/\delta_{11}^*$ 为结构徐变体系在支座1（多余力方向）上的稳定力。

$\varphi_t = \varphi(t,\tau_2)$ 以梁段2加载龄期为基准。

当结构各梁段的加载龄期相同时，$\delta_{11}^* = \delta_{11}$、$\delta_{1P}^* = \delta_{1P}$，徐变体系即是弹性体系。此时，

结构徐变次内力的解为：

$$X_{1t} = (X_1 - X_{10})[1 - e^{-\varphi t}] \tag{7-67}$$

如结构不是分段施工，而是一次落架，则结构初始力 $X_{10}=X_1$，得 $X_{1t}=0$。因而在支架上施工并一次落梁的结构内力即为稳定力，混凝土的徐变只导致结构变形的增加，并不引起次内力。

式（7-67）可以推扩到多次超静定结构徐变次内力，只要以相应的矩阵式来代替单一的常变位与载变位表示的方程，即

$$[F^*(X_{it} + X_{i0}) + D^*]\mathrm{d}\varphi_t + F\mathrm{d}X_{it} = 0 \tag{7-68}$$

式中　F^*——结构徐变体系的柔度矩阵；

$$F^* = \begin{bmatrix} \delta_{11}^* & \delta_{12}^* & \cdots & \delta_{1n}^* \\ \vdots & & & \vdots \\ \vdots & & & \vdots \\ \delta_{n1}^* & \delta_{n2}^* & \cdots & \delta_{nn}^* \end{bmatrix}$$

F——结构弹性体系的柔度矩阵；

$$F = \begin{bmatrix} \delta_{11} & \delta_{12} & \cdots & \delta_{1n} \\ \vdots & & & \vdots \\ \vdots & & & \vdots \\ \delta_{n1} & \delta_{n2} & \cdots & \delta_{nn} \end{bmatrix}$$

$D^* = \{\delta_{1P}^*, \delta_{2P}^*, \cdots, \delta_{nP}^*\}^T$ 为徐变体系载变位列阵；

$X_{1t}^* = \{X_{1t}, X_{2t}, \cdots, X_{nt}\}^T$ 为赘余力列阵；

$X_{10}^* = \{X_{10}, X_{20}, \cdots, X_{n0}\}^T$ 为初始力列阵。

2. 有效弹性模量法

有效弹性模量法是将徐变的影响引入有效弹性模量概念，建立结构在 t 时刻的变形协调条件方程。仍以图 7-15 为例，来说明该法的基本概念与计算步骤。引入时效系数 $\rho(t,\tau)$ 与有效系数 $\gamma(t,\tau)$ 来表达有效弹性模量，可计算任意时刻 t 的应变。混凝土的徐变系数计算采用国际预应力协会建议的公式：

$$\varphi(t,\tau) = \beta_a(\tau) + 0.4k_v + \phi(t,\tau) \tag{7-69}$$

在 t 时刻的应变：

$$\varepsilon(t) = \frac{\sigma_0}{E}[1 + \beta(\tau) + 0.4k_v + \phi(t,\tau)] + \int_{\tau 0}^{t} \frac{\partial \sigma(\tau)}{\partial \tau}\frac{1}{E}[1 + \beta(\tau) + 0.4k_v + \phi(t,\tau)]\mathrm{d}\tau \tag{7-70}$$

基本结构仍取简支梁，支座 1 上的赘余力为 x_{1t}。在计算赘余力方向上的结构总变形时，可应用式（7-54），并以 $\bar{M}_1$ 代替 $\bar{M}_K$，$X_{10}\bar{M}_1 + M_P$ 代替 M_0，$X_{1t}\bar{M}_1$ 代替 $M(t)$，注意各梁段的混凝土加载龄期不同进行分段积分。时效系数 $\rho(t,\tau)$ 与有效系数 $\gamma(t,\tau)$ 需根据式（7-69）作相应修正。

力法方程为：

$$\delta_{11}^{\oplus} X_{1t} + \Delta_{1P}^{\oplus} = 0 \tag{7-71}$$

式中　$\delta_{11}^{\oplus}$——赘余力 $X_{1t}=1$ 在徐变体系的赘余力方向上引起的总变形；

$$\delta_{11}^{\oplus}=\int_{0}^{(1+\zeta)l}\frac{\overline{M}_1^2\mathrm{d}x}{E_{\phi1}I}+\int_{(1+\zeta)l}^{2l}\frac{\overline{M}_1^2\mathrm{d}x}{E_{\phi2}I}=\frac{\delta_{11}^{(1)}}{\gamma(t_1,\tau_1)}+\frac{\delta_{11}^{(2)}}{\gamma(t_2,\tau_2)}$$

式中

$$E_{\phi i}=\gamma(t_i,\ \tau_i)\ E$$

$$\gamma(t_i,\tau_i)=\frac{1}{1+\beta(\tau)+0.4k_{\mathrm{v}}+\rho(t_i,\tau_i)\phi(t,\tau_i)};$$

$$\rho(t_i,\tau_i)=\frac{\int_{i^{\tau}}^{t}\frac{\partial\sigma(\tau)}{\partial\tau}\phi(t,\tau)\mathrm{d}\tau}{[\sigma(t_i)-\sigma(\tau_i)]\phi(t_i,\tau_i)};$$

上式可依照式（7-52）和式（7-53）计算；

$\Delta_{1\mathrm{P}}^{\oplus}$——外荷载及初始力在弹性体系的赘余力方向上引起的徐变变形。

$$\Delta_{1\mathrm{P}}^{\oplus}=\int_{0}^{(1+\zeta)l}\frac{(X_{10}\overline{M}_1+M_{\mathrm{P}})\overline{M}_1\mathrm{d}x}{EI}\varphi(t_1,\tau_1)+\int_{(1+\zeta)l}^{2l}\frac{(X_{10}\overline{M}_1+M_{\mathrm{P}})\overline{M}_1\mathrm{d}x}{EI}\varphi(t_2,\tau_2)$$

$$=[\delta_{1\mathrm{P}}{}^{(1)}+X_{10}\delta_{11}{}^{(1)}]\varphi_1(t_1,\tau_1)+[\delta_{2\mathrm{P}}^{(2)}+X_{10}\delta_{11}{}^{(2)}]\varphi_2(t_2,\tau_2)$$

结构徐变次内力的解为：

$$x_{1\mathrm{t}}=-\frac{\Delta_{1\mathrm{P}}^{\oplus}}{\delta_{11}^{\oplus}}\tag{7-72}$$

同样，有效弹性模量法的求解推广到多次超静定结构的徐变次内力时，有

$$F^{\oplus}X_{\mathrm{K1}}+D^{\oplus}=0\tag{7-73}$$

式中　$F^{\oplus}$——徐变体系的柔度矩阵；

$$F^{\oplus}=\begin{bmatrix}\delta_{11}^{\oplus} & \delta_{12}^{\oplus} & \cdots & \delta_{1n}^{\oplus}\\ \vdots & & & \vdots\\ \vdots & & & \vdots\\ \delta_{n1}^{\oplus} & \delta_{n2}^{\oplus} & \cdots & \delta_{nn}^{\oplus}\end{bmatrix}$$

$D^{\oplus}$——弹性体系的徐变变位矩阵；

$D^{\oplus}=\{\Delta_{1\mathrm{P}}^{\oplus},\ \Delta_{2\mathrm{P}}^{\oplus},\ \cdots,\ \Delta_{n\mathrm{P}}^{\oplus}\}$

结构徐变次内力 X_{kt} 的解为：

$$X_{\mathrm{kt}}=-F^{\oplus-1}D^{\oplus}\tag{7-74}$$

3. 徐变、收缩代数方程求解法

若预应力混凝土结构某构件的徐变、收缩特性相同，后期结构为 n 次超静定，则从体系转换时刻 τ 至以后的任一时刻 t，因徐变、收缩产生于第 i 个赘余力方向相对变位的相容条件表达为：

$$\Delta_{i,1}\varphi(t,\tau)+\sum_{j=1}^{n}X_j(t,\tau)\delta_{ij}[1+x(t,\tau)\varphi(t,\tau)]+\Delta_{i,\mathrm{s}}(t,\tau)=0\qquad(i=1,2,\cdots,n)\tag{7-75}$$

式中　$\Delta_{i,1}$——由荷载及前期结构继承下来的初内力产生于基本静定结构第 i 个赘余力方向的变位；

$X_j(t,\tau)$——从时刻 τ 至时刻 t 的时间内，产生于第 j 个赘余力方向的截面徐变次内力；

δ_{ij}——当 $X_j=1$ 时产生于基本静定结构第 i 个赘余力方向的变位；

$\Delta_{i,s}(t,\tau)$——从 τ 至 t 时间内的收缩增量产生的基本静定结构第 i 个赘余力方向的变位。

假定收缩发展的速度与徐变相同，则：

$$\Delta_{i,s}(t,\tau)=\frac{\Delta_{i,s,\infty}}{\varphi_\infty}\varphi(t,\tau) \tag{7-76}$$

将第 i 个多余力方向由荷载及初内力产生于基本静定结构的变位写成：

$$\Delta_{i,1}=\Delta_{i,q}+\sum_{j=1}^{n}\delta_{ij}X_{j,1} \tag{7-77}$$

将式（7-76）、式（7-77）代入式（7-75），于是有：

$$\sum\delta_{ij}[(1+x(t,\tau)\varphi(t,\tau)X_j(t,\tau)+X_{j,1}\varphi(t,\tau)]=-\varphi(t,\tau)\left(\Delta_{i,q}+\frac{\Delta_{i,s,\infty}}{\varphi_\infty}\right)\quad(i=1,2,\cdots,n) \tag{7-78}$$

式中　$\Delta_{i,s,\infty}$，φ_∞ 的意义同前。

与微分方程解法一样，可得到：

$$X_i(t,\tau)=\frac{\varphi(t,\tau)}{1+x(t,\tau)\varphi(t,\tau)}(X_{i,2}-X_{i,1})\qquad(i=1,2,\cdots,n) \tag{7-79}$$

式中　$X_i(t,\tau)$——第 i 个多余力方向因徐变与收缩而产生的内力变化；

$X_{i,1}$——先期结构在第 i 个多余力方向的截面内力；

$X_{i,2}$——先期结构荷载和收缩应变终极值时的瞬时荷载，按后期结构计算得到的第 i 个多余力方向的截面内力。

当采用 Dischinger 徐变系数时，则

$$\frac{\varphi(t,\tau)}{1+x(t,\tau)\varphi(t,\tau)}=1-e^{-\varphi(t,\tau)} \tag{7-80}$$

由上式得：

$$x(t,\tau)=\frac{1}{1-e^{-\varphi(t,\tau)}}-\frac{1}{\varphi(t,\tau)} \tag{7-81}$$

式（7-81）中得到 $x(t,\tau)$ 按 Dischinger 法徐变系数推导而得的老化系数，这样推导得到的老化系数一般偏低。

如结构各节段混凝土具有不同的徐变、收缩特性，则式（7-75）及式（7-78）中的 δ_{ij}、$\Delta_{i,1}$、$\Delta_{i,s}$ 等均应按徐变特性分段计算。例如：以徐变系数为 δ_a 者为 a 段，徐变系数为 δ_b 者为 b 段等等，这时式（7-75）应写成：

$$\begin{aligned}&\sum_{j=1}^{n}X_j(t,\tau)(\delta_{ij}+\delta_{aij}x_a(t,\tau)\varphi_a(t,\tau)+\delta_{bij}x_b(t,\tau)\varphi_b(t,\tau)+\cdots)\\&\qquad+(\Delta_{ai,1}\varphi_a(t,\tau)+\Delta_{bi,1}\varphi_b(t,\tau)+\cdots)\\&\qquad+\left(\frac{\Delta_{ai,s,\infty}}{\varphi_{a\infty}}\varphi_a(t,\tau)+\frac{\Delta_{bi,s,\infty}}{\varphi_{b\infty}}\varphi_b(t,\tau)+\cdots\right)=0\qquad(i=1,2,\cdots,n)\end{aligned} \tag{7-82}$$

式中　δ_{aij}、δ_{bij}——第 j 个赘余力在 a，b 段作用引起的第 i 个赘余力方向的变位；

$\Delta_{ai,1}$、$\Delta_{bi,1}$——荷载及前期结构内力对 a，b 段作用引起的第 i 个赘余力方向的变位。

4. 徐变、收缩有限单元、拟弹性逐步分析法

用 Dischinger 法、Tröst-Bažant 法或其他方法，都可以表示徐变、收缩产生的应力增量与应变增量之间的关系。以下将仅考虑 Tröst-Bažant 法。设 t_i 为计算时刻，用较精确的形式将应力与应变增量的关系表达为：

$$\Delta\varepsilon_{cs}(t_i,t_{i-1}) = \frac{\Delta\sigma_{cs}(t_i,t_{i-1})}{E(t_{i-1})}[1 + x(t_i,t_{i-1})\varphi(t_i,t_{i-1})] + \left[\sum_{j=1}^{i-1}\frac{\Delta\sigma(t_i)}{E(t_j)}(\varphi(t_i,t_j) - \varphi(t_{i-1},t_j)) + \Delta\varepsilon_s(t_i,t_{i-1})\right] \tag{7-83}$$

式中 $\Delta\varepsilon_{cs}(t_i,\ t_{i-1})$、$\Delta\sigma_{cs}(t_i,\ t_{i-1})$——$t_{i-1}$ 至 t_i 时间内由徐变与收缩引起的应变增量和应力增量；

$\Delta\sigma(t_j)$——时刻 t_j 的应力增量；

$\Delta\varepsilon_s(t_i,\ t_{i-1})$——$t_{i-1}$ 至 t_i 时间内发生的收缩应变增量；

$E(t_j)$——时刻 t_j 的弹性模量；

其他符号意义同前。

上式考虑了混凝土弹性模量随时间的变化，还考虑了初应力和初应变形成的历史。

同理，可写出截面曲率增量与弯矩增量的关系：

$$\Delta\psi_{cs}(t_i,t_{i-1}) = \frac{\Delta M_{cs}(t_i,t_{i-1})}{E(t_{i-1})I_c}[1 + x(t_i,t_{i-1})\varphi(t_i,t_{i-1})] + \left\{\sum_{j=1}^{i-1}\frac{\Delta M(t_j)}{E(t_j)I_c}[\varphi(t_i,t_j) - \varphi(t_{i-1},t_j)] + \Delta\psi_s(t_i,t_{i-1})\right\} \tag{7-84}$$

式中 $\Delta\psi_{cs}(t_i,\ t_{i-1})$、$\Delta M_{cs}(t_i,\ t_{i-1})$ ——t_{i-1} 至 t_i 时间内徐变与收缩引起的曲率增量和弯矩增量；

$\Delta M(t_j)$——时刻 t_j 的弯矩增量；

$\Delta\psi_s(t_i,t_{i-1})$——$t_{i-1}$ 至 t_i 时间内收缩引起的曲率增量；

I_c——混凝土截面的抗弯惯性矩；

其他符号意义同前。

注意到：

$$E_\varphi(t_i,t_{i-1}) = \frac{E(t_i,t_{i-1})}{1 + x(t_i,t_{i-1})\varphi(t_i,t_{i-1})}$$

并设 $$\eta(t_i,\ t_{i-1}) = \frac{E(t_i,\ t_{i-1})}{E(t_j)}[\varphi(t_i,\ t_j) - \varphi(t_{i-1},\ t_j)]$$

代入式（7-83），若以 $\Delta\sigma_{cs}(t_i,\ t_{i-1})$ 为通过形心点的应力增量，则轴力增量可表示为：

$$\Delta N_{cs}(t_i,t_{i-1}) = A_c E_\varphi(t_i,t_{i-1})\left(\Delta\varepsilon_{cs}(t_i,t_{i-1}) - \sum_{j=1}^{i-1}\frac{\eta(t_i,t_j)}{E_\varphi(t_i,t_{i-1})}\Delta\sigma(t_j) - \Delta\varepsilon_s E_\varphi(t_i,t_{i-1})\right) \tag{7-85}$$

式中 A_c——混凝土截面面积。

同样将 $E_\varphi(t_i,\ t_{i-1})$、$\eta(t_i,\ t_{i-1})$ 代入式（7-84），表示为弯矩增量形式：

$$\Delta M_{cs}(t_i,t_{i-1}) = I_c E_\varphi(t_i,t_{i-1})\left[\Delta\psi(t_i,t_{i-1}) - \sum_{j=1}^{i-1}\frac{\eta(t_i,t_j)}{E_\varphi(t_i,t_{i-1})}\Delta M(t_j) - \Delta\psi_s(t_i,t_{i-1})\right] \tag{7-86}$$

由以上公式可知，如用按龄期调整得有效模量 $E_{\varphi}(t_i,\ t_{i-1})$ 代替混凝土的弹性模量 E，则在第 t_i-t_{i-1} 个时间内，因徐变、收缩产生的应力或内力增量与应变增量之间具有线性关系，因而可以采用解弹性结构的方法来求解混凝土结构的徐变和收缩问题。在采用刚度法时，只需将刚度矩阵中的 E 用 $E_{\varphi}(t_i,\ t_{i-1})$ 代替即可。

根据有限单元法形成荷载矩阵的原理，如对结构中任一平面梁单元施加约束时，在第 t_i-t_{i-1} 个时间内节点变位增量保持为0，则从式（7-85）、式（7-86）可得节点约束（或锁定）产生的轴向力增量与节点弯矩增量：

$$\Delta N_{cs}(t_i,t_{i-1}) = -\sum_{j=1}^{i-1}\eta(t_i,t_j)\Delta N(t_j) - E_{\varphi}(t_i,t_{i-1})A_c\Delta\varepsilon_s(t_i,t_{i-1}) \tag{7-87}$$

$$\Delta M_{cs}(t_i,t_{i-1}) = -\sum_{j=1}^{i-1}\eta(t_i,t_j)\Delta M(t_j) - E_{\varphi}(t_i,t_{i-1})I_c\Delta\psi_s(t_i,t_{i-1}) \tag{7-88}$$

由上两式并考虑到单元两端 $\Delta N(t_j)$，$\Delta\varepsilon_s(t_i,\ t_{i-1})$，$\Delta M(t_j)$ 及 $\Delta\psi_s(t_i,\ t_{i-1})$ 的区别，按单元规定的坐标系即可形成单元徐变、收缩荷载矩阵。

在对混凝土桥梁的徐变与收缩进行有限单元分析时，可将从施工开始到竣工直至收缩、徐变完成的过程划分为若干计算阶段，每个计算阶段再划分为数个适当的时间间隔；每个计算阶段已建结构划分成若干个单元，使每个单元的混凝土具有均一的徐变、收缩特性。在静定结构阶段，徐变、收缩只发生变形增量而不产生内力增量，亦即徐变内力为0，这时仍可用有限单元进行分析，但老化系数 $\chi(t_i,\ t_{i-1})$ 取为1.0。

若将混凝土徐变系数、收缩应变模拟成以 e 为底的多项指数函数表达式，式（7-87）、式（7-88）可通过迭代方法计算前期内力对徐变的影响，则在采用有限元分析计算时，计算机的内存消耗将大大减少、计算速度加快。这方面的内容可参考有关文献。

§7.4 预应力混凝土连续梁的弯矩重分布

7.4.1 预应力混凝土连续梁弯矩重分布

连续梁的弯矩重分布是结构在受力过程中当外荷载超过一定的值，结构的某一或若干截面进入塑性受力阶段，发生截面的塑性转动时，结构的弯矩分布不同于原先按线弹性结构分析所求的弯矩分布，即认为发生了弯矩重分布。预应力混凝土连续梁在外荷载作用下，预压受拉区混凝土开裂后其结构受力性能不同于线弹性体系的连续梁，即截面开裂后继续承受的外荷载，其弯矩的分布不同于原先按线弹性结构分析所求的弯矩分布。一般地，对于等截面的连续梁在外荷载作用下，内支座处会先出现裂缝，其内力重分布就表现出内支座截面的弯矩增量要比按线弹性结构分析的值小，而跨内正弯矩的增量则比按线弹性所求的值大，如图7-17所示。

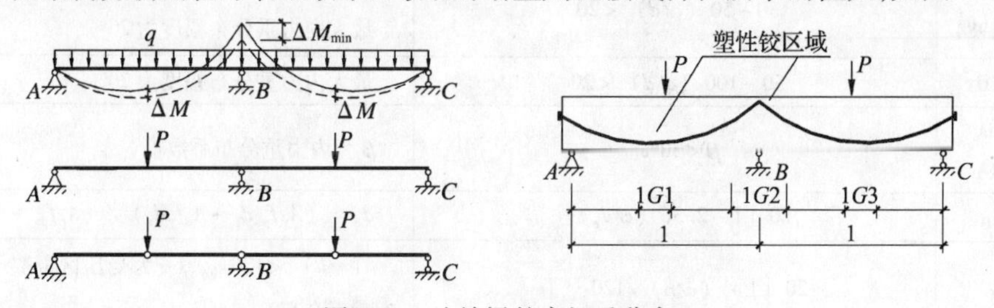

图7-16 连续梁的弯矩重分布

超静定梁的内力重分布是结构受力非线性的表现，其内力重分布的程度取决于构件截面的延性。对于钢筋混凝土或预应力混凝土结构，只要截面具有一定的延性，就可能发生内力重分布。当截面具有足够的延性，在承载能力极限状态产生的塑性铰能提供内力重分布所需要的非弹性转动时，将发生完全的内力重分布。预应力混凝土连续梁也同样要发生内力重分布，其内力重分布的主要影响因素是配筋率、构件的柔度参数以及混凝土的强度。对于部分预应力混凝土连续梁，其非预应力筋的含量是主要因素之一，尤其对于无粘结部分预应力混凝土连续梁，其粘结非预应力钢筋的含量的影响更为突出。

在预应力混凝土结构设计中，对于连续梁内力重分布的考虑，各国的规范及有关主要研究文献都是通过对支座负弯矩和跨内正弯矩的调幅来实现的。表 7-1 列出了各国规范和学者们对内力重分布的内力幅度调整的表达式。

表 7-1

文献	支座弯矩调幅值	备注
ACI 318－83code	$20\left[1-\dfrac{w_p+\dfrac{d_{ns}}{d_{ps}}(w-w')}{0.36\beta_1}\right]$	$w_p=\dfrac{A_{ps}f_{ps}}{bd_{ps}f'_c}$，$w=\dfrac{A_{ns}f_y}{bd_{ms}f'_c}$ $w'=\dfrac{A'_{ns}f'_y}{bd_{ns}f'_c}$ $w_p+\dfrac{d_{ns}}{d_{ps}}(w-w')\leqslant 0.24\beta_1$ w_p，w，w'分别为预应力筋、拉、压非预应力筋配筋指标 β_1 为等效矩形应力块系数
ACI 318－83	$20\left[1-\dfrac{0.85(a/d_{ps})}{0.36\beta_1}\right]$	$0.85\dfrac{a}{d_{ps}}\leqslant 0.24\beta_1$，$a$ 为受压区混凝土高度
BS8110－89	50－100（x/d）<20	只对承载力极限状态下，由特定的荷载组合所得弯矩进行分布 a 每隔一跨受最大设计荷载，其他跨受最小荷载 b 所有跨受最大设计荷载
CEB-FIP	后张法：C12～C35 0.56－1.25（x/d）<0.25 C40～C80 0.44－1.25（x/d）<0.25 先张法：C12～C80 0.25－1.25（x/d）<0.1	后张梁：C12～C35（x/d）<0.45（x 为受压区混凝土高度） C40～C80（x/d）<0.35 先张梁：C12～C80（x/d）<0.25
Canadian A23.3－1984	30～50（c/d）<20	（c/d）<0.5，c 受压区混凝土高度 最大内力重分布幅度为20%
CP－110	50－100（c/d）<20	最大内力重分布幅度为20%
Australia NAASRA	$\beta<30\%$	β 为内力重分布系数
Maaman	20［1－2.36（c/d_e）］	$d_e=(A_pf_{ps}d_p+A_sf_yd_s)/(A_pf_{ps}+A_sf_s)$
Skong	20［1－（c/h）/120ε_{cu}］	（c/h）<120ε_{cu}（c 为受压区混凝土高度，h 为截面全高）

续表

文献	支座弯矩调幅值	备　注
Capmbell Moucession	$0.0 < MR < 0.75 \quad PAR_1 + MR = 1$ $0.75 < MR < 1.5 \quad PAR_1 + 2MR = 3$ $1.5 < MR < 2.25 \quad PAR_1 = 0.0$ $2.25 < MR < 3.00 \quad 3PAR_1 - 4MR = -9$	$PAR_1 = \frac{p - p_{le}}{p_u - p_{le}}$ p—实际荷载 p_{le}—弹性极限荷载 p_u—塑性极限荷载 $MR = -\frac{(M_{pc} - M_{sec})(support)}{[(M_{ps} - M_{ses})(span)]}$ M_{pc}，M_{ps}分别为中支座和危险跨内截面的极限弯矩； M_{sec}，M_{ses}分别为中支座和危险跨内截面的次力矩； 通过电算分析，建立了塑转换比 PAR_1 和弯矩比 MR 的关系
Scholz	支座$\left(\frac{12}{0.1+9\ (c/d)} - 0.7\right)k \geqslant 1 + \frac{22}{\gamma} \cdot \frac{\beta - 14}{100 - \beta}$ 跨中$\left(\frac{12}{0.1+9\ (c/d)} - 0.7\right)k \leqslant 1 + \frac{17}{\gamma} \cdot \frac{\beta}{100 - \beta}$	$\gamma = 1 - (M_p / M'_u)$ M_p 为次力矩，M'_u 为极限承载弯矩 $k = \frac{450}{f_y} \cdot \frac{\varepsilon_c}{0.0035}$ c 为受压区混凝土高度 d 为截面有效高度 β 即内力重分布幅度

表 7-1 列出了各国规范及某些主要研究文献考虑预应力混凝土连续梁内力重分布支座负弯矩调幅的不同表达。表中所列各种方法对支座负弯矩的调幅范围一般都在 20% 左右。各种方法所考虑的主要影响因素是预应力筋与非预应力筋的配筋率、混凝土强度以及构件的截面参数等。表中备注栏基本上都是对构件截面的延性要求。由此可见，连续梁的内力重分布最必要的条件是构件截面需具有一定的延性。以美国 ACI-318 规范为例，预应力混凝土连续梁在承载能力极限状态内力重分布后，支座弯矩调幅表达式为：

$$20\left[1 - \frac{w_p + \frac{d}{d_p}(w - w')}{0.36\beta_1}\right]\% \tag{7-89}$$

式（7-89）的条件为：

（1）支座处设置粘结钢筋，粘结钢筋截面积：

$$A_s = 0.004A$$

式中　A——弯曲受拉边缘至毛截面形心轴所围成的面积。

（2）截面设计应满足：

$$w_p$$

$$或\left[w_p + \left(\frac{d}{d_p}\right)(w - w')\right]$$

$$或\left[w_{\mathrm{pw}}+\left(\frac{d}{d_{\mathrm{p}}}\right)(w_{\mathrm{w}}-w'_{\mathrm{w}})\right]$$

均小于 $0.24\beta_1$。

式中　$d=h_{\mathrm{s}}$，$d_{\mathrm{p}}=h_{\mathrm{p}}$，$a=\beta_1 c$，当 $f'_{\mathrm{c}}<30\mathrm{MPa}$，$\beta_1=0.85$，每超出 1MPa 减少 0.08，但不低于 0.65。

$$w=\rho\cdot f_{\mathrm{y}}/f'_{\mathrm{c}},$$
$$w'=\rho'\cdot f_{\mathrm{y}}/f'_{\mathrm{c}},$$
$$w_{\mathrm{p}}=\rho_{\mathrm{p}}\cdot f_{\mathrm{ps}}/f'_{\mathrm{c}},$$

式中　f'_{c}——混凝土的圆柱体抗压强度，w_{p}、w_{pw}、w'_{w} 为带翼缘截面的配筋指标，计算同上，但 b 为腹板宽度。钢筋面积仅为发挥腹板抗压强度所需者。

$$\rho=A_{\mathrm{s}}/bdL$$
$$\rho'=A'_{\mathrm{s}}/bd$$
$$\rho_{\mathrm{p}}=A_{\mathrm{ps}}/b\cdot d_{\mathrm{p}}$$

ACI 规范的建议公式表明弯矩重分布与配筋指标、受压区高度有关。

对于无粘结部分预应力混凝土连续梁，尤其是体外索无粘结预应力混凝土梁，其内力重分布的延性要求主要取决于非预应力筋的含量。由于无粘结预应力筋起着内部多余联系的拉杆作用，其内力重分布的规律就更复杂，文献［48］进行的无粘结连续梁模型试验中，其弯矩重分布的过程表现为：加载到一定程度后，内支座先开裂，该截面刚度降低，开始表现出弯矩向跨内区域重分布，跨中截面弯矩增长比值加大，这与普通钢筋混凝土连续梁相同. 但在跨内截面出现裂缝后，其裂缝发展要比内支座截面快，这是由于体外索无粘结筋对内支座变形起到一定的约束作用，因此，跨内出现裂缝的截面刚度的降低要比内支座截面来得快，于是随着外荷载的增大，弯矩增量反而由跨中向内支座截面反向重分布。无粘结梁内力重分布这一特性又不同于普通钢筋混凝土连续梁。

7.4.2　弯矩重分布的必要条件——截面延性

构件的延性是反映塑性铰区域截面转动的能力，是结构发生内力重分布的必要条件。钢筋混凝土结构与预应力混凝土结构的延性均是通过限制其最大配筋率来保证的。

由图 7-18 可得：

$$\theta_{\mathrm{ps}}=\int_0^{d\mathrm{p}}\varphi\cdot\mathrm{d}x=\varphi\cdot d_{\mathrm{ps}}=\frac{\varepsilon_{\mathrm{cu}}\cdot d_{\mathrm{p}}}{C}\geqslant\theta_{\min}\rho \tag{7-90}$$

一般受力情况下可导得：

$$\frac{c}{h}\leqslant 120\varepsilon_{\mathrm{cu}}$$

图 7-17　截面的弯曲曲率

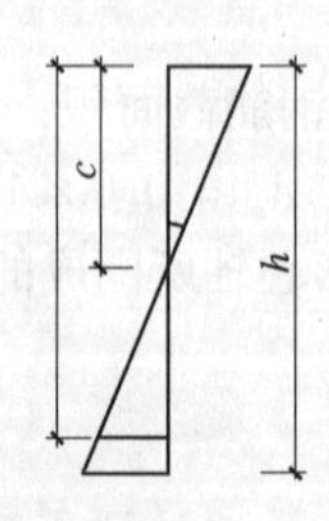

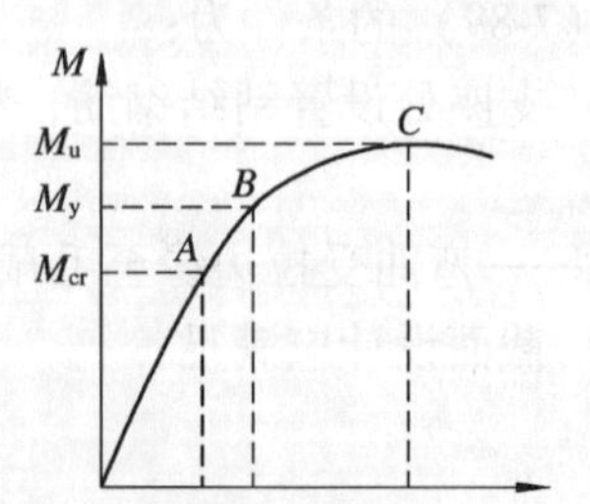

图 7-18　构件的弯矩与曲率关系

如图 7-19 所示，截面延性的度量可用截面的极限变形与屈服变形的比来表示（即曲率延性）：

$$\mu_{\phi} = \frac{\phi_{u}}{\phi_{y}} \tag{7-91}$$

式中 ϕ_{y}——屈服曲率，粘结筋达到屈服强度时的曲率；

ϕ_{u}——极限曲率，受压外边缘混凝土纤维达到极限应变（如 $\varepsilon_{cu}=0.0033$）时的曲率。

参见图 7-19 可得塑性转动角为：

$$\theta_{p} = (\phi_{u} - \phi_{y}) \cdot l_{p} \tag{7-92}$$

式中 l_{p}——等效塑性铰长度，可取 $l_{p}=0.5h_{s}+0.05z$；

z——最大弯矩截面到相邻反弯点距离，可取为 $l/10$。

在连续梁内支座区域塑性铰长度可取为 $2l_{p}$，当取 $h_{s} \approx \frac{l}{10}$时，$l_{p}=0.55h_{s}$，则 $2l_{p}=1.1h_{s}$，一般地有 $2l_{p}=(1.0 \sim 1.5)\ h_{0}$。

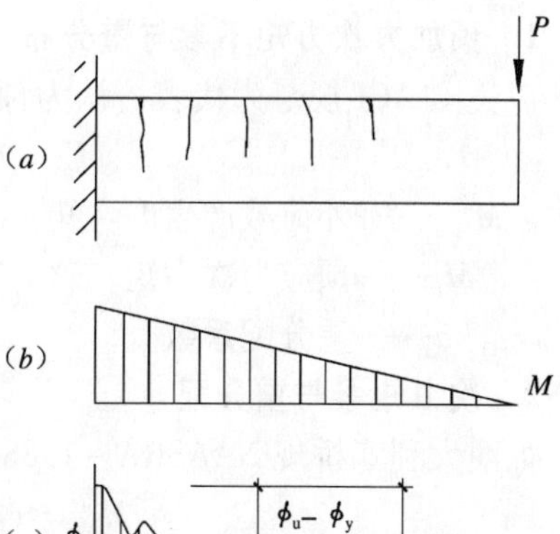

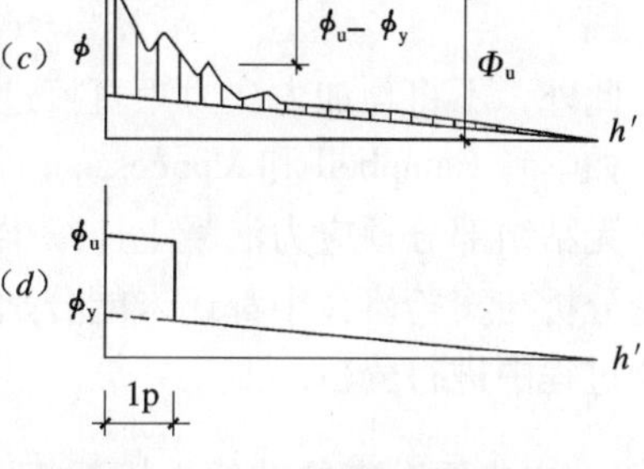

图 7-19 构件的塑性铰长度

截面延性的影响因数很复杂。其中受拉或受压钢筋的含量及其品质、混凝土的强度及其应力应变关系、截面形状、箍筋的约束、以及构件的轴压力（预加力）等是主要因素。就适筋梁而言，当含筋率越高时，延性越差。对于预应力混凝土连续梁，截面延性是保证塑性铰形成的必要条件。只有塑性铰的充分转动才能产生结构的内力重分布。

在预应力混凝土连续梁中的塑性铰，一般应是受拉塑性铰，受拉塑性铰是由于受拉钢筋屈服后产生较大的塑性变形形成的。因此，在预应力混凝土构件中设置一定数量的粘结非预应力钢筋对截面的延性是极其有利的。

7.4.3 弯矩重分布中的次内力矩影响问题

预应力混凝土连续梁的内力重分布如何考虑预加力产生的次力矩是预应力混凝土超静定结构的特有问题。预加力在超静定梁中产生的次力矩与结构刚度及约束条件有关，当预应力混凝土结构开裂后结构的刚度发生了变化，因此，预加力次力矩也会随之发生变化。在塑性极限状态，连续梁形成足够的塑性铰后即转化为静定梁，此时预加力次力矩消失，因此，预加力次力矩对塑性极限弯矩是不具影响的。

对于内力重分布如何考虑预加力次力矩的影响，至今国内外的研究结论还不太一致。连续梁内力重分布的必要条件是形成塑性铰的截面必须要有足够的延性。对于部分预应力混凝土连续梁，由于设置有非预应力钢筋，塑性铰的转动角比全预应力混凝土梁大，但比普通钢筋混凝土梁小，这样部分预应力混凝土梁也很难形成完全的理想铰，尤其在预应力度比较高的情形，因此，预加力次力矩不会完全消失，就此观点来看，要使结构设计更合理则应当考虑预加力次力矩对内力重分布的影响。国外考虑预加力次力矩的不同表达有：

1. 预加力次力矩不参与重分布

以美国 ACI 规范为代表，认为预加力次力矩不参与重分布，即：

$$M_p = (1 - a)(-M_{load}) + M_r \tag{7-93}$$

式中 M_{load}——外荷载产生的弯矩；

M_r——预应力次力矩；

a——重分配系数。

2. 次力矩参与重分配

如澳大利亚桥规 NAASRA－1988，将次力矩与外荷载弯矩一起进行重分布。

$$M_p = (1 - a) \times (-M_{load} + M_r) \tag{7-94}$$

此外，不将预加力次力矩直接进行重分配考虑，而将其作为一种影响参数来考虑的做法，如学者 Campbell 和 Moucessian 就是将次力矩作为一种弯矩比的参数，见表 7-1。

无粘结部分预应力混凝土连续梁内力重分布中预加力次力矩的影响更为复杂，目前的理论分析与实验研究中都还未能分别单独考虑，因此，应将预加力视为一种荷载，在受力的全过程中进行分析。

7.4.4 内力重分布的非线性桁架模型分析

预应力混凝土连续梁的内力重分布是结构在受力过程中体系发生了变化，即从弹性体系过度到弹塑性或塑性体系。在这一过程中，截面的延性、配筋率是重要因素。对于部分预应力混凝土连续梁的内力重分布还可以应用有限元的方法分析，尤其是体外索无粘结部分预应力混凝土连续梁。以下以体外索无粘结部分预应力混凝土连续梁为例，介绍连续梁内力重分布的非线性桁架模型分析方法。

1. 无粘结部分预应力混凝土连续梁的桁架模型

无粘结部分预应力混凝土连续梁，在混凝土开裂前，可视为是一带拉杆的连续梁的弹性体系。在混凝土开裂、非预应力钢筋屈服后，连续梁一般都产生了较多的斜裂缝，在这一状态结构性能更似带拉杆的桁架。采用桁架模式来分析钢筋混凝土或者预应力混凝土梁已被广泛采用。有的学者还提出了考虑混凝土抗拉的桁架模式，以及对体外索预应力混凝土梁还提出了压一拉杆（Strut-and-Tie）模式等。

根据无粘结部分预应力混凝土连续梁的受力特性以及根据试验梁的裂缝分布与塑性铰的形成的机理，应用受力过程两个阶段不同的模式进行分析计算。在混凝土梁体开裂前，应用带拉杆的梁单元方法，如图 7-20 所示，该方法的混凝土梁单元考虑了截面非线性，可用于梁出现微裂缝的分析，亦可判定出现裂缝的单元，在混凝土梁体开裂后本文的分析模型转换为带拉杆的桁架模式，如图 7-20（c）所示。本模式在变角桁架的基础上，考虑了无粘结筋拉杆的作用，形成塑性铰区域的复杂受力区，以及开裂区域与非开裂区域的坦拱作用。本模式的特点是：① 连续梁划分为形成塑性铰区域（本文为集中力作用点与支反力点处）的复杂受力区域与简单受力的梁区域，复杂受力区域根据试验梁塑性铰的分布基本上在 $2h_0$ 范围。桁架形式如图 7-20（c）所示。② 混凝土压杆考虑了非线性应力应变关系；非预应力钢筋单元考虑了单元超额应力的应力重分布。③ 非开裂区域混凝土上弦压杆结点坐标值进行修正，反映了开裂后梁体的坦拱作用。

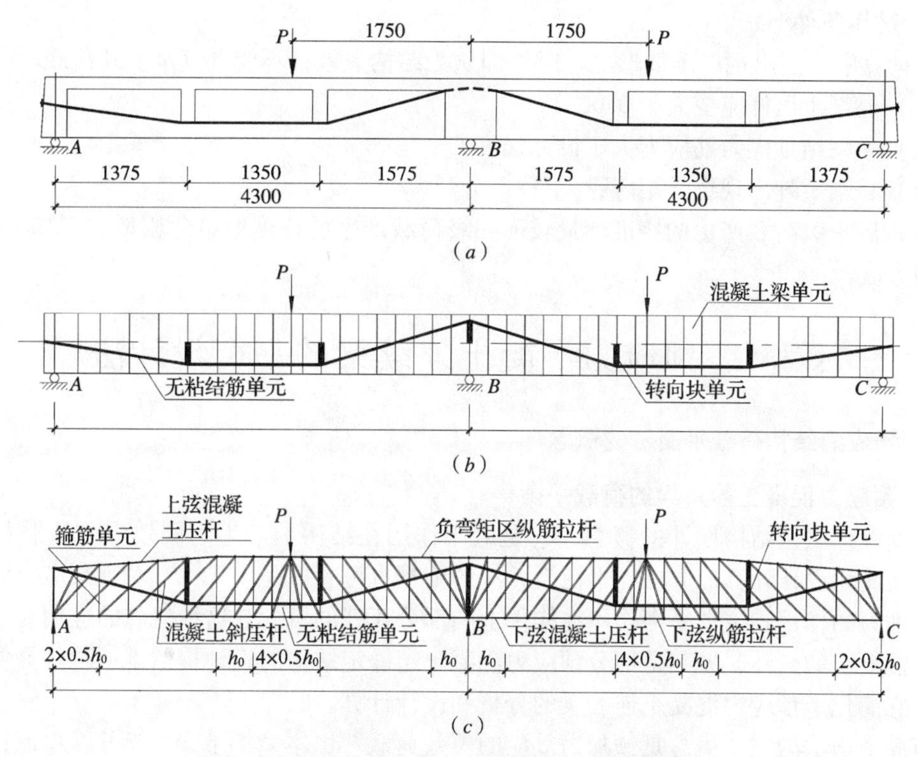

图 7-20　无粘结部分预应力混凝土连续梁分析模型

（a）试验梁及其裂缝分布；（b）拉杆－梁单元模式；（c）拉杆－桁架单元模式

2. 桁架模型的非线性性能

桁架模型用于梁体开裂后直至结构破坏阶段的分析，在这一受力过程，部分的混凝土压杆进入了非线性的受力阶段，反映这一受力性能的做法是由混凝土单轴受压应力－应变曲线的斜率（切线模量）逐级修正单元刚度。切线模量的表达式为：

$$E = \frac{E_0\left[-\left(\frac{\varepsilon}{\varepsilon_0}\right)^2\right]}{\left[1+\left(\frac{E_0}{E_s}-2\right)\cdot\frac{\varepsilon}{\varepsilon_0}+\left(\frac{\varepsilon}{\varepsilon_0}\right)^2\right]} \tag{7-95}$$

式中　E_0——原点切线模量；

E_s——相应于最大压应力的割线摸量；

ε_0——相应于最大压应力的应变。

当 ε 大于 ε_0 时考虑 15% 下降段的模式。在计算中，由本级荷载产生的压杆应变 ε 可求得其切线模量，作为下一级荷载计算单元刚度的弹性模量值。

对于非预应力钢筋单元，当计算的应力 σ_s 超过屈服强度 f_y 时，将其超额应力进行重分布，即将单元的超额应力转化为节点力（式 7-96）与下一级荷载增量叠加一并计算。

$$F^{e} = (\sigma_s - f_y)\cdot A_s \tag{7-96}$$

应力重分配后的钢筋单元应力保持为 f_y，单元刚度修改为 $E_s=0$。

无粘结预应力筋在两锚固点间，当不考虑局部孔道摩阻差异的影响时，其应变是均匀的。因此，在计算中每级荷载增量下无粘结筋的应变为各相关无粘结筋单元应变的均值。

3. 破坏条件

在计算中，当出现以下情形之一时，即认为结构失效，不能继续承受外荷载。

（1）混凝土压杆应变大于0.0033；

（2）无粘结预应力筋应力大于设计强度f_{py}；

（3）总刚矩阵出现奇异矩阵；

（4）后一级荷载产生的挠度增量较前一级荷载产生的挠度增量急剧增大，如10倍以上的增大值。

§7.5 预应力混凝土连续梁的平衡设计法

7.5.1 预应力结构荷载平衡法的概念

1. 预应力混凝土静定梁的荷载平衡

平衡设计法是结构设计的概念，它是应用作用在结构上产生不同效应的荷载相互抵消，从而简化设计计算的方法。平衡设计法的依据也可看成是T. Y. Lin对于预应力原理解释为预加力的作用是试图平衡作用在构件上的部分荷载的概念。这种概念的应用对于部分预应力混凝土的设计，尤其是部分预应力混凝土超静定结构的设计提供了一种较为便捷的方法，它简化了预应力混凝土连续梁的分析和设计计算。

荷载平衡法的主要概念是预加力效应的等效荷载。由本章第§7.1节可以知道：当简支梁采用抛物线形布置预应力筋时（图7-21），其预加力等效荷载集度为：

$$w = \frac{8N_p \cdot f}{l^2}$$

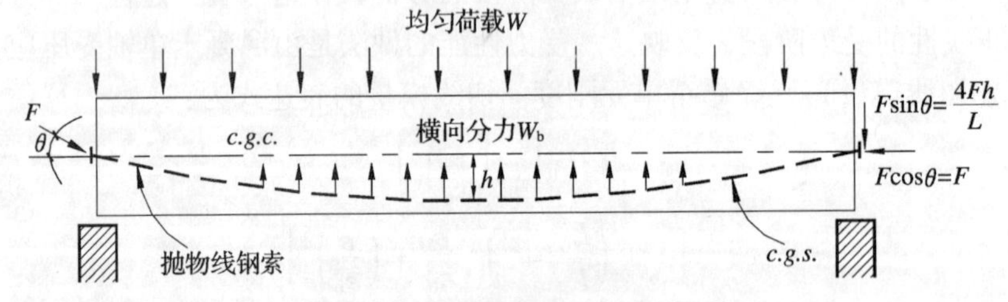

图7-21 简支梁的预加力等效荷载

如图7-21所示，当一简支梁承受满跨均布荷载q时，产生的弯矩图是二次抛物线分布。如果对此简支梁施加一预加力为$N_p = \frac{ql^2}{8f}$，同时预应力筋沿梁的纵轴也按二次抛物线布置，那么，由预加力产生的等效荷载值恰好等于作用于构件上的外荷载值，作用力的方向相反。因此，构件处于无弯曲的均匀受压状态，即梁中任一截面的应力为：

$$\sigma = \frac{N_p}{A}$$

此时，由于作用于梁上的两种荷载产生的弯矩互相抵消，梁也没有反拱或下挠变形。梁的设计分析实际上与轴心受压构件一样。

2. 预应力混凝土连续梁的荷载平衡

预应力混凝土连续梁由于多余联系的约束，在预加力作用下会产生次内力，使得设计计算比较麻烦。T. Y. Lin 教授提出的荷载平衡法，当用于预应力混凝土连续梁的设计时可大大简化连续梁的分析计算。荷载平衡法应用于连续梁时，除了预加力的等代荷载概念外，还应用了吻合力筋的概念。即假如预应力混凝土连续梁中的预应力筋的布置是与外荷载产生的弯矩图形状相似，并且在两端点预应力筋没有偏心，则预应力筋就平衡了连续梁上的这一部分荷载，也不产生次内力。

图 7-22（*a*）所示的两等跨连续梁，在满跨均布荷载作用下的弯矩分布如图 7-22（*b*）所示，当预应力筋按照图图 7-22（*c*）的形状布置时，预应力筋所产生的等效荷载恰好与外力荷载数值相同，作用力方向相反，即两者所产生的弯矩效应互相抵消，该形状的布置是吻合力筋，不产生次内力。这就使得设计计算十分简便。如果结构是按部分预应力的概念设计，则可设计为预应力的作用是平衡了结构上的部分荷载，而余下的部分荷载则由非预应力钢筋承担，按钢筋混凝土构件设计。图 7-22（*c*）所示的是理想布筋方案，它在内支座 *B* 处有尖角，而实际施工中要求预应力筋这样的转折是很困难的。因此，对于连续跨的布筋实际上多采用图 7-22（*d*）的形式。按图图 7-22（*d*）的布筋方案与理想布筋方案的预应力效应有些差异，这种差异可以通过计算等代荷载求得。但是，在工程设计中，往往是根据由若干控制截面的弯矩设计值绘制的弯矩包络图进行设计的，因此，这种差异可以做到控制在允许的误差范围内。

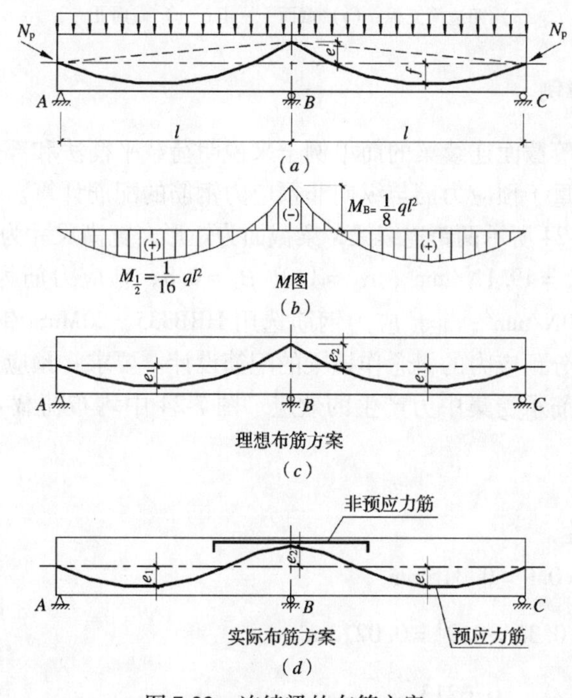

图 7-22　连续梁的布筋方案

3. 预应力混凝土二维板的荷载平衡

预应力混凝土二维板在工程中应用得比较多，二维的荷载平衡法与一维梁的平衡法的不同之处在于要考虑纵横两个方向预应力效应的相互作用，因此，与纵横两方向的预应力设计密切相关。

如图 7-23 所示，四边简支的双向板是二维板的简单例子。纵横两方向都布置了预应力钢筋，即对板的两方向都施加向上的作用力。若两个方向的有效预加力为 N_1、N_2，则单位板宽的预应力等效的荷载为：

$$w = \frac{8 \cdot N_1 \cdot e_1}{L_1^2} + \frac{8 \cdot N_2 \cdot e_2}{L_2^2} \tag{7-97}$$

这个预应力等效的荷载可以平衡作用在板面上的均布外荷载。对于其他形式支承的板，以及连续板等都可用上式的同样方法求得预应力的等效荷载。

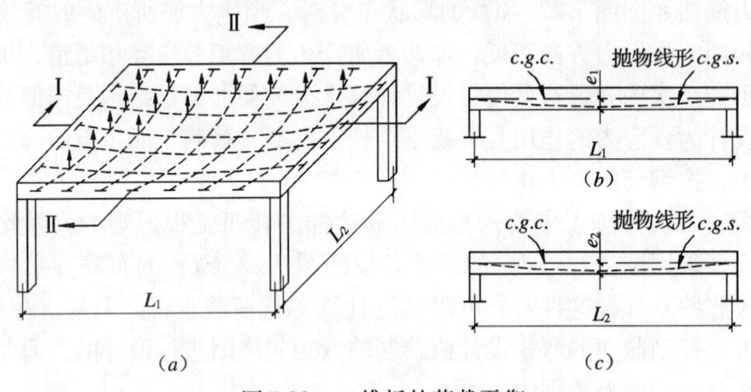

图 7-23　二维板的荷载平衡

(a) 四边简支板；(b) 截面Ⅰ-Ⅰ；(c) 截面Ⅱ-Ⅱ

7.5.2　荷载平衡法算例

下面以一个两跨等截面连续梁的简单例子来说明荷载平衡法和部分预应力混凝土概念的结合应用。算例着重于预应力筋与纵向非预应力钢筋的配筋计算。

【例 7-4】 如图 7-24 所示两跨连续梁，梁截面为矩形，宽高尺寸为 350mm×900mm；混凝土强度等级 C40，$f_c = 19.1\text{N/mm}^2$，$\alpha_1 = 1.0$，$\beta_1 = 0.8$；预应力筋为 7Φ5 钢铰线，$f_{ptk} = 1860\text{N/mm}^2$，$f_{py} = 1320\text{N/mm}^2$；非预应力钢筋选用 HRB335，20MnSi 钢筋，$f_y = 300\text{N/mm}^2$。试用荷载平衡法与部分预应力的概念作该梁的配筋设计。要求：预应力钢筋平衡均布荷载的效应，非预应力钢筋承受集中力产生的效应。图 7-24 中均布荷载 $q = 25\text{kN/m}$，集中力荷载 $P = 60\text{kN}$。

【解】

1. 截面几何特性

面积　$A = 0.35 \times 0.9 = 0.315\text{mm}^2$

惯性矩　$I = \frac{1}{12} \times 0.35 \times 0.9^3 = 0.0213\text{m}^4$

截面上下抵抗矩　$W = \frac{0.0213}{0.45} = 0.0473\text{m}^3$

2. 应用荷载平衡法设计预应力筋

假定预应力筋按图 7-24 (b) 所示的理想布索方案，即与均布荷载产生的弯矩曲线（二次抛物线）相似。当内支座处预应力筋的偏心距与跨中的预应力筋垂度相等时，即 $e = f$，预应力筋的等代荷载恰好与均布荷载相抵消。由此可得所需加的有效预加力为：

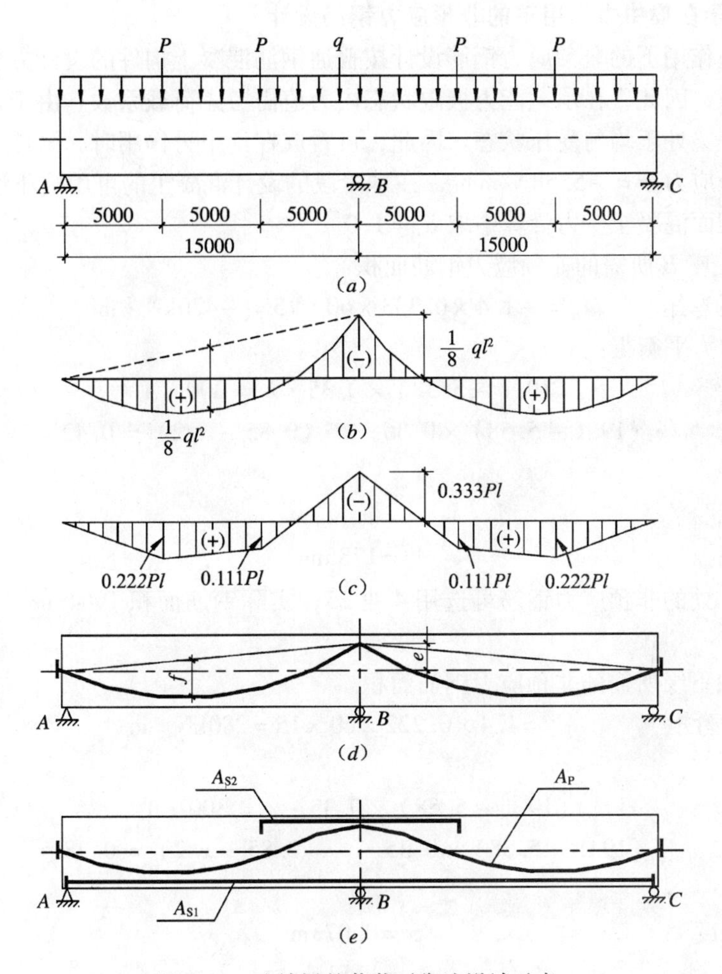

图 7-24　连续梁的荷载平衡法设计示意

(a) 两等跨连续梁；(b) M_G 图；(c) M_P 图；(d) 理想布筋方案；(e) 实际布筋方案

$$N_{pe}=\frac{q\cdot l^2}{8\cdot f}$$

设 $e=0.4$m，有

$$N_{pe}=\frac{25\times15^2\times10^{-3}}{8\times0.4}=1.7578\text{MN}$$

与前一章的算例一样，对于预应力钢绞线的有效预应力可按下式估算：

$$\sigma_{pe}=0.7\times0.7\times1860=911\text{N/mm}^2$$

所需要的预应力筋面积：

$$A_p=\frac{1.7578\times10^6}{911}=1929\text{mm}^2$$

可选用 14 束 $7\phi5$ 钢绞线，$A_p=1932\text{mm}^2$。此时，连续梁成为均匀受压构件，沿全梁的压应力为：

$$\sigma(N_{pe})=-\frac{1.7578}{0.315}=-5.58\text{N/mm}^2$$

3. 连续梁在集中力作用下的非预应力钢筋设计

在集中力作用下的非预应力钢筋设计按普通钢筋混凝土构件的设计方法。本例的集中力是可变荷载，因此，在承载能力极限状态内力值需考虑荷载系数。由于预应力筋平衡了均布荷载，使梁处于均匀受压状态。因此，可看成在集中力作用时，梁任一截面的混凝土已承受均匀压应力 $\sigma = -5.58\text{N/mm}^2$，在本阶段的设计混凝土的可用抗压设计值须扣除该压应力值，截面混凝土应力计算中取 $\alpha_1 = 1.0$。

（1）内支座 B 所需的非预应力钢筋面积

支座 B 的弯矩 $\quad M_B = -1.4 \times 0.333 \times 60 \times 15 = -420\text{kN}\cdot\text{m}$

由截面内力平衡得：

$$(19.1 - 5.58) \times 0.35 \cdot x = 300 \cdot A_s$$

$$(19.1 - 5.58) \times 0.35 \cdot x \cdot (0.85 - x/2) = 0.42$$

解得：

受压区高度 $\quad x = 0.113\text{m}$

钢筋面积 $\quad A_s = 1785\text{mm}^2$

内支座 B 处的非预应力钢筋可选用 4 Φ 25，实际钢筋面积 1964mm²，布置于梁的上缘。

（2）跨内下缘所需的非预应力钢筋面积

跨内最大弯矩 $\quad M_1 = 1.4 \times 0.222 \times 60 \times 15 = 280\text{kN}\cdot\text{m}$

同理得：

$$(19.1 - 5.58) \times 0.35 \cdot x = 300 \cdot A_s$$

$$(19.1 - 5.58) \times 0.35 \cdot x \cdot (0.85 - x/2) = 0.28$$

解得：

受压取高度 $\quad x = 0.073\text{m}$

钢筋面积 $\quad A_s = 1153\text{mm}^2$

跨内下缘的非预应力钢筋选用 4 Φ 20，实际钢筋面积 1256mm²，布置于梁的下缘。

4. 正常使用阶段控制截面应力

在正常使用极限状态，集中力荷载产生的内支座负弯矩与跨内最大弯矩分别为 300kN · m 和 200kN · m。

（1）内支座 B 处

截面上缘混凝土的应力 $\quad \sigma_U = -5.58 + \dfrac{0.3}{0.0473} = 0.762\text{N/mm}^2$

截面下缘混凝土的应力 $\quad \sigma_b = -5.58 - \dfrac{0.3}{0.0473} = -11.922\text{N/mm}^2$

（2）跨内弯矩最大截面

截面上缘混凝土的应力 $\quad \sigma_U = -5.58 - \dfrac{0.2}{0.0473} = -9.808\text{N/mm}^2$

截面下缘混凝土的应力 $\quad \sigma_b = -5.58 + \dfrac{0.2}{0.0473} = -1.352\text{N/mm}^2$

本例设计的结果在正常使用阶段，跨内截面没有出现拉应力，截面的下缘还有富余的压应力，即按消压概念的预应力度大于 1；内支座截面的上缘出现拉应力，但小于允许的拉应力，$f_t=1.8\text{N/mm}^2$。

5. 截面的预应力度

从上述的截面应力计算可以看出：按消压概念的预应力度，内支座截面的预应力度接近于1，而跨内截面的预应力度则大于1。若以强度概念的预应力度求内支座和跨中截面的预应力度分别为：

内支座截面

$$PPR_{B}=\frac{1932\times1320}{1932\times1326+1964\times300}=0.81$$

跨中截面

$$PPR_{\frac{1}{2}}=\frac{1932\times1320}{1932\times1320+1256\times300}=0.87$$

由强度概念的预应力度来看，以上的配筋设计是比较合理的。上述是应用荷载平衡法和部分预应力的概念进行设计计算的，可以看出应用荷载平衡法其设计计算是十分简便的，但这是比较理想的情况，在工程实际中，像图7-24（d）所示的理想布筋形式是困难的，常见的连续梁预应力筋的布筋形式如图7-24（e）所示。实际布筋形式与理想布筋形式之间存在差异，即实际布筋形式是会产生次内力的。然而，在工程设计中，往往是根据若干个控制截面所确定的内力包络图进行设计的，连续梁的弯矩包络图又与实际布筋的形状比较相似，因此，在工程设计中还是适用的。

第8章 预应力混凝土结构的抗震设计与研究

§8.1 预应力混凝土结构的地震影响

地震是地球内部某部分急剧运动而发生的传播振动的现象。大地震爆发时，释放出巨大的地震能量，造成地表和构筑物的大量破坏。我国是世界上地震活动最强烈的国家之一，地震基本烈度在6度及以上的地震区面积占全国面积的60%，7度及以上的地震区占三分之一，同时，我国有近半数的城市位于7度及以上地震区域。因此，我国建筑结构的抗震防灾极为重要。我国1998年颁布了《防震减灾法》，规定：新建、扩建、改建建设工程，必须达到抗震设防要求；重大建设工程和可能发生严重次生灾害的建筑工程，必须进行地震安全性评价，并根据地震安全性评价的结果，确定抗震设防要求，进行抗震设防。

地震的破坏作用主要可分为地表破坏、建筑破坏和次生灾害。地表破坏现象一般指：地裂缝、砂土液化（喷砂冒水）、地面下沉以及滑坡等；建筑物的破坏可区分为：结构丧失整体性、承重结构破坏、以及地基失效；次生灾害指地震造成建筑物破坏引起的火灾、水灾、污染等严重的次生灾害。

描述地震动作用的三要素是：地震振动产生的加速度、频率、以及振动持续的时间。我国现行规范主要以考虑与加速度相关的地震烈度和设计特征周期进行抗震设防设计。但是从近几十年的地震灾害中，人们发现，宏观的地震烈度已越来越不清晰，也不能合理地描述不同地区可能遭受的地震作用的程度。目前，各国的抗震设计规范都在研究采用地震动参数区分方法。预应力结构的地震影响与建筑结构一样采用相应于抗震设防烈度的设计基本地震加速度和设计特征周期来表征。抗震设防烈度和设计基本地震加速度按表8-1的规定取用。

抗震设防烈度和设计基本地震加速度值的对应关系 **表8-1**

抗震设防烈度	6	7	8	9
设计基本地震加速度值	$0.05g$	$0.10\ (0.15)\ g$	$0.20\ (0.30)\ g$	$0.40g$

注：g 为重力加速度，$1g=9.81\text{m/s}^2$。

建筑场地的设计特征周期则应根据其所在地的设计地震分组和场地类别确定。《建筑抗震设计规范》（GB 50011—2001）将设计地震分为三组。如对Ⅱ类场地，第一组、第二组和第三组的设计特征周期，分别为0.35s、0.4s和0.45s。

预应力混凝土结构的震害一般与其他混凝土结构的震害相同，由于预应力组件的存在，因此，它还存在锚具破坏、预应力筋脆断等产生的二次灾害。以往的观点认为，预应力混凝土结构的阻尼较小，耗能能力差，在地震荷载作用下位移反应较大，而且预应力混凝土结构采用的高强钢筋和高强混凝土塑性性能差，从而导致结构延性差。因此，在预应力混凝土结构使用的初期，不少国家的规范和建议对预应力混凝土结构在抗震设防区域的使用都有所限制，尤其对无粘结预应力混凝土结构的限制更多。

但是通过对20世纪70年代以来的一些全球重大地震的震害调查表明，预应力混凝土结构的破坏未必比普通钢筋混凝土结构严重，预应力对结构整体抗震性能的影响并不显著。在调查的受严重损害或破坏的工程中，没有一个是因为预应力引起的，而都是其他原因造成的，比如对地震作用估计不足、支承结构发生破坏、节点破坏以及钢筋锚固薄弱等。而且，由于预应力混凝土结构的恢复力性能好，震后的残余变形小，在中等烈度区，结构的损伤程度和修复费用比钢筋混凝土结构小。在地震中，只要锚具没有失效，预应力筋不发生脆断，预应力结构就不会引发二次灾害，而且预应力结构的弹性恢复性能更好。

图8-1　美国州际5号公路/14号国道互通立交预应力混凝土桥梁的地震破坏

近期的试验研究表明：预应力混凝土结构在历次强烈地震作用下抗震性能普遍较好的原因主要在于：

（1）预应力混凝土结构建造年代一般较晚，在设计与施工中吸收了现代抗震理论的最新成果，因此能有效地抵抗地震作用。

（2）预应力混凝土结构体型一般较规则，平面布置对称，预制预应力混凝土构件质量易保证，强度较高，并且节点多数采用钢筋焊接或现浇钢筋混凝土加强，整体性能好，这些对预应力结构抗震有利。

（3）部分国家在预应力混凝土结构抗震设计中，普遍采取将地震荷载适当放大以提高预应力混凝土结构抗震能力的设计方法。这也是预应力混凝土结构抗震性能表现突出的一个重要原因。

§8.2 结构地震反应分析方法

地震是地壳运动的能量释放，它以地震波的形式向四周扩散，地震波到达地面时引起地面运动，使原来处于静止的建筑物受到动力的作用而产生强迫振动。因此，结构抗震分析就是将“地震作用”看成“地震荷载”的一种惯性力作用在结构上的振动分析。我国现行规范对于进行多遇地震作用下的内力和变形分析，认为可假定结构与构件处于弹性工作状态，内力和变形分析可采用线性静力方法或线性动力方法。结构地震反应分析方法按抗震设计理论主要可归纳为静力理论、反应谱理论和动力理论。基于静力理论的抗震设计的静力法早在1899年由日本学者大房森吉提出，随后结构地震反应分析方法历经了从静力法到动力的反应谱法和动态时程分析法的演变过程。依据所考虑的地震动的特点，结构地震反应分析方法又可分为两大类：即确定性方法和随机振动方法，其中，确定性方法使用地震记录或由其他方法确定的地震波来求出结构的反应，随机振动方法则把地震视为随机过程，把具有统计性质的地震动作用在结构上，来求出结构的反应。确定性方法又可进一步分为静力法、拟静力法、反应谱法和动态时程分析法，其中，由于地震动的随机性，拟静力方法应用极少。到目前为止，绝大多数国家现行的抗震设计规范均采用确定性方法，本节也仅限于讨论确定性方法（拟静力方法除外）的演变过程。

8.2.1 静力法

1. 弹性静力法

抗震设计的静力法理论假设结构各个部分与地震动具有相同的振动，因此，结构因地震作用引起的惯性力——地震力就等于地面运动加速度与结构总质量的乘积；再把地震力视为静力作用在结构上，进行结构线弹性静力分析计算。地震力的计算公式如下：

$$F = \ddot{\delta}_g M = \ddot{\delta}_g \frac{W}{g} = KW \tag{8-1}$$

式中 W——结构总重量；

K——地面运动加速度峰值与重力加速度 g 的比值。

从动力学的角度来看，弹性静力法在理论上存在极大的局限性，因为它把结构的动力反应特性这一重要因素忽略了。只有当结构物可以近似地视为刚体时，弹性静力法才能成立。不过，弹性静力法概念简单，计算公式也简明扼要，因此在实际应用中仍受到欢迎。

2. 非线性静力 Pushover 分析——倒塌模态分析方法

非线性静力 Pushover 分析方法，也称倒塌模态分析方法。它提供了一个评估结构地震反应尤其是非线性地震反应的简单而有效的方法，Pushover 分析方法能够追踪结构从屈服直到极限状态的整个非弹性变形过程。实际进行的 Pushover 分析过程，是一种纯粹的非线性静力分析过程，因此它与一般的非线性静力分析在计算方法上没有什么不同，主要差别在于：

（1）Pushover 分析需要预先假定一个荷载分布模式，而一般的非线性静力分析外加荷载是确定的。

（2）Pushover 分析需要预先确定与结构性能目标相对应的位移限值，如屈服位移、倒塌破坏极限位移等，而一般的非线性静力分析无此要求。

（3）Pushover 分析最终得到一条 Pushover 曲线，该曲线是表示特征荷载与特征位移之间相互关系的曲线（对建筑结构分析，该曲线通常即为基底剪力与屋面位移之间的关系曲线；对桥梁结构分析，通常为墩底剪力与上部结构质量中心处的位移之间的关系曲线），也称能力曲线；分析过程通常还计算总的结构能量耗散及等效弹性刚度，并利用单振型反应谱法计算力效应和位移效应——即所谓需求分析，一般的非线性静力分析则无此过程。

（4）最后，Pushover 分析进行需求/能力比计算，以评估结构的抗震性能，一般的非线性静力分析无此过程。

非线性 Pushover 分析过程一般需要借助计算机程序完成，其执行步骤如下：

① 假定一个适当的、沿高度分布的侧向荷载模式；

② 按荷载增量法进行结构非线性分析，直至结构到达最终位移限值。增量形式的非线性平衡方程可以写成：

$$[K_t]\{\Delta u\} = \{\Delta F\} - \{\Delta P_V\} - \{\Delta P_{FR}\} - \{\Delta P_{HY}\} - c_{corr}\{\Delta F_{err}\} \tag{8-2}$$

式中，$[K_t]$ 为结构切线刚度，$\{\Delta u\}$ 和 $\{\Delta F\}$ 分别为结构位移增量和侧向荷载增量，$\{\Delta P_v\}$、$\{\Delta P_{FR}\}$ 和 $\{\Delta P_{HY}\}$ 分别为结构粘滞阻尼力增量、摩擦阻尼力增量和滞回阻尼力增量，$\{\Delta F_{err}\}$ 和 c_{corr} 分别为结构不平衡力和校正系数；

③ 计算等效单自由度系统的等效刚度和等效粘滞阻尼比；

④ 利用反应谱方法计算结构特征力效应和特征位移效应——需求分析；

⑤ 进行需求/能力比计算，评估结构的抗震性能。

非线性 Pushover 分析方法，被认为是一种简单而有效的抗震性能评估方法，已在建筑结构抗震设计中得到很多应用，并被一些国家的建筑抗震设计规范规定为一种基本的分析方法。目前，这种方法在桥梁抗震性能评估方面已有不少应用例子，但还没有被应用于设计分析。

8.2.2 反应谱法

反应谱法是以反应谱理论确定地震作用，然后求解结构在这种地震作用下的动力反应。因此，这种分析方法主要包含反应谱理论和反应谱分析方法两个方面。

1. 弹性反应谱理论

（1）反应谱的概念

反应谱理论的基本概念，可以通过单自由度振子的地震响应来阐明。假定一个单自由度振子的质量、刚度和阻尼可以分别表示为 m、k 和 c，其基底受到地面运动加速度为 $\ddot{\delta}_g$ 的地震作用。根据 D'Alembert 原理，单自由度振子的振动方程可以表示为：

$$m(\ddot{\delta}_g + \ddot{y}) + c\dot{y} + ky = 0 \tag{8-3a}$$

上式也可以表示为如下形式：

$$\ddot{y} + 2\xi\omega\dot{y} + \omega^2 y = -\ddot{\delta}_g \tag{8-3b}$$

式中，阻尼比 $\xi = \frac{c}{c_{cr}}$，其中 c_{cr} 为临界阻尼，定义为 $c_{cr} = 2\sqrt{km}$；无阻尼圆频率 ω 定义为 $\omega = \sqrt{\frac{k}{m}}$。

上述振动方程的解可以用杜哈美（Duhamel）积分公式来表示：

$$y(t) = \frac{-1}{\omega_d}\int_0^t e^{-\xi\omega(t-\tau)}\ddot{\delta}_g(\tau)\sin[\omega_d(t-\tau)]\mathrm{d}\tau \tag{8-4}$$

式中，有阻尼圆频率 $\omega_d = \sqrt{1-\xi^2}\omega$。

对式（8-4）分别求一次和两次导数，即可得单自由度振子地震作用下的相对速度和绝对加速度反应的积分公式：

$$\dot{y}(t) = -\frac{\omega}{\omega_d}\int_0^t e^{-\xi\omega(t-\tau)}\ddot{\delta}_g(\tau)\cos[\omega_d(t-\tau)+\alpha]\mathrm{d}\tau \tag{8-5}$$

$$\ddot{y}(t) + \ddot{\delta}_g(t) = \frac{\omega^2}{\omega_d}\int_0^t e^{-\xi\omega(t-\tau)}\ddot{\delta}_g(\tau)\sin[\omega_d(t-\tau)+2\alpha]\mathrm{d}\tau \tag{8-6}$$

由于工程结构的阻尼比一般很小，所以 $\omega_d \approx \omega$，并且相位差 α 也可以忽略不计。因此，式（8-5）和式（8-6）就可以简化为：

$$\dot{y}(t) = -\int_0^t e^{-\xi\omega(t-\tau)}\ddot{\delta}_g(\tau)\cos[\omega_d(t-\tau)]\mathrm{d}\tau \tag{8-7}$$

和

$$\ddot{y}(t) + \ddot{\delta}_g(t) = \omega\int_0^t e^{-\xi\omega(t-\tau)}\ddot{\delta}_g(\tau)\sin[\omega_d(t-\tau)]\mathrm{d}\tau \tag{8-8}$$

由于地震加速度 $\ddot{\delta}_g$ 是不规则的函数，上述积分公式难以直接求积，一般要通过数值积分的办法来求得反应的时程曲线。对不同周期和阻尼比的单自由度体系，在选定的地震加速度 $\ddot{\delta}_g$ 输入下，可以获得一系列的相对位移 y、相对速度 $\dot{y}$ 和绝对加速度 $\ddot{\delta}_g + \ddot{y}$ 的反应时程曲线，并可从中找到它们的最大值。以不同单自由度体系的周期 T_i 为横坐标，以不同阻尼比 ξ 为参数，就能绘出最大相对位移、最大相对速度和最大绝对加速度的谱曲线，分别称为相对位移反应谱、拟相对速度反应谱和拟加速度反应谱（分别可简称为位移反应谱、速度反应谱和加速度反应谱），并用符号记为 SD、PSV 和 PSA，这三条反应谱曲线合起来简称为反应谱。在相对速度和加速度反应谱前面加上“拟”字，表示忽略小阻尼比的影响。比较式（8-4）和式（8-8）可见，在忽略小阻尼比的影响情况下，有：

$$PSA = \omega^2 \cdot SD \tag{8-9}$$

过去还一直使用下式：

$$PSV = \omega \cdot SD \tag{8-10}$$

式（8-10）是将式（8-7）中的 $\cos\omega_d(t-\tau)$ 近似视为与 $\sin\omega_d(t-\tau)$ 相等后得到的。实际上，这一近似处理在低频和高频区将导致很大的误差，因此，没有什么令人信服的理由继续使用这个公式。

（2）规范反应谱

一个场地记录到的地震动与多种因素有关，比如与场地条件、震中距和震源深度、震级、震源机制和传播路径等等诸多因素有关。由于诸多随机因素的影响，使得由不同记录得到的加速度反应谱具有很大的随机性。只有在大量地震加速度记录输入后绘制得到众多反应谱曲线的基础上，再经过平均与光滑化之后，才可以得到供设计使用的规范反应谱曲线。我国现行的桥梁与房屋建筑抗震设计使用的规范反应谱曲线，是在国内外地震加速度记录反应谱统计分析的基础上，针对不同场地条件给出的，规范反应谱曲线对应的阻尼比为5%。这些曲线主要考虑场地条件的影响，其他影响因素则未予考虑。应当注意的是，从最近发生的美国北岭地震和日本阪神地震中，地震工程界再一次重新认识到近场地震中地震动速度脉冲效应（Fling or Pulse Effect）对结构破坏的影响。地震动的这个特性，在目前的规范反应谱曲线中没有反应出来。由于规范反应谱曲线是对应阻尼比为5%时绘出的，当结构阻尼比与5%明显不同时，就应该考虑进行修正。

2. 弹性反应谱分析方法

（1）单振型反应谱法

对可以近似视为单自由度体系的规则桥梁，在已知加速度反应谱和计算出振动周期之后，其最大地震惯性力就可以用相应的反应谱值求出：

$$P = m|\ddot{\delta}_g + \ddot{y}_{max}| = k_H \beta W \tag{8-11}$$

式中，$k_H = \frac{|\ddot{\delta}_g|_{max}}{g}$，称为水平地震系数；

$$\beta(T,\xi) = \frac{|\ddot{\delta}_g + \ddot{y}|_{max}}{|\ddot{\delta}_g|_{max}} = \frac{PSA(\omega,\xi)}{|\ddot{\delta}_g|_{max}} \tag{8-12}$$

称为动力系数，其值可以直接由标准化反应谱曲线确定。式（8-11）为加速度反应谱理论计算水平地震力的基本公式，该公式在实际应用于桥梁抗震设计时，一般采用以下形式：

$$P = C_I C_z k_H \beta W \tag{8-13}$$

式中，C_I 和 C_z 分别为桥梁重要性系数和反应修正系数，后者主要用于反应结构非线性变形的影响。

（2）多振型反应谱法

对不能简化为单自由度系统的复杂桥梁，显然无法直接利用单振型反应谱分析方法，而需要首先进行振型分解。对理想化为多自由度系统的复杂桥梁，其在单一水平方向地震动作用下的动力平衡方程可以表示为：

$$[M]\{\ddot{u}\} + [C]\{\dot{u}\} + [K]\{u\} = -[M]\{I\}\ddot{\delta}_g \tag{8-14}$$

式中，$\{u\}$ 为结构相对位移向量，$[M]$、$[C]$ 和 $[K]$ 分别为结构的质量矩阵、阻尼矩阵和刚度矩阵，$\{I\}$ 为影响向量。

利用振型的正交性，对式（8-14）进行振型分解，可得类似于单自由度系统的动力平衡方程：

$$M_i\ddot{q}_i + C_i\dot{q}_i + K_i q_i = -\{\phi\}_i^T[M]\{I\}\ddot{\delta}_g \tag{8-15a}$$

或
$$\ddot{q}_i + 2\xi_i\omega_i\dot{q}_i + \omega_i^2 q_i = \frac{-\{\phi\}_i^T[M]\{I\}\ddot{\delta}_g}{M_i} \quad (i=1, n) \tag{8-15b}$$

式中，q_i 表示振型空间中的广义坐标，$\{\phi\}_i$ 为第 I 阶振型向量，$M_i = \{\phi\}_i^T [M] \{\phi\}_i$，$C_i = \{\phi\}_i^T [C] \{\phi\}_i$，$K_i = \{\phi\}_i^T [K] \{\phi\}_i$ 分别称为广义质量、广义阻尼和广义刚度。

式（8-15）的形式与式（8-3）完全相同，因此，可以仿照单振型反应谱方法，求出结构的最大地震力：

$$P_i = C_1 C_z K_h \beta_j \gamma_j \phi_{ij} W_j \tag{8-16}$$

式中，$\gamma_j = \dfrac{\{\phi\}_i^T [M] \{I\}}{\{\phi\}_i^T [M] \{\phi\}_i}$，称为振型参与系数。

式（8-16）表示第 i 质点水平方向上由第 j 阶振型所引起的最大地震力。由于各振型的最大反应量不一定同时发生，因此，在利用式（8-16）计算第 i 质点水平方向上的最大地震力时，必须考虑不同振型最大反应量的组合问题。目前，针对不同情况，已经提出了不少的组合方法，如 SUM 法、SRSS 法、CQC 法和 HOC 法等等。我国现行的公路工程抗震设计规范，则仅考虑基本振型的最大反应量。

多振型反应谱法除了要考虑上述最大反应量的组合外，实际应用中，还需要考虑多向地震动作用时的振型组合问题。对此问题，各国现行规范大都采用简单的“100% + 30%”的组合原则：即分别计算两个正交的最不利水平方向的地震力，然后再把某一水平方向地震力的 100% 加上与之正交的另一水平方向地震力的 30%，作为设计的地震力。

（3）等效线性化方法

在罕遇地震作用下，桥梁结构通常会发生非弹性变形，为了满足强震作用下结构的性能要求，需要分析和计算结构的非弹性变形能力，但振型反应谱分析无法满足这个要求，因此，常利用非线性动力时程分析来估算结构的非线性地震反应值，但非线性动力时程分析是一个相当复杂的过程。为了得到结构非线性反应的近似估计值，已有大量的研究工作致力于开发等效线性化方法，该方法用一个“等效”的线性系统来代替原来的非线性系统，无须进行大量、细致的时域积分计算，并且可直接利用规范弹性反应谱来计算结构的最大地震反应。因此，把这种方法也归类到反应谱方法中。

非线性系统的等效线性化一般有两种作法：一种是基于实验规律分析总结，另一种是基于随机振动理论。Gulkan 和 Sozen 在实验观察基础上，假定单自由度非线性系统的滞回耗能与输入的地震能量相等，提出了一个等效粘滞阻尼比与位移延性系数之间的回归公式：

$$\xi_{eff} = 0.02 + 0.2\left(1 - \frac{1}{\sqrt{\mu}}\right) \tag{8-17}$$

如果非线性系统具有双线性滞回特性，则等效刚度也可以确定：

$$K_{eff} = \frac{1}{\mu} K_0 \tag{8-18}$$

式中，K_{eff} 和 K_0 分别为非线性系统的等效刚度和初始弹性刚度。

这样，非线性系统的地震反应就被近似地认为与具有等效粘滞阻尼比 ξ_{eff} 和等效刚度 K_{eff} 的线性系统的反应一致，而后者可以直接应用弹性反应谱法求出最大地震力和最大反应位移。在此基础上，Shibata 和 Sozen 还进一步把该方法推广到多自由度非线性系统。

基于随机振动理论的等效线性化系统，系统参数的选取基于两个考虑因素：（1）所需要满足的准则——其中最常用的一个准则，是要使原来非线性系统的反应与等效线性系统的反应之间的均方差为最小，如使位移或能量耗散的均方差最小；（2）按上述准则对某些反应特性所作的假定。以往的研究表明，基于随机振动理论得到的等效线性化系统，对具有小至中等延性的结构效果很好，但对非线性变形程度很高的结构，等效线性化会造成很大偏差。

弹性反应谱方法通过反应谱概念巧妙地将动力问题静力化，使得复杂的结构地震反应计算变得简单易行，大大提高了结构的整体抗震设计水平，目前世界各国规范都把它作为一种基本的分析手段，相信在未来的规范中也仍将得到应用。但反应谱法也存在一些缺陷，例如它无法反应地震动持时和非线性的影响，对多振型反应谱法还存在振型组合问题等。此外，基于弹性反应谱理论的现行规范设计方法，还往往使设计者只重视结构强度，而忽略了结构所应具有的非弹性变形能力即延性。

8.2.3 动态时程分析方法

动态时程分析方法，是将地震动记录或人工波作用在结构上，直接对结构运动方程进行积分，求得结构任意时刻地震反应的分析方法，所以动态时程分析方法是应用数值积分求解运动微分方程的一种方法。根据分析是否考虑结构的非线性行为，动态时程分析方法又可分为线性动力时程分析和非线性动力时程分析两种，但不管是哪一种，分析过程都需要借助计算机程序完成，其执行步骤如下：

（1）将振动时程分为一系列相等或不相等的微小时间间隔 Δt；

（2）假定在 Δt 时间间隔内，位移、速度和加速度按一定规律变化（中心差分、常加速度、线性加速度、Newmark-β 法或 Wilson-θ 法等）；

（3）求解 $t+\Delta t$ 时刻结构的地震反应。$t+\Delta t$ 时刻结构的动力平衡方程可以表示为如下的增量形式：

$$[K_D]\{\Delta u\}_{t+\Delta t}=\{\Delta F_D\} \tag{8-19}$$

式中，$[K_D]$ 和 $\{\Delta F_D\}$ 分别为结构等效动力刚度和等效荷载向量；

（4）对一系列时间间隔按上述步骤逐步进行积分，直到完成整个振动时程。

从理论上讲，弹塑性动态时程分析提供了对结构地震反应的最准确计算，而且它还可以同时进行结构在地震动作用下进入塑性后的需求与能力比较。但是，弹塑性动态时程分析方法需要耗费大量的计算时间，输出大量的计算数据，这些都不利于工程师进行结构设计。因此，对于大量常规的桥梁结构，一般不采用这种分析方法，在很多情况下仅限于进行弹性动力时程分析；只有特别复杂和重要的桥梁，才需要使用弹塑性动态时程分析方法。

§8.3 预应力混凝土结构抗震设计要求

预应力混凝土结构抗震设计总的要求是：在中等强度地震下，应防止出现明显的预应力损失而降低结构正常使用的功能，在强烈地震下，应避免出现倒塌或严重损坏。FIP 地震委员会关于预应力混凝土结构抗震设计的原则是：所设计的结构在弹性范围内仅能抵抗中等强度的地震，而强烈地震的额外能量则为弹塑性变形所吸收，虽然结构破坏相当严重，但不应倒塌。我国《建筑抗震设计规范》（GB 50011—2001）对抗震结构体系总的要求是：（1）应具有明确的计算简图和合理的地震作用传递途径；（2）应避免因部分结构或构件破坏而导致整个体系丧失抗震能力或对重力的承载力；（3）应具备必要的抗震承载力，良好的变形能力和消耗地震能量的能力；（4）对可能出现的薄弱部位，应采取措施提高抗震能力。结构抗震设计中，在地震作用下结构要具有足够的承载力，同时结构的延性是至关重要的，当前，国际上已趋向于延性概念的抗震延性设计。

8.3.1 混凝土结构与构件截面的延性

1. 延性的定义

延性是反映非弹性变形的能力，通常定义为在初始强度没有明显退化情况下的非弹性变形的能力。这种能力主要包含两个方面：（1）承受较大的非弹性变形，同时强度没有明显下降的能力；（2）利用滞回特性吸收能量的能力。它又区分为材料、构件和结构的延性。延性针对材料、构件和结构，又分为材料延性、构件（截面）延性和结构延性，构件延性和结构延性有时又被看成局部延性和整体延性。从延性的本质来看，它反映了一种非弹性变形的能力，这种能力能保证强度不会因为发生非弹性变形而急剧下降。按照这个概念，可以明确定义不同的延性内涵：对材料而言，延性材料是指在发生较大的非弹性变形时强度仍没有明显下降的材料，与之相对应的脆性材料，则指一出现非弹性变形或在非弹性变形极小的情况下即破坏的材料；对结构和结构构件而言，如果结构或结构构件在发生较大的非弹性变形时，其抗力仍没有明显的下降，则这类结构或结构构件称为延性结构或延性构件。

结构的延性称为整体延性，构件的延性称为局部延性。结构的整体延性与结构中构件的局部延性密切相关，但这并不意味着结构中有一些延性很高的构件，其整体延性就一定高。实际上，如果设计不合理，即使个别构件的延性很高，但结构的整体延性却可能相当低。结构与构件的延性之间的这种关系，即为整体延性与局部延性之间的关系。

根据结构所承受的外部作用的性质，延性概念还可分为静力延性和滞回延性。静力延性概念对应结构在静荷载作用下的延性含义，前述的延性定义即为静力延性定义。滞回延性概念则对应结构在反复荷载作用下的延性含义。对位于强震区的抗震结构而言，滞回延性概念具有特别重要的意义。

按照T·鲍雷和普里斯特利（M. J. N. Priestley）的定义，结构或构件的滞回延性，是指在抗力始终没有明显下降的情况下，结构或构件所能经受的反复弹塑性变形循环的能力。符合T·鲍雷和普里斯特利滞回延性定义的结构或构件，具有以下一些特性：

（1）结构或构件至少能够经受住5次反复的弹塑性变形循环，而且最大幅值可达设计容许变形值；

（2）结构或构件在经历反复的弹塑性变形循环时，抗力的下降量始终不超过初始抗力的20%。

T·鲍雷和普里斯特利关于滞回延性的上述定义，清楚地反映了对抗震的延性结构和延性构件的基本要求。依照这个定义设计的延性结构，可以使结构在大地震下得以幸存。

目前，这个定义已在世界范围内被广泛接受。

应当注意，在T·鲍雷和普里斯特利的定义中，允许的最大抗力下降量为初始抗力的20%，而国内通常规定为初始抗力的15%。

2. 延性指标

在利用延性特性设计抗震结构时，首先必须确定度量延性的量化设计指标。衡量延性的量化设计指标，最常用的为曲率延性系数（也称为曲率延性比）和位移延性系数（也称为位移延性比或延伸率）。曲率延性系数通常用于反映延性构件临界截面的相对延性，位移延性系数则用于反映延性构件局部以及延性结构整体的相对延性。为了方便起见，常常也把曲率延性系数和位移延性系数简称为曲率延性和位移延性。

（1）曲率延性系数

钢筋混凝土延性构件的非弹性变形能力，通常来自其塑性铰区截面的塑性转动。塑性铰区截面的塑性转动能力，可以通过截面的曲率延性系数来反映。曲率延性系数定义为截面屈服后的曲率与屈服曲率之比。设计通常关心的是最大曲率延性系数μ_ϕ（下文出现的曲率延性系数，若不加说明，都是指最大曲率延性系数），它定义为：

$$\mu_\phi = \frac{\phi_u}{\phi_y} \tag{8-20}$$

式中　ϕ_y，ϕ_u——分别表示塑性铰区截面的屈服曲率和极限曲率。

对钢筋混凝土构件，塑性铰区截面的屈服曲率如何定义，迄今没有统一的定论。目前，主要有以下几种不同的定义方式：

① 屈服曲率定义为截面最外层受拉钢筋初始屈服时的曲率；

② 屈服曲率定义为截面混凝土受压区最外层纤维初次达到峰值应变值时的曲率。

在上述两个定义中，前一个定义适用于能形成“受拉铰”（弯曲塑性铰）的适筋构件，如在计算钢筋混凝土延性桥墩的屈服曲率时，通常即采用这个定义；后一个定义适用于会出现“受压铰”的超筋构件或高轴压比构件，如建筑结构中的框架柱。

除了以上定义外，还可以通过几何作图的方法确定屈服曲率。目前已提出了不少方法，如等能量法、通用屈服弯矩法等，如图8-2所示。等能量法的作法是：过截面的M-ϕ（弯矩-曲率）骨架曲线上的弯矩最大点（图8-2a中的“U”点），作平行于ϕ轴的直线；过坐标原点“O”作与M-ϕ曲线和以上直线相交的直线，交点分别为“B”和“Y”。若“OAB”和“BUY”的面积相等，则“B”点对应的曲率即为屈服曲率。

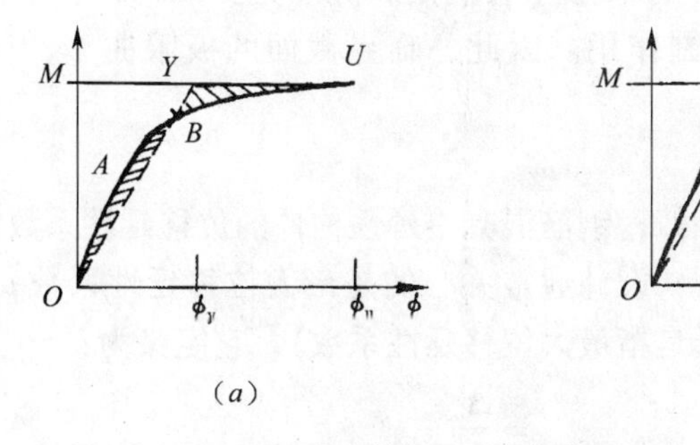

图8-2　几何作图法

（a）等能量法；（b）通用屈服弯矩法

通用屈服弯矩法的作法是：过截面的 M-ϕ 骨架曲线上的弯矩最大点（图 8-2b 中的"U"点），作平行于 ϕ 轴的直线；过坐标原点作 M-ϕ 骨架曲线的切线，该切线与以上直线交于"A"点；过"A"点作垂直于 ϕ 轴的直线，并与 M-ϕ 骨架曲线交与"B"点；连接"O"点和"B"点，线段"OB"的延长线与"AU"直线交于"C"点，过"C"点作垂直于 ϕ 轴的直线，并与 M-ϕ 骨架曲线交与"Y"点，则"Y"点对应的弯矩和曲率即为屈服弯矩和屈服曲率。

几何作图法一般应用于塑性铰区截面的 M-ϕ 骨架曲线已经确定、而且曲线上没有明显屈服点的情况。

按不同的屈服曲率定义，计算得到的延性指标一般不同，这一点一直被认为是延性设计理论中的一个缺陷，但如果考虑到在计算延性需求和评估延性能力时，是基于同样的结构简化模型假定和同样的屈服点定义，那么这个问题实际上就显得次要了。

在美国和新西兰等国，设计采用以下的理论屈服曲率定义：

$$\phi_y = \frac{M_i}{M'_i}\phi'_y \tag{8-21}$$

式中 M'_i，ϕ'_y——分别为临界截面的初始屈服弯矩和屈服曲率；

M_i——理想双线性模型的理论屈服弯矩，如图 8-3 所示。

钢筋混凝土延性构件塑性铰区截面的极限曲率，通常定义为一旦满足以下四个条件中的任何一个，即达到极限曲率状态：

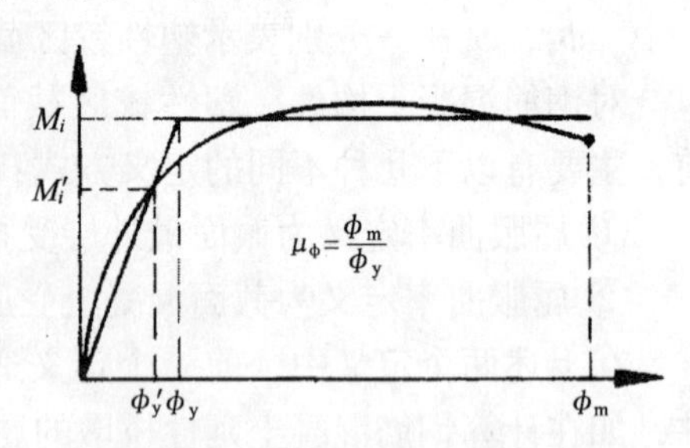

图 8-3　理论屈服曲率定义

① 核心混凝土达到极限压应变值——在设计钢筋混凝土延性构件时，通常运用箍筋约束混凝土的概念，使钢筋混凝土构件具有一定的延性。因此，在钢筋混凝土延性构件中，被箍筋约束的核心混凝土的极限压应变值，一般远大于保护层混凝土的极限压应变值，在保护层混凝土剥落后，核心混凝土仍具有相当的承载能力。因此，不能采用无约束的最外层混凝土的极限压应变作为达到极限曲率状态的标志。

② 临界截面的抗弯能力下降到最大弯矩值的 85%。

③ 受拉的纵向钢筋应变达到极限拉应变值。

④ 受压的纵向钢筋应变达到屈曲应变值。

在以上四个条件中，第三个条件一般不会满足，除非是少筋构件；第四个条件在横向约束箍筋间距较小时，不起控制作用。因此，临界截面的极限曲率，通常由前两个条件控制。

（2）位移延性系数

与曲率延性系数定义的定义相似，钢筋混凝土延性构件的位移延性系数定义为构件屈服后的位移与屈服位移之比。同样，设计通常关心的是最大位移延性系数 μ_Δ（下文出现的位移延性系数，若不加说明，都是指最大位移延性系数），它定义为：

$$\mu_\Delta = \frac{\Delta_u}{\Delta_y} \tag{8-22}$$

式中 Δ_y，Δ_u——分别表示延性构件的屈服位移和极限位移。

钢筋混凝土延性构件屈服位移和极限位移的定义，与临界截面的屈服曲率和极限曲率的定义相似。

钢筋混凝土延性结构的位移延性系数定义，与结构体系布置有关，因此，不存在统一的定义方式。

3. 延性、位移延性系数与变形能力三者之间的区别与联系

材料、构件或结构的延性、位移延性系数与变形能力，这三者之间既存在密切的联系，但又有一定的区别。

材料、构件或结构的变形能力，是指其达到破坏极限状态时的最大变形；延性反映其非弹性变形的能力；而位移延性系数则是指其屈服后的位移与屈服位移之比。因此，这三者都是与变形有关的量。图8-4以图示方式显示这三者的不同定义。

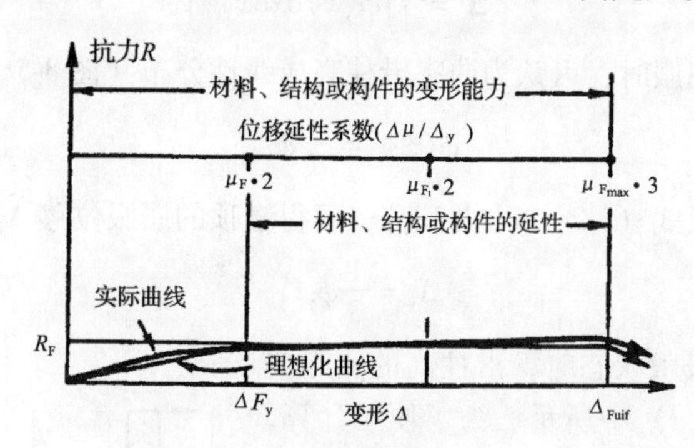

图8-4　延性、位移延性系数与变形

应当注意到，一个结构或构件可能有较大的变形能力，但它实际可利用的延性却可能较低。例如，这种情况可能出现于柔性高墩与延性的矮墩作相互比较时。

4. 静力延性指标与滞回延性指标比较

结构以及结构构件在地震动作用下的滞回延性指标，无法精确确定。这是因为地震动是完全随机的事件，因此，在结构设计时，事先无法预知其在未来的地震动作用下将要经历的反复变形循环情况，所以，也就无法确定其滞回延性指标。由于地震动作用下的滞回延性指标无法精确确定，实际运用中，一般采用静力延性指标或由周期反复荷载试验得到的滞回延性指标来近似代替。

应强调的是，如果使用静力延性指标代替滞回延性指标，则往往过高地估计了地震动作用下结构和构件的延性。这是因为钢筋混凝土结构和构件在周期反复荷载作用下，存在低周疲劳现象，所以其滞回延性通常低于单调荷载作用下的静力延性。

Takeda等在20世纪70年代初期，从大量的钢筋混凝土延性构件的模型试验中发现，钢筋混凝土延性构件的位移延性系数μ_{Δ}与构件经历的最大变形反复循环周数N之间，存在一个确定的对应关系：

$$\mu_{\Delta}N^{\alpha}=\mu_{\Delta}^{S} \tag{8-23}$$

式中　μ_{Δ}^{S}——单调静力荷载作用下钢筋混凝土延性构件的位移延性系数；

α——试验参数，反映反复变形循环周数的影响。Takeda等通过试验结果的回归分析，确定出它的数值大约在0.15~0.20之间。

根据T·鲍雷和普里斯特利的滞回延性定义，式（8-23）中的反复变形循环周数N，至少应不小于5。若取 $N=5$ 和 $\alpha=0.15$，则钢筋混凝土延性构件的滞回位移延性系数 μ_Δ 约为静力的80%；若取 $N=5$ 和 $\alpha=0.2$，则钢筋混凝土延性构件的滞回位移延性系数 μ_Δ 约为静力的70%。可见，钢筋混凝土延性构件的滞回位移延性系数 μ_Δ 只相当于静力的约70%~80%。

5. 曲率延性系数与位移延性系数的关系

对于简单的结构构件，可以通过曲率与位移的对应关系，推得曲率延性系数 μ_ϕ 与位移延性系数 μ_Δ 之间的对应关系。

考虑图8-5（a）所示的钢筋混凝土悬臂构件，其悬臂端位移与柱的曲率分布之间，存在如下关系：

$$\Delta = \iint \phi(x)\,\mathrm{d}x\mathrm{d}x \tag{8-24}$$

在柱底截面刚刚屈服时，可认为曲率沿柱高成线性分布（图8-5c）：

$$\phi(x) = \frac{x}{l}\phi_y \tag{8-25}$$

把式（8-25）代入式（8-24）中并积分，可得墩顶的屈服位移 Δ_y：

$$\Delta_y = \frac{1}{3}\phi_y l^2 \tag{8-26}$$

在柱底截面达到极限状态时，沿柱高的实际曲率分布曲线如图8-5（d）中所示。为了便于计算，R·帕克等提出"等效塑性铰长度"的概念。即假设在柱底附近存在一个长度为 l_p 的等塑性曲率段，在该段长度范围内，截面的塑性曲率恒等于墩底截面的最大塑性曲率 ϕ_p（图8-5d）；由等效塑性铰长度 l_p 计算的柱顶塑性位移，应与按式（8-24）代入实际曲率分布计算的结果相等。

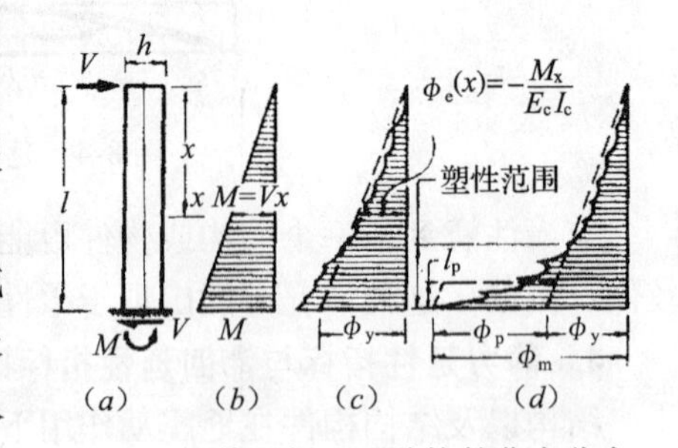

图8-5 钢筋混凝土悬臂构件曲率分布

（a）柱的受力；（b）弯矩；（c）屈服；（d）极限状态

按照等效塑性铰长度的概念，在柱底截面达到极限状态时，柱的塑性转角可表示为：

$$\theta_p = l_p(\phi_u - \phi_y) \tag{8-27}$$

假定在到达极限状态时，悬臂柱以等效塑性铰区的中心点为塑性转动中心，则柱顶的塑性位移可表示为：

$$\Delta_p = \theta_p(l-0.5l_p) = (\phi_u-\phi_y)l_p(l-0.5l_p) \tag{8-28}$$

由此，可得柱顶位移延性系数 μ_Δ 与临界截面的曲率延性系数 μ_ϕ 之间的对应关系：

$$\mu_\Delta = \frac{\Delta_y+\Delta_p}{\Delta_y} = 1+\frac{\Delta_p}{\Delta_y} = 1+3(\mu_\phi-1)\frac{l_p}{l}\left(1-0.5\frac{l_p}{l}\right) \tag{8-29a}$$

或

$$\mu_\phi = 1+\frac{(\mu_\Delta-1)}{3\,(l_p/l)\,[1-0.5\,(l_p/l)]} \tag{8-29b}$$

从理论上讲，式（8-28）中的等效塑性铰长度 l_p 可以由式（8-24）通过积分计算，但由于实际的曲率分布函数难以确定，理论计算的结果与试验测量结果往往不相吻合。实际应用中，大都以试验得到的经验公式来近似估算。一般来讲，等效塑性铰长度 l_p 与塑性变形历史和混凝土的极限压应变有关，但不同的试验结果离散性很大，表 8-2 中列出了目前常用的一些经验公式。

等效塑性铰长度经验公式 **表 8-2**

公　式	来　源	注　释
$\frac{l_p}{h}=0.5+0.05\frac{l}{h}$	新西兰规范	L、H 分别为墩高和截面高度
$l_p=0.08l+0.022d_sf_y$ 或 $l_p=(0.4\sim0.6)h$	CEN，Eurocode 8	d_s 和 f_y 分别为纵筋直径和屈服应力
$l_p=0.08l+9d_{bl}$	AASHTO 规范	d_{bl} 为纵筋直径
$l_p=(0.2\sim0.5)h_0$	沈聚敏等	h_0 为桥墩截面净高

6. 延性概念对结构抗震的意义

前已述及，对结构而言，地震动是一种外加的强迫运动。所谓“地震力”，在物理意义上是指地震动在结构上所激起的地震惯性力。与静力荷载不同，地震力的大小不但取决于地震动特性和结构自身的动力特性，而且还取决于结构对地震动的变形反应；而静力荷载大小则与结构自身的力学特性及其变形结果无关。

地震之所以造成结构损坏甚至倒塌，在于它激起的地震惯性力超过了结构的承载力。因此，从理论上讲，为了保证结构不发生损坏，结构的抗力必须设计得大于预期可能发生的最大地震动所能激起的最大弹性地震力。这种作法即为纯粹依靠承载力来抵抗地震作用的设计方法。对于那些结构破坏会引起人类巨大灾难的人为工程，如核电厂、大型水利工程的坝体等，就必须采用这种设计方法，以确保结构物在极小发生概率的大地震下也万无一失。但是，对于大量普通的建筑物，如果同样也采用这种设计方法，无疑会造成材料的巨大浪费。如桥梁在正常使用年限内，遭遇大地震的概率相当低，大震作用对于桥梁结构是一种一次性的特殊荷载，要使结构弹性地抵抗这种罕遇事件，既不经济，也不现实。所以，普通建筑物单纯依靠强度来抵抗大震作用是不可取的，而必须同时考虑结构的延性。

因为地震动是一种外加的强迫运动，所以，从变形的角度来研究结构抗震问题，更接近于问题的实质。从变形的角度看，地震造成结构损坏的原因，在于它激起的变形超出了结构的弹性极限变形；同样，地震造成结构倒塌的原因，在于它激起的反复的弹塑性变形循环，超出了结构的滞回延性。因此，如果通过设计，使结构具有能够适应大地震激起的反复的弹塑性变形循环的滞回延性，则结构在遭遇设计预期的大地震时，尽管可能严重损坏，但结构抗震设防的最低目标——免于倒塌破坏却始终能得到保证。这种思想即为延性抗震设计的基本思想。

延性对结构抗震的意义，还可以从能量观点得到清楚的阐述。

对可以理想化为多自由度振动系统的结构，在某一水平方向地震动作用下，系统的运动平衡方程可以写成：

$$[M]\{\ddot{u}\}+[C]\{\dot{u}\}+\{R(u)\}=-[M]\{I\}\ddot{\delta}_g \tag{8-30}$$

式中　$[M]$、$[C]$ ——分别为结构的质量矩阵和阻尼矩阵；

$\{u\}$，$\{R(u)\}$，$\{I\}$——分别为动力位移向量、恢复力向量和影响向量；

$\ddot{\delta}_g$——地震动加速度。

对式（8-30）两边同时左乘 $\{\dot{u}\}^T$，并对振动时程积分，可得：

$$E_K(t)+E_D(t)+E_H(t)+E_E(t)=E_I(t) \tag{8-31}$$

式中 $E_K=\int_0^t\{\dot{u}\}^T[M]\{\ddot{u}\}\,dt$

$E_D=\int_0^t\{\dot{u}\}^T[C]\{\dot{u}\}\,dt$

分别为结构的动能和阻尼耗能；

$$E_H+E_E=\int_0^t\{\dot{u}\}^T\{R(u)\}\,dt$$

上式左端，前一项为结构的滞回耗能，后一项为结构的弹性应变能（图8-6）。当结构处于弹性反应范围时，滞回耗能 $E_H=0$；

$$E_I=-\int_0^t\{\dot{u}\}^T[M]\{I\}\ddot{\delta}_g\,dt$$

为地震动输入结构中的总能量。

上述能量概念最初由豪斯纳在20世纪50年代末提出，Berg和Thomaides在此基础上提出，可以把结构的动能和弹性应变能合称为结构的能容，把结构的阻尼耗能和滞回耗能合称为结构的能耗。显然，在结构不发生倒塌破坏的情况下，式（8-31）表示的能量守衡关系总是存在的，因此，如果结构能够以动能和弹性应变能的形式来储存地震动输入的能量，即结构的能容大于地震输入总能量，则不论其有无耗能能力，结构始终都不会损坏；另一方面，如果结构能及时地将地震动输入的能量耗散掉，则尽管结构已经破坏，但它始终都不会倒塌。

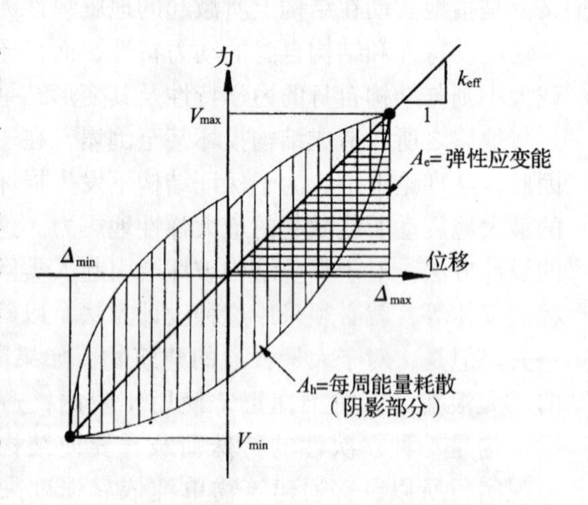

图8-6 滞回耗能与弹性应变能示意图

上述的能量观点具有重要的理论意义。目前，在结构抗震设计中采用的强度、延性、减隔震和结构振动控制设计原理，都可以从能量观点出发得到解释。

从能量观点看，结构延性抗震设计的基本原理，即允许结构部分构件在预期的地震动下发生反复的弹塑性变形循环，这些构件被设计成具有较好的滞回延性，通过这些构件在地震动下发生的反复的弹塑性变形循环，耗散掉大量的地震输入能量，从而保证了结构的抗震安全。

应当看到，尽管延性抗震概念在经济上有很大的优越之处，但这些优势总是以结构出现一定程度的损坏为代价。这是延性抗震设计的一个主要缺陷，也是在设计延性抗震结构时必须预先了解的。

8.3.2 预应力混凝土结构抗震设计要求

1. 预应力混凝土结构的延性比较

预应力混凝土结构与其他加筋混凝土结构的主要不同在于结构施加了预加力和构件中预应力筋的存在。预应力混凝土结构由于预应力筋被拉伸后具有较大的变形恢复能力，因此，预应力混凝土构件的能量耗散能力（滞回环所围的面积，图 8-7*a*）比具有同样强度的钢筋混凝土构件低。在抗震设计中，对于预应力混凝土构件的塑性铰截面是否具有足够的能量耗散能力是倍受关注的问题。图 8-7 为混凝土结构系统理想化的弯矩－曲率滞回曲线，表 8-3 为具有同样极限强度的三种结构节点的性能比较。

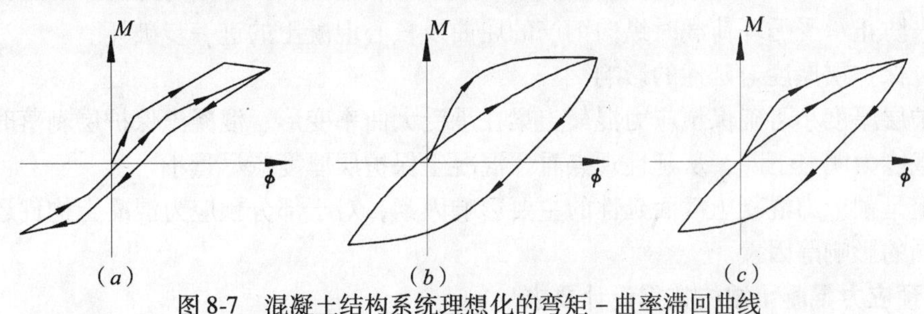

图 8-7 混凝土结构系统理想化的弯矩－曲率滞回曲线

（*a*）预应力混凝土系统；（*b*）钢筋混凝土系统；（*c*）部分预应力混凝土系统

具有同样极限强度的三种结构节点的性能比较 表 8-3

	预应力混凝土	部分预应力混凝土	钢筋混凝土
强度衰减	少	中	大
刚度衰减	少	中	大
能量吸收能力	稍少	中	稍大
能量耗散能力	小	中	大
阻尼	小	中	大
延性	稍小	中	稍大
延性要求	大	中	大
地震反应	大	中	大
节点核心区性能	好	次之	较差
弹性恢复能力	大	中	大

研究和工程实践表明：在预应力混凝土构件中设置适量的非预应力粘结钢筋可以减少位移的反应，提高能量耗散能力，也会改善结构的延性。

2. 影响预应力混凝土截面延性的因素

（1）预应力筋用量对延性的影响

当预应力混凝土构件的预应力筋的含量在适当范围内时，预应力混凝土构件的延性随着预应力筋含筋率的降低而明显增加。ACI 等规范指明：在静荷载下，构件避免脆性破坏，要有一定的延性，要求：

$$\frac{A_{ps} \cdot f_{ps}}{b \cdot d \cdot f'_{c}} \leqslant 0.3 \tag{8-32}$$

式中 A_{ps}——预应力筋的面积；

f_{ps}——最大弯矩时预应力筋的应力。

对于抗震工程设计，有些学者建议上式的右边项改为0.2，即保证足够的转动延性。

（2）预应力筋的分布对延性的影响

在抗震设计中，由于地震会使接近柱面的梁中出现反向力矩，因此，要求接近柱面的截面具有正负弯矩强度。研究表明，截面仅设置单束预应力筋时，对地震反应的受力是不利的。对于承受反向地震荷载的截面，在截面内应至少有两束或更多的预应力筋，并且分别各至少有一束接近上下表面。

（3）横向钢筋对延性的影响

分析研究表明，设置箍筋将改善预应力混凝土构件的延性，箍筋使混凝土受到约束，也可用来防止承受循环荷载时纵向钢筋的屈曲及核心混凝土的进一步破坏。

（4）保护层厚度对延性的影响

保护层厚度小可确保预应力混凝土梁在承受大曲率变形、混凝土保护层剥落时不致使弯矩承载能力明显下降，从延性观点看，混凝土保护层厚度应尽量小。

以上是预应力混凝土截面延性的主要影响因素，对于部分预应力混凝土构件还有预应力度不同的影响等因素。

3. 预应力混凝土结构抗震设计要求

预应力混凝土结构抗震设计除应满足结构抗震设计的一般规定外，还应符合各相应规范的专门要求。《建筑抗震设计规范》（GB 50011—2001）对预应力混凝土框架的规定为：

（1）后张预应力混凝土框架中应采用预应力和非预应力筋混合配筋方式，并按下式计算预应力强度比：

$$\lambda = \frac{A_p f_{py}}{A_p f_{py} + A_s f_y} \tag{8-33}$$

式中 λ——预应力强度比；

A_p，A_s——分别为受拉区预应力筋、非预应力筋截面面积；

f_{py}——预应力筋的抗拉强度设计值；

f_y——非预应力钢筋的抗拉强度设计值。

一级抗震结构其预应力强度比不宜大于0.55；二、三级结构不宜大于0.75。

（2）预应力混凝土框架梁端纵向受拉钢筋按非预应力钢筋抗拉强度设计值换算的配筋率不应大于2.5%，且考虑受压钢筋的梁端混凝土受压区高度和有效高度之比，一级抗震结构不应大于0.25，二、三级不应大于0.35。

（3）梁端截面的底面和顶面非预应力钢筋配筋量的比值，除按计算确定外，一级抗震结构不应小于1.0，二、三级不应小于0.8，同时，底面非预应力钢筋配筋量不应低于毛截面面积的0.2%。

（4）对于预应力混凝土悬臂梁其梁底和梁顶非预应力钢筋配筋量的比值，除按规定外，不应小于1.0，且底面非预应力钢筋配筋量不应低于毛截面面积的0.2%。

（5）对于预应力混凝土框架柱还应符合以下规定：1）预应力混凝土大跨度框架顶层边柱宜采用非对称配筋，一侧采用混合配筋，另一侧仅配置普通钢筋；2）预应力混凝土框架柱的截面受压区高度和有效高度之比，一级抗震结构不应大于0.25，二、三级不应大于0.35。

（6）预应力混凝土框架柱箍筋应沿柱全高加密。

（7）《建筑抗震设计规范》（GB 50011—2001）还要求：抗震设计时，框架的后张预应力构件宜采用有粘结预应力筋，后张预应力筋的锚具不宜设置在梁柱节点核心区。

4. 预应力混凝土结构抗震设计验算

（1）截面抗震验算

$$S \leqslant \frac{R}{\gamma_{RE}} \tag{8-34}$$

式中 γ_{RE}——承载力抗震调整系数。钢筋混凝土构件 γ_{RE} 一般取 0.75 ~0.85。

（2）抗震变形验算

层间弹性位移

$$\Delta u_e \leqslant [\theta_e] \cdot h \tag{8-35}$$

式中 Δu_e——多遇地震作用标准值产生的层间弹性位移；

$[\theta_e]$——层间弹性位移转角限值，一般取 1/800 ~1/450。

某些建筑物要计算罕遇地震作用下结构的弹塑性位移。罕遇地震作用下结构的弹塑性位移的计算方法有两种：12 层以下建筑可采用简化方法；12 层以上采用时程分析法。简化计算方法如下：

1）楼层屈服强度系数：

$$\xi_y = \frac{V_y}{V_e} \tag{8-36}$$

式中 ξ_y——楼层屈服强度系数；

V_y——楼层受剪承载力（按材料强度标准值计算）；

V_e——罕遇地震作用下楼层弹性地震剪力。

2）层间弹塑性位移：

$$\Delta u_P = \eta_P \cdot \Delta u_e \tag{8-37}$$

式中 Δu_P——层间弹塑性位移；

Δu_e——罕遇地震作用下按弹性分析的层间位移；

η_P——弹塑性位移增大系数，一般取 1.3 ~2.8，取决于层数与楼层屈服强度系数 ξ_y。

应符合：

$$\Delta u_P \leqslant [\theta_P] \cdot h \tag{8-38}$$

式中 h——层高或柱高；

$[\theta_P]$——层间弹塑性位移角限值，一般取 1/70 ~1/30。

（3）延性系数验算

在抗震设计中，要求结构有必要的延性，才能避免结构的脆性破坏，使结构能抵御偶然发生的地震作用或冲击荷载。因此，延性是抗震设计中最重要的参数之一。

结构的延性通常用延性系数来表示。延性系数可以用不同的参数，如位移、转角、曲率或应变来表示。而其中以位移延性系数 μ_Δ 最为常用，可按下式计算：

$$\mu_\Delta = \Delta_u / \Delta_y \tag{8-39}$$

式中 Δ_u——结构的极限位移；

Δ_y——结构的屈服位移。

(4) 耗能能力

结构的耗能能力是衡量结构抗震性能的另一个重要指标，可以采用等效粘滞阻尼系数、功比系数等指标来表示。

等效粘滞阻尼系数 h_e：

$$h_e = A/(2\pi P_0\Delta_0) \tag{8-40}$$

式中 A——滞回环面积；

P_0——滞回环顶点的荷载；

Δ_0——滞回环顶点的位移值。

功比系数 I_W：

$$I_W = \sum_{i=1}^{n}\frac{P_i\Delta_i}{P_y\Delta_y} \tag{8-41}$$

式中 n——循环次数；

i——循环序数；

P_y——屈服荷载；

Δ_y——屈服位移；

P_i——第 i 级循环的荷载；

Δ_i——第 i 级循环的位移。

§8.4 预应力混凝土结构抗震试验方法

由于地震作用下混凝土结构的反应能力及其将会遭受的破坏是复杂的，难以用纯理论的分析方法解决。因此，混凝土结构的抗震设计除设计计算与构造要求外，对于重要或特殊的结构进行必要的试验研究是很重要的。一般说结构抗震试验研究的主要任务是：验证理论和计算方法的合理性和有效性；确定弹性阶段的应力与变形状态；寻求弹塑性和破坏阶段的工作性状。抗震试验的具体内容大致如下：

(1) 确定结构的动力特性。主要是结构各阶的自振周期、阻尼和振型等动力特性参数；

(2) 确定结构在低周往复荷载作用下的恢复力特性，包括承载力和变形性能、滞回特性、耗能能力和延性性能等；

(3) 研究结构在地震荷载作用下的破坏机理和破坏特征；

(4) 在给定的模拟地震作用下测定结构的地震反应，验证理论模型和计算方法的合理性和可靠性；

(5) 验证所采取的抗震措施或加固措施的有效性。

抗震试验是动力试验的一种。当前根据建筑物的需要和试验条件可进行的试验研究方法主要有结构拟静力试验方法、拟动力试验方法和模拟地震振动台动力试验方法等三种。有时还可进行原型结构物的现场动力试验。

8.4.1 拟静力试验方法

拟静力试验方法（Quasi-Static Test Method）又称低周往复荷载试验，低频率往复的循环加载。试验中控制荷载的位移与荷载量，使结构在正反两方向反复加载与卸载，模拟地震作用下结构的受力全过程：弹性－开裂－屈服－塑性发展－破坏。通过试验可获得结构构件的恢复力特性曲线、骨架曲线、强度和刚度退化规律、耗能能力以及破坏机理。由于低周反复加载的每一个加载周期远远大于结构自身的基本周期，所以实质上是用静力加载方法来近似模拟地震作用。

（1）拟静力试验方法的目的和特点

拟静力试验可以研究结构在地震荷载作用下的恢复力特性，确定结构构件恢复力的计算模型。通过低周往复荷载试验所得的滞回曲线和曲线所包的面积求得结构的等效阻尼比以及结构的耗能能力。从恢复力特性曲线尚可得到和一次加载相接近的骨架曲线、结构的初始刚度和刚度退化等重要参数。同时，通过拟静力试验还可以从强度、变形和能量等三个方面判别和鉴定结构的抗震性能。

拟静力试验的优点是：装置简单、耗资较少；在逐步加载过程中可以仔细观察反复荷载下结构的变形和破坏现象；可以进行较大尺寸的结构试验。其缺点是不能与任一次确定性的非线性地震反应结果相比。

预应力结构的拟静力试验主要分为预应力混凝土构件与梁柱节点的拟静力试验，如图8-8与图8-9（a）、（b）所示。梁柱节点的拟静力试验，当试体不要求测 P-Δ 效应时应采用图8-9（a）的试验装置，当试体要求测 P-Δ 效应时应采用图8-9（b）的试验装置。

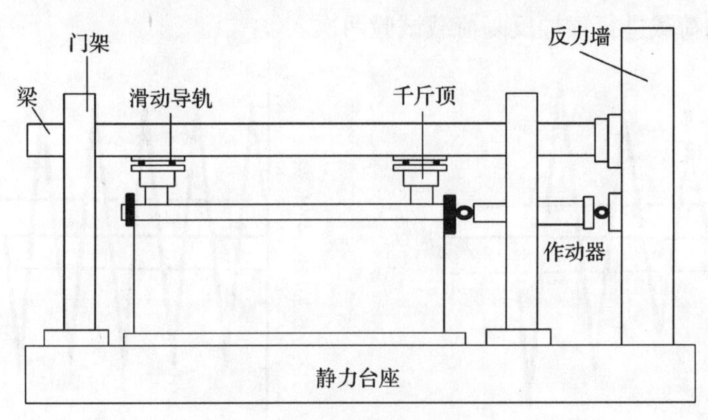

图8-8　墙体试验装置

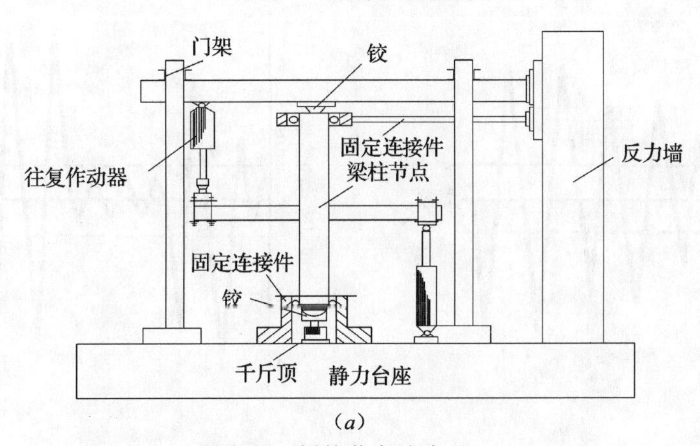

（a）

图8-9　梁柱节点试验（一）

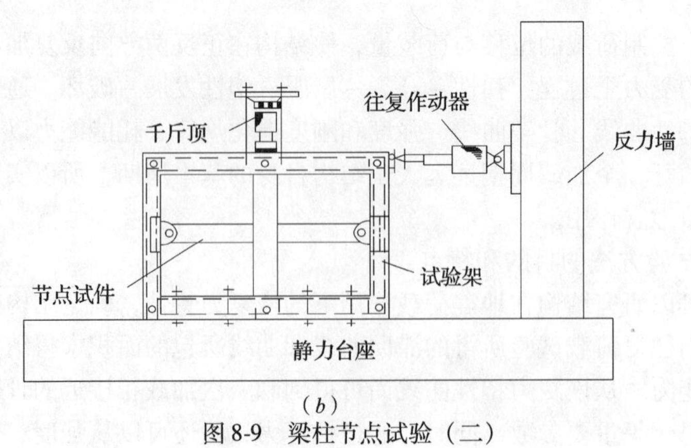

（b）

图 8-9　梁柱节点试验（二）

（a）梁柱节点试验装置；（b）测 P-Δ 效应的节点试验装置

（2）拟静力试验加载方法和规则

拟静力试验加载方法分为：变位移加载方法、变力加载方法和变力－变位移混合加载方法三种，如图 8-10（a）、（b）、（c）所示。试验中一般在结构达到屈服荷载前采用变力加载，屈服后采用变位移加载的程序。这种混合加载程序可以获得结构达到最大承载力后的下降段的受力特性。加载试验中每级荷载一般重复试验 2～3 次，以及确定开裂荷载、屈服荷载、屈服位移和极限荷载等特征点。在正式试验前，应先进行加载值不超过开裂荷载计算值 30% 的荷载进行预加反复荷载试验两次。

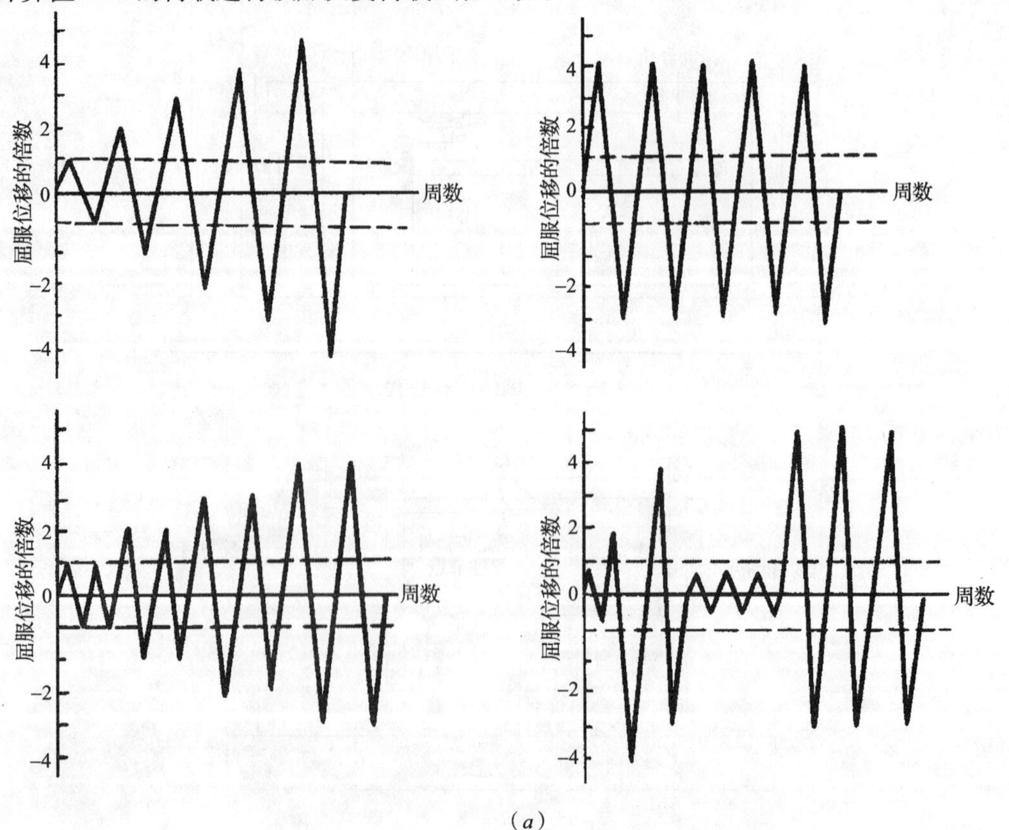

（a）

图 8-10　加载规则（一）

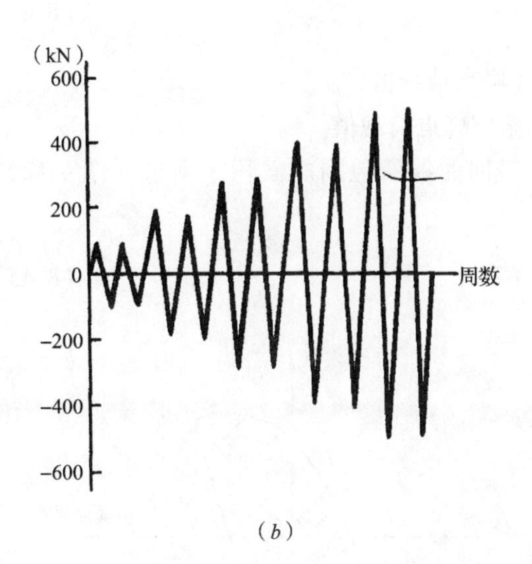

(b)

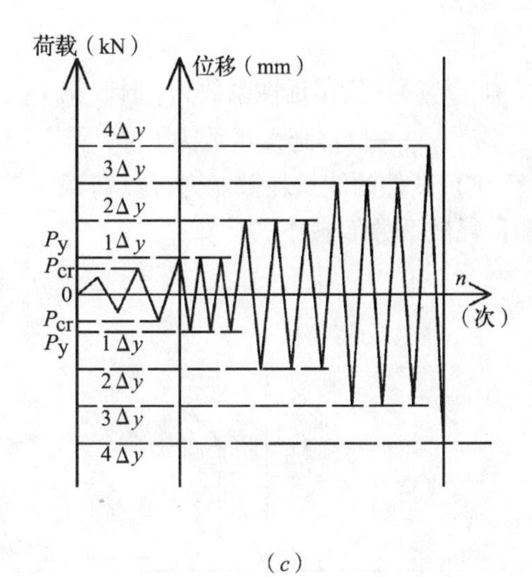

(c)

图 8-10　加载规则（二）

(a) 变位移加载规则；(b) 变力加载规则；(c) 变力－变位移加载规则

(3) 拟静力试验的数据处理

拟静力试验是在低周反复荷载作用下受荷试件的受力性能试验，各加载循环的荷载位移曲线是试验结果的重要数据，而在试验全过程中，混凝土构件的开裂、钢筋屈服、最大荷载、破坏荷载等是试验过程的重要特征值。因此，拟静力试验过程中应当详细记录与进行试验数据整理分析的是：

1) 试件出现第一条裂缝的荷载和相应变形，即开裂荷载和变形。

2) 试件配有钢筋时，受拉区主筋达到屈服强度时的荷载与相应的变形。

3) 试件承受荷载最大时相应的荷载和相应的变形。

4) 试件的破坏荷载及相应的变形取试件在最大荷载出现后，随变形增加而荷载下降至最大荷载的 85% 时的相应荷载和相应变形（如图 8-11 所示）。

5) 由每一级加载所测的相应荷载与相应位移可按下式求得试件的割线刚度：

$$K_i = \frac{|+F_i| + |-F_i|}{|+X_i| + |-X_i|} \tag{8-42}$$

式中　F_i——第 i 次峰点荷载值；

X_i——第 i 次峰点位移值。

6) 试件的延性系数，根据极限位移和屈服位移 X_y 可从下式求得：

$$\mu = \frac{X_u}{X_y} \tag{8-43}$$

式中　μ——延性系数；

X_u——试件的极限位移；

X_y——试件的屈服位移。

7) 试件的承载力降低性能，可应用同一级加载各次循环所得荷载降低系数 λ 进行比较，λ 由下式计算：

$$\lambda = \frac{F_j^i}{F_j^{i-1}} \tag{8-44}$$

式中　F_j^i——位移延性系数为 j 时，第 i 次循环峰点荷载值；

F_j^{i-1}——位移延性系数为 j 时，第 $i-1$ 次循环峰点荷载值。

8）试件的能量耗散能力，以荷载－变形滞回曲线所包围的面积来衡量（图 8-12），能量耗散系数 E 按下式计算：

$$E = \frac{S_{(ABC+CDA)}}{S_{(OBE+ODF)}} \tag{8-45}$$

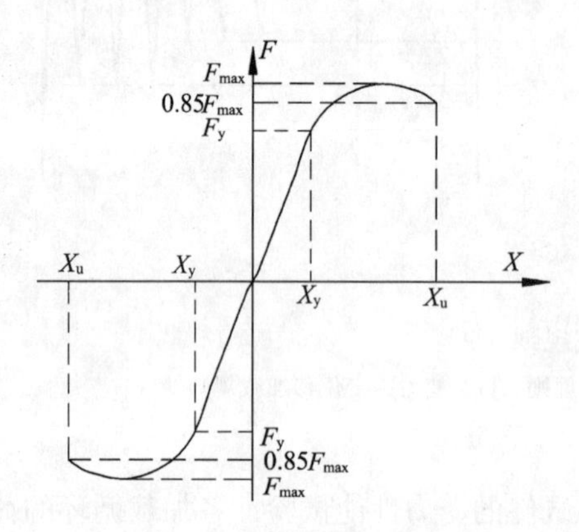

图 8-11　试件的荷载变形曲线

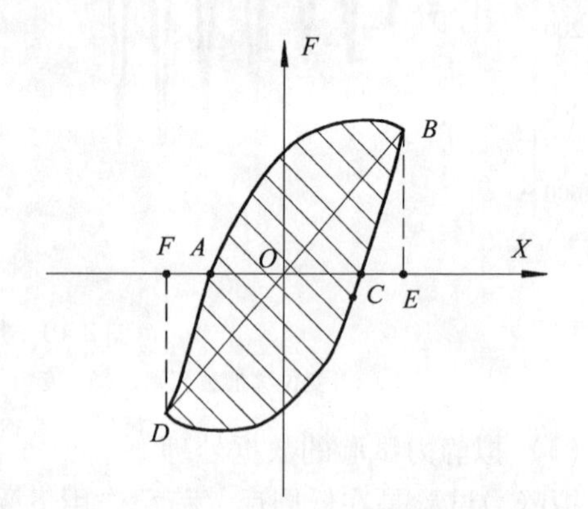

图 8-12　荷载－变形滞回曲线

8.4.2　拟动力试验方法

拟动力试验方法（Pseudo-Dynamic Test Method）是计算机－加载器联机的试验（The Computer Actuator on Line System or The Pseudo Dynamic Test Divice），是将结构动力学的数值解法同电液伺服加载有机的结合起来的试验方法。拟动力试验首先通过计算机将实际地震波的加速度转换成作用在结构或构件上的位移和与此位移相应的加载力；随着地震波加速度时程曲线的变化，作用在结构上的位移和加载力也跟着变化。这样一来，就可以得出某一实际地震波作用下的结构连续反应的全过程，并得到结构实际的荷载－变形的关系曲线，也即是结构的恢复力特征曲线。因此，可以理解为是电液伺服加载系统与计算机联机数值求解结构动力方程的方法。它比周期性加载（拟静力）更接近地震反应，因此，更能准确地获得结构的地震反应。

（1）拟动力试验方法的目的和要求

拟动力试验和拟静力试验的目的不同，拟静力试验主要是采用小尺度的单自由度试件和周期性的加载方法，对材料或结构的表现进行深入的了解，从而发展抽象的、概括性的结构数学模型。而拟动力试验则是将已存在的数学模型应用于结构或构件，真实模拟地震对结构的作用，从而根据试验结果对预期响应进行验证。拟动力试验能做较大型结构模型试验，并能缓慢重现地震时结构物的反应，便于观察结构的破坏过程。其不足之处在于不能反映实际地震时材料应变速率的影响。

拟动力试验实际上是计算机与加载器联机求解结构动力学方程的方法，因此，它对试验装置要求比较高，试验系统需由试验台、反力墙、加载设备、计算机、数据采集仪器等组成。图 8-13 为拟动力试验装置的一种。拟动力试验除必要的装置外，试验前还应根据结构所处的场地类型选择具有代表性的地震加速度时程曲线，并准备好计算机的输入数据文件。

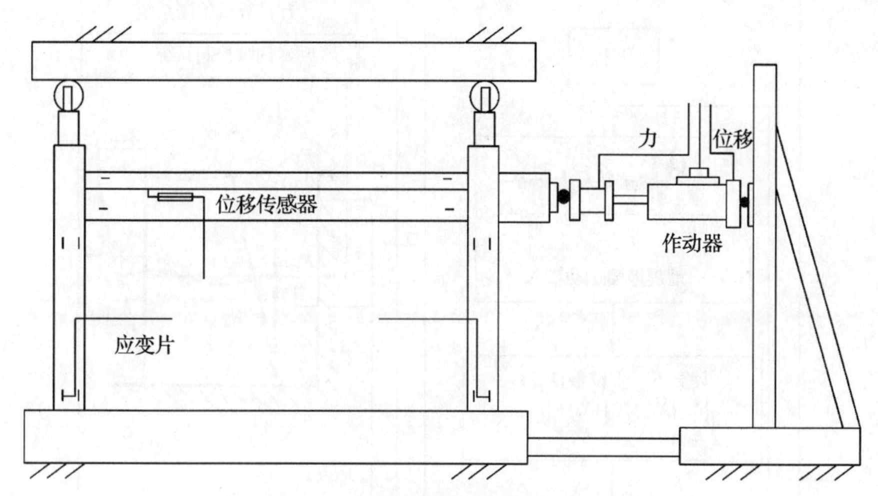

图 8-13　框架结构试体拟动力试验装置

（2）拟动力试验的一般步骤

1）在计算机系统中输入某一确定的地震地面运动加速度。

在加速度的时程曲线中，加速度的幅值随时间 t 的改变而变化。为便于利用数值积分方法来计算求解线性或非线性的运动方程式，可将实际地震加速度的时程曲线按 Δt 划分成许多微小的时段，并认为在这 Δt 时间段内的加速度呈直线变化。

2）以单自由度为例，由计算机按输入第 n 步的地面运动加速度 $\ddot{X}_{0n}$，求得第 $n+1$ 步的指令位移 X_{n+1}。

当输入 $\ddot{X}_{0n}$后，由运动方程 $M\ddot{X}_n + C\dot{X}_n + F_n = -M\ddot{X}_{0n}$在 Δt 时间内由第 $n-1$ 和 n 步的位移 X_{n-1}和 X_n 以及第 n 步的恢复力 F_n，求第 $n+1$ 步的位移 X_{n+1}。

3）按指令位移 X_{n+1}对结构施加荷载。

由加载控制系统的计算机将位移值 X_{n+1}转换成电压信号，输入加载系统的电液伺服加载器，用准静态方法对结构施加与 X_{n+1}的位移相应的荷载。

4）量测结构的恢复力 F_{n+1}和加载器的位移值 X_{n+1}。

由电液伺服加载器的荷载传感器和位移传感器直接测量结构的恢复力 F_{n+1}和加载器活塞行程的位移反应值 X_{n+1}。

5）重复上述步骤，按输入第 $n+1$ 步的地面运动加速度 $\ddot{X}_{0n+1}$求位移 X_{n+2}和恢复力 F_{n+2}，连续进行加载试验。

将实测的 F_{n+1}和 X_{n+1}的数值连续输入数据采集和反应分析系统的计算机，利用位移 X_n，X_{n+1}和恢复力 F_{n+1}按上述同样方法重复运行并进行计算、加载和测量，求得位移 X_{n+2}和恢复力 F_{n+2}连续对结构进行加载试验，直到输入地震加速度时程所指定的时刻。

整个试验加载连续循环进行，全部由计算机自动控制操作执行。图 8-14 为联机试验计算机加载工作流程框图。

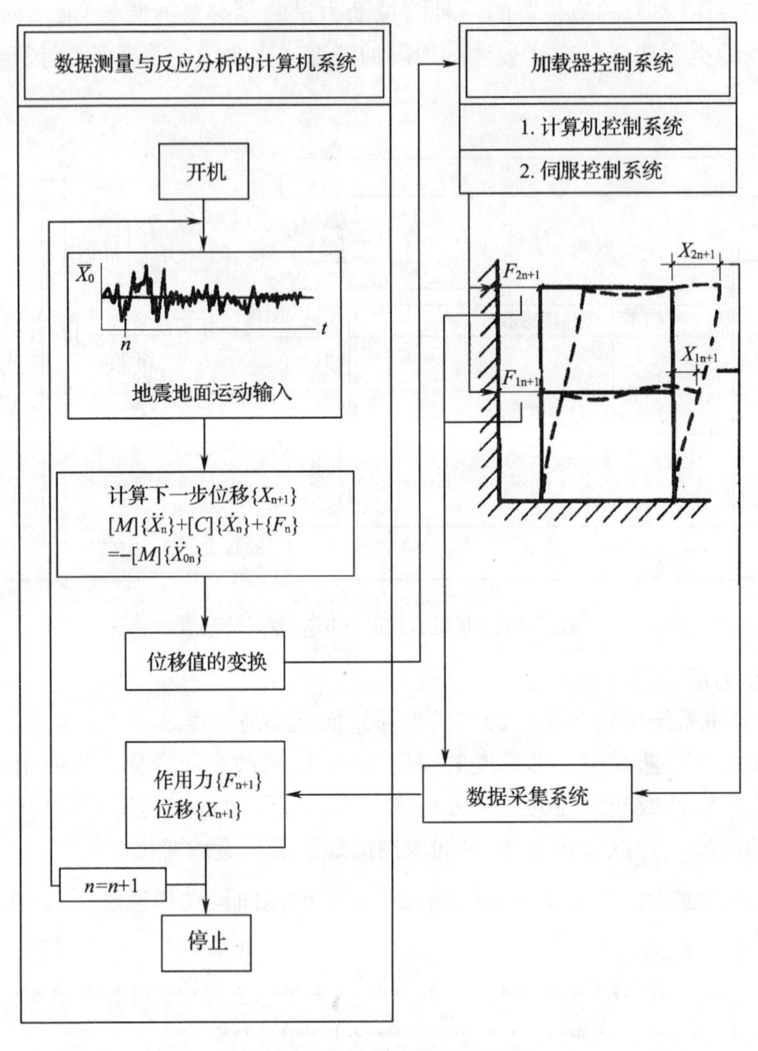

图 8-14　拟动力实验控制过程

进行拟动力试验时，需要确定性的地震加速度时程曲线（加速度峰值和时间间隔），按模型相似比关系确定的结构自由度的质量、结构构件的初始刚度、结构构件的阻尼比等。图 8-15 与图 8-16 为实际地震采集到的典型地震波以及加速度时程曲线。

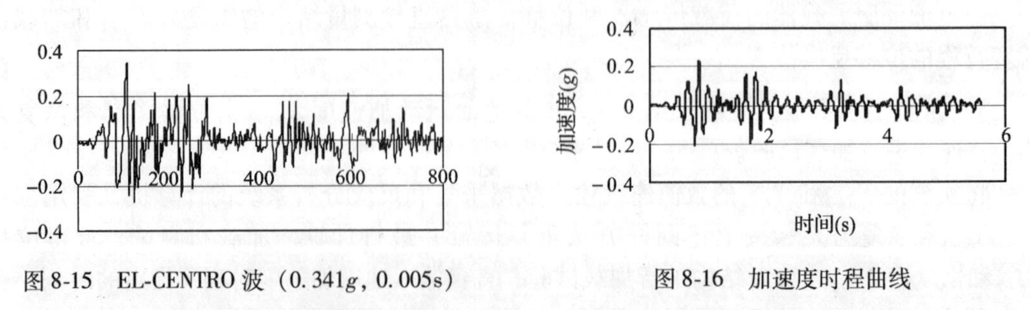

图 8-15　EL-CENTRO 波（0.341g，0.005s）　　图 8-16　加速度时程曲线

拟动力试验的加载过程也是拟静力的，但它与拟静力试验方法存在本质的区别，拟静力试验每一步的加载目标（位移或力）是已知的，而拟动力试验的每一步的加载目标是由上

一步的测量结果和计算结果通过递推求得，这种递推过程即是结构动力方程的离散数值解。

（3）拟动力试验的数据处理

拟动力试验是测试试件在选择的地震加速度时程曲线作用下试件的地震反应，因此，以下对试验数据的整理是主要的。

1）对采用不同的地震加速度记录和最大地震加速度进行的每次试验，均应对试验数据进行图形处理，各图形应考虑计入结构进入弹塑性阶段后各次试验依次产生的残余变形影响，主要图形数据包括：基底总剪力-顶端水平位移曲线图和层间剪力-层间水平位移曲线图；试体各质点的水平位移时程曲线图和恢复力时程曲线图；以及最大加速度时的水平位移图、恢复力图、剪力图、弯矩图；抗震设计的时程分析曲线与试验时程曲线的对比图等。

2）试体开裂时的基底总剪力、顶端位移和相应的最大地震加速度应按试体第一次出现裂缝时的相应数值确定。该裂缝随着地震加速度的增大而开展。

3）试体屈服、极限、破损状态的基底总剪力、顶端水平位移和最大地震加速度按以下方法确定：

① 绘制基底总剪力-顶端水平位移包络图。该图的绘制应采用同一地震加速度记录按不同最大地震加速度进行的各次试验得到的基底总剪力-顶端水平位移曲线，取各曲线中最大反应循环内考虑各次试验使结构模型产生的残余变形影响的各个反应值绘于同一坐标图中。

② 取包络图上出现明显拐点处（正负方向较小一侧）的数值为试体屈服基底总剪力、屈服顶端水平位移和屈服状态地震加速度。

③ 取包络图上沿基底总剪力轴顶处（正负方向较小一侧）的数值为试体极限基底总剪力和极限剪力状态的地震加速度。

④ 取包络图上沿顶端水平位移轴、过极限基底总剪力点后、基底总剪力下降15%点处（正负方向较小一侧）的数值，为试体破损基底总剪力及相应状态地震加速度。

8.4.3 模拟地震振动台动力试验方法

模拟地震振动台试验方法（Shaking Table Test Method），是通过振动台的台面运动对结构模型输入地面运动，模拟地震对结构作用的全过程，进行结构的动力特性和动力反应试验。模拟地震振动台动力试验可研究结构的地震反应、破坏机理和结构的动力特性，检验结构抗震设计理论、方法和计算模型正确与否。模拟地震振动台试验方法的特点是可以再现各种形式的地震波，可以在试验室条件下直接观测和了解被试验试体或模型的震害情况和破坏现象，是在试验室研究结构地震反应和破坏机理的最直接方法。模拟地震振动台始建于20世纪60年代末，目前国际上已建成100多座模拟地震振动台，主要分布在日本、中国和美国，其中，日本拥有的振动台规模最大、数量最多。

（1）模拟地震振动台动力试验设备

模拟地震振动台是地震工程研究工作的重要试验设备，也是一个复杂的系统。它主要由台面和基础、高压油源和管路系统、电液伺服作动器、模拟控制系统、计算机控制系统和相应的数据采集处理系统组成（图8-17），图8-18为某模拟地震振动台的振动台面。模拟地震振动台的激振方式有单向，双向转换到双向同时运动，当前已经发展到三向六自由度，控制系统也已发展到自适应控制阶段。

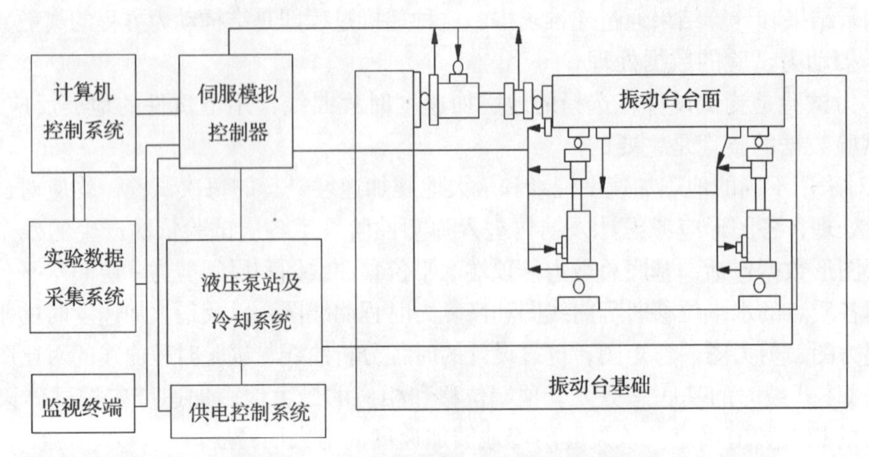

图 8-17 地震模拟振动台系统示意图

图 8-18 某模拟地震振动台台面

(2) 模拟地震振动台动力试验的加载方法

模拟地震振动台动力试验输入的是地面（台面）运动加速度时程曲线。该曲线的选择应考虑试验结构的周期、拟建场地类别、地震烈度和震中距离的影响等。加速度时程曲线可直接选用强震记录的地震数据曲线，也可按结构拟建场地类别的反应谱特性拟合的人工地震波，这种拟合地震波的持续时间不宜少于 20s。

模拟地震振动台动力试验宜采用以下步骤的多次分级加载方法：1）按试体模型理论计算的弹性和非弹性地震反应，估算逐次输入的加速度幅值。2）弹性阶段试验。输入某一幅值的地震地面运动加速度时程曲线，量测试体的动力反应、放大系数和弹性性能。3）非弹性阶段试验。逐级加大台面输入加速度幅值，使试体逐步发展到中等强度的开裂。4）破坏阶段试验。继续加大台面输入加速度幅值，或在某一最大的峰值下反复输入，使试体形成机动体系，直至试体整体破坏，检验结构的极限抗震能力。

（3）试验的观测与试验数据处理

模拟地震振动台动力试验应量测试体的加速度、速度、位移和应变等重要参数的动态反应。在逐级加载的间隙应观测裂缝的出现和发展，量测裂缝宽度，并按输入地震波的过程在试体上描绘记录。

模拟地震振动台动力试验数据采样频率应符合一般波谱信号数值处理的要求。试验数据整理分析前还应进行必要的滤波处理，处理后的试验数据应提取测试数据的最大值及其相应的时间、时程反应曲线以及结构的自振频率、振型和阻尼比等数据。

§8.5 预应力混凝土结构抗震试验研究

预应力混凝土结构抗震试验的主要对象是预应力混凝土框架及其梁柱节点。抗震试验的主要内容是拟静力试验、拟动力试验，以及振动台模拟地震试验。由于受这些试验设备的限制以及试验费用昂贵，因此，至今国内开展全面的抗震试验研究不多，尤其预应力混凝土结构的拟动力试验与振动台模拟地震试验更少。本节介绍预应力混凝土框架的拟静力实验、预应力框架节点拟静力实验、以及预应力混凝土框架的拟动力实验的实例，实例的介绍包含模型设计、实验过程、以及实验数据的采集与整理。

8.5.1 预应力混凝土框架的拟静力试验

1. 试验框架的模型

进行拟静力试验的是两榀无粘结部分预应力扁梁框架，扁梁、柱尺寸均相同。模型的轴线跨度为3.0m，层高1.5m。框架柱截面为250mm×300mm，扁梁截面尺寸为450mm×200mm。试件尺寸详图见图8-19。为使实验时保证柱底端为固定端，采用刚度较大的系梁，

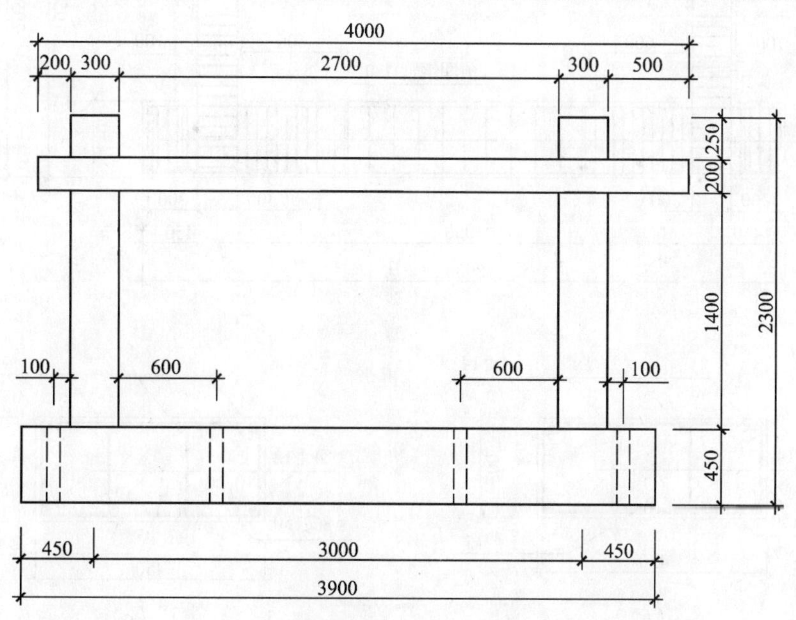

图8-19　无粘结部分预应力扁梁框架试件尺寸

其截面尺寸为300mm×450mm。试件设计还根据现有台座条件对基础梁和扁梁端分别延伸出一段长度，以固定框架结构。扁梁框架UPPCF-1的预应力配筋为1ϕ^{j}15，扁梁框架UPPCF-2的预应力配筋为2ϕ^{j}15。预应力筋的固定端采用挤压锚，张拉端采用OVM夹片锚。混凝土强度等级为C40。

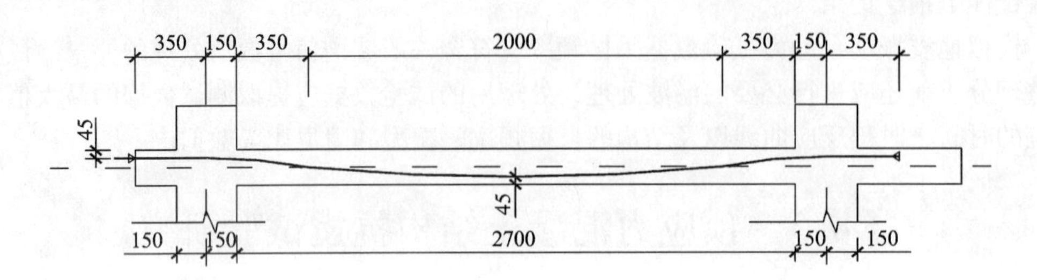

图8-20 框架梁中预应力筋的布置

框架梁柱配筋详图见图8-21，扁梁柱节点区域箍筋等根据《建筑抗震设计规范》(GB 50011—2001)相关规定给予加密。试件的设计轴压比、配筋率、以及材料参数等见表8-4和表8-5。

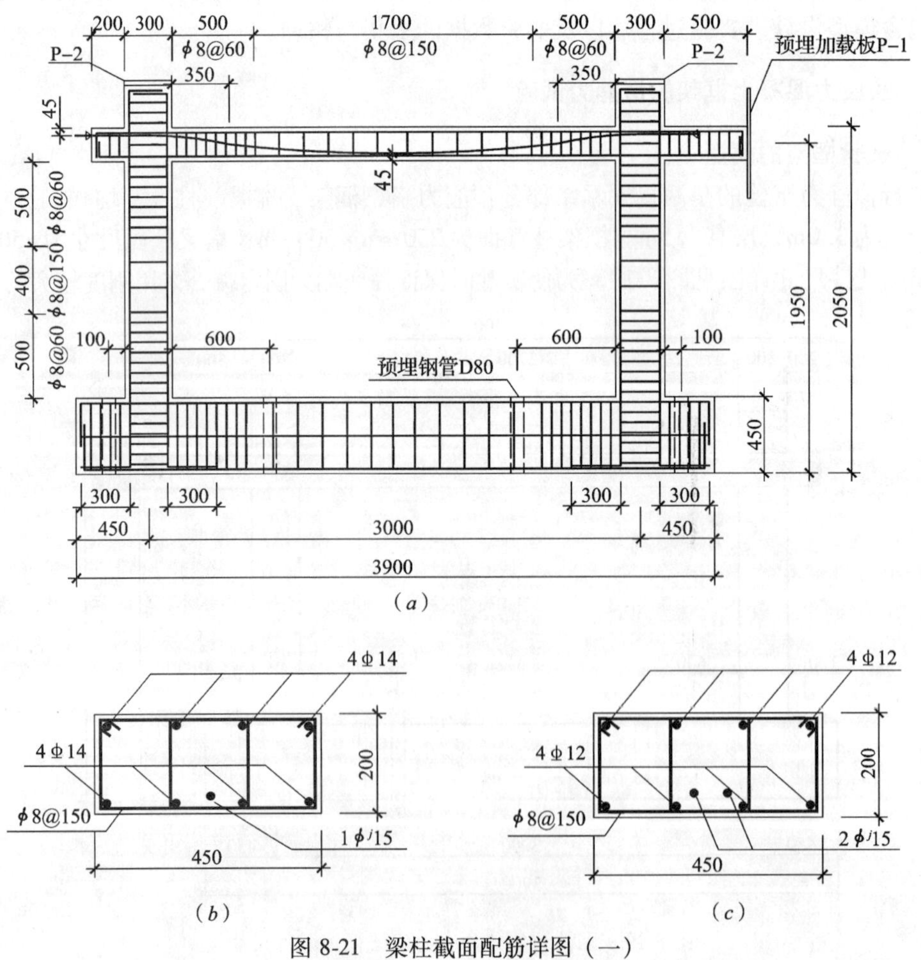

图8-21 梁柱截面配筋详图（一）

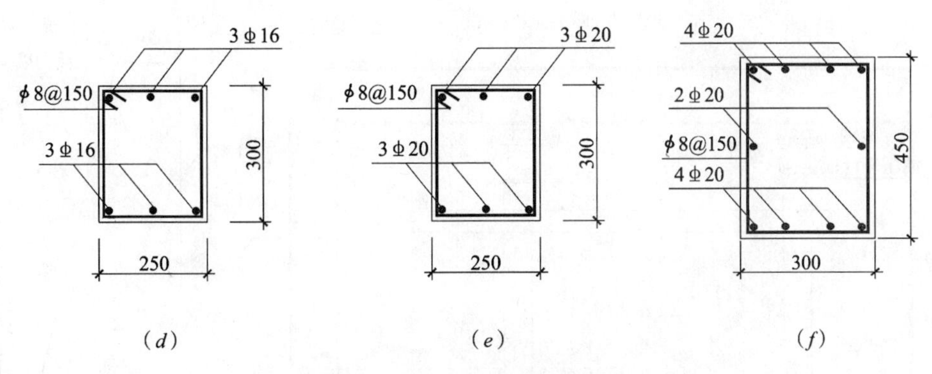

图 8-21　梁柱截面配筋详图（二）

(*a*) 无粘结部分预应力扁梁框架配筋；(*b*) UPPCF-1 扁梁截面配筋；(*c*) UPPCF-2 扁梁截面配筋；(*d*) UPPCF-1 框架柱配筋；(*e*) UPPCF-2 框架柱配筋；(*f*) 系梁配筋

试件设计轴压比、箍筋加密区体积配箍率、配筋特征值　　**表 8-4**

试件编号	设计轴压比 n	截面尺寸 $b\times h$ (mm)		箍筋的配置	配箍率 ρ_{sv} (%)	箍筋加密区	
						体积配箍率 ρ_v (%)	配箍特征值 β_v
UPPCF-1	0.1	梁	350×200	ϕ8@150 (60)	2.98 (7.35)	1.53	0.166
		柱	250×300	ϕ8@150 (60)	2.68 (6.71)	1.51	0.163
UPPCF-2	0.1	梁	350×200	ϕ8@150 (60)	2.98 (7.35)	1.53	0.166
		柱	250×300	ϕ8@150 (60)	2.68 (6.71)	1.51	0.163

注：表中括号内数值为箍筋加密区的相应数值。

普通钢筋及预应力钢筋材性　　**表 8-5**

钢种	直径 (mm)	钢筋等级	钢筋实测直径 (mm)	实测面积 (mm^2)	屈服强度 (MPa)	屈服应变 μ_ε	极限强度 (MPa)	弹性模量 ($\times10^5$MPa)
预应力筋	ϕ^j15			139.98	1570		1860	
非预应力主筋	20	Ⅱ	20.32	327.60	369.33	2033	535.89	1.81
	16	Ⅱ	16.31	211.61	333.15	3281	521.89	1.59
	13	Ⅱ	13.33	161.38	398.00	2181	535.59	1.83
	12	Ⅱ	12.63	125.19	368.25	3656	537.72	1.50
箍筋	8	Ⅰ	7.835	37.70	314.12	1524	479.30	2.06

2. 试验加载装置

在进行拟静力试验前，在框架模型的柱顶施加垂直荷载产生一定的轴压，但两试件的轴压比较小，均为 0.1。拟静力试验在扁梁端部施加低周反复水平荷载，水平荷载由 MTS 电液伺服加载系统实现。作动器的静态承载能力为 ±750kN，额定加载能力为 ±500kN，最大行程为 ±250mm。水平荷载通过作动器由反力墙承担。试件加载装置图见图 8-22，图 8-23 为试验照片。

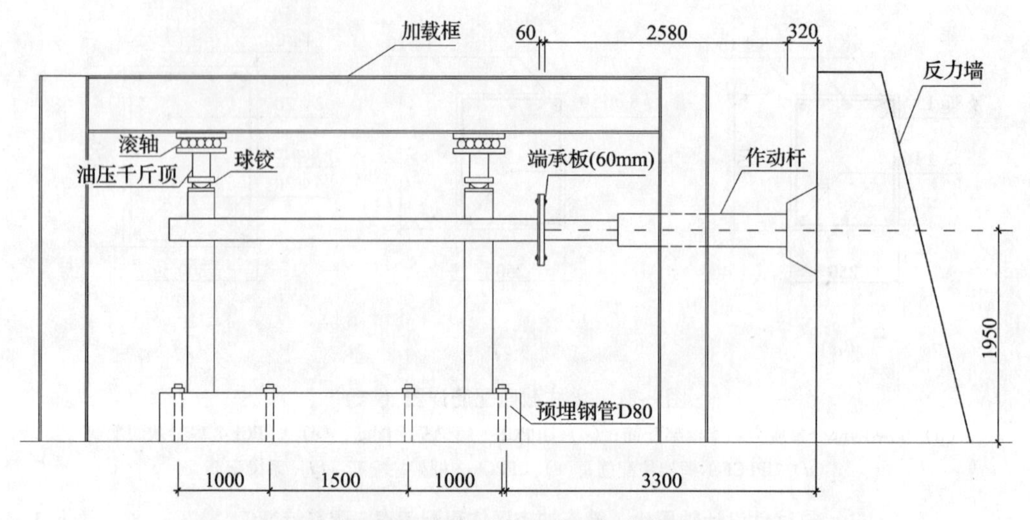

图 8-22 框架拟静力实验加载装置

图 8-23 框架拟静力试验照片

3. 测点布置与量测

拟静力试验的每加载循环电液伺服加载系统都自动记录施加的荷载值和位移值，并生成相应的曲线。但除了系统自动记录与生成的荷载位移曲线外，还需量测预应力筋、非预应力钢筋的应力增量、节点核心区剪切变形以及节点转角等。因此，必要的测点布置是需要的。这两榀框架试验的测点布置见图 8-24 与图 8-25。这些测点的试验数据由另外的数据采集系统处理。

拟静力试验中构件的塑性铰区域的转动可以用截面的平均曲率 ϕ 来表示。截面的平均曲率 ϕ 是指一定范围内两个截面的相对转动与该段长度的比，即单位长度的平均转角。测得上部传感器的伸长（或缩短）Δ_1 和下部传感器的缩短（或伸长）Δ_2 以后，该截面的转动曲率 ϕ_i 可以用下式计算：

$$\phi_i = \frac{\Delta_2 - \Delta_1}{h}(\text{rad}) \tag{8-46}$$

式中　Δ_1、Δ_2——截面上、下两测点的变化值（mm）；

　　h——截面上、下两测点之间的距离（mm）。

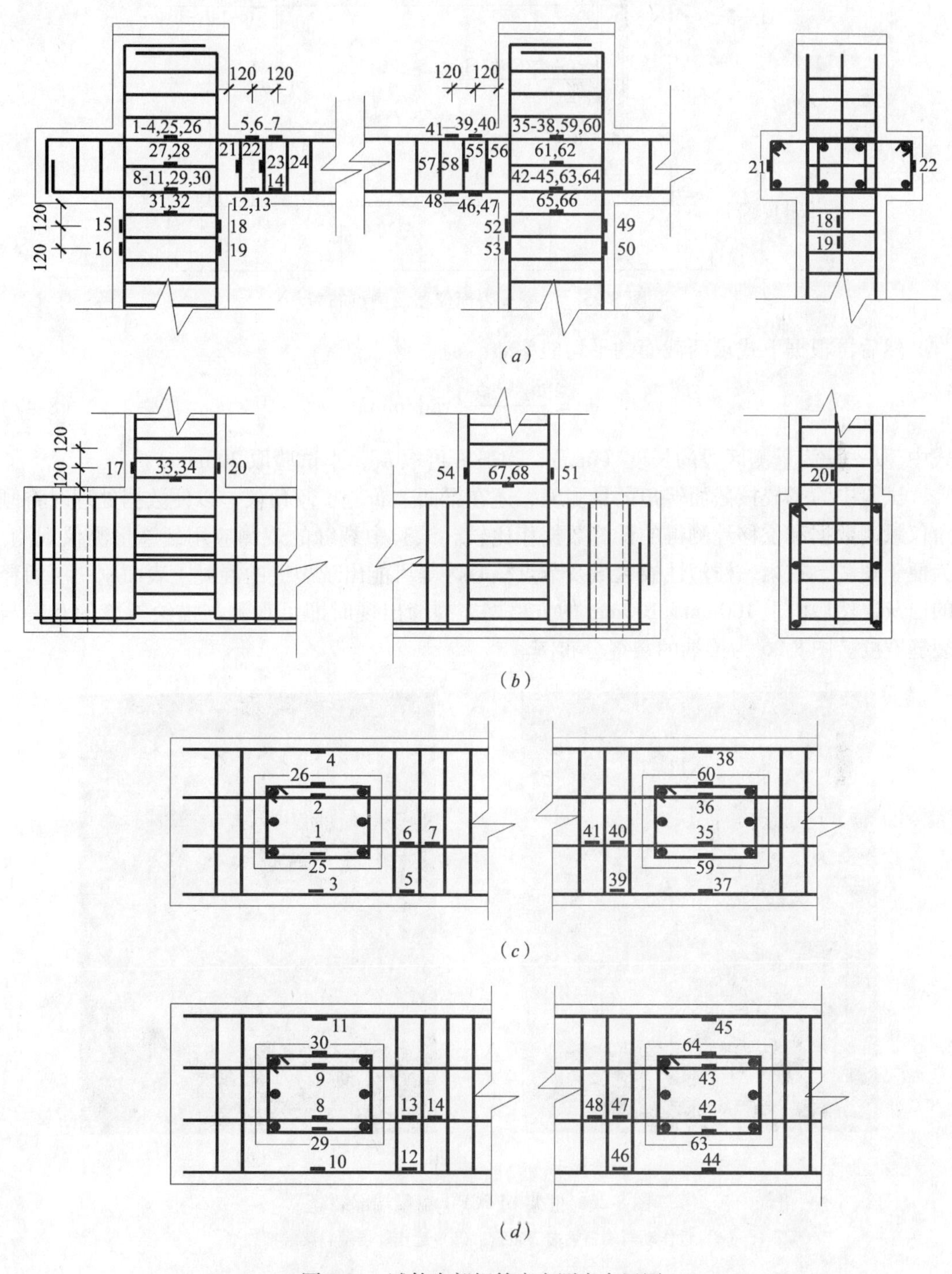

图 8-24　试件内部钢筋应变测点布置图

（*a*）扁梁、柱顶、节点区测点布置（正面、侧面）；（*b*）柱底测点布置（正面、侧面）；

（*c*）扁梁、节点区测点布置俯视图；（*d*）扁梁、节点区测点布置仰视图

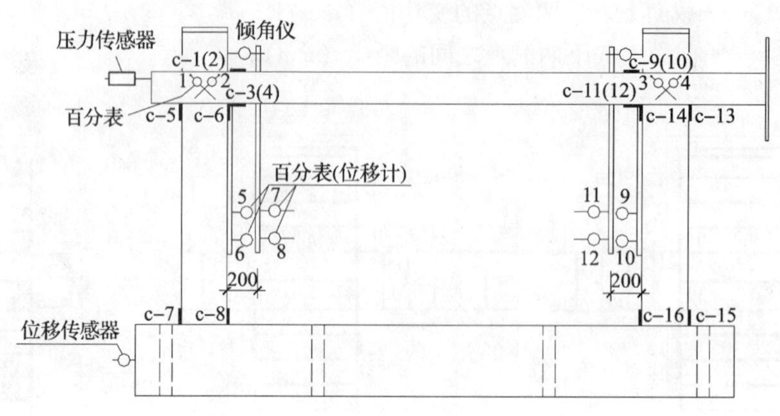

图 8-25　混凝土表面仪器及测点布置

然后再根据下式求两截面的平均曲率 ϕ：

$$\phi = \frac{\phi_2 - \phi_1}{L}(\text{rad/mm}) \tag{8-47}$$

式中　L——为量测区段的长度（mm），一般 L 可取 h_b，本试验取 200mm。

试验中为了校核截面转角的量测值，还在梁面上布置了倾角仪，以便数据处理时将倾角仪量测数据和位移计测得的计算数据相比较。试验中裂缝的观测应用裂缝量测仪观测。为便于观测，在梁、柱塑性铰区域及节点核心区等可能出现裂缝的混凝土表面刷一层稀释的白灰，然后画上 100mm×100mm 的方格网。裂缝出现时即可观测与描绘裂缝的开展与裂缝宽度。图 8-26 为梁端的裂缝分布图。

（a）

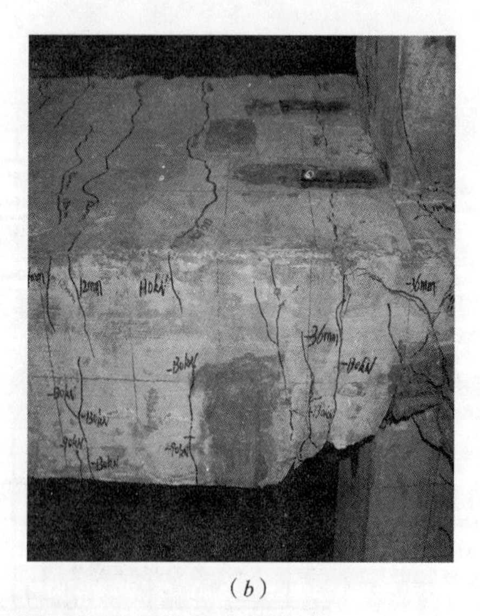

（b）

图 8-26　框架 UPPCF-1 扁梁端部裂缝

（a）近作动器端扁梁端部裂缝；（b）远作动器端扁梁端部裂缝

4. 试验过程与结果分析

（1）试验过程

两榀无粘结部分预应力混凝土扁梁框架的拟静力试验都先以水平力荷载控制，在钢筋屈服后改为水平位移控制，表 8-6 为加载程序与荷载位移数值。当框架试件 UPPCF-1 施加的水平位移达到 ±48mm 时，两边柱脚均出现“X”形斜裂缝，柱侧扁梁端部混凝土出现压碎、剥落，水平位移达到 ±96mm 时水平荷载值降至 0.85P_{max}，停止试验。此时扁梁节点核心区亦出现较宽的“X”形斜裂缝。框架试件 UPPCF-2 与试件 UPPCF-1 相类似，水平位移达到 +45mm 时柱脚塑性铰区裂缝附近混凝土开始剥落，“X”形裂缝十分明显（见图 8-27）。当水平位移达到 ±105mm 时水平荷载值降至 0.85P_{max}，停止试验。

荷载级数及对应的荷载值 **表 8-6**

UPPCF-1		UPPCF-2	
荷载级数	荷载值	荷载级数	荷载值
1	±10kN	1	±15kN
2	±20kN	2	±30kN
3	±30kN	3	±40kN
4	±50kN	4	±50kN
5	±70kN	5	±60kN
6	±90kN	6	±80kN
7	±110kN	7	±100kN
8	±130kN	8	±120kN
9	±12mm	9	±140kN
10	±24mm	10	±160kN
11	±36mm	11	±15mm
12	±48mm	12	±30mm
13	±60mm	13	±45mm
14	±72mm	14	±60mm
15	±84mm	15	±75mm
16	±96mm	16	±90mm
		17	±105mm

图 8-27　UPPCF-2 近作动器端柱底“X”形裂缝

(2) 实验结果与分析

1) 开裂荷载、屈服荷载及极限荷载

试验中结构构件第一次出现裂缝时的荷载为开裂荷载。而屈服荷载则是指试验结构构件在某一截面上多数的受拉主钢筋应力达到屈服强度，而不是指某一根主钢筋应力达到屈服强度时的荷载。此时被认为在构件的该截面上已初步形成塑性铰。因此，在试验数据处理时，以等能量法来校核试验中确定的试件屈服荷载及对应位移值。两榀框架的实测开裂荷载、屈服荷载、极限荷载及最大位移值见表 8-7。

试件实测开裂荷载、屈服荷载、极限荷载及最大位移　　表 8-7

试件编号	开裂荷载		屈服荷载		极限荷载		最大位移	
	水平力(kN)	位移(mm)	水平力(kN)	位移(mm)	水平力(kN)	位移(mm)	水平力(kN)	位移(mm)
UPPCF－1	30（2）	0.9	－130（1）	－11.8	233.89 －196.16	35.3 －82.3	188.76 －182.06	95.7 －96.1
UPPCF－2	－60（1）	－2.0	－160（2）	－14.5	253.02 －211.78	29.6 －75.2	189.23 －165.91	104.5 －105.2

注：1. 括号内数字为同级荷载的循环序数；
　　2. 负号表示反向加载（拉）。

按等能量法计算的试件屈服荷载与试验中按拐点法及钢筋屈服法相结合确定的屈服荷载的比较见表 8-8。由表 8-8 可见：按等能量法（等面积法）计算的屈服荷载较试验中按拐点法和钢筋屈服相结合确定的试件屈服荷载大，分析认为这是因为虽然试件某个控制截面的多数钢筋屈服，但超静定结构中一个截面屈服还不能表明整个结构已经进入屈服阶段。

等能量法计算的屈服荷载与试验中确定的屈服荷载的比较　　表 8-8

试件编号	拐点法及钢筋屈服法		等能量法			
			正向加载		反向加载	
	水平力（kN）	位移（mm）	水平力（kN）	位移（mm）	水平力（kN）	位移（mm）
UPPCF－1	－130	11.8	159.10	13.3	－154.34	－22.1
UPPCF－2	－160	14.5	165.02	10.5	－167.88	-21.4

2) 滞回特性与骨架曲线

① 荷载－位移滞回曲线

结构的荷载－位移滞回曲线是结构在反复荷载下的受力性能变化（混凝土裂缝的开展、钢筋的屈服和强化、局部混凝土的酥裂剥落以致破坏等）的综合反映，是结构抗震性能的综合表现之一，也是分析结构抗震性能的基础。滞回环对角线的斜度可以反映构件的总体刚度，滞回环包围的面积则是荷载正反交变一周时结构所吸收的能量。两榀无粘结部分预应力扁梁框架试件的滞回曲线见图 8-28、图 8-29。从滞回曲线可见无粘结部分预应力扁梁框架的滞回曲线呈现以下特点：

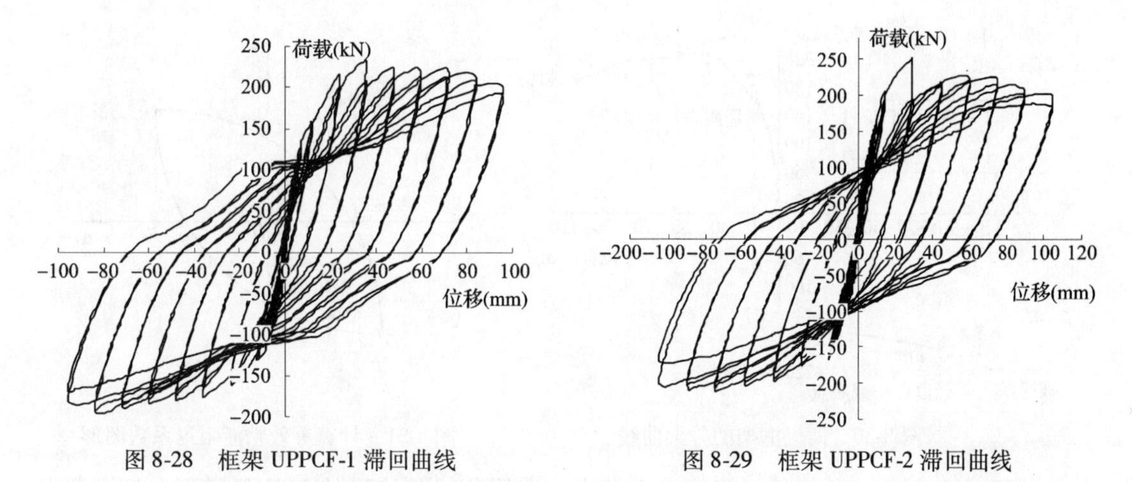

图 8-28　框架 UPPCF-1 滞回曲线　　　　图 8-29　框架 UPPCF-2 滞回曲线

(*a*) 无粘结部分预应力扁梁的滞回曲线的形状随着荷载的增加由弓形向反弓形发展；滞回曲线较为饱满，有一定的耗能能力。

(*b*) 在最初的几个循环时构件还处于弹性阶段，框架试件上还未出现裂缝，加载曲线呈线性。在周期反复荷载作用下，开裂至屈服荷载时，试件刚度并没有明显的降低，残余变形很小，超过屈服荷载后，随循环次数的增加，刚度降低明显加剧，残余变形明显增大。在数次反复荷载以后，加载曲线上出现了反弯点（拐点），形成了“捏拢”现象，而且“捏拢”现象逐次增大。

(*c*) 比较各级同向加载循环，后一荷载级数的滞回曲线比前一荷载级数滞回曲线的斜率小，说明了反复荷载下构件刚度发生退化。但是由于预应力效应，使得结构具良好的恢复力特性，同一级荷载作用下前后两次循环的滞回环比较接近，刚度退化不多。

(*d*) 滞回曲线在正、反向加载时并不对称，这主要是由于正、反向加载时结构的受拉和受压刚度并不相同，而且反向加载受到诸如开裂、受压后裂缝闭合、钢材的包兴格（Baushinger）效应等因素的影响。

(*e*) 从无粘结部分预应力扁梁框架的滞回曲线可见，该结构有较好的延性性能。在达到极限荷载后，滞回曲线的包络线（骨架曲线）下降较为缓慢。这主要是因为在非预应力受力主筋屈服后，预应力钢筋仍未达到其屈服强度，结构的承载力不至于下降过多。

② 骨架曲线

骨架曲线是每次循环的荷载－变形曲线达到的最大峰值的轨迹。图 8-30 为两试件的骨架曲线。从形状上可以看出两榀无粘结部分预应力扁梁框架的骨架曲线的差别并不十分明显。骨架曲线的屈服点比较明显，但屈服段并不是很长。进入下降段后，由于预应力筋的作用，结构呈现出良好的变形恢复性能，骨架曲线下降缓慢。

3）耗能能力

① 等效粘滞阻尼系数

在上程抗震中常使用等效粘滞阻尼系数作为一个指标来判别结构的耗能能力。如图 8-31 所示，等效粘滞系数 h_e 可按滞回曲线 *ABC* 的面积来计算：

$$h_e = \frac{1}{2\pi}\frac{S_{(ABC)} + S_{(ACD)}}{S_{(OBE)} + S_{(ODF)}} \tag{8-48}$$

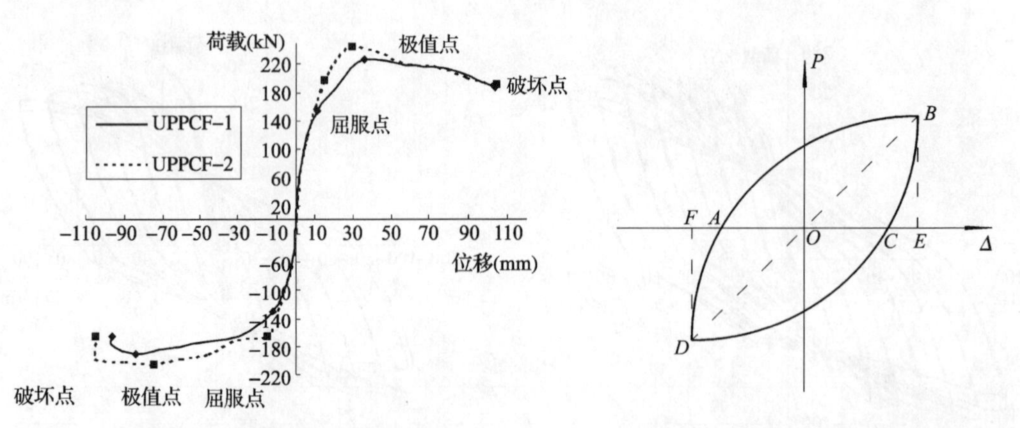

图 8-30　两榀框架的骨架曲线　　　　图 8-31　计算等效粘滞阻尼系数图形

一般地 h_e 越大，结构的耗能能力也越大。滞回曲线是梭形的 h_e 比呈弓形、倒 S 形的 h_e 要大。两榀框架在极限荷载及破坏荷载（最大位移）时的等效粘性系数计算结果见表 8-10。由计算值可见框架试件破坏时，UPPCF-1 的耗能能力较 UPPCF-2 的耗能能力来得大一些。

② 功比指数 I_w

功比指数是表达塑性铰区域在加荷过程中吸收能量的一种方法。某一象限的功比指数按下式计算：

$$I_w = \sum_{i=1}^{n} \frac{P_i \Delta_i}{P_y \Delta_y} \tag{8-49}$$

式中　n ——某一荷载级数下的循环次数；

i ——某一荷载级数下的循环序数；

P_i——第 i 循环的荷载；

Δ_i——第 i 循环的位移。

两榀框架的功比指数计算结果见表 8-9。从表中数据再次可见框架 UPPCF-1 的耗能能力较框架 UPPCF-2 来得好。表 8-10 为两榀实验框架的耗能能力及延性性能比较。

两榀框架的功比指数 I_w 计算比较　　　　**表 8-9**

位移延性系数	UPPCF-1		UPPCF-2	
	第一象限	第三象限	第一象限	第三象限
1	1	1	1	1
2	2. 754	2. 634	2. 245	2. 072
3	4. 343	4. 203	3. 222	3. 518
4	5. 784	5. 814	4. 439	4. 864
5	7. 135	7. 452	5. 514	6. 302
6	8. 622	9. 196	6. 152	7. 459
7	9. 766	11. 138	6. 869	7. 797
8	10. 335	11. 465	—	—

注：表中计算所用的屈服荷载值及屈服位移值均取试验实测值。

试件耗能能力及延性性能计算 表 8-10

试　件		UPPCF-1	UPPCF-2
屈服点	P_y（kN）	－154.34	－167.88
	Δ_y（mm）	－22.1	－21.4
	相对变形值 $\|\Delta_y\|/H$	1/68.2	1/70.1
极限荷载点	P_{max}（kN）	233.89	253.02
	Δ（mm）	35.3	29.6
	滞回环面积（kN·mm）	7425.998	6802.25
	h_e	0.162	0.169
	功比指数 I_w	2.754	2.245
	相对变形值 $\|\Delta\|/H$	1/98.0	1/50.7
破坏荷载点	P_u（kN）	－180.61	－168.77
	Δ_u（mm）	－96.0	－105.1
	滞回环面积（kN·mm）	30755.85	33702.39
	h_e	0.287	0.256
	功比指数 I_w	11.465	7.797
	相对变形值 $\|\Delta_u\|/H$	1/15.6	1/14.3
位移延性系数 μ_Δ		7.2（正向加载） 4.3（反向加载）	9.9（正向加载） 4.9（反向加载）
最大环线刚度（kN/mm）		13.48	14.05

4）结构承载力与刚度退化

① 承载力退化

在低周反复荷载作用下，荷载的反复次数对结构构件的承载力有重要的影响。一般反复的次数越多，强度降低越明显。特别是试件屈服后，混凝土破坏加重，保护层逐渐脱落，同时由于粘结退化，容易产生钢筋滑移破坏。随着循环次数的增加，承载力退化的特性可以由承载力降低系数 ϕ 来表示：

$$\phi = \frac{P_{j2}}{P_{j1}} \tag{8-50}$$

式中　P_{j1}、P_{j2}——分别为延性系数为 j 时，第一次和第二次循环的峰点荷载值。

两试件在各循环下的承载力降低系数见表 8-11。由计算结果易见无粘结部分预应力扁梁框架结构在屈服之前其同级荷载的每次循环的承载力降低不多。结构屈服后其承载力明显退化，且退化程度随着荷载的增大而加剧。

② 刚度退化

从试验得到的位移－荷载关系骨架曲线（图 8-30）易见试件刚度与位移、循环周数等因素有关。在非线性恢复力特性中由于有加载、卸载、反向加载卸载及重复加载等情况，使得刚度的变化情况较为复杂。由原点与加载点连线可以得到将结构等效为线性体系的等效刚度。而为了地震反应分析的需要，往往以割线刚度代替切线刚度。按《建筑抗震试验方法规程》抗震试验试件在各循环的平均刚度定义如下：

$$K_i = \frac{|+P_i| + |-P_i|}{|+\Delta_i| + |-\Delta_i|} \tag{8-51}$$

试件承载力降低系数计算 **表 8-11**

荷载级数	UPPCF-1		UPPCF-2		荷载级数	UPPCF-1		UPPCF-2	
	正向加载	反向加载	正向加载	反向加载		正向加载	反向加载	正向加载	反向加载
1	0.980	1.000	1.000	0.998	10	0.931	0.971	1.000	1.000
2	0.999	1.005	0.999	0.998	11	0.891	0.937	0.972	0.966
3	1.001	0.997	0.998	1.000	12	0.940	0.960	0.765	0.937
4	0.999	1.000	1.001	0.999	13	0.952	0.961	1.028	0.975
5	1.000	0.999	0.999	1.000	14	0.943	0.979	0.966	0.983
6	1.000	1.000	1.001	1.000	15	0.962	0.972	0.958	0.969
7	0.999	0.999	1.000	0.999	16	0.939	0.920	0.939	0.962
8	0.999	1.000	0.999	0.999	17			0.910	0.845
9	0.967	0.979	1.000	0.999					

式中 P_i——第 i 次峰值点荷载值；

Δ_i——第 i 次峰值点位移值。

两榀框架的平均刚度计算结果见表 8-12。在位移幅值不变的条件下，结构构件的刚度随反复加载的次数的增加而降低的特性称为刚度退化。两榀框架的平均刚度退化的变化趋势见图 8-32。从表 8-12 可见：由于预应力的作用，同一构件在同一荷载级别下，不同循环的刚度退化并不明显。但从图 8-32 可见：随着荷载的增加，刚度退化明显，结构进入屈服后，刚度退化趋缓。

两榀框架的平均刚度计算 **表 8-12**

荷载级数	循环次数	UPPCF-1	UPPCF-2	荷载级数	循环次数	UPPCF-1	UPPCF-2
1	1	40.91	43.79	9	2	11.58	14.48
	2	39.89	42.79	10	1	7.94	13.46
2	1	40.57	39.51		2	7.55	13.24
	2	40.04	38.30	11	1	5.76	12.71
3	1	37.61	39.04		2	5.23	12.13
	2	39.51	39.20	12	1	4.26	7.20
4	1	33.79	36.26		2	4.04	6.04
	2	33.66	35.97	13	1	3.49	4.63
5	1	25.50	31.73		2	3.30	4.61
	2	25.22	31.58	14	1	2.90	3.68
6	1	20.31	24.17		2	2.78	3.51
	2	19.40	24.10	15	1	2.49	2.95
7	1	17.21	19.59		2	2.38	2.82
	2	16.31	18.86	16	1	2.11	2.44
8	1	13.98	16.70		2	1.90	2.27
	2	13.41	16.32	17	1		1.96
9	1	11.95	14.88		2		1.74

为反映试验结构构件在低周反复荷载作用下刚度退化的特性还可取同一级变形下的环线刚度来表示。环线刚度按下式计算：

$$K_1 = \frac{\sum_{i=1}^{n} P_i^j}{\sum_{i=1}^{n} \Delta_i^j} \tag{8-52}$$

式中 P_i^j、Δ_i^j——分别是位移延性系数为 j 时，第 i 循环峰点荷载值和峰点位移值；

n——该位移延性系数下的荷载循环数。

最大环线刚度是指延性系数为 1 时的环线刚度。两试件在不同延性系数下的环线刚度变化曲线见图 8-33。

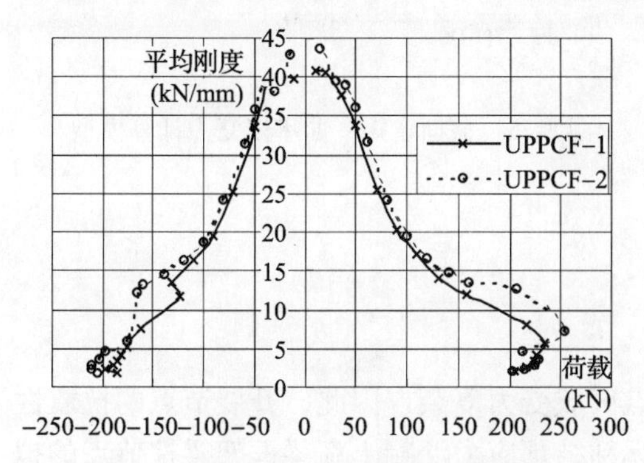

图 8-32 两榀框架平均刚度变化趋势图

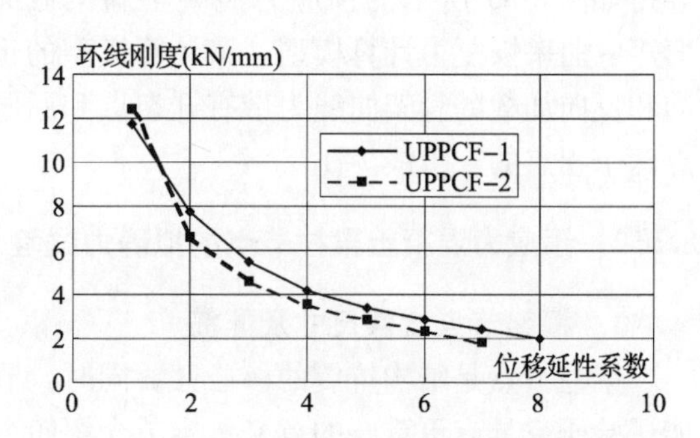

图 8-33 不同位移延性系数下环线刚度变化曲线

5）无粘结筋应力增量

试验中在张拉端布置了压力传感器，测试无粘结预应力钢筋的应力变化。图 8-34 为框架 UPPCF-2 无粘结预应力钢筋总的应力增量变化与荷载的关系曲线。从图 8-34 可见：试件的预应力筋的应力增量在混凝土未开裂前是几乎没有变化的；随着荷载的增大，拉区混凝土开裂，预应力增量略有增大，但增加的幅度也不十分明显，当结构进入屈服阶段，荷载改由位移控制时，随着荷载的加大，预应力增量明显加大。但预应力筋对结构受力起变形约束作用，其受力状况与有粘结预应力混凝土明显不同。

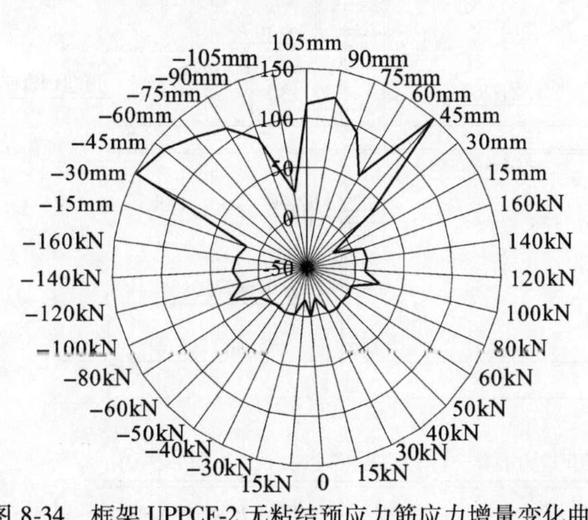

图 8-34 框架 UPPCF-2 无粘结预应力筋应力增量变化曲线

6）预应力混凝土扁梁框架的恢复力计算模型

恢复力是指结构或构件在外荷载卸去后恢复原来形状的能力，恢复力特征曲线表明结构或构件在受扰产生变形时，企图恢复原有状态的抗力和变形的关系。恢复力计算模型一般采用双线型和考虑刚度退化的三线型。

根据上述的拟静力试验结果，参考国内外已提出的多种预应力混凝土结构的恢复力计算模型，结合预应力混凝土恢复力强的特点，可导得如图 8-35 所示的预应力混凝土扁梁截面弯矩－曲率恢复力计算模型。该计算模型的正向和反向加载的骨架曲线为带有开裂点和屈服点两个拐点的三折线。

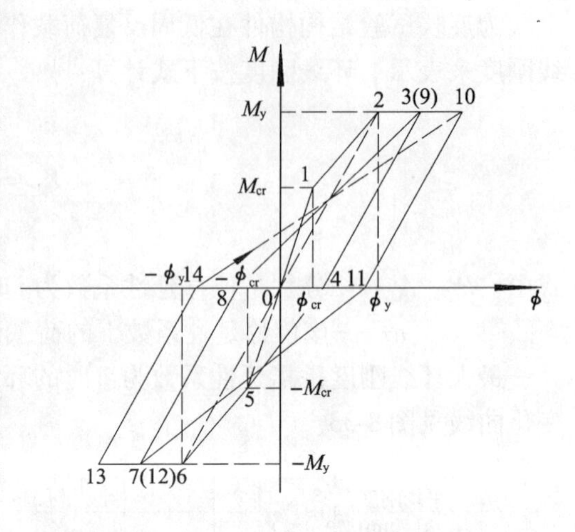

图 8-35　截面弯矩－曲率恢复力计算模型

8.5.2　预应力混凝土梁柱节点的拟静力试验

1. 框架节点试件尺寸及配筋

梁柱节点是结构抗震的核心区，同时，节点区域受力复杂，因此，开展节点的抗震性能试验研究具有更重要的意义。本节介绍四个无粘结预应力混凝土扁梁框架梁柱节点的拟静力试验。四个框架节点拟静力试验的试件，两个为中节点（编号分别为 UPPCJ-1 和 UPPCJ-2），另外两个为边柱节点（编号分别为 UPPCJ-3 和 UPPCJ-4）。各试件考虑的因素主要是在相同预应力度下，预应力筋分别布置在内核心区和外核心区对节点抗剪承载力的影响，并且比较中柱节点和边柱节点的抗震性能。各节点试件的尺寸和配筋如图 8-36 ~ 图 8-38 所示。节点试件混凝土设计强度等级 C40，预应力筋极限强度 1860MPa。

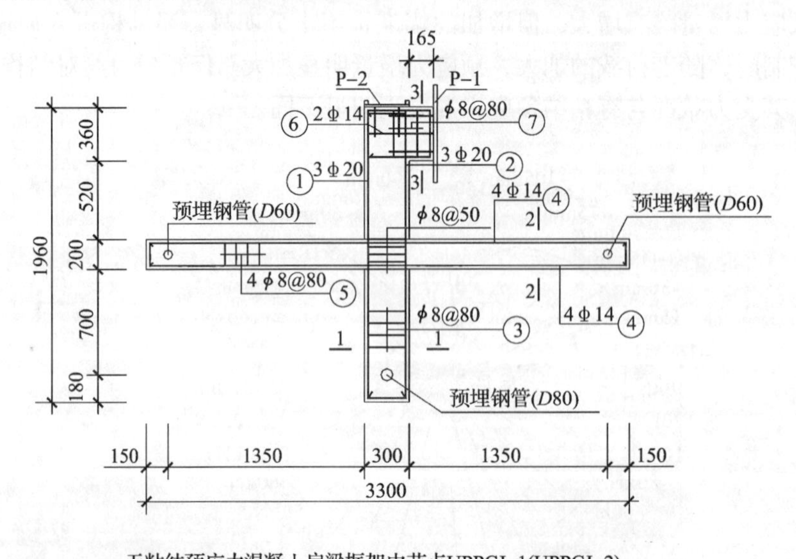

图 8-36　中柱节点试件尺寸及配筋详图（一）

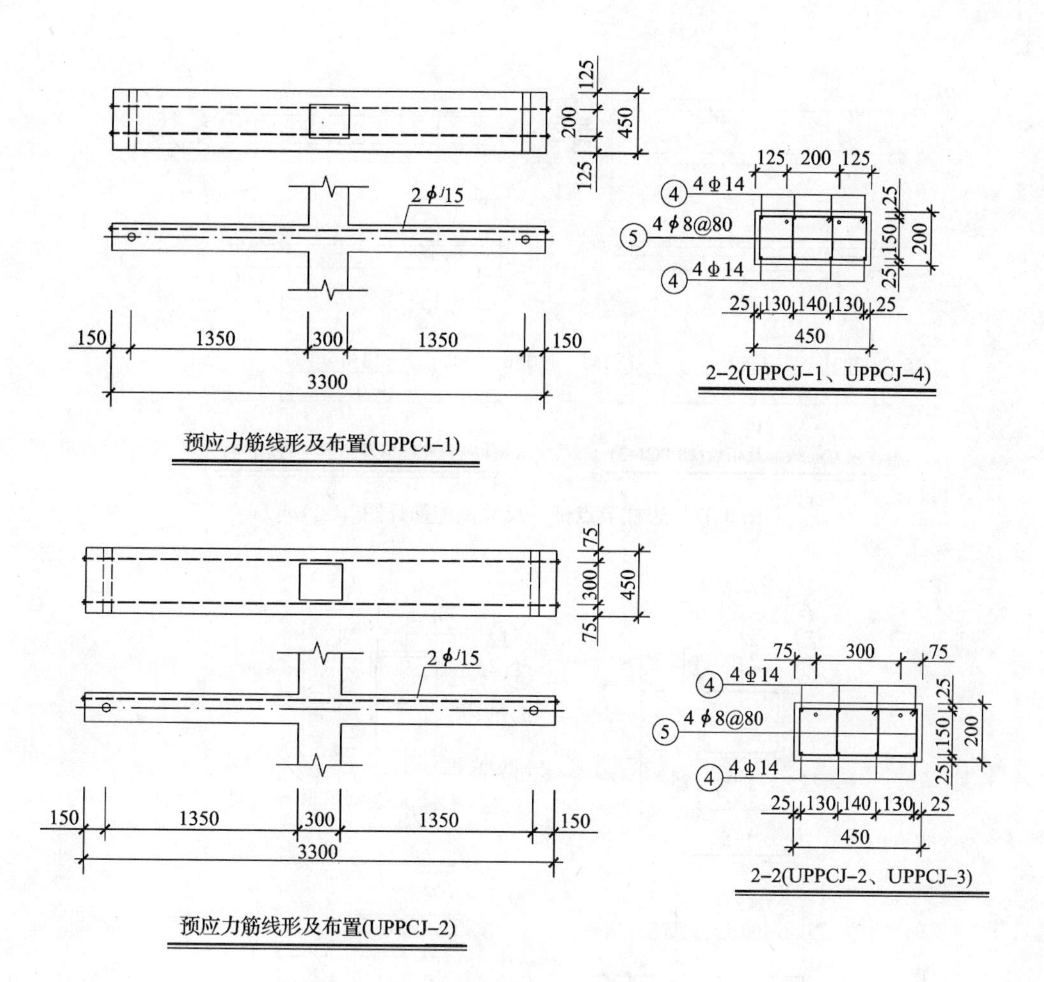

图 8-36　中柱节点试件尺寸及配筋详图（二）

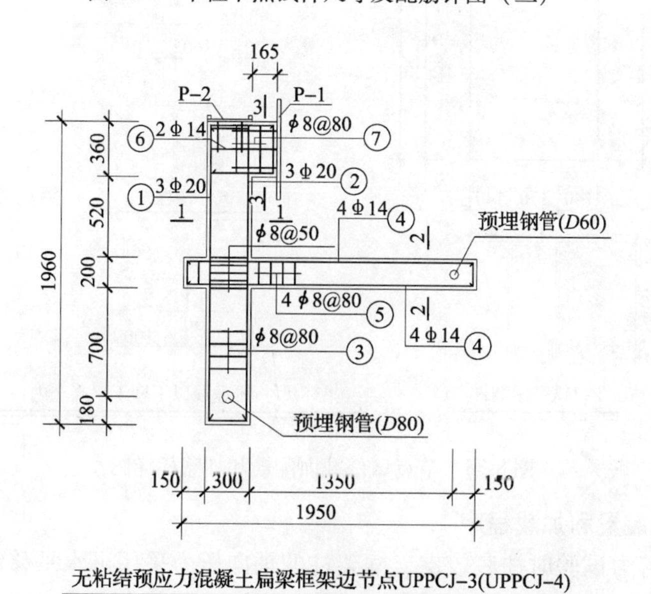

图 8-37　边柱节点试件尺寸及配筋详图（一）

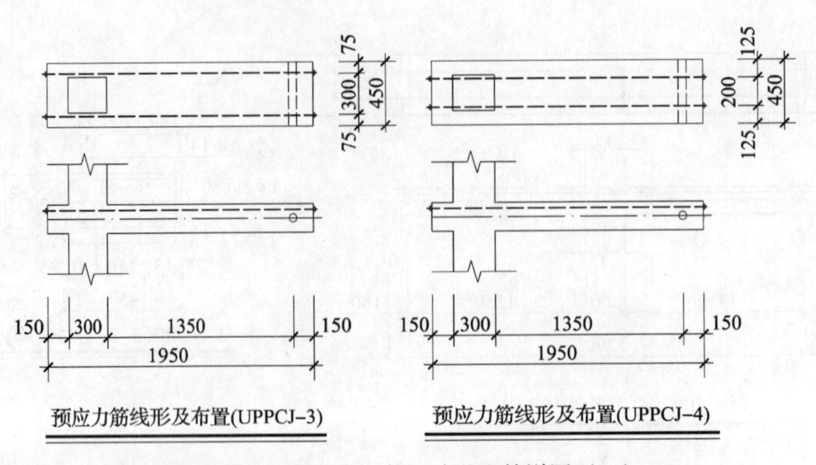

图 8-37　边柱节点试件尺寸及配筋详图（二）

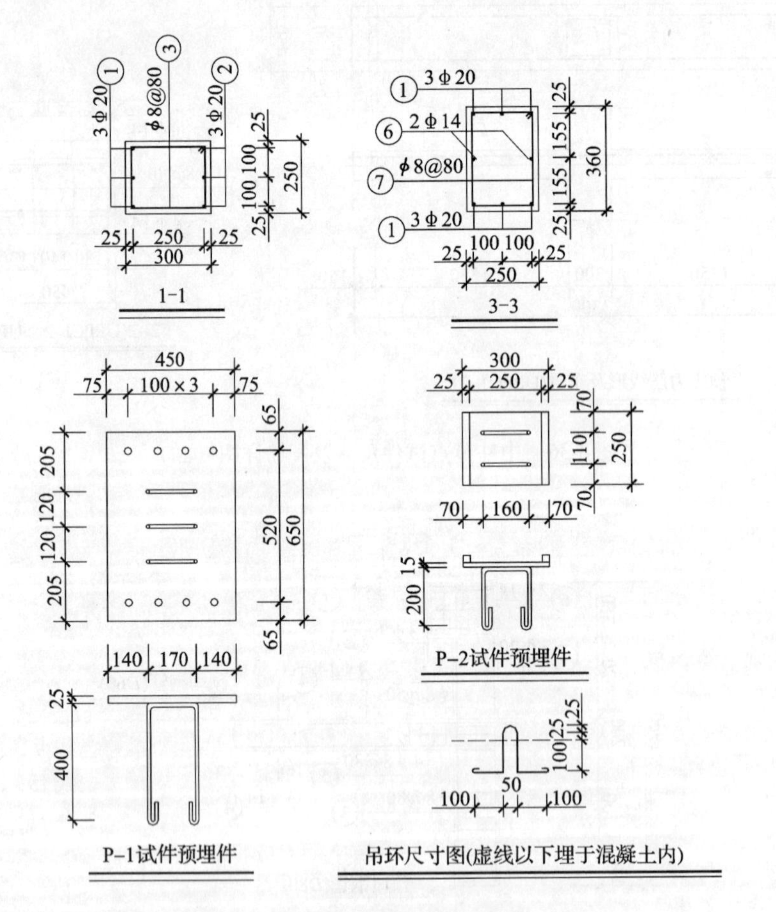

图 8-38　节点试件截面配筋和加载板详图

2. 节点试验装置和加载程序

节点模型拟静力试验时柱底铰支，框架柱的轴向压力采用可水平移动的液压伺服千斤顶施加。梁反弯点处用链杆铰接于刚性地面，允许梁有水平自由度，近似限制梁反弯点上下移动以模拟竖向剪力。柱顶水平低周反复荷载由 MTS 伺服作动器施加，加载装置如图

8-39 所示，图 8-40 为实验照片。节点试验的加载程序以及试验破坏荷载的确定与上节的框架拟静力试验相同。

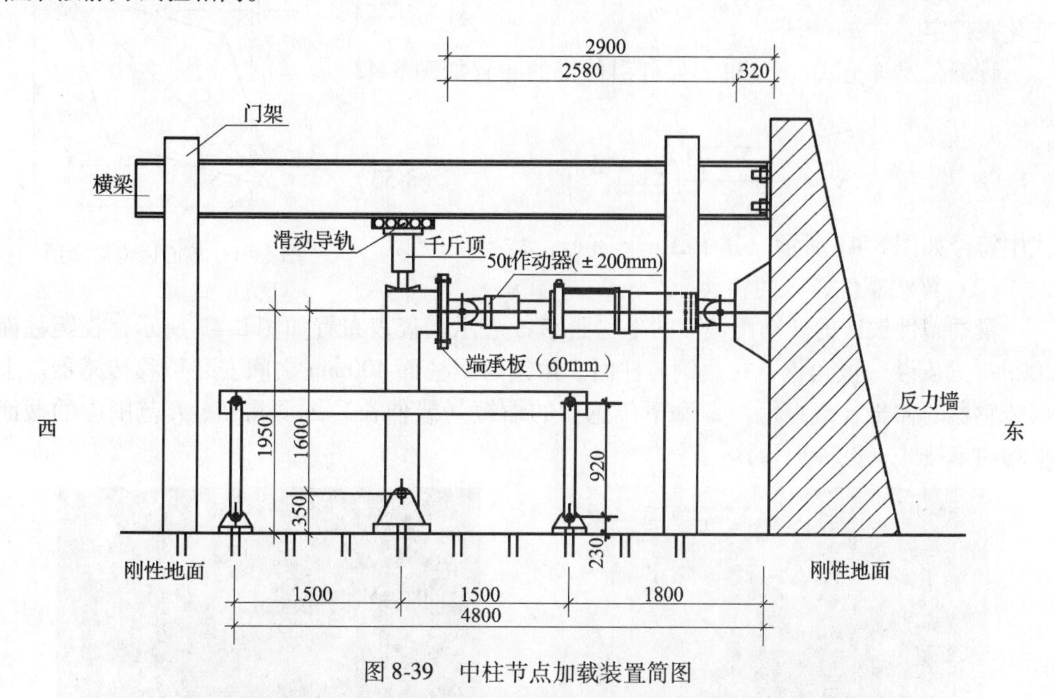

图 8-39　中柱节点加载装置简图

图 8-40　中柱节点加载装置实图

3. 节点试验测点布置

(1) 节点核心区剪切变形

节点拟静力试验除了获取柱端荷载—位移滞回曲线外，节点核心区的剪切变形、受力主筋、箍筋等的应变都是主要量测项目。

节点在水平侧向荷载作用下产生剪切变形，受力前为矩形的核心区变成菱形，在反复荷载作用下，菱形的方向交替变化（如图 8-41）。节点核心区的剪切变形采用导杆引伸仪测量节点核心区对角线长度变化来确定。

计算公式详见式（8-53）。导杆引伸仪的布置如图 8-42 所示。

$$\gamma = \frac{\sqrt{a^2 + b^2}}{ab}\left(\frac{\Delta_1 + \Delta_2}{2}\right) \tag{8-53}$$

式中符号如图 8-41 所示，其中 $\Delta_1 = e_1 + e_4$，$\Delta_2 = e_2 + e_3$。

图 8-41　核心区剪切变形

（2）梁端塑性铰区的转动

梁端塑性铰区的转动用截面的平均曲率 ϕ 表示。仪表布置如图 8-43 所示，在距柱面 200mm 处安装一段角钢，在角钢与柱面、角钢与距柱面 400mm 之间安装位移传感器。上部传感器的伸长（或缩短）Δ_1 和下传感器的缩短（或伸长）Δ_2 测得后，L 范围内的截面平均曲率按式（8-54）计算：

图 8-42　导杆引伸仪

图 8-43　位移计

$$\phi = \frac{|\Delta_1| + |\Delta_2|}{h \cdot L}(\mathrm{rad/mm}) \tag{8-54}$$

式中　Δ_1、Δ_2——分别为梁上、下测点导杆引申仪测得的变化值；

h——梁上、下测点间的距离；

L——测量区段的长度。

（3）非预应力筋应力、混凝土应变、以及预应力筋应力的量测布置

非预应力筋应力、混凝土应变、以及预应力筋应力的量测布置如图 8-44 ~ 图 8-46 所示。

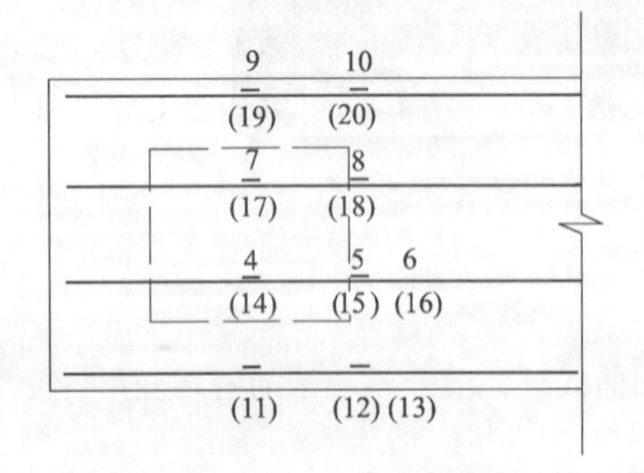

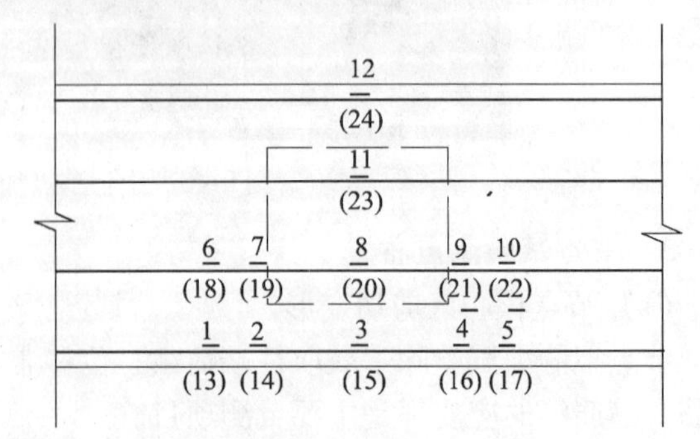

图 8-44　钢筋应变片测点布置（一）

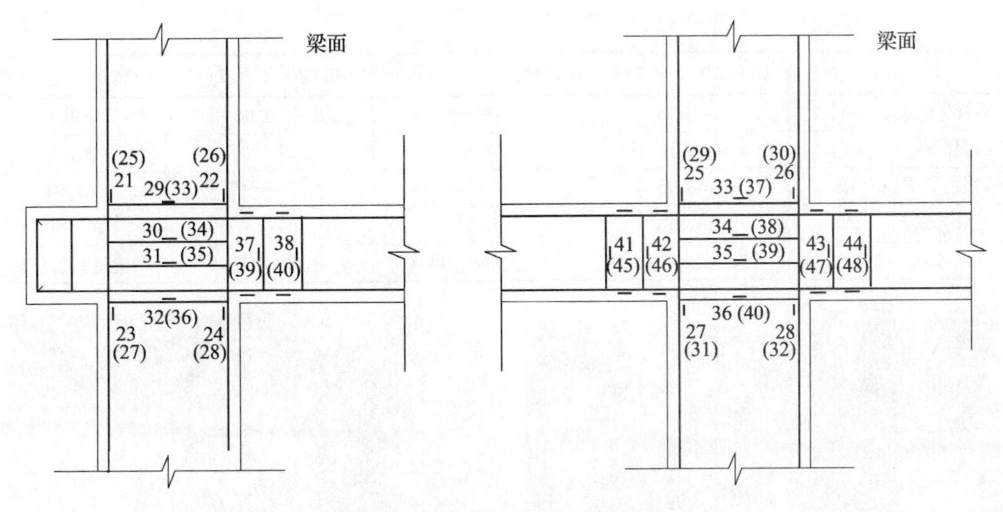

图 8-44 钢筋应变片测点布置（二）

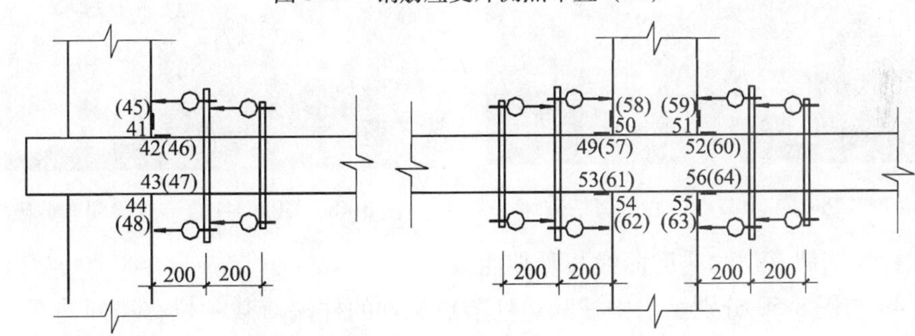

图 8-45 混凝土应变片测点及位移计布置

4. 节点试验结果分析

(1) 节点破坏特征

扁梁框架节点的可能破坏形态主要有四种：梁铰破坏、柱铰破坏、节点核心区剪切破坏和钢筋粘结滑移破坏。与扁梁框架节点破坏形态相关的参数有三个：柱－扁梁抗弯强度比、节点剪压比和柱截面高度与扁梁纵向钢筋直径比值（或扁梁截面高度与柱纵向钢筋直径的比值）。通过控制上述这三个参数可以控制扁梁框架节点的塑性铰形成次序。各个构件的试验参数列于表 8-13 中，无粘结预应力扁梁框架中节点与边节点核心区的开裂情况和破坏形态如图 8-47、图 8-48 所示。

图 8-46 预应力筋压力传感器布置

无粘结预应力扁梁框架节点试验特征值表 **表 8-13**

试件编号	UPPCJ-1（中节点）	UPPCJ-2（中节点）	UPPCJ-3（边节点）	UPPCJ-4（边节点）
试验时间	2002. 10. 09	2002. 10. 15	2002. 10. 19	2002. 10. 23
预应力筋布置	内核心区	外核心区	外核心区	内核心区

续表

试件编号	UPPCJ-1（中节点）	UPPCJ-2（中节点）	UPPCJ-3（边节点）	UPPCJ-4（边节点）
初裂荷载 P_{cr}（kN）	-30.06	-30.42	-40.06	-49.89
屈服荷载 P_{y}（kN）	59.05	57.67		53.61
峰值荷载 P_{max}（kN）	143.75	108.48		61.94
极限荷载 P_{u}（kN）	131.18	91.16		59.99
破坏形态	核心区剪切破坏	核心区剪切破坏	梁端弯剪破坏	梁端弯剪破坏

图 8-47　UPPCJ-1 中节点核心区剪切破坏

图 8-48　UPPCJ-4 边节点梁端弯剪破坏

（2）柱端荷载－位移滞回曲线与骨架曲线

图 8-49 与图 8-50 分别示出中柱和边柱节点试件的柱端荷载－位移滞回曲线。对比中柱与边柱节点的滞回曲线可以看出：边柱节点的滞回曲线要比中柱节点的滞回曲线相对饱满，这主要是因为，扁梁框架中柱节点发生核心区剪切破坏，随着低周水平荷载的反复作用，交叉斜裂缝大量发展，降低扁梁框架节点的刚度和抗剪承载力；而扁梁框架边柱节点发生梁端弯剪破坏，扁梁框架节点外核心区的交叉斜裂缝发展较少，主要由柱根附近的梁端裂缝耗散能量。从本批节点试件的滞回曲线的饱满程度看，无粘结预应力混凝土扁梁框架节点具有较好的耗能能力。

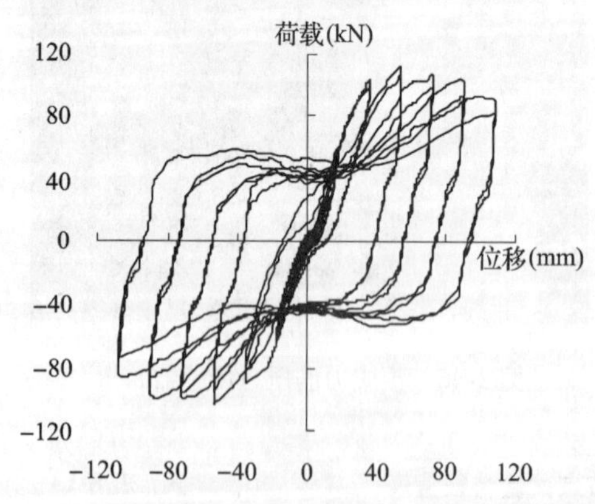

图 8-49　UPPCJ－2 中柱柱端荷载－位移滞回曲线

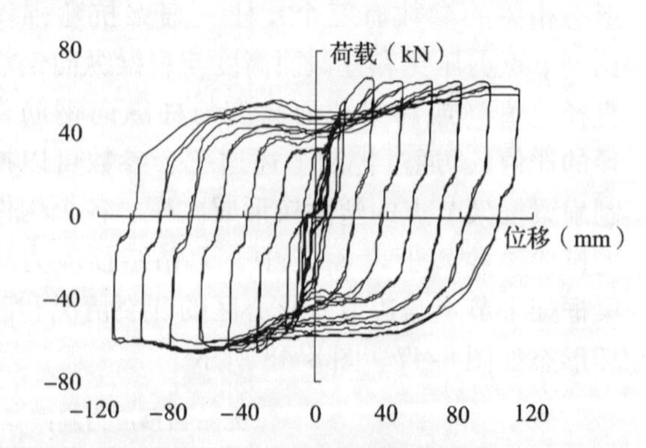

图 8-50　UPPCJ－4 边柱柱端荷载－位移滞回曲线

由荷载－位移滞回曲线可得到骨架曲线。无粘结预应力混凝土扁梁框架中柱与边柱节点试件的滞回骨架曲线如图 8-51 和图 8-52 所示。

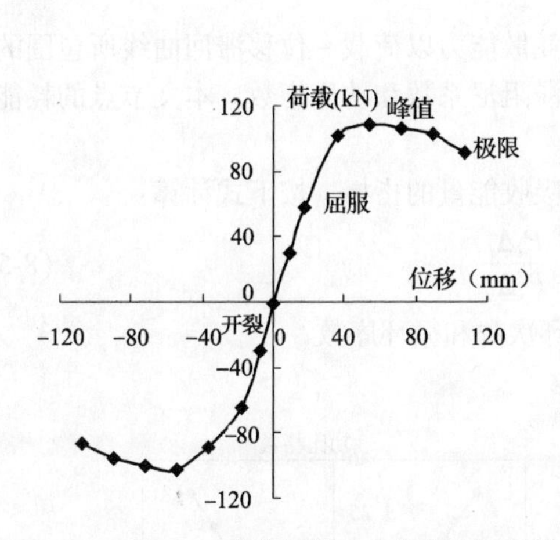

图 8-51　UPPCJ－2 中柱端荷载－位移骨架曲线

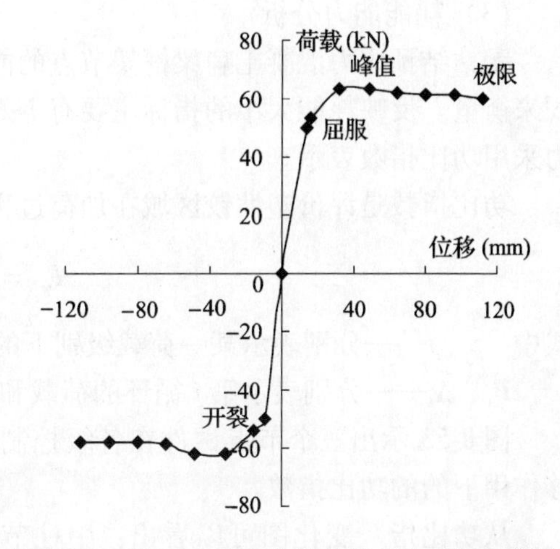

图 8-52　UPPCJ－4 边柱端荷载－位移骨架曲线

结构或构件在拟静力非线性分析中，需要恰当描述结构或构件的非线性性质，即合理选取骨架曲线的函数表达式。目前，骨架曲线的表达式主要有两种：函数曲线拟合；根据骨架曲线特征点，采用折线形式近似表达。无粘结预应力扁梁框架节点构件破坏时的骨架曲线主要有4个特征点，其特征参数列于表 8-14 中。从表中可以看出，无粘结预应力扁梁框架节点的位移延性系数 $\Delta_u/\Delta_y \geqslant 4$，满足延性抗震设计要求。与中柱节点相比，边柱节点的下降段比较平缓，延性较好，但强屈比小，结构设计中，应在强度方面重点控制，以免发生强度破坏。

骨架曲线特征参数统计表　　**表 8-14**

试件		UPPCJ-1	UPPCJ-2	UPPCJ-4
荷载（kN）	初裂 P_{cr}	－30.06	－30.42	－49.89
	屈服 P_y	90.23	79.73	54.82
	峰值 P_{max}	143.75	108.48	61.94
	极限 P_u	131.18	91.16	59.99
位移（mm）	初裂 Δ_{cr}	－3.59	－7.55	－10.00
	屈服 Δ_y	23.99	27.04	16.42
	峰值 Δ_{max}	63.77	54.01	64.04
	极限 Δ_u	95.99	107.52	112.04
剪切变形（$\times 10^{-3}$ rad）	初裂	0.68	0.85	0.68
	屈服	0.34	1.02	0.34
	峰值	1.36	4.07	1.70
	极限	102.50	301.09	32.42
刚度（kN/mm）	初始 K_0	8.37	4.03	4.99
	初裂 K_{cr}	2.92	2.53	0.77
	屈服 K_y	1.35	1.07	0.15
位移延性	Δ_u/Δ_y	4.00	3.98	6.82
强屈比	P_u/P_y	1.45	1.14	1.09

（3）耗能能力分析

无粘结预应力混凝土扁梁框架节点的能量耗散能力以荷载－位移滞回曲线所包围的面积来衡量。反映耗能大小的指标主要有等效粘滞阻尼系数和功比指数。本文节点的耗能能力采用功比指数表示。

功比指数是评价塑性铰区域在加荷过程中吸收能量的指标，按下式计算：

$$I_{w} = \sum_{i=1}^{n} \frac{P_i \Delta_i}{P_y \Delta_y} \tag{8-55}$$

式中　n、i——分别表示某一荷载级别下的循环次数和循环序数；

P_i、Δ_i——分别表示第 i 循环的荷载和位移。

图 8-53 示出三个节点试件在各级控制位移作用下的的功比指数。

从功比指数变化图可以看出：中柱节点 UPPCJ-1 与 UPPCJ-2 的功比指数要比边柱节点 UPPCJ-4 高，即从功比指数来看，中柱节点的耗能能力要比边柱节点强，但从滞回曲线的饱满程度上看，边柱节点 UPPCJ-4 更饱满，这是由于边柱节点的峰值荷载和极限荷载比中柱节点小得较多，对比之下采用考虑承载力因素的功比指数来评价构件的耗能能力比较合理。从功比指数变化图还可以看出中柱节点 UPPCJ-1 的试验轴压比大于 UPPCJ-2，因此，功比指数的数值也高。

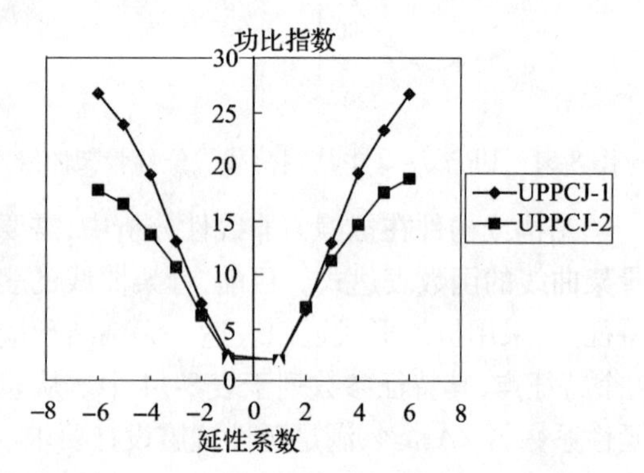

图 8-53　功比指数随加载历程的变化图

注：位移系数为负仅表示 MTS 作动器反向施加控制位移时对应的延性系数。

8.5.3　预应力混凝土框架的拟动力实验

1. 实验框架的模型设计

本节介绍的预应力混凝土框架拟动力实验采用的框架试件的尺寸、混凝土强度、钢筋强度等与本章前面介绍的无粘结部分预应力混凝土扁梁框架拟静力实验试件的基本相同，所不同的是，进行拟动力实验的框架在梁端（加载侧）设置 300mm×450mm×700mm 的加载端，通过拉杆将实验框架与施加水平反复地震荷载的作动器联系在一起。框架结构具体尺寸见图 8-54。框架试件的预应力筋的配筋为 $2\phi^{j}15$，预应力筋布置与前述的拟静力实验的框架试件一样，曲线布置。实验采用强度概念的预应力度 $PPR = \frac{f_{py}A_p}{f_{py}A_p + f_y A_s}$，框架梁的预应力度为 0.67。

2. 实验的加载装置

拟动力实验的无粘结部分预应力扁梁框架的轴压比选用 0.3，框架梁上的竖向集中荷载为 20kN。柱顶竖向荷载 N 由固定在柱顶的两个油压千斤顶施加。梁中竖向集中荷载 P 由固定在梁三分点处的千斤顶施加。竖向荷载加载满载后由液压系统保持荷载不变，然后在梁端施加水平荷载，进行拟动力实验，水平荷载由 MTS 电液伺服系统作动器施加。作动器的静态（非冲击）承载能力为 ±750kN，额定加载能力为 ±500kN，最大行程为 ±250mm。框架结构加载装置见图 8-55，框架拟动力实验的照片见图 8-56。

3. 实验方案

（1）地震波的选择

本框架试件拟动力实验的地震动加载采用较为通用的 EL Centro 波（图 8-57），它是 1940 年 Imperil Valley 地震的强震记录，是第一次完整记录到的最大加速度超过 0.3g 的地震地面加速度记录。选取它作为本次拟动力实验的输入波，主要出于三个方面的考虑：1）EL Centro 波的强震持续时间较长，地震动冲击能量比较分散，且后续峰值仍然较大，采用该地震波，结构须能承受连续冲击的影响，其反应过程中累积效应的因素就显得尤为明显；2）EL Centro 波的反应谱分布频带较窄，其周期范围为 0.1s ~ 0.6s，而在 0.5s 附近形成峰值，因此，只对自振周期在某一范围内的结构有较大影响；3）EL Centro 波的震级为 6.7 级，Ⅳ类场地土，地震的震级高，破坏性较大。

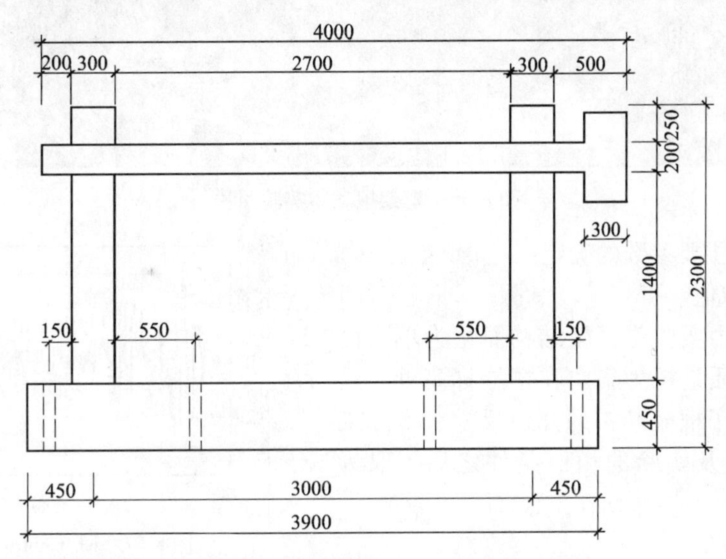

图 8-54　拟动力实验的预应力混凝土框架

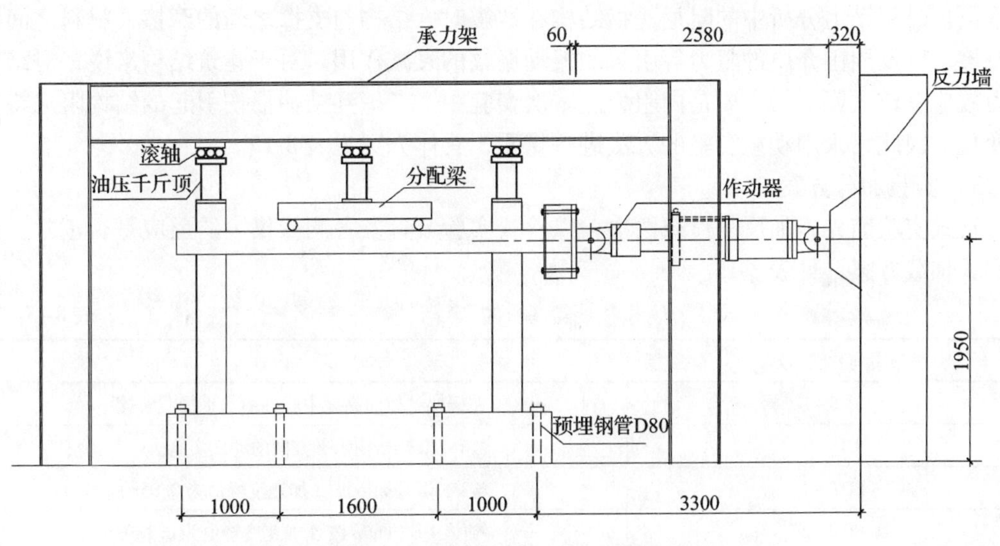

图 8-55　框架拟动力实验加载装置图

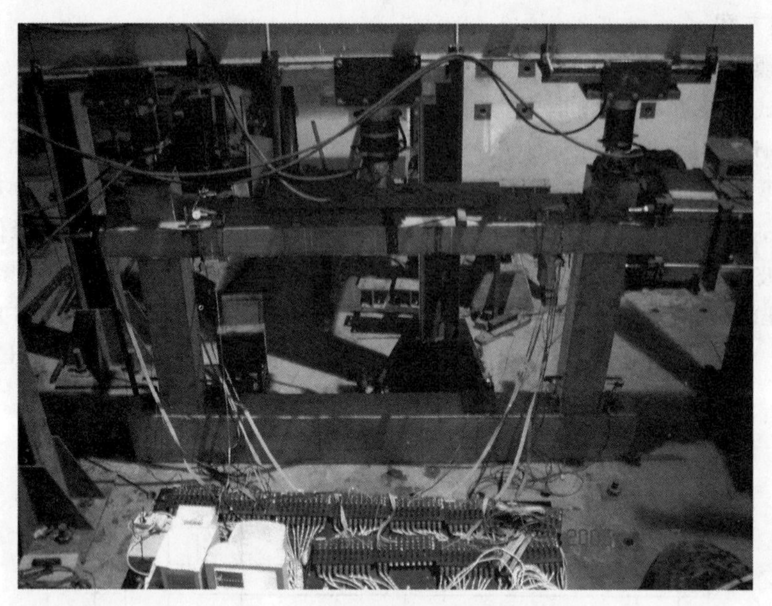

图 8-56　框架拟动力实验照片

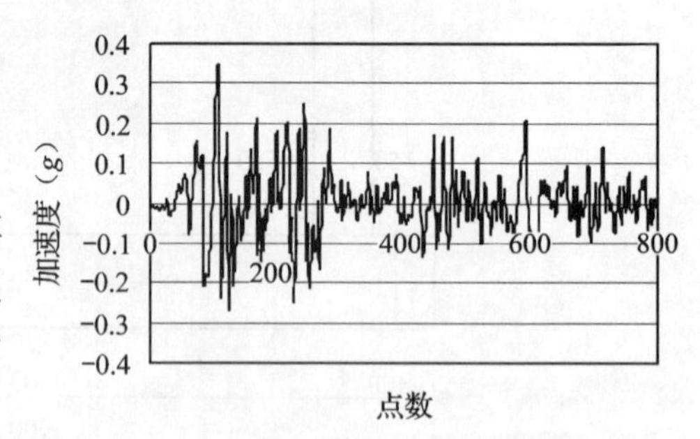

图 8-57　EL Centro 波

（2）试件主要参数的确定

1）质量取值

本次拟动力实验将框架结构简化为单自由度体系，结构质量视为集中在楼层标高处，其值在综合考虑了框架结构的几何尺寸、实际工程的荷载情况及实验的相似条件之后，取为150kN。

2）阻尼取值

阻尼是振动体系的重要动力特征之一，是用来描述结构振动过程中某种能量耗散方式的术语。时程动力分析中的阻尼是指结构在地震时，结构与支撑之间的摩擦、材料之间的内摩擦、以及周围介质的阻力等引起的振动振幅的衰减作用。对于建筑结构来说，对结构动力效应有较大影响的主要是内阻力。本次实验中，考虑到结构损伤引起的结构阻尼特性的变化，因此，采用动载实验的方法进行量测，具体方案见表 8-15。

3）实验加载方案

正式实验前先施加反复荷载两次，以检查实验装置及各测量仪表的反应是否正常。具体实验加载方案详见表 8-15。

实 验 内 容　　　　**表 8-15**

实验编号	实 验 内 容
FLT－1	在框架梁截面高度中心处的水平加载实验
DL－1	框架结构水平方向的动载实验
PDT－1	输入 EL Centro 波（加速度峰值为 0.05g）
PDT－2	输入 EL Centro 波（加速度峰值为 0.1g）
PDT－3	输入 EL Centro 波（加速度峰值为 0.2g）

续表

实验编号	实验内容
PDT-4	输入 EL Centro 波（加速度峰值为 0.4g）
PDT-5	输入 EL Centro 波（加速度峰值为 0.8g）
PDT-6	输入 EL Centro 波（加速度峰值为 1.2g）
PDT-7	输入 EL Centro 波（加速度峰值为 1.6g）
PDT-8	输入 EL Centro 波（加速度峰值为 2.0g）
PDT-9	输入 EL Centro 波（加速度峰值为 2.4g）
PDT-10	输入 EL Centro 波（加速度峰值为 3.0g）
PDT-11	输入 EL Centro 波（加速度峰值为 4.0g）

实验中框架梁截面高度中心处的水平加载实验，是为了获得实验框架的初始刚度，为拟动力实验分析计算提供必要的数据。在每次拟动力实验前后各进行一次实验，前后两次实验是为了比较框架经过弹塑性阶段后刚度退化的性质。实验方法是根据结构刚度的基本定义，在框架梁截面高度中心处施加水平单位位移，根据所需的水平荷载值，最终计算框架刚度。而水平方向的动载实验则是为了测试框架结构的周期、频率及阻尼。拟动力实验主要是为了获得试件从开裂到屈服后的变形、裂缝出现及发展等性态；同时，也可了解实验框架在不同加速度峰值、频谱组成及其时间历程的地震加速度记录输入后的反应大小，变形累积及其能量耗散、刚度退化、周期变长等性质。

4. 实验过程与结果分析

(1) 实验过程

在加速度峰值 $a_{max}=0.05g$ 和 $a_{max}=0.1g$ 这两个工况的地震作用下，框架结构基本上处于弹性阶段，并未发现任何裂缝出现。当加速度峰值 $a_{max}=0.2g$ 的地震作用下，肉眼观察并未发现有裂缝出现，但是从框架结构的其他反应可以察觉到结构已开裂，分析可能是裂缝尚小，在反复荷载的作用下，裂缝又闭合，故肉眼未发现裂缝的出现。当输入加速度峰值 $a_{max}=0.4g$ 时，柱脚两侧均出现肉眼可见的细小水平裂缝，在反向荷载作用时，裂缝尚可闭合。当输入加速度峰值 $a_{max}=0.8g$ 时，柱脚的部分钢筋进入屈服状态。在随后进行的实验工况中，原有裂缝继续扩展延伸，同时，梁端顶面、底面及侧面均出现了许多裂缝。当输入加速度峰值 $a_{max}=2.4g$ 时，框架结构达到极限荷载，结构损伤不断加剧。随着输入加速度峰值的继续增大，结构的承载能力进入下降阶段。当输入加速度峰值 $a_{max}=4.0g$ 时，结构承载能力下降至极限荷载的 90%，由于此时框架结构破坏较为严重，柱脚混凝土已经压碎破坏（见图 8-58），实验结束。

(2) 实验结果分析

以下选择三个典型实验工况的主要结果，比较预应力混凝土框架结构在不同等级地震波作用下的反应情况，即对试件的加速度反应、位移反应、以及恢复力特性进行分析。其中，工况 1（加速度峰值 $a_{max}=0.1g$）为弹性工作阶段；工况 2（加速度峰值 $a_{max}=0.8g$）为纵向受力钢筋屈服阶段；工况 3（加速度峰值 $a_{max}=2.4g$）为极限荷载阶段。

图 8-58　柱脚混凝土压碎近照

1）加速度反应

图 8-59 为三个实验工况下预应力混凝土扁梁框架结构在地震动荷载下的加速度反应的实测值与输入值的比较。从图中可看出：框架结构的加速度时程反应与输入地震波并不是同时达到最大值。在输入的 EL Centro 波中，最大的加速度峰值出现在 $t=0.648$s（考虑模型相似比，时间间隔进行了压缩）时，且出现在正向；而工况 1 的加速度反应最大的峰值点出现在 $t=3.156$s 时，且出现在反向；工况 2 的加速度反应最大的峰值点出现在 $t=0.708$s时，且出现在反向；工况 3 的加速度反应最大的峰值点出现在 $t=0.654$s 时，且出现在正向。这主要是由框架结构自振周期与输入地震波的频率的差异所导致的不同。而且加速度反应幅值随着结构的损伤积累及结构刚度的退化而有所改变。例如，$t=2\sim4$s 时段，在工况 1 中输入地震波加速度与框架结构的加速度时程反应的幅值相差非常大，到了工况 2 时二者的差距明显减小，而在工况 3 中二者的幅值就非常接近了。

2）位移反应

图 8-60 为三个实验工况下预应力混凝土扁梁框架结构在输入地震波荷载作用下的位移反应实测，即位移时程曲线。从图中可以看出：结构位移反应的最大值与输入波加速度的最大值并不发生在同一时刻，这是由输入波的频谱与结构的自振周期决定的，只有当结构当前的自振周期与输入波的频谱相近时，其位移反应才会达到最大值。与结构加速度反应一样，结构的位移反应也会随着结构的损伤积累及结构刚度的退化而有明显的改变。例如，工况 1 中在 $t=2\sim4$s 时有一些较明显的波峰，在工况 2 中幅值就有了较大的缩小，到了工况 3 时不仅幅值变得非常小，而且有些波峰甚至消失；在工况 1 和工况 2 中，最大的位移响应是出现在正向，而在工况 3 中最大位移响应则在反向出现。

3）恢复力特性

图 8-61 为 3 个实验工况实测的框架荷载 - 水平位移曲线，即框架结构在反复荷载作用下的恢复力特性的表现，这也是框架结构抗震性能研究的主要问题之一。框架结构的恢复力曲线，是结构在反复荷载下的受力性能的变化（裂缝的开展、钢筋的屈服和强化、

局部混凝土的酥裂剥落以至破坏等）的综合反映，它概括了强度、刚度和延性等力学特性。但是，拟动力试验得到的恢复力曲线与拟静力试验的有所不同。对于拟静力试验来说，它的加载制度是规则的，它所获得恢复力曲线体现了结构抗震性能的规律性，研究人员则可以根据其规律性通过统计分析的方法归纳出结构的恢复力模型，而这种数学模型正是结构非线性分析的基础；但是对于拟动力实验而言，由于输入的地震波具有随机性，它所测得的结构恢复力曲线更多的是表现结构在具体某个地震下所表现出来的抗震能力。以能量为例，随着拟动力实验工况的增大，地震波所施加在结构上的地震能量在不断加大，

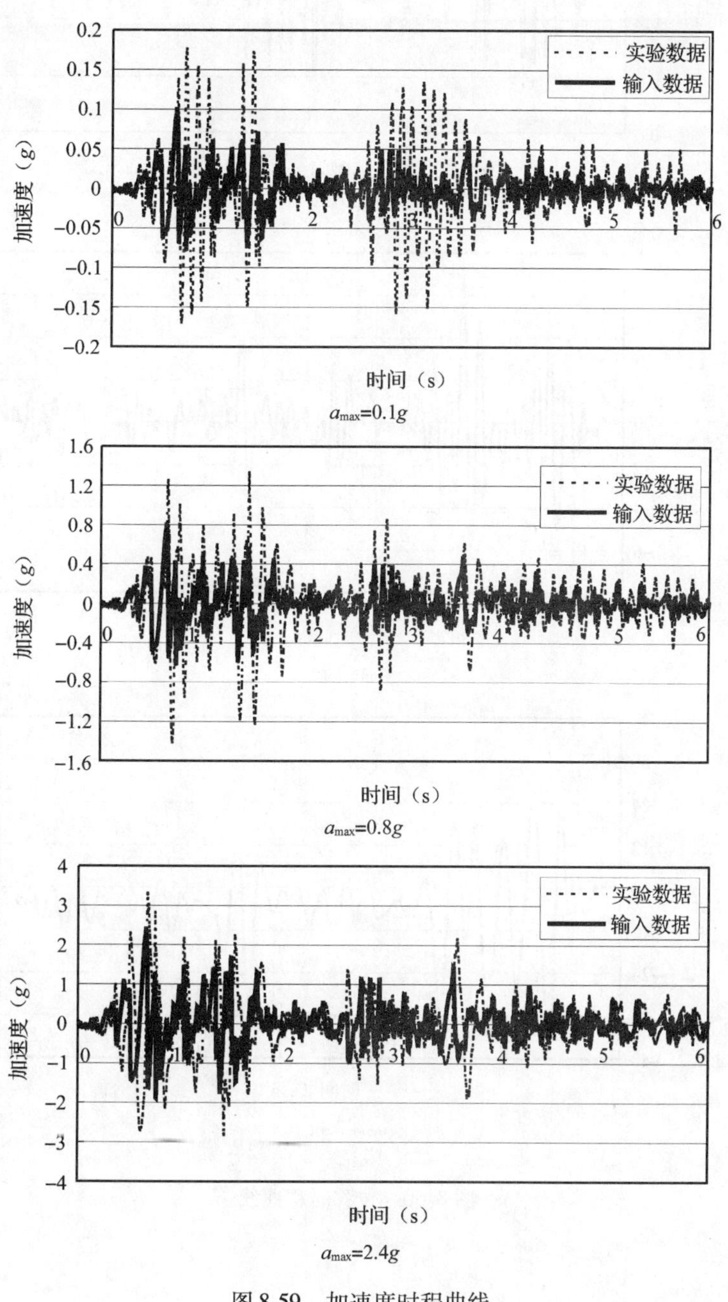

图 8-59　加速度时程曲线

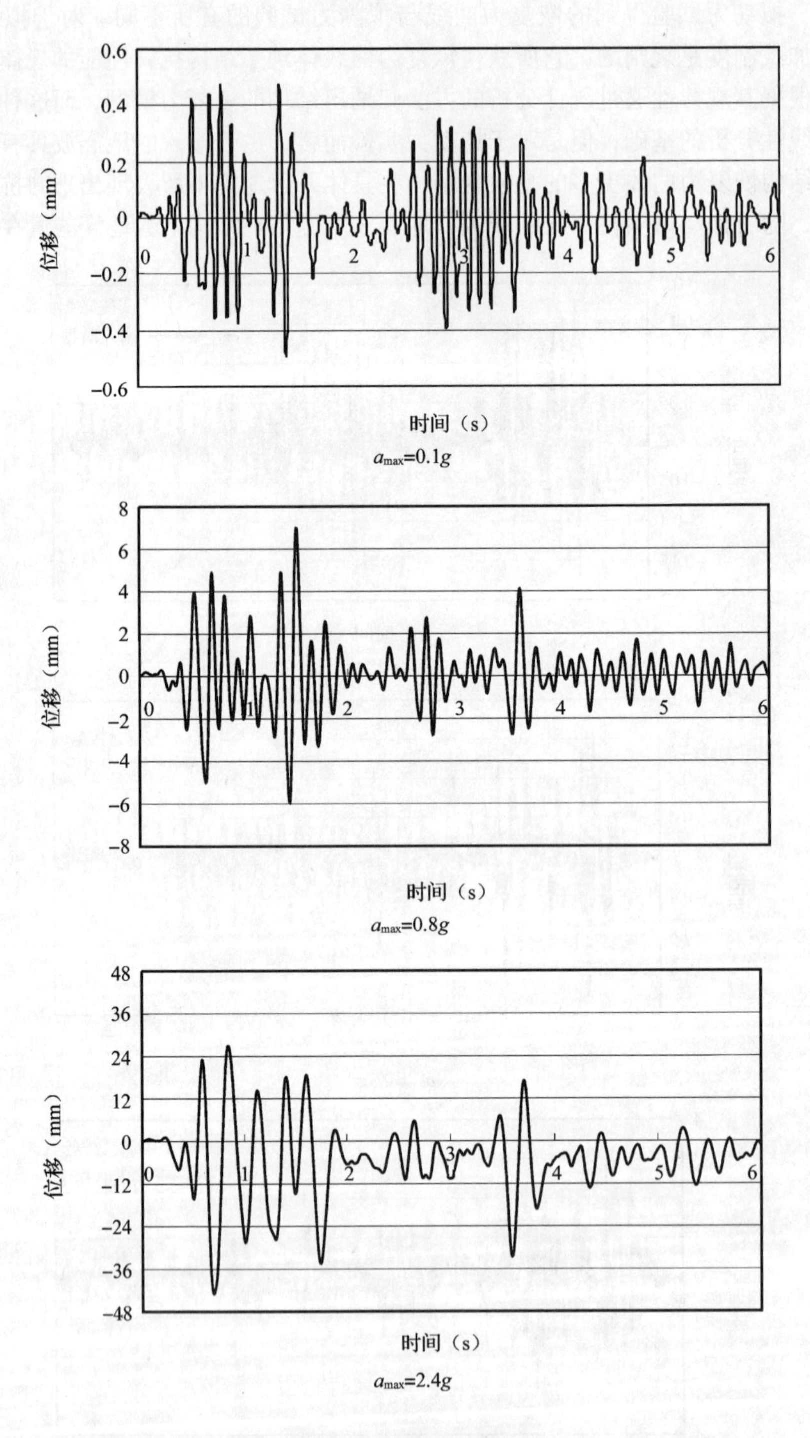
0.6
0.4
0.2
0
-0.2
-0.4
-0.6
位移（mm）
0
1
2
3
4
5
6
时间（s）
a_{max}=0.1g
8
6
4
2
0
-2
-4
-6
-8
位移（mm）
时间（s）
a_{max}=0.8g
48
36
24
12
0
-12
-24
-36
-48
位移（mm）
时间（s）
a_{max}=2.4g

图 8-60　位移时程曲线

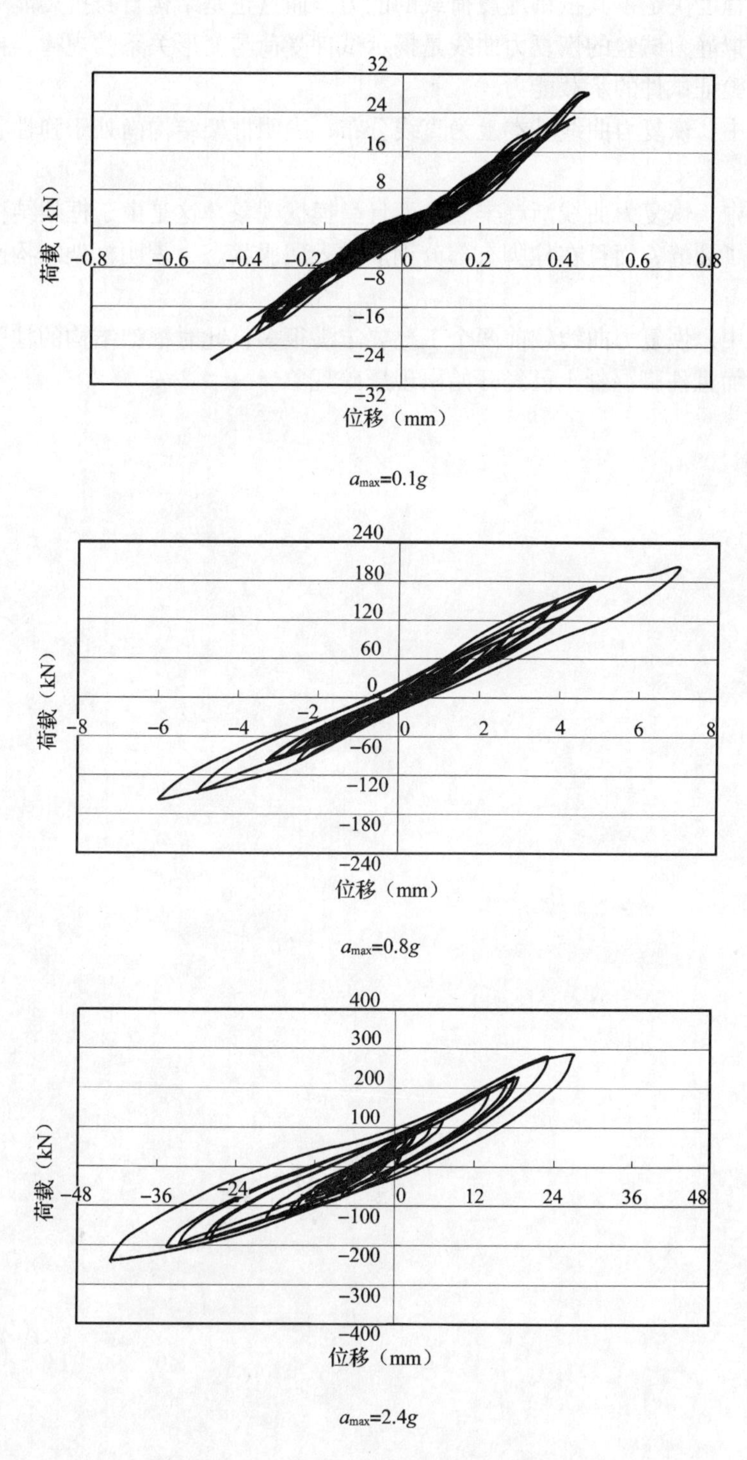

a_{max}=0.1g

a_{max}=0.8g

a_{max}=2.4g

图 8-61 滞回曲线

此时结构通过进入塑性阶段，以产生不可恢复残余变形的方式来耗散掉地震能量，其恢复力曲线的丰满程度决定了其抵御地震荷载的能力，而这正是结构自身抗震能力的体现。简单的说就是：拟静力试验的恢复力曲线是揭示试件受荷与变形关系的规律，拟动力试验的恢复力曲线是验证试件的承载能力。

在工况 1 中，恢复力曲线基本上为直线分布，表明框架结构尚处于弹性状态，这与宏观现象相符。

在工况 2 中，恢复力曲线渐趋丰满，而且呈捏拢现象。这是由于框架结构在柱脚和梁端都已经出现了裂缝，而且在柱脚有部分钢筋进入屈服状态，表明框架结构已经进入了塑性阶段。

在工况 3 中，恢复力曲线较前两个工况要丰满很多，此时框架结构的柱脚和梁端的钢筋均已屈服，而且柱脚混凝土已经开始出现压碎现象。

第9章　预应力钢－混凝土组合结构与预应力钢结构

§9.1　概　　述

钢－混凝土组合梁是由钢材与混凝土通过剪力连接件组合而成的构件，它充分发挥了钢材的抗拉、抗压强度高和混凝土的抗压强度高的长处，弥补单一材料的短处，具有强度高、延性好、抗疲劳性能优越、施工简便等优点，因此，在不少的土木工程领域都得到了应用。但是，钢－混凝土组合梁仍然具有变形大、在连续梁等超静定结构的负弯矩区域混凝土板处于受拉、容易开裂等缺点，在应用中仍然不尽理想。预应力钢－混凝土组合结构正是克服了这些缺点，同时具有了钢－混凝土组合结构与预应力结构的优点，完善了钢－混凝土组合结构的受力性能，拓宽了钢－混凝土组合结构的应用领域。

预应力钢－混凝土组合结构一般是在钢－混凝土组合结构承受外荷载前施加一偏心压力，使其在外荷载和预应力共同作用下的应力限制在特定范围内。和混凝土结构施加预应力的目的不同，组合结构中钢构件施加预应力不是消除材料差异，使脆性材料转变成弹性材料，而是扩大材料的弹性工作范围，更加充分地利用高强材料，发挥材料特性，尤其发挥钢材受拉、受压双向强度都高的特性。预应力组合结构最显著的特点是：（1）施加预应力扩大了结构的弹性范围，调整了结构中内力分布，减小了结构变形。（2）使用预应力技术可以有效地利用高强钢材，减轻结构自重，工程实践证明可节约钢材10%～30%，降低总造价10%～20%。（3）增强了结构的疲劳抗力，预应力降低了最大拉应力，使低韧性钢梁的脆断可能性减小，有效应力幅值的降低增强了结构的疲劳使用寿命。（4）充分发挥了钢材与混凝土的优势，大大改善了连续结构中间支座区域的受力性能。（5）使用体外预应力体系，可以减小预应力摩阻损失，便于重复张拉与维护，更换已损坏的钢索。预应力钢－混凝土组合结构的不足之处在于锚固构造要求较高，以及防腐与防火要求也比较严格。

通常对钢梁构件施加预应力有三种主要方法，其一是“预弯法”，即预弯复合梁技术，多用于劲性混凝土结构；其二是梁反拱状态下在钢梁上、下翼缘贴焊高强钢板，然后解除约束，钢梁回弹，由于贴焊的高强钢板限制了钢梁的回弹则能在钢梁中建立一定的预应力；其三是张拉高强钢筋或钢索，并且锚固到钢构件上，即体外预应力技术。随着张拉锚固体系日趋完善，在新结构设计与既有结构加固方面更多地倾向于使用体外预应力技术。

钢梁或组合梁施加预应力的思想最早由德国学者Dischinger于1949年提出的，工程实践中有很多应用预应力组合结构的实例。1955年，在德国Neckar运河上建成了跨度为34m的Lauffen桥，该桥由两片钢板梁支承混凝土顶板，每片梁由4根直线钢索（52根ϕ5.3钢丝编组），放在钢梁下缘，采用沥青防腐，待两片梁间横向连接系安装完毕后张拉预应力钢索，最后浇筑桥面混凝土。施加预应力后，截面上弦杆应力降低了28%，下弦杆应力降低了61%。

1984年，T. Y. Lin公司设计的美国爱达荷州Bonners Ferry桥，是预应力钢梁概念在工程中应用的范例。该桥为四车道四片主梁，共计10跨，跨径介于30.5～47.2m之间，内支座负弯矩区预加应力分为两个阶段，第一阶段在浇筑混凝土桥面之前对钢梁施加预应力，以控制其上翼缘的恒载应力；第二阶段，对混凝土桥面纵向施加预应力，以抵消活荷载产生的拉应力。全桥用钢量可节约20%，以经济效益显著而中标。

我国在20世纪50年代也曾经开展过预应力钢结构的研究，但进入实际应用则较少，到20世纪90年代后逐渐开始得到应用，如北京航天立交桥（44m+64m+44m）、北京西客站主楼钢结构采用了预应力钢-混凝土组合梁和预应力钢桁架，福建会堂采用了35m跨度的预应力钢-混凝土组合简支梁（图9-1），满足了大跨度空间的建筑要求，并解决了施工的困难。图9-2为国外采用的预应力索置于箱梁体内的预应力组合结构桥梁。

图9-1 施工中的预应力钢-混凝土组合简支梁

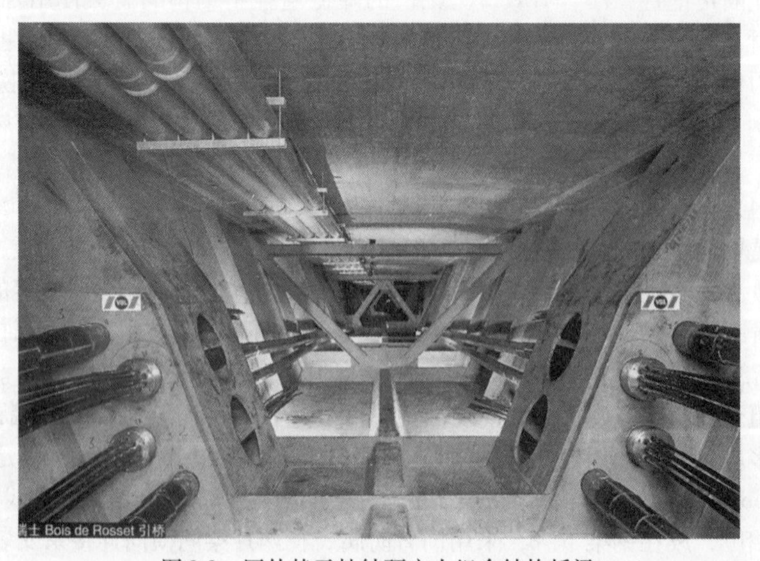

图9-2 国外某无粘结预应力组合结构桥梁

对于钢-混凝土组合结构的设计，欧洲规范4（EC.4）是当今较完整的设计规范，最早是CEB、FIP、ECCS和IABSE共同组成的组合结构委员会于1981年颁布，后来由欧洲标准委员会（CEN）进行了系统的修订和完善；新的EC.4由两部分组成：Part 1分别涉及了组合结构设计的一般规则和建筑工程中组合结构的设计方法与防火规定，于1992年颁布；Part 2是关于桥梁组合结构设计的内容，包括受动载作用组合梁的设计，但没有给出无粘结钢索和组合斜拉桥的应用条文，于1997年颁布。组合结构的抗震设计规定则在欧洲规范8（EC.8）的Part 1和Part 2中给出。我国《钢结构设计规范》（GB 50017—2003）对钢-混凝土组合构件的设计作了一般性规定；《公路桥涵钢结构及木结构设计规范》（JTJ 025—86）对公路组合板梁桥作了一般规定，《铁路结合桥设计规定》（TBJ 24—89）对铁路组合梁桥做了规定。我国上述规范或规定仅适用于承受静载作用的普通简支组合梁；对预应力组合结构的设计与施工尚无明确规定。本章主要介绍体外索的预应力钢-混凝土组合梁的受力性能与设计方法，同时对新兴的预应力钢结构作简要的介绍。

§9.2 预应力钢-混凝土组合梁的受力性能与分析计算

预应力钢-混凝土组合结构由于对钢-混凝土组合结构施加预应力，因此，其受力比普通组合结构复杂，既有与普通钢结构相类似的强度、刚度与疲劳问题，又有与普通组合结构相似的剪力连接、次内力问题，还有与预应力混凝土结构相似的预应力度、锚固与防腐等问题，而且分析计算随施工方法不同而异；预应力钢-混凝土组合结构受力分析的精确计算要借助于复杂的非线性数值分析方法，在实际应用中通常采用以弹性理论和塑性极限理论为基础的简化分析方法。

9.2.1 预应力组合梁的受力性能

1. 截面分类

钢-混凝土组合梁的截面一般按照截面的局部失稳是否影响其极限承载力进行分类。Climanhaga等发现由于钢梁失稳的影响，组合梁截面负弯矩-曲率特性可分为四类，第Ⅰ类是梁腹板和翼缘的局部失稳不影响组合梁的极限荷载和截面延性，可按塑性极限理论进行设计，截面最大承载力M_u大于全塑性弯矩M_{pl}，称为塑性截面（plastic section）；第Ⅱ类是在弹塑性阶段发生局部屈曲后负弯矩区截面M_u仍可达到塑性抗弯极限状态M_{pl}，但梁截面延性会因局部失稳或混凝土破坏而减小，称为密实截面（compact section）；第Ⅲ类截面在弹塑性阶段发生局部失稳后，负弯矩区截面抗弯能力明显降低，截面最大抗弯能力M_u仅能达到弹性弯矩M_{el}，称为半密实截面（semi-compact section）；第Ⅳ类截面处于弹性状态时即发生局部失稳，截面最大抗弯能力M_u达不到弹性弯矩M_{el}，称为非密实或柔细截面（non-compact or slender section）。截面分类取决于弯矩梯度、构件宽厚比以及材料屈服强度等，EC.4采纳了上述分类方法，并且规定了轧制型钢和焊接钢截面不同类别受压翼缘和腹板的宽厚比；根据总力不变和应变相等的原则，可将混凝土截面按照钢与混凝土两者弹性模量之比$n=E_s/E_c$换算为等效钢截面（称为换算截面法）；对于受压翼缘和腹板均为第Ⅰ、Ⅱ类的普通组合梁，换算截面中可以采用塑性应力分布，而对于第Ⅲ、Ⅳ类截面的普通组合梁，则换算截面中采用弹性应力分布。

我国《钢结构设计规范》（GB 50017—2003）中采用塑性设计方法的组合梁截面，相当于EC. 4 的第Ⅰ类截面；当考虑截面的部分塑性发展时，则相当介于EC. 4 的第Ⅱ类截面和第Ⅲ类截面之间；如果取截面的塑性发展系数 $\gamma=1$，则和EC. 4 的第Ⅲ类截面相当。

塑性设计时，为了保证截面塑性变形的充分发展和塑性铰具有足够的转动能力，对钢梁板件的宽厚比需要进行限制。在一般情况下，当钢梁符合塑性设计的宽厚比限值时，均能够满足局部稳定的要求。各主要规范对塑性设计宽厚比的限制如表9-1。

塑性设计时各规范对截面宽厚比的限值 **表9-1**

规范名称	组别	翼缘 b/t	腹板 h_0/t_w
钢结构设计规范 GB 50017—2003	塑性设计	$\le 9\varepsilon$	$\begin{cases} N/Af<0.37: \le (72-100N/A)\ \varepsilon \\ N/Af\ge 0.37: \le 35\varepsilon \end{cases}$
电力组合规程 DL/T 5085—1999	全截面塑性	$\le 9\varepsilon$	$\begin{cases} R<0.37: \le (72-100R)\ \varepsilon \\ R\ge 0.37: \le 35\varepsilon \end{cases}$
欧洲规范 Eurocode 3、4	第一组（焊接）	$\le 10\varepsilon$	$\begin{cases} \alpha>0.5: \le 396\varepsilon/(13\alpha-1) \\ \alpha<0.5: \le 36\varepsilon/\alpha \end{cases}$
美国 LRFD 99	密实截面	$\le 11.1\varepsilon$	$\begin{cases} P_u/\phi_b P_y \le 0.125: \le 109.7\left(1-\dfrac{2.75P_u}{\phi_b P_y}\right)\varepsilon \\ P_u/\phi_b P_y > 0.125: \le \left(32.7\left(2.33-\dfrac{P_u}{\phi_b P_y}\right)\varepsilon \ge 43.5\varepsilon\right) \end{cases}$
美国 AASHTO	密实截面	$\le 11.1\varepsilon$	$\le 56.2\varepsilon/\alpha$
日本 AIJ 98	P-I-1		$\left(\dfrac{1}{14\varepsilon}\dfrac{b_1}{t}\right)^2+\left(\dfrac{1}{93\varepsilon}\dfrac{h_0}{t_w}\right)^2\le 1,\ \dfrac{h_0}{t_w}\le 64.5\varepsilon$

注：$\varepsilon=\sqrt{235/f_y}$，$\alpha$ 为钢梁腹板受压区所占的比例，λ 为长细比，A 为截面积，N 为轴向力，R 为力比，$\phi_b=0.9$ 为抗力分项系数。

2. 混凝土板的有效宽度

钢－混凝土组合梁受弯时，由于剪力滞后的影响，混凝土翼板的纵向弯曲应力沿宽度方向的分布不均匀。弯曲分析时考虑剪力滞后的效应，一般用有效宽度来表示。EC. 4 Part 1（1992）关于房屋建筑结构的有效宽度按下式计算：

$$b_{eff}=b_{e1}+b_{e2} \tag{9-1}$$

$$b_{ei}=\frac{L_0}{8}\le b_i \quad (i=1,2)$$

式中 b_i——混凝土板外伸宽度（图9-3），当有相邻梁时，取 b_i 为相邻梁间距的一半；

L_0——弯矩零点之间的距离，对于单跨简支梁为跨长；对于连续梁由图9-3确定。

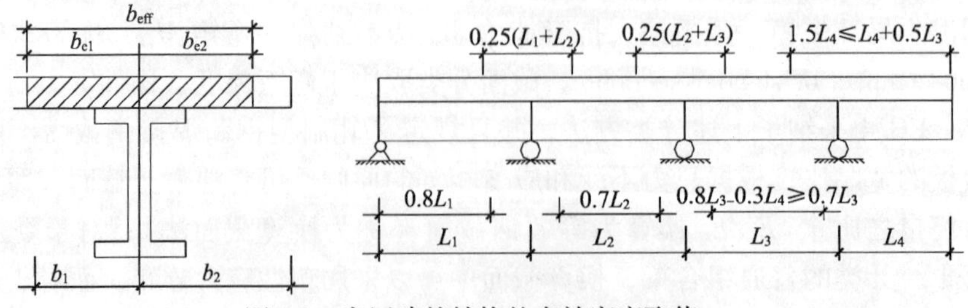

图9-3 房屋建筑结构的有效宽度取值

EC. 4 Part 2（1997）关于桥梁结构的有效宽度可依据下列方程确定（其中 b_{eff} 如图9-4 典型截面所示）：

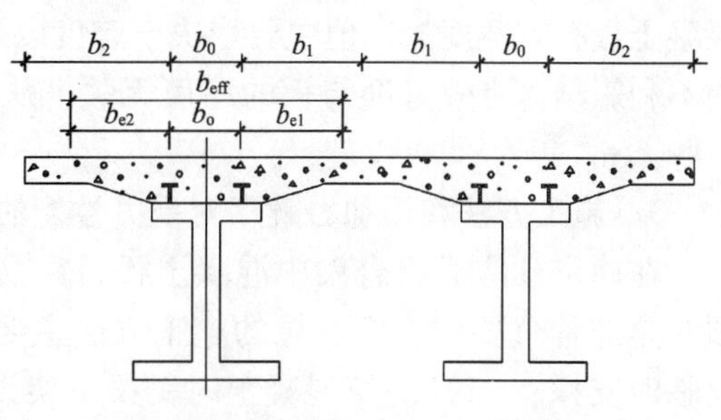

图 9-4　桥梁中有效宽度取值

$$b_{eff} = b_0 + \sum b_{ei} \tag{9-2}$$

式中　b_0——图 9-4 中梁剪力连接件之中心间距；

b_{ei}——腹板两侧混凝土翼缘的有效宽度值，取 $L_e/8$ 但不超过板的几何宽度 b，长度 L_e 是两零弯矩点之间的距离。内支座和跨中之间有效宽度可假设按照图 9-5 取用；端支座处的有效宽度取值按下式：

$$b_{eff,0} = b_0 + \sum \beta_i b_{ei} \tag{9-3}$$

式中　$\beta_i = (0.55 + 0.25 L_e / b_i) \leqslant 1.0$

b_{ei}——边跨跨中的有效宽度；

L_e——根据图 9-5 确定的边跨相应跨长。

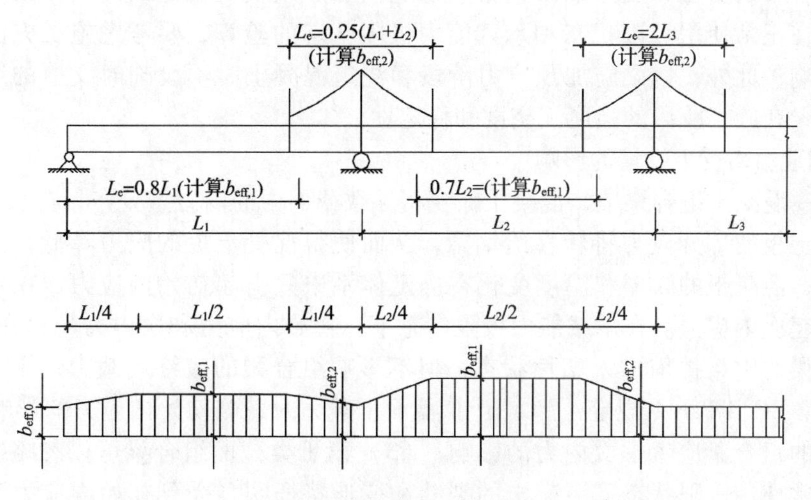

图 9-5　等效跨长 L_e 的确定

我国《钢结构设计规范》（GB 50017—2003）中对于钢－混凝土组合梁混凝土板有效宽度的取值基本上是参照《混凝土结构设计规范》规定的，其取值分别考虑了组合梁跨度、混凝土板厚度以及相邻梁的净距等的影响，混凝土翼板的有效宽度 b_e 按下式计算：

$$b_e = b_0 + b_1 + b_2 \tag{9-4}$$

式中　b_0——板托顶部的宽度；当板托倾角 $\alpha < 45°$时，应按 $\alpha = 45°$计算板托顶部的宽度；当无板托时，则取钢梁上翼缘的宽度；

b_1、b_2——梁外侧和内侧的翼板计算宽度，各取梁跨度 l 的 1/6，和翼板厚度 h_{c1} 的 6 倍中的较小值。此外，b_1 尚不应超过翼板实际外伸宽度 s_1；b_2 不应超过相邻钢梁上翼缘或板托间净距 s_0 的 1/2。当为中间梁时，公式中的 b_1 等于 b_2。

AASHTO 的“荷载与抗力系数设计法”的规定与 GBJ 17—88 相似，而欧洲规范 4 中混凝土板有效宽度的取值主要取决于跨度以及相邻梁的间距，同时还考虑连续梁中负弯矩的不利影响，有效宽度与板的厚度无关。从总体看，我国规范关于有效宽度的取值偏大一些。

3. 施工方法和预加力顺序对受力性能的影响

在确定预应力组合梁中混凝土板、钢梁和预应力钢索的应力时，施工方法与预加力顺序是非常重要的。组合梁的施工方法主要有以下三种：（1）浇筑混凝土时钢梁下不设临时支撑；（2）浇筑混凝土时钢梁下架设临时支撑；（3）浇筑混凝土时钢梁下有临时支撑，但在浇筑混凝土时支撑已受压，其反力使钢梁产生反拱。通常施加预应力的顺序也有下列三种：（1）混凝土板和钢梁分别施加预应力，然后通过剪力连接件将混凝土板连接到钢梁顶翼缘上，称为预制先张梁；（2）钢梁先施加预应力，再浇筑混凝土顶板，负弯矩区还可通过混凝土板中的无粘结钢索对混凝土板进行张拉，称为现浇先张梁；（3）在钢梁上现浇混凝土板形成普通组合梁，然后利用混凝土板中或钢梁中的钢索对组合梁后张拉预应力，称为后张梁。对普通组合梁采用后张法需要较多的预应力筋才能达到一定的效果，一般较少使用。施工方法和预加力顺序将影响使用阶段预应力组合梁的受力和变形以及钢梁翼缘进入屈服或丧失稳定的时间，因此对于所有类型截面在正常使用极限状态和承载能力极限状态的验算，要考虑施工方法和预加力顺序的影响；此外，钢梁施加预应力阶段和浇筑混凝土时不设临时支撑的组合梁，尚需验算钢梁在施工阶段的强度、挠度和稳定性。

4. 内应力对受力性能的影响

在钢－混凝土组合梁中，混凝土徐变将导致截面中的内力重分布，在长期荷载作用下，混凝土板的部分应力将转移给钢梁，从而使得混凝土板的应力降低，钢梁应力增加。另外，混凝土的收缩和温度变化在静定体系中只引起初始内应力，在超静定体系中还将引起次内应力。在承载能力极限状态下，初始内应力和次内力的存在将导致Ⅰ、Ⅱ类组合梁的钢梁提前进入塑性状态，但不影响组合梁的最终承载力；Ⅲ、Ⅳ类截面的组合梁，EC. 4 Part 1 规定：（1）计算截面承载力时忽略初始内应力的影响；（2）第Ⅳ类截面的组合梁应考虑次内力的影响；（3）第Ⅲ类截面组合梁可以忽略次内力的影响。在正常使用极限状态下混凝土的裂缝和变形特征明显受到初始内应力和次内力的影响，因此，对于所有截面在正常使用极限状态的验算必须考虑由于收缩、徐变和温差引起的次内力。

5. 预应力对受力性能的影响

组合梁的钢梁部分施加预应力后，在外荷载作用下，预应力钢索中产生应力增量，该预应力增量产生和外荷载效应相反的附加弯矩，使得组合梁截面上的应力降低，从而明显地提高了组合梁的屈服荷载；同时，在疲劳阶段应力循环可能由单纯的拉应力循环转为压应力循环或拉压应力循环，这增强了钢梁的疲劳强度；预加反拱度的存在减小了组合梁在使用荷载下的挠度。此外，在新建桥梁设计和旧桥加固中，为了提高负弯矩区段混凝土板的抗裂性和耐久性，通常也对混凝土板施加预应力。当采用上述第（2）种施加预应力顺序时会对连续组合梁内支座区域产生次弯矩，如果预应力大小及预应力筋长度合适，则混凝土板预应力对内支座区域产生的效应就如同负弯矩区钢梁施加预应力产生的效应一样。

预应力组合梁中预应力的存在使得钢梁截面受压区高度加大，而腹板受压区高度加大会使截面转动能力明显降低，增大翼缘和腹板局部屈曲和整体失稳的可能性。

6. 剪力连接程度对受力性能的影响

预应力组合梁的受力性能受到剪力连接程度的影响。若在预应力组合梁最大弯矩截面和零弯矩截面之间，钢与混凝土交界面上剪力连接件的数量为 N，而保证最大弯矩截面抗弯能力充分发挥所需的剪力连接件数量为 N_f，则定义 $\eta = N/N_f$ 为剪力连接度。图 9-6 表示简支组合梁在均布荷载作用下抗弯能力和剪力连接度的关系。

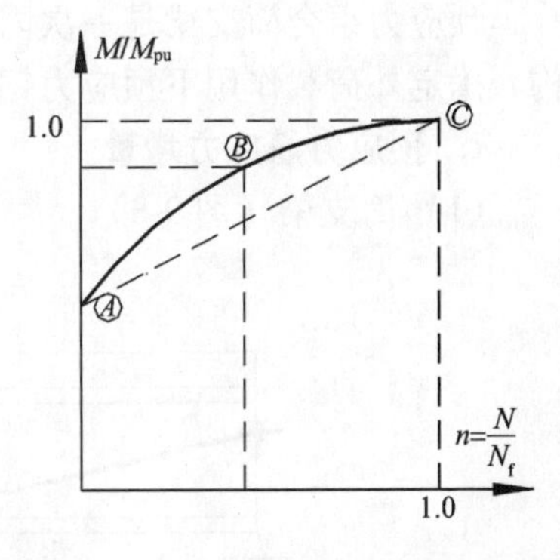

图 9-6 抗弯能力与剪力连接度关系

梁 A 的连接度 $\eta=0$，表明钢梁与混凝土板之间没有采取连接措施，极限承载力由钢梁的极限承载力确定。梁 B 中，$0<\eta<1$，此类梁称为部分连接组合梁，其抗弯能力受到交界面上纵向抗剪能力的限制；部分连接组合梁的截面应变分布图上存在两个中性轴，交界面上有明显的相对滑移存在，因此连接件必须有较好的柔性性能。梁 C 为完全组合梁，$\eta \geq 1$，其连接件数量能保证极限状态下组合梁达到全塑性弯矩。需要指出的是，一般的连接件都能够表现出一定的柔性性能。

9.2.2 预应力组合梁的弹性分析

预应力组合梁在正常使用极限状态的验算主要是挠度的验算、钢梁和混凝土板的应力及混凝土的裂缝宽度的验算、以及混凝土板与钢梁之间的相对滑移验算。而在施加预应力阶段主要是控制截面的应力与构件反拱度的验算。在施加预应力阶段与正常使用阶段的荷载特点可分为短期荷载与长期荷载。在短期荷载作用下，组合结构一般处于弹性工作状态，其内力可由弹性理论按结构力学的方法来求解，并按线弹性关系与平截面变形假定求得截面应力。在长期荷载作用下，混凝土板将产生徐变与收缩变形，但由于混凝土板的这种塑性变形受到钢梁的约束，导致混凝土板与钢梁连接界面上的内力重分布，对于超静定结构体系还将引起结构的内力重分布。在长期荷载作用下，组合结构的变形也将明显增大。

如图 9-7 所示，混凝土的换算截面面积为：

$$A'_c = \frac{A_c}{n} \tag{9-5}$$

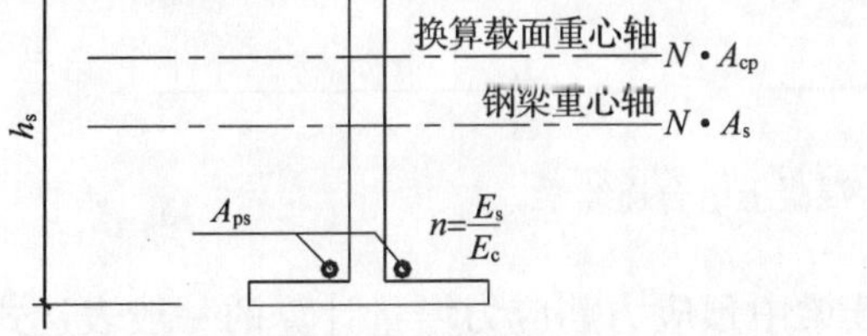

组合截面的换算面积为：

$$A_{cp} = A_{st} + A'_c \tag{9-6}$$

式中 A_c——混凝土截面积；

A_{st}——全部钢材（钢梁和钢筋）的面积。

图 9-7 换算截面特征

基本假定：1）钢梁截面或组合截面应变为线性分布；2）忽略钢梁和混凝土界面上的相对滑移，符合平截面假定；3）钢梁预应力钢索和组合梁整体变形相协调；4）忽略残余变形和残余应力的影响。

预应力组合简支梁是一次内部超静定结构，预应力连续组合梁是内外部高次超静定结构，确定外荷载作用下预应力钢索应力增量是关键。

1. 预应力筋应力增量

（1）简支梁（图9-8）

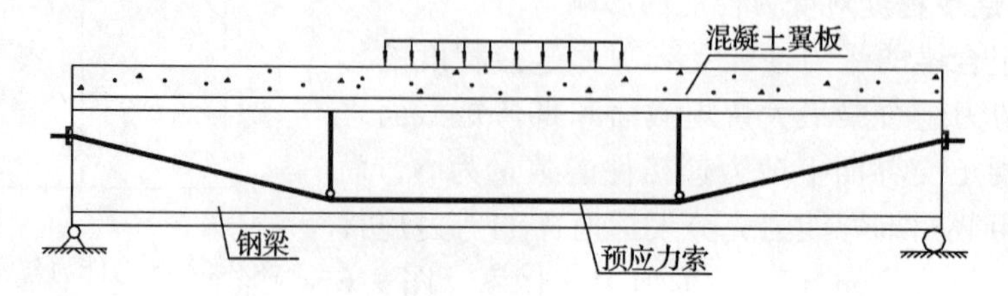

图9-8 预应力钢－混凝土组合简支梁

依据虚功原理和变形协调条件取预应力筋中轴力增量 ΔN 为虚力，则有：

$$\delta_{11}\Delta N+\delta_{1p}=0 \tag{9-7}$$

式中 δ_{11}——预应力筋单位轴力增量引起的虚位移；

δ_{1p}——外荷载在静定结构上引起的虚位移；

$$\delta_{11}=\int\frac{e_x^2}{EI_x}\mathrm{d}x+\int\frac{1}{EA_x}\mathrm{d}x+\int\frac{1}{E_{ps}A_{ps}}\mathrm{d}x \tag{9-8}$$

$$\delta_{1p}=\int\frac{e_xM_x}{EI_x}\mathrm{d}x \tag{9-9}$$

式中 e_x——预应力筋到钢梁或组合梁换算截面重心轴的偏心距；

E、A_x、I_x——钢梁弹性模量、钢梁或组合梁换算截面面积和惯性矩，随梁长而变化；在截面形成组合作用之前为钢梁参数，之后为组合换算截面参数；

M_x——外荷载产生的弯矩；

A_{ps}、E_{ps}——预应力钢索（筋）的面积和弹模。

从而各荷载阶段 i 预应力筋应力增量为： $\Delta\sigma_{p,i}=\dfrac{\Delta N_i}{A_{ps}}$ (9-10)

（2）连续梁（图9-9）

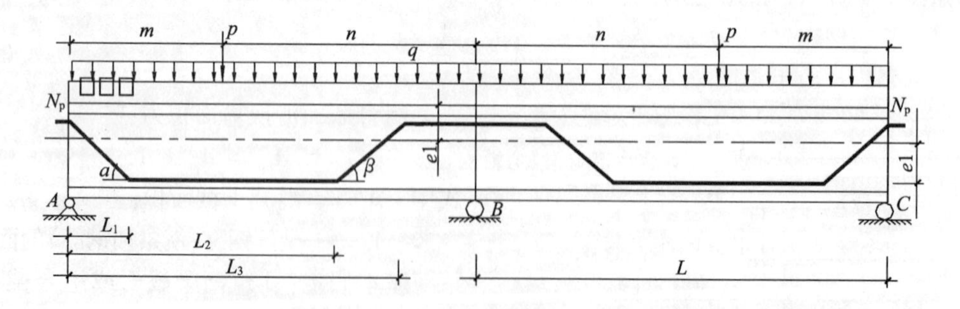

图9-9 预应力钢－混凝土组合连续梁

以两跨连续梁为例，推导预应力组合连续梁中预应力筋应力增量计算的一般表达式。取内支座负弯矩 M 和预应力筋轴力增量 ΔN 为多余未知力，变形协调方程为：

$$\begin{aligned}\delta_{11}\cdot M+\Delta N\cdot\delta_{12}+\Delta_{1L}&=0\\ \delta_{21}\cdot M+\Delta N\cdot\delta_{22}+\Delta_{2L}&=0\end{aligned}\tag{9-11}$$

式中 δ_{ij}——为在位置 i（分别为内支座弯矩和预应力筋中轴力增量）处由单位作用荷载 j 引起的虚变形；

Δ_{iL}——是在位置 i 由外荷载 L（均布荷载或集中力）引起的虚变形。

由虚功原理可得虚位移 δ_{ij} 的一般表达式：

$$\delta_{ij}=\int\frac{M_i\cdot M_j}{E\cdot I_x}\mathrm{d}x+\int\frac{N_i\cdot N_j}{E\cdot A_x}\mathrm{d}x\tag{9-12}$$

M_i、M_j 分别为沿梁长的弯矩，N_i、N_j 为沿梁长的轴力，A_x、I_x 为组合梁的截面面积和惯性矩，具体表达式分别为：

$$\delta_{11}=\frac{2L}{3EI_x}$$

$$\delta_{12}=\delta_{21}=\frac{1}{3EI_xL}\{L_1^2(-a-c)+L_2^2(b+d)+L_3^2c-L^2d+L_1L_2(b-c)+L_2L_3(c+d)-L_1L_3d\}$$

式中 $a=e_1, b=e+e_1\cdot L_1/L, c=e+e_1L_2/L, d=e_1(1-L_3/L)$

$$\delta_{22}=\frac{2}{EI_x}\left\{\frac{L_1}{6}(2a^2-2ab+2b^2)+\frac{L_2-L_1}{6}(2b^2+2bc+2c^2)+\frac{L_3-L_1}{6}(2c^2-2cd+2d^2)+\frac{L-L_3}{6}(2d^2)\right\}+\frac{2L}{EA_x}+\frac{2L_1}{E_{ps}A_{ps}\cos\alpha}+\frac{2(L_2-L_1)}{E_{ps}A_{ps}}+\frac{2(L_3-L_2)}{E_{ps}A_{ps}\cos\beta}+\frac{2(L-L_3)}{E_{ps}A_{ps}}$$

$$\Delta_{1L}=\Delta_{1L}^{q}+\Delta_{1L}^{P}\tag{9-13}$$

式中

$$\Delta_{1L}^{q}=-\frac{qL^3}{24EI_x}$$

$$\Delta_{1L}^{P}=-\frac{P}{EI_xL^2}\left(\frac{1}{3}m^3n+\frac{1}{2}m^2n^2+\frac{1}{6}mn^3\right)$$

其中

$$m+n=L$$

$$\Delta_{2L}=\Delta_{2L}^{q}+\Delta_{2L}^{P}\tag{9-14}$$

式中

$$\begin{aligned}\Delta_{2L}^{q}=\frac{q}{24EI_x}\Big\{&aL_1^2\left(\frac{1}{6}L-\frac{1}{12}L_1\right)\\&+b\left[(L_1+L_2)\left(-\frac{LL_2}{6}\right)+\frac{L_2}{12}(L_2^2+L_1L_2+L_1^2)\right]\\&+c\left[(L_1+L_2)\frac{LL_1}{6}-\frac{L_1}{12}(L_1^2+L_1L_2+L_2^2)\right.\\&\left.+(L_2+L_3)\left(-\frac{LL_3}{6}\right)+\frac{L_3}{12}(L_3^2+L_3L_2+L_2^2)\right]\\&+d\left[(L_2+L_3)\left(-\frac{LL_2}{6}\right)+\frac{L_2}{12}(L_3^2+L_3L_2+L_2^2)\right.\\&\left.+\frac{L}{12}(-L_3^2+L^2+LL_3)\right]\Big\}\end{aligned}$$

$$\Delta_{2L}^{P}=-\frac{P}{EI_xL}\Big\{n\Big[(a-2b)\ \frac{L_1^2}{6}+\Big(\frac{b-c}{L_2-L_1}\Big)\Big(\frac{m^3}{3}+\frac{L_1^3}{6}-\frac{L_1m^2}{2}\Big)-\frac{b}{2}\ (m^2-L_1^2)\Big]$$

$$+m\Big[\frac{(b-c)\ (L_2-m)}{L_2-L_1}\Big((L_2+m)\ \Big(\frac{L}{2}+\frac{L_1}{2}-\frac{L_2}{3}\Big)-L_1L-\frac{m^2}{3}\Big)$$

$$+b\ (L_2-m)\ \Big(-L+\frac{L_2+m}{2}\Big)+c\ (L_3-L_2)\Big(-L+\frac{L_3+L_2}{2}\Big)$$

$$+\ (c+d)\ \Big((L_3+L_2)\ \Big(\frac{L}{2}+\frac{L_2}{6}\Big)-LL_2-\frac{L_3^2}{3}\Big)+\frac{d}{3}\ (L-L_3)^2\Big]\Big\}$$

依据上述参数便不难求得 M 和 ΔN 的值：

$$M=\frac{\Delta_{1L}\cdot\delta_{22}-\Delta_{2L}\cdot\delta_{21}}{\delta_{12}^2-\delta_{11}\delta_{22}}$$

$$\Delta N=\frac{\Delta_{2L}\cdot\delta_{11}-\Delta_{1L}\cdot\delta_{21}}{\delta_{12}^2-\delta_{11}\delta_{22}}\tag{9-15}$$

式中　A_x、I_x、A_{ps}、E_{ps}的含义同简支梁情形。

对于其他较简单的布索形状，上述诸表达式可做相应简化。

如果预应力组合连续梁负弯矩混凝土板再施加预应力，则会对组合连续梁内支座区域产生附加弯矩（包括次弯矩）M_c，只需在式（9-13）和式（9-14）中分别增加一项由附加弯矩引起的虚变形 $\Delta_{1L}^{M_c}$和 $\Delta_{2L}^{M_c}$，变成：

$$\Delta_{1L}=\Delta_{1L}^{q}+\Delta_{1L}^{P}+\Delta_{1L}^{M_c}\tag{9-16}$$

$$\Delta_{2L}=\Delta_{2L}^{q}+\Delta_{2L}^{P}+\Delta_{2L}^{M_c}\tag{9-17}$$

2. 截面内力分析

（1）现浇先张梁

1）预加力产生的应力

$$\sigma_s^1=-\frac{N_{pe}}{A_s}\pm\frac{N_{pe}e_s}{I_s}y_s\tag{9-18}$$

式中　σ_s^1——钢梁截面上由于预加力产生的应力；

I_s——钢梁的惯性矩；

y_s——钢梁截面计算点至钢梁重心轴的距离。

N_p——扣除本阶段预加力损失的预加力值；

e_s——预应力筋重心至钢梁截面重心轴的距离。

2）恒载及附加恒载作用下

（A）施工时钢梁下无临时支撑时，分为两个阶段考虑。

在混凝土顶板强度达到75%设计强度之前，组合梁自重及其上部的施工荷载由钢梁承担，则钢梁截面上由恒载及附加恒载产生的应力 σ_s^2 为：

$$\sigma_s^2=-\frac{\Delta N_{D+SD}}{A_s}\pm\frac{\Delta N_{D+SD}\cdot e_s}{I_s}y_s\pm\frac{M_{D+SD}}{I_s}y_s\tag{9-19}$$

式中　ΔN_{D+SD}——由恒载及附加恒载产生的预应力筋轴力增量；

M_{D+SD}——由恒载及附加恒载产生的弯矩。

当混凝土板达到75%设计强度以后，按照组合截面进行计算。

钢梁截面应力为：

$$\sigma_s^2 = -\frac{\Delta N_{D+SD}}{A_{cp}} \pm \frac{\Delta N_{D+SD}\cdot e_{cp}}{I_{cp}}y_s \pm \frac{M_{D+SD}}{I_{cp}}y_s \tag{9-20}$$

式中 A_{cp}、I_{cp}——组合截面面积和惯性矩；

e_{cp}——预应力筋重心至组合（换算）截面重心轴的距离；

y_s——钢梁截面计算点到组合截面形心轴距离。

混凝土板中应力 σ_c^2 为：

$$\sigma_c^2 = \frac{1}{n}\left(-\frac{\Delta N_{D+SD}}{A_{cp}} \pm \frac{\Delta N_{D+SD}\cdot e_{cp}}{I_{cp}}y_c \pm \frac{M_{D+SD}}{I_{cp}}y_c\right) \tag{9-21}$$

式中 y_c——混凝土截面计算点至组合（换算）截面重心轴的距离。

（B）施工时钢梁下有临时支撑时，全部荷载作用由组合截面承担，计算公式同上述式（9-20）、式（9-21）。

3）使用荷载作用下

使用荷载包括后期恒载、活载和冲击荷载三个部分，在短期荷载作用下，钢梁部分截面应力 σ_s^3 为：

$$\sigma_s^3 = -\frac{\Delta N_{GD+L+I}}{A_{cp}} \pm \frac{\Delta N_{GD+L+I}\cdot e_{cp}}{I_{cp}}y_s \pm \frac{M_{GD+L+I}}{I_{cp}}y_s \tag{9-22}$$

式中 ΔN_{GD+L+I}——由后期恒载、活载和冲击荷载产生的预应力筋轴力增量；

M_{GD+L+I}——由后期恒载、活载和冲击荷载产生的弯矩。

混凝土板中应力 σ_c^3 为：

$$\sigma_c^3 = \frac{1}{n}\left(-\frac{\Delta N_{GD+L+I}}{A_{cp}} \pm \frac{\Delta N_{GD+L+I}\cdot e_{cp}}{I_{cp}}y_c \pm \frac{M_{GD+L+I}}{I_{cp}}y_c\right) \tag{9-23}$$

（2）后张梁

1）恒载及附加恒载作用下

（A）施工时钢梁下无临时支撑时，分为两个阶段考虑。

在混凝土顶板强度达到75%设计强度之前，组合梁自重及其上部的施工荷载由钢梁承担，则钢梁截面上由恒载及附加恒载产生的应力 σ_s^1 为：

$$\sigma_s^1 = \pm\frac{M_{D+SD}}{I_s}y_s \tag{9-24}$$

当混凝土板达到75%设计强度以后，按照组合截面进行计算：

$$\sigma_s^1 = \pm\frac{M_{D+SD}}{I_{cp}}y_s \tag{9-25}$$

$$\sigma_c^1 = \frac{1}{n}\left(\pm\frac{M_{D+SD}}{I_{cp}}y_c\right) \tag{9-26}$$

（B）施工时钢梁下有临时支撑时，全部荷载作用由组合截面承担，计算公式同上述式（7-24）、式（7-25）。

2）预加力产生的应力

$$\sigma_s^2 = -\frac{N_{pe}}{A_{cp}} \pm \frac{N_{pe}e_{cp}}{I_{cp}}y_s \tag{9-27}$$

$$\sigma_c^2 = \frac{1}{n}\left(-\frac{N_{pe}}{A_{cp}} \pm \frac{N_{pe}e_{cp}}{I_{cp}}y_c\right) \tag{9-28}$$

3）使用荷载作用下

短期荷载效应组合时计算公式同式（9-21）、式（9-22）。

不论是先张梁还是后张梁，钢梁、混凝土板和预应力筋中的总应力应分别为：

$$\sigma_s = \sigma_s^1 + \sigma_s^2 + \sigma_s^3 \leqslant f_y \tag{9-29}$$

$$\sigma_c = \sigma_c^2 + \sigma_c^3 \leqslant f_{c,t} \tag{9-30}$$

$$\sigma_p = \sigma_{pe} + \Delta\sigma_{p,D+SD} + \Delta\sigma_{p,GD+L+I} \leqslant f_{py} \tag{9-31}$$

式中 f_y、$f_{c,t}$、f_{py}——分别为钢梁设计强度、混凝土抗拉或抗压强度设计值以及预应力筋的设计强度。

（3）预应力组合连续梁

在通常情况下，预应力组合连续梁截面内力可以按弹性理论进行计算，可能的弯矩重分布程度取决于截面转动能力。预应力的效应使得截面转动能力明显减小，因而，预应力组合连续梁的弯矩重分布将小于普通组合连续梁。

由于负弯矩区混凝土板的开裂，沿连续梁跨度方向的抗弯刚度是不相等的，要精确地考虑沿跨度方向的刚度变化是很复杂的，EC. 4 在内力计算时采用了图 9-10 所示的两种简化方法。方法 1 简单地假定沿跨度方向连续梁的刚度是均匀的，抗弯刚度按未开裂截面刚度 $EI_{cp,1}$确定；方法 2 则近似地考虑负弯矩区混凝土开裂引起的弯矩重分布的影响，在内支座两侧各 0. 15 跨长范围内的抗弯刚度按开裂截面（不考虑混凝土板的作用而保留板中钢筋的作用）的刚度 $EI_{cp,2}$取值，其余未开裂部分仍取 $EI_{cp,1}$。预应力组合梁中抗弯刚度的计算可参照 EC. 4 的上述方法。

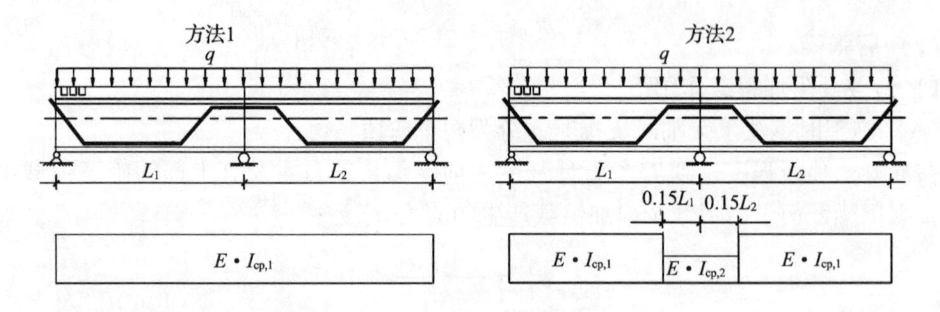

图 9-10　组合连续梁抗弯刚度的确定方法

3. 挠度计算

正弯矩区预应力简支组合梁在外荷载作用下产生的挠度可由等刚度法计算，而负弯矩区简支梁和连续梁的挠度计算考虑混凝土开裂的影响可采用变刚度法，刚度计算可采用上述方法 2。使用阶段的总挠度由预应力反拱度和各个荷载阶段挠度的代数和确定。

4. 长期荷载效应的影响

组合梁在长期荷载作用下，由于混凝土的徐变将使内力和变形增大。对于长期荷载作用下的应力与变形的计算，EC. 4 Part 1 采用引入增大系数的方法来计算组合换算截面的面积和惯性矩，而 EC. 4 Part 2 和我国规范相似，在短期荷载作用下的计算公式中采用增加模量比的方法来考虑徐变的影响。

9.2.3 预应力组合梁的抗弯极限分析

对于Ⅰ、Ⅱ类截面正负弯矩区预应力钢－混凝土简支组合梁，截面极限弯矩可按塑性极限理论进行计算；对于组合连续梁按塑性极限理论进行计算的基本前提是：在塑性铰范围内的截面除了有足够的塑性承载力外，还应该有足够的转动能力，以保证该截面能够产生充分的塑性转动和结构的弯矩重分布。直接求解截面转动能力需借助于数值方法，为简化起见，EC. 4 对普通连续组合梁的塑性分析作了如下限制：（1）在塑性铰处，钢梁的横截面应该是关于腹板平面对称的；（2）塑性铰处的钢梁截面应是第Ⅰ类截面，其他范围的截面至少应是第Ⅱ类截面；（3）相邻两跨的跨度相差不得超过短跨跨长的 50%；（4）边跨跨度不得大于相邻跨长的 115%；（5）混凝土板内的钢筋必须有良好的延性；（6）必须避免发生局部屈曲或整体失稳而导致过早破坏；（7）对于跨中首先出现塑性铰，且有 50% 以上的设计荷载作用于 1/5 跨长范围的组合梁，塑性铰区域混凝土板受压区高度不应超过组合截面高度的 15%。上述限制也同样适用于预应力组合连续梁，目前，对于预应力组合连续梁的研究尚不充分，在进行设计估算时可以借鉴 EC. 4 的计算方法。下面给出Ⅰ、Ⅱ类截面正负弯矩区截面极限承载力的计算方法：

1. 基本假定

（1）钢梁和混凝土板之间有可靠的连接，以保证组合截面抗弯能力的充分发挥。

（2）钢梁和混凝土板受弯时均符合平截面假定。

（3）钢梁的应力－应变关系采用理想弹塑性曲线，拉应变没有上限值，如果能避免发生局部屈曲，并保证负弯矩区的侧向稳定，其压应变也没有上限值；钢筋的应力－应变关系也采用理想弹塑性曲线，应变没有上限值。

（4）混凝土的应力－应变关系可取同预应力混凝土部分。

（5）正弯矩区混凝土受压应力采用等效矩形应力块，且不考虑受压区高度的折减；负弯矩区忽略混凝土的抗拉强度。

（6）试验研究证明，钢梁中预应力筋极限应力可取其设计强度 f_{py} 的 90%。

2. 正弯矩截面抵抗弯矩

在正弯矩作用下，根据组合截面塑性中和轴的位置，可以分成以下两种情况来计算组合截面的受弯承载力。

（1）塑性中和轴位于混凝土板中（图 9-11*a*）

$$A_{st} \cdot F_y + A_{ps} \cdot f_{pu} \leqslant 0.85 f_{cu} \cdot b_{eff} \cdot h_c + f'_y \cdot A'_s \tag{9-32}$$

$$x = \frac{A_{st} \cdot F_y + A_{ps} \cdot f_{pu} - f'_y \cdot A'_s}{0.85 f_{cu} \cdot b_{eff}} \leqslant h_c \tag{9-33}$$

$$M_u \leqslant 0.85 f_{cu} \cdot b_{eff} \cdot x \cdot y_1 + A_{ps} \cdot f_{pu} \cdot y_2 \tag{9-34}$$

（2）截面塑性中和轴在钢梁截面内（图 9-11*b*）

$$A_{st} \cdot F_y + A_{ps} \cdot f_{pu} > 0.85 f_{cu} \cdot b_{eff} \cdot h_c + f'_y \cdot A'_s \tag{9-35}$$

$$M_u \leqslant 0.85 f_{cu} \cdot b_{eff} \cdot h_c \cdot y_1 + A_{ps} \cdot f_{pu} \cdot y_2 + A_{st,c} \cdot F_y \cdot y_3 \tag{9-36}$$

式中 x——组合梁截面塑性中和轴至混凝土板顶面的距离；

f_{cu}——混凝土立方体抗压强度设计值；

y_1——钢梁受拉区应力的合力点至混凝土受压区应力合力点的距离；

y_2——钢梁受拉区应力的合力点至预应力索合力点的距离；

b_{eff}、h_c——混凝土翼板的有效跨度和厚度；

A_{st}、F_y——钢梁截面积和设计强度；

A_{ps}、f_{pu}——预应力钢索面积和极限应力，$f_{pu}=0.9f_{py}$；

$A_{st,c}$——钢梁受压区面积；

y_3——钢梁受拉区应力的合力至钢梁受压区应合力的距离。

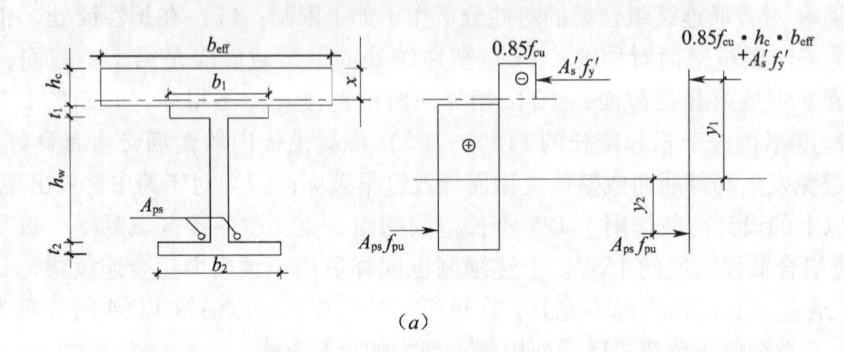

(a)

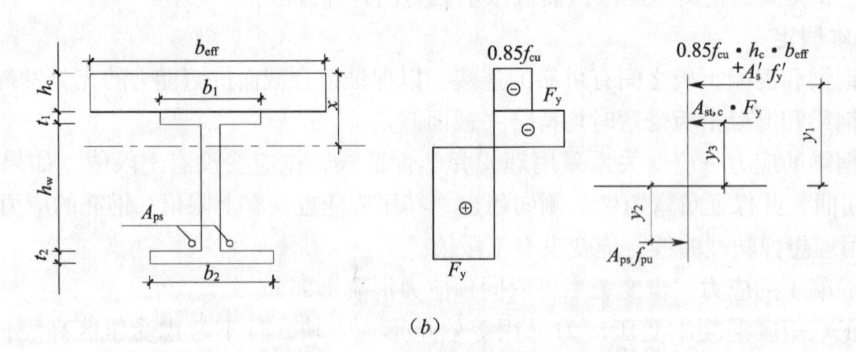

(b)

图 9-11　正弯矩区塑性中和轴位置

(a) 塑性中性轴在混凝土板内；(b) 塑性中性轴在钢梁内

3. 负弯矩截面抵抗弯矩（图 9-12）

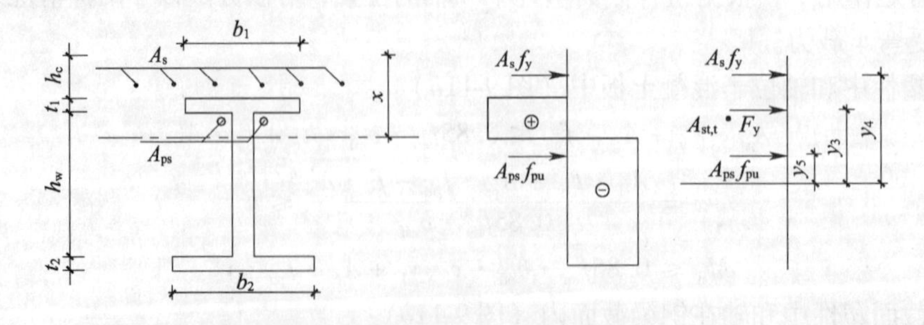

图 9-12　负弯矩区塑性中和轴位置

对于承受负弯矩的截面，混凝土板内一般都设置非预应力钢筋，其极限弯矩的计算一般认为：混凝土开裂退出工作，混凝土板中的纵向钢筋达到屈服强度，钢梁的受拉和受压区亦达到屈服强度，组合截面塑性中和轴的位置肯定位于钢梁内，且一般都位于钢梁腹板内，因此，其截面极限弯矩可按式（9-38）计算。

$$x = h_c + t_1 + \frac{A_w \cdot F_y + A_{t,2} \cdot F_y - f_y \cdot A_s - A_{t,1} \cdot F_y + A_{ps} \cdot f_{pu}}{2wF_y} \tag{9-37}$$

$$M_u \leqslant A_s f_y y_4 + A_{st,t} F_y y_3 + A_{ps} f_{pu} y_5 \tag{9-38}$$

式中　y_5——钢梁受压区应力的合力点至预应力钢索合力点的距离；

y_4——普通钢筋应力的合力点至钢梁受压区应力合力点的距离；

$A_{t,1}$、$A_{t,2}$、A_w——分别为钢梁上、下翼缘和腹板面积；

t_1、t_2、w——分别为钢梁上、下翼缘厚度和腹板的宽度；

A_s、f_y——分别为混凝土板中受拉钢筋的面积和设计强度。

其余符号同前正弯矩区的相关表达式。

9.2.4　预应力钢－混凝土组合梁的抗剪强度

1. 预应力钢－混凝土组合梁的抗剪设计

预应力组合梁的抗剪设计包括竖向抗剪和混凝土板的纵向抗剪两个部分。EC.4 和我国规范都认为在极限状态下组合梁的全部竖向剪力仅由钢梁腹板承担，所不同的是 EC.4 除了给出按塑性理论的竖向抗剪承载力的计算方法外，还给出了钢梁腹板局部屈曲后竖向剪力的计算方法，并考虑了弯剪相关作用；而我国规范则是在钢材的设计强度上乘以 0.9 的折减系数，且未对弯剪相关作用提出专门要求。对于混凝土板的纵向抗剪，EC.4 根据桁架模型导出了相应的抗剪承载力计算公式，而我国规范尚无相关内容。我国现行《钢结构设计规范》（GB 50017—2003）规定受弯构件剪切强度应符合下式要求：

$$V \leqslant h_w t_w f_v \tag{9-39}$$

式中　h_w、t_w——腹板高度和厚度；

f_v——钢材抗剪强度设计值。

对于预应力组合梁而言，可以在普通组合梁的抗剪基础上考虑预应力的影响；对于混凝土板的纵向抗剪承载力，可借鉴 EC.4 的计算方法；对于腹板竖向抗剪承载力，在不同的荷载阶段都可按下列公式计算（图 9-13）：

$$V = V_0 - N_p \sin\alpha \tag{9-40}$$

$$\tau = \frac{VQ}{Iw} \leqslant f_{vy} \tag{9-41}$$

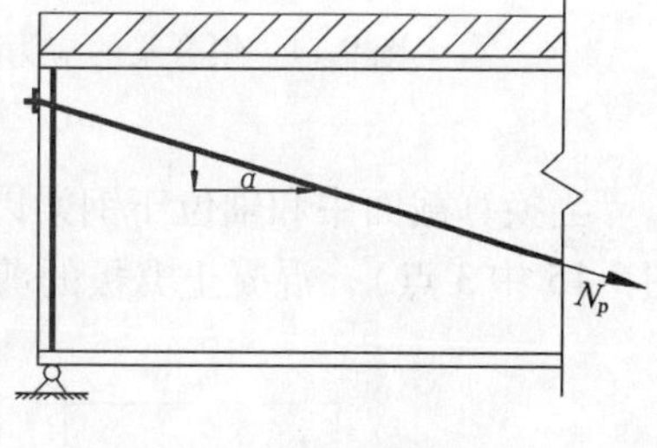

图 9-13　竖向抗剪应力

式中　V_0——静定结构上所考虑截面的竖向剪力；

N_p——预应力筋的轴力；

Q——组合截面所考虑纤维以上部分面积对中性轴的一次矩；

I、w——截面惯性矩和钢梁腹板宽度；

f_{vy}——钢材塑性阶段抗剪强度设计值，$f_{vy} = 0.9 f_v$。

V_0、N_p、I 等在不同的荷载阶段对应取不同的值。

2. 预应力钢－混凝土组合梁的剪应力分析

根据梁受力分析的基本假设，钢－混凝土组合梁的剪应力分析可以按换算截面法，应用材料力学的公式计算。

对于钢梁部分，其剪应力为：

$$\tau_{s}=\frac{VS}{It} \tag{9-42}$$

对于混凝土，剪应力为：

$$\tau_{c}=\frac{VS}{\alpha_{E}It} \tag{9-43}$$

式中 V——扣除预应力筋抗剪贡献后的竖向剪力设计值；

S——剪应力计算点以上的换算截面对总换算截面中和轴的面积矩；

t——换算截面的腹板厚度，在混凝土区，等于该处的混凝土换算宽度；在钢梁区，等于钢梁腹板厚度；

I——换算截面惯性矩；

α_{E}——钢材与混凝土弹性模量之比。

关于剪应力的计算点，一般按照以下规则采用：

当换算截面中和轴位于钢梁腹板内，钢梁的剪应力计算点取换算截面中和轴处（即图9-14中1点）。如无板托，混凝土翼板的剪应力计算点取混凝土与钢梁翼缘连接处（即图9-14中2点）；如有板托，计算点上移板托高度（即图9-14中2点）。

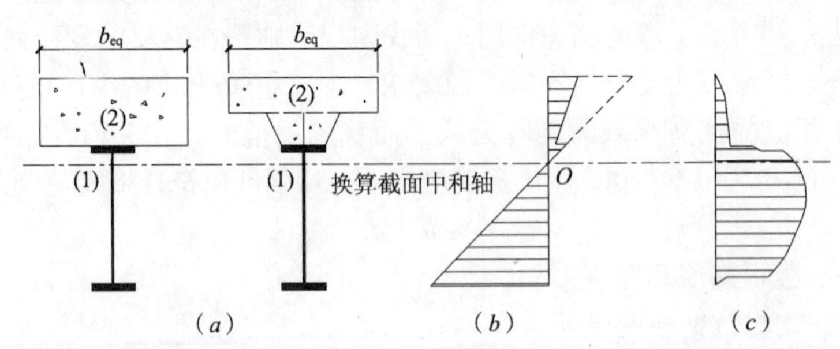

图9-14 组合梁的应力分布状态1（中和轴位于钢梁内时组合梁的应力）

（a）换算截面；（b）正应力；（c）剪应力

当换算截面中和轴位于钢梁以上时，钢梁的剪应力计算点取钢梁腹板上边缘处，（即图9-15中3点），混凝土翼板的剪应力计算点取换算截面中和轴处（即图9-15中4点）。

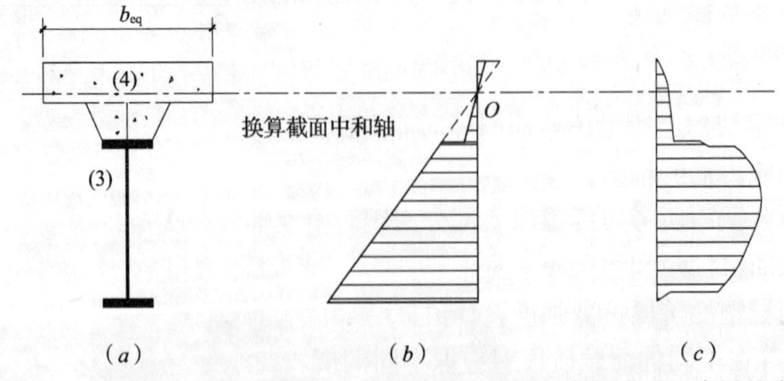

图9-15 组合梁的应力分布状态2（中和轴位于混凝土翼板内时组合梁的应力）

（a）换算截面；（b）正应力；（c）剪应力

在分两阶段进行弹性计算时，如各阶段剪应力计算点位置不同，则以产生剪应力较大阶段的计算点作为两阶段共用的计算点，在该点上对两阶段剪应力进行叠加。

如钢梁在同一部位（同一截面的同一纤维位置）处弯曲应力 σ 和剪应力τ 都较大时，应验算折算应力 σ_{eq}是否满足要求，计算公式如下：

$$\sigma_{eq} = \sqrt{\sigma^2 + 3\tau^2} \tag{9-44}$$

折算应力验算点通常取钢梁腹板的上下边缘处，该处弯曲应力和剪应力均较大。

9.2.5 预应力钢－混凝土组合梁的挠度计算

预应力钢－混凝土组合梁在弯曲时的挠度计算，可按折减刚度法计算，并将预加力的作用与外荷载的作用分为两种受荷状态分别考虑，其计算原则可按《钢结构设计规范》（GB 50017—2003）有关组合梁挠度计算的规定，即计算组合梁的挠度时，应分别按荷载的标准组合和准永久组合进行计算，以其中较大值作为依据。在上述两种荷载组合中，组合梁应各取其相应的折减刚度。组合梁的挠度计算可按结构力学公式进行，组合梁考虑滑移效应的折减刚度 B 可按式（9-45）确定：

$$B = \frac{EI_{eq}}{1 + \zeta} \tag{9-45}$$

式中 E——钢梁的弹性模量；

I_{eq}——组合梁的换算截面惯性矩，对荷载的标准组合，可按截面中的混凝土翼板有效宽度除以钢材与混凝土弹性模量的比值 α_E 换算为钢截面宽度后，计算整个截面的惯性矩；对荷载的准永久组合，则除以 $2\alpha_E$ 进行换算；对于钢梁与压型钢板组合板构成的组合梁，取薄弱截面的换算截面进行计算，且不计压型钢板的作用；

ζ——刚度折减系数，按式（9-46）进行计算，公式如下（当 $\zeta \leqslant 0$ 时，取 $\zeta = 0$）：

$$\zeta = \eta\left[0.4 - \frac{3}{(\alpha l)^2}\right] \tag{9-46}$$

其中：

$$\eta = \frac{36Ed_c pA_0}{n_s khl^2}$$

$$\alpha = 0.81\sqrt{\frac{n_s kA_1}{EI_0 p}}$$

$$A_0 = \frac{A_{cf}A}{\alpha_E A + A_{cf}}$$

$$A_1 = \frac{I_0 + A_0 d_c^2}{A_0}$$

$$I_0 = I + \frac{I_{cf}}{\alpha_E}$$

式中 A_{cf}——混凝土翼板截面面积，对压型钢板组合板翼缘，取薄弱截面的面积，且不考虑压型钢板；

A——钢梁截面面积；

I——钢梁截面惯性矩；

I_{cf}——混凝土翼板的截面惯性矩，对压型钢板组合板翼缘，取薄弱截面的惯性矩，且不考虑压型钢板；

d_c——钢梁截面形心到混凝土翼板截面（对压型钢板组合板为薄弱截面）形心的距离；

h——组合梁截面高度；

l——组合梁的跨度；

k——抗剪连接件刚度系数，$k=N_v^c$，N/mm；

p——抗剪连接件的平均间距；

n_s——抗剪连接件在一根梁上的列数；

α_E——钢材与混凝土弹性模量的比值。

注：当按荷载效应的准永久组合进行计算时，式中的 α_E 应乘以2。

9.2.6 栓钉连接件的抗剪承载力

影响连接件抗剪承载力的主要因素有混凝土类型与强度等级、混凝土中横向钢筋的含量及放置位置、连接件类型等，比如在其他条件相同的情况下，钢纤维混凝土中栓钉的承载力就高于普通混凝土中栓钉的承载力，同样类型混凝土中带孔钢板的承载力就高于栓钉的承载力。确定连接件抗剪承载力的试验方法有推出试验和梁式试验两种，推出试验的结果一般要低于梁式试验的结果，但梁中连接件的受力性能可用推出试验的结果来描述，一般情况下均以推出试验的结果作为编制规范的依据。

1. 实心板中栓钉连接件的抗剪承载力

《钢结构设计规范》（GB 50017—2003）中规定的栓钉承载力计算公式为 $\left(\frac{h}{d}\geqslant 4\right)$：

$$V_u = 0.43A_s \cdot \sqrt{E_c f_c} \leqslant 0.7A_s\gamma \cdot f \tag{9-47}$$

式中 A_s——栓钉截面面积，$A_s=\frac{\pi d^2}{4}$，h、d 分别为栓钉高度和直径；

E_c、f_c——分别为混凝土弹性模量和轴心抗压强度；

f——栓钉抗拉设计强度；

γ——栓钉材料抗拉强度最小值与屈服强度之比。

根据国家标准《圆柱头焊钉》（GB/T 10433），当栓钉材料性能等级为4.6级，取 $\gamma=400/240=1.67$。

AASHTO 与 EC.4 的计算模型和式（9-47）相似，EC.4 根据大量的推出试验结果在可靠度分析的基础上得出栓钉抗剪承载力为下列两式计算的较小者：

$$P_{Rd} = 0.29\alpha \cdot d^2 \cdot \sqrt{E_{cm} f_{ck}}/\gamma_v \tag{9-48}$$

$$P_{Rd} = 0.8A_d \cdot f_{uk}/\gamma_v \tag{9-49}$$

式中 f_{uk}、f_{ck}——分别为栓钉连接件标准抗拉强度和混凝土圆柱体标准抗压强度；

α——栓钉长度影响系数，$\alpha=0.2\left(\frac{h}{d}+1\right)\leqslant 1.0$，且 $h\geqslant 3d$，$d\leqslant 19$mm；

γ_v——连接件抗力分项系数，$\gamma_v=1.25$。

式（9-48）、式（9-49）还需满足一定的构造要求。

2. 压型钢板中栓钉连接件的抗剪承载力

研究发现带压型钢板的栓钉连接件的剪力传递性能和破坏模型与实体推出试件不同，

其受力性能要比实心板中的栓钉的受力性能复杂得多，EC.4 采用实心板中栓钉承载力进行折减的方法来计算带压型钢板栓钉抗剪承载力。

EC.4 规定：当压型钢板肋垂直于钢梁时（图 9-16），计算公式为：

$$P_{t,Rd} = k_t \cdot P_{Rd} \tag{9-50}$$

式中 P_{Rd}——按照式（9-48）或式（9-49）计算，但其中 $f_{uk} \leqslant 450\text{N/mm}^2$；

k_t——折减系数，取 $k_t = \dfrac{0.7}{\sqrt{N_R}} \cdot \dfrac{b_0}{h_p} \cdot \left(\dfrac{h-h_p}{h_p}\right)$，当 $N_R = 1$ 时，$k_t \leqslant 1$；

当 $N_R = 2$ 时，$k_t \leqslant 0.8$；N_R 为一个肋中的栓钉数，$N_R \leqslant 2$；

h_p——压型钢板肋高，$h_p \leqslant 85\text{mm}$；

b_0——压型钢板肋的计算宽度，按图 9-18 取用，且 $b_0 \geqslant h_p \geqslant 50\text{mm}$；

$h-h_p$——栓钉伸入压型钢板楼盖平板的深度，$(h-h_p) \geqslant 2d$。

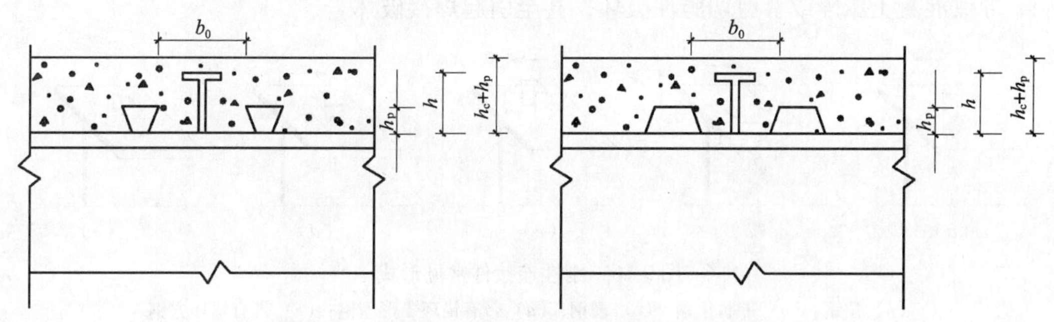

图 9-18 压型钢板肋与钢梁垂直时的栓钉连接件

式（9-50）仅适用于采用透焊接技术的栓钉连接件，采用非透焊接技术的带压型钢板栓钉连接件的承载力要低 15% 左右。

当压型钢板肋平行于钢梁时（图 9-19），压型钢板的底翼缘可以连续，也可以间断，计算公式为：

$$P_{l,Rd} = k_l \cdot P_{Rd} \tag{9-51}$$

式中 k_l——折减系数，取 $k_l = 0.6 \cdot \dfrac{b_0}{h_p} \cdot \left(\dfrac{h-h_p}{h_p}\right) \leqslant 1.0$；且栓钉长度应 $h \leqslant (h_p + 75)\text{mm}$。

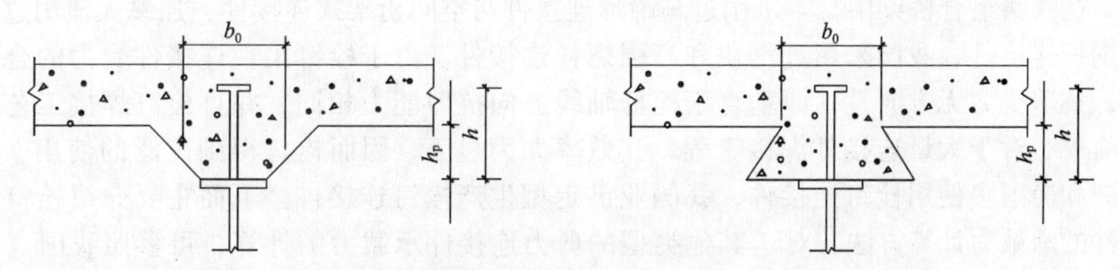

图 9-19 压型钢板肋与钢梁平行时的栓钉连接件

§9.3 钢－混凝土组合梁剪力连接件设计

9.3.1 剪力连接件类型

钢－混凝土组合梁仅靠钢与混凝土板界面间的自然粘结力和摩擦力无法足够传递界面

纵向剪应力，需采用剪力连接件以有效地传递剪力，因此，剪力连接件的主要作用是传递钢梁和混凝土板之间的纵向剪力并抵抗混凝土板与钢梁之间的剥离。剪力连接件的形式很多，一般可将其分为刚性连接件和柔性连接件两大类（图9-16与图9-17）。刚性连接件包括方钢、T形、槽形、马蹄形及带孔钢板连接件等，而栓钉、高强螺栓、锚环及角钢连接件等则属于柔性连接件，方钢和栓钉是典型的刚性连接件和柔性连接件。两类连接件除了刚度有明显区别外，其破坏形态也不一样；刚性连接件易于在周围混凝土中引起应力集中，导致混凝土被压碎或产生剪切破坏；柔性连接件的刚度较小，作用在接触面上的剪切力会使连接件发生变形，在钢梁与混凝土交界面上产生相对滑移，但其抗剪强度不会降低。柔性连接件和刚性连接件体现于刚度上和破坏形态上的差异。柔性连接件刚度较小，柔性连接件的破坏形态非突然性破坏，连接件的塑性变形发展充分，与钢梁和周围混凝土变形协调一致。而刚性连接件由于其变形协调能力差，易于在周边混凝土引起显著应力集中，导致混凝土压碎或者剪切脆性破坏，甚至引起焊接破坏。

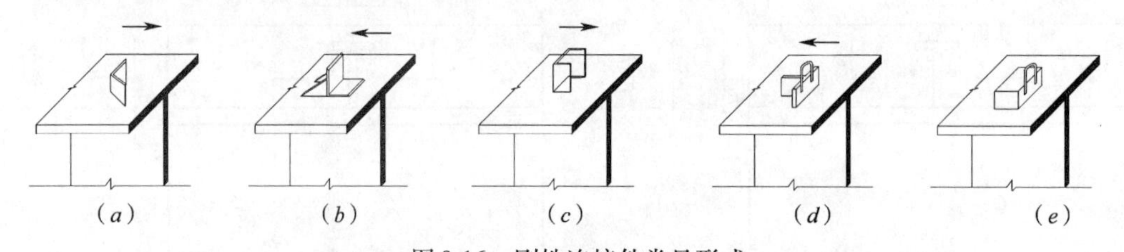

图9-16　刚性连接件常见形式

(*a*) 角钢；(*b*) 带肋角钢；(*c*) 槽钢；(*d*) 带有锚环T形型钢；(*e*) 带有锚环方钢

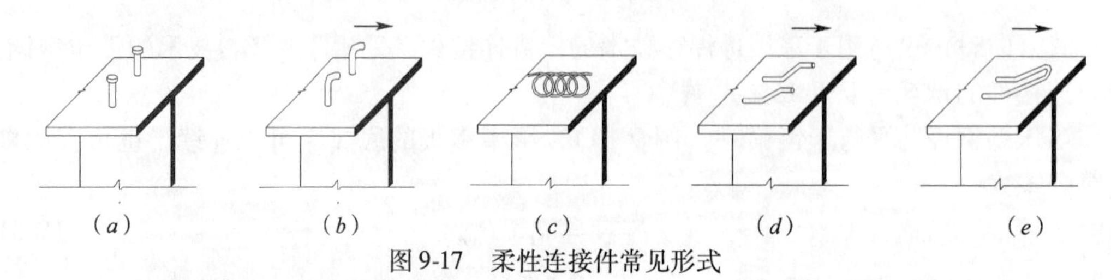

图9-17　柔性连接件常见形式

(*a*) 带帽栓钉；(*b*) 弯钩栓钉；(*c*) 螺旋筋；(*d*) 弯筋；(*e*) U形弯筋

在铁路组合桥梁中日本采用过马蹄形连接件与空间桁架式连接件，加拿大使用过带孔钢板连接件，我国采用过钢块和高强螺栓连接件。由于栓钉柔性连接件受力的合理性，抗剪受力无方向性，即垂直于栓杆轴线方向抗剪能力相同，并且栓钉焊接工艺方便简单，对于大量连接件焊接工程，其效率尤为显著，因而栓钉得到广泛的使用。在欧洲和美国多使用栓钉连接件，我国业已定型生产栓钉连接件。下面主要介绍栓钉连接件的承载力计算方法，对于其他类型的剪力连接件承载力的计算，可参照我国《钢结构设计规范》(GB 50017—2003) 或公路或铁路桥梁规范和EC.4的规定。

9.3.2　钢－混凝土组合梁中剪力连接件的设计

组合梁中的剪力连接设计是指在设计中使临界截面之间有足够的连接件来传递钢梁与混凝土板之间的纵向剪力。剪力连接设计的临界截面是：(*a*) 弯矩和剪力最大处；(*b*) 所有的支点；(*c*) 较大的集中力作用处；(*d*) 组合梁截面突变处；(*e*) 悬臂梁的自由端；(*f*) 需要做附加验算的其它截面。组合梁交界面上的纵向剪力由临界截面之间的钢梁或混凝土板的纵向力之差确定。在塑性极限状态下，对采用延性连接件的Ⅰ、Ⅱ类截面的组合梁，EC.4 规定：在正弯矩区，可以采用完全剪力连接设计和部分剪力连接设计两种方法，而在负弯矩区由于缺乏足够的试验研究，不允许采用部分剪力连接设计。当采用非延性连接件时，EC.4 也允许采用部分剪力连接设计，只不过其纵向剪力由临界截面之间混凝土板的轴向力之差确定，且按整个组合截面的平截面假定为基础，避免钢梁和混凝土板交界面上产生相对滑移。

1. 完全剪力连接设计

对于如图 9-20 所示的预应力连续组合梁，临界截面Ⅰ（零弯矩截面）和Ⅱ（最大正弯矩截面）之间完全剪力连接所需要的连接件数目 N_f 应该由截面Ⅱ混凝土板的压力 F_c 确定：

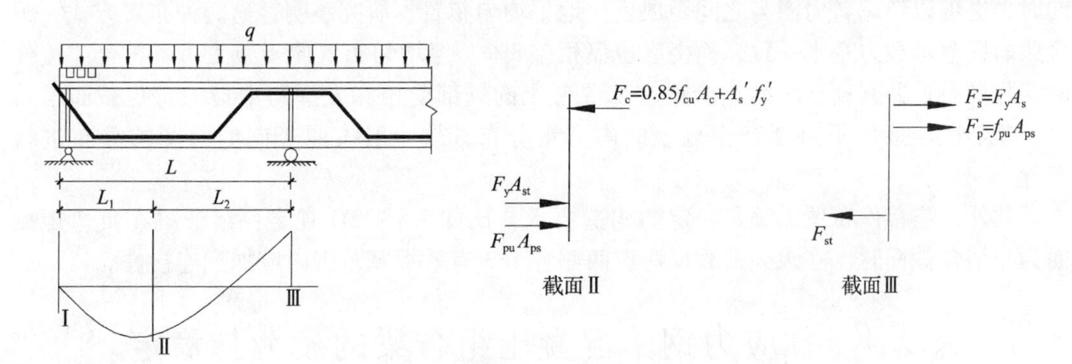

图 9-20 连续梁临界截面之间的纵向剪力

$$V_l = F_c \tag{9-52}$$

式中
$$F_c = F_y \cdot A_{st} + A_{ps} \cdot f_{pu}$$
或
$$F_c = 0.85 f_{cu} \cdot A_c + f'_s \cdot A'_s$$

V_l——取其中的较小值；

A_c—混凝土板的有效面积；

其余符号同前。

临界截面Ⅱ和Ⅲ（最大负弯矩截面）之间的纵向剪力可由截面Ⅱ混凝土压力 F_c 和截面Ⅲ的钢筋和钢索拉力 $F_s = A_s \cdot f_s + A_{ps} \cdot f_{pu}$ 确定：

$$V_l = F_c + F_s \tag{9-53}$$

对于压型钢板组合梁，当压型钢板肋平行于钢梁时，除了要考虑 F_c 和 F_s 外，还应当考虑压型钢板的纵向力 $F_p = f_{ypd} \cdot A_{ap}$ 的作用，即：

$$V_l = F_c + F_s + F_p \tag{9-54}$$

式中 A_{ap}、f_{ypd}——为压型钢板的有效面积和屈服强度设计值。

从而 N_f 可由下式计算：

$$N_f = \frac{V_l}{P_{Rd}} \tag{9-55}$$

连续梁的中间跨的连接件亦可类似进行设计。如果上述临界截面之间有较大的集中力作用，则可将连接件总数按各段剪力图面积进行分配，并在各个剪力区段内均匀布置。

2. 采用延性连接件时的部分剪力连接设计

对于部分连接组合梁，临界截面之间的连接件数目 N 小于完全剪力连接时的连接件

数目 N_f，由于交界面上存在相对滑移，导致截面应变有两个中性轴，最大弯矩截面混凝土板中的压力取决于交界面上全部剪力连接件所能提供的纵向抗剪能力：

$$F_c = \sum P_{Rd} = N \cdot P_{Rd} \tag{9-56}$$

进而可以确定出混凝土板中塑性受压区高度，从而可以仿照完全剪力连接假定时截面抗弯能力的计算方法，区分钢梁的中性轴在受压翼缘和腹板两种情况，来计算部分剪力连接时截面抗弯承载力。

3. 梁中剪力连接件的布置

剪力连接件沿梁纵向的布置应该与交界面上的纵向剪力分布相一致。对于延性连接件，由于塑性极限状态下连接件变形后的塑性内力重分布，不论连接件如何布置，临界截面之间各个连接件都能同时达到其极限抗剪能力，因而一般将连接件沿梁纵向均匀布置；同时，也可以考虑剪力图与之间距成反比地不均匀布置。研究表明，这两种布置方式，组合梁的抗弯承载力基本一致，而挠度也仅相差3%。但均匀布置便于施工，也符合连接件的实际受力，并有利于减缓组合梁端部混凝土的局部受压和发挥跨中最大弯矩截面承载力。非延性连接件不可能产生显著的内力重分布，故一般按照竖向剪力图的分布进行布置。

此外，连接件布置需满足一定的构造要求，比如 AASHTO 规定：组合梁在负弯矩截面为非结合截面时，在永久荷载反弯点两侧各 1/3 有效板宽范围内应加配连接件。

§9.4 预应力钢－混凝土组合梁的疲劳与稳定

9.4.1 预应力钢－混凝土组合梁的疲劳

预应力钢－混凝土组合梁的疲劳强度取决于其组成材料如混凝土、钢材、预应力钢索、剪力连接件等的疲劳强度及其构件细节的疲劳性能，美国 AASHTO 和欧洲 EC.4 都对普通组合梁的疲劳极限状态作出了规定。我国有关规范已对钢筋混凝土或预应力钢筋混凝土和钢梁的疲劳作了详细规定，这同样适用于组合梁；国内对预应力钢索和剪力连接件的疲劳性能研究不很充分，国内外对预应力组合梁的疲劳性能研究尚在进行之中。

1. 预应力钢索的疲劳

预应力组合结构中使用的钢索一般多为 7ϕ5 无粘结索，尽管已有的疲劳试验结果都是针对预应力混凝土而言的，但这些测试都是材性试验，只受轴向循环荷载，和预应力组合结构中无粘结预应力钢索的受力状况一样，因而这些试验结果同样适用于预应力组合结构。

WuLin Li 等总结了 13 组有关国家共计 832 个七丝钢索试件的疲劳测试数据，经筛选其中有 700 个数据可用于分析；这 700 个试件中，有 595 个试件发生钢索疲劳破坏，断点远离锚固区，有 26 个试件在锚固区发生疲劳破坏，还有剩下的 79 个试件经历 100 万～1000 万次后没有发生疲劳破坏。试验研究发现：应力幅是钢索疲劳的决定因素，而钢索最小应力是位于第二位的影响参数，第三个则是制造厂商方面的，不同厂商提供的试件，测试结果差别很大。需引起注意的是，上述试验是 20 年多前在专门的锚具系统上进行的，尚无足够的证据来保证商用锚具系统的疲劳可靠性。在公路桥梁结构中，AASHTO 规定：对于卡车荷载作用于多车道的钢桥，应具备 200 万次疲劳寿命，对卡车荷载作用在单车道上，应具备超过200万次的疲劳寿命，并且根据构造细节将钢梁的疲劳强度划分为若干等级；根据材料试验结果，$7\phi5$ 无粘结钢索（1860级）应至少具备C类构造的抗疲劳等级，其常幅疲劳应力限值分别为90MPa（200万次）和69MPa（超过200万次）。因此，可以认为在预应力组合结构中无粘结钢索可以按C类构件进行疲劳设计，但设计师和业主务必予以校核。

我国铁路混凝土桥梁规范修订稿中对 $\phi15$ 钢铰线200万次常幅疲劳允许应力幅限值取为140MPa，《高强钢丝钢铰线预应力混凝土结构设计与施工指南》中对 $7\phi5$ 钢铰线1860级，允许应力幅为180MPa，1670级则为160MPa。鉴于国内钢索疲劳强度取值缺乏可靠度分析依据，初步考虑公路桥梁预应力钢索疲劳设计可参照美国AASHTO或EC. 4，铁路预应力钢桥和组合桥设计中预应力钢索疲劳强度需经一定数量试验确定。

2. 栓钉连接件的疲劳

就栓钉连接而言，由于钢翼缘的弯曲应力和组合作用引起的截面剪应力，疲劳裂纹总是始于连接焊缝处。试验研究发现，反复加载下的栓钉较单向加载下的栓钉有较长的疲劳寿命，除了加载方向以外，连接件所在的混凝土类型和强度等级、受剪方向横向钢筋含量等对连接件的疲劳性能均有影响。

（1）EC. 4的规定

实心板中标准重量混凝土中标准焊接的栓钉疲劳强度曲线由下式定义：

$$\log N = 22.123 - 8\log\Delta\tau_{\mathrm{R}} \tag{9-57}$$

式中 N——应力循环次数；

$\Delta\tau_{\mathrm{R}}$——疲劳强度，取 $\Delta\tau_{\mathrm{R}}=\dfrac{4\Delta P_{\mathrm{Rd}}}{\pi d^2}$，$d$ 为栓钉直径；

ΔP_{Rd}——为单个栓钉的疲劳抗力。

在轻骨料混凝土板中，计算公式同上，只不过用 $\Delta\tau_{\mathrm{RL}}=\dfrac{\Delta\tau_{\mathrm{R}}}{2.2}$ 代替 $\Delta\tau_{\mathrm{R}}$ 即可。

（2）美国AASHTO的规定

和上述EC. 4中的双对数型疲劳强度表达式不同，AASHTO的“荷载与抗力系数设计法”（1994）中采用单一对数表达式，这是基于20世纪六七十年代栓钉研究的成果。单个栓钉疲劳抗力应取为：

$$\Delta P_{\mathrm{RD}} = a\cdot d^2 \tag{9-58}$$

式中 $a=238-29.5\log N\geqslant 38.0$，$d$、$N$ 的意义同上。

栓钉剪应力幅限值见表9-2。

AASHTO的栓钉剪应力幅限值 **表9-2**

循环次数 N	允许剪应力幅（MPa）
100，000	120.64
500，000	93.06
2，000，000	69.64
>2，000，000	48.26

美国 AASHTO 的规定，基于首先对栓钉进行疲劳设计，然后根据疲劳设计的结果来检查它们的最终极限状态，而在欧洲 EC.4 中，则是首先使其满足使用状态，再检查焊接部分及焊接区域附近母材的疲劳强度。

（3）梁中连接件疲劳应力幅计算

钢梁和混凝土板间水平剪力由连接件承担，界面上水平剪力流由下式计算：

$$S = \frac{V \cdot Q_{cp}}{I_{cp}} \tag{9-59}$$

式中 V——外荷载引起的竖向剪力；

Q_{cp}——混凝土板换算面积对组合截面重心轴的面积矩。

每个栓钉的剪应力为：

$$f_{vr} = \frac{S \cdot u}{2A_d} \tag{9-60}$$

式中 A_d、u——为单个栓钉横截面面积和成对栓钉间距。

依据疲劳上下限荷载可以计算栓钉上下限的剪应力，进而可以计算出梁中栓钉连接件的疲劳应力幅。

3. 预应力组合梁的疲劳性能

试验研究发现，疲劳阶段钢梁和混凝土板的交界面上产生了明显的相对滑移，这种滑移不同于连接件刚度不足产生的相对滑移，完全由于荷载的重复或反复作用引起的。界面上相对滑移的存在，使得混凝土板中的内力向钢梁重分布，导致正弯矩区截面刚度下降，而负弯矩区开裂截面刚度却有强化现象。在预应力连续组合梁中，是负弯矩区混凝土控制疲劳设计。随着疲劳次数的增加，负弯矩区混凝土板开裂并且裂缝发展，开裂和相对滑移相互影响，使得连续梁中负弯矩区的相对滑移远大于正弯矩区的相对滑移，因而，在负弯矩区宜采用钢纤维混凝土板或预应力混凝土板或兼而有之。连续梁中由于相对滑移和开裂导致的结构内力重分布很小。

在已有的疲劳试验中，没有发现预应力钢索、锚具和栓钉连接件的疲劳破坏，证明按照现有规范（如 AASHTO、EC.4 等）进行设计，在合理的应力幅值范围内，现有的混凝土预应力技术可以用于组合结构预应力体系。

9.4.2 预应力钢－混凝土组合梁的稳定问题

对预应力钢－混凝土组合梁来说，钢梁截面同样比较纤细；而对于预应力钢－混凝土组合连续梁，支座附近负弯矩区的受压下翼缘为钢组件，体积小，同时还存在腹板局部受压，因此，稳定问题也是很突出的一个问题。在另一方面，组合梁施加预应力后轴向压力的存在、混凝土顶板的约束效应等使得预应力组合连续梁的稳定问题变得尤为突出。由于截面几何特征、弯矩梯度、轴向力大小、混凝土顶板配筋率等因素以及纵横向加劲肋、局部与整体相关屈曲等效应的影响，考虑塑性发展影响的预应力组合梁稳定极限承载力特性，迄今并未得到充分的认识，稳定问题的难点仍集中在理论模型与具体分析模式上，因此，稳定问题将是今后对预应力组合结构研究的主要方向。

1. 稳定破坏模式

（1）负弯矩区失稳模式

预应力钢-混凝土组合连续梁截面上钢梁部分在荷载作用下所能提供的抗力可达全部截面抗力75%以上，因此，钢梁受荷后的行为常常成为关注的重点。常见的薄壁杆件是由若干薄板组合而成的。因而，在轴向压力作用下除了杆件的整体稳定性之外，还有各薄板的局部稳定性问题，这些薄板之间的相互约束（嵌固作用）使得其边界条件与理想情况（简支或固定）有所不同。

已有的大量试验与研究表明，预应力钢-混凝土组合连续梁的失稳形式（主要为负弯矩区）可分为三种：一为受压下翼缘的局部屈曲引发的受压腹板的局部屈曲；二为受压区或跨长范围的侧向失稳；三为前两者失稳的相关屈曲。由于截面类型不同及侧向长细比值的差异，每一种失稳模式中又有不同的形式。发生翼缘与腹板的局部屈曲时板的交线仍保持为直线，板件向外翘曲，横截面上内力重分布。由于板的交线保持为直线，只要该线正应力未达到材料的屈服强度，就仍有一定的承载能力，只是被削弱了。随着板件的翘曲，刚度的降低，逐渐的会发生横向位移，这时交接线在横截面内发生了位移和转动，参加了整体屈曲过程。以往对这类问题研究是考虑将局部稳定与整体稳定分别加以研究，但近年来二者的相关性（interaction）引起了广泛的注意，如果缺乏对两者相关性的考虑，会带来一些问题：1）当设计荷载远小于按整体屈曲确定的容许荷载时，杆件截面仍由板件容许宽厚比［b/t］（考虑局部屈曲）确定，导致材料浪费；2）当按等稳定性设计时（即认为局部失稳与整体屈曲临界荷载相等原则），杆件对初始缺陷较为敏感，从而显著降低了极限承载力；3）发生相关屈曲的构件忽略两者相关作用会过高估计承载力导致破坏。目前，国际上尚无预应力钢-混凝土组合连续梁的专门规范，但已有了针对普通组合梁的规范，欧洲规范如EC4规范等。这些规范根据不同转动能力划分截面类型，可考虑不同截面的承载能力及失稳时间，并证明可应用于预应力组合梁的分析中。

（2）正弯矩区的稳定问题

该问题主要讨论在预应力组合简支梁以及组合连续梁的正弯矩区可能发生的稳定问题。预应力钢-混凝土组合梁正弯矩区钢梁部分在荷载作用下为下部受拉、上部受压，因此，与负弯矩区不同的是受拉的下缘钢板一般不发生屈曲，而处于受压区的上翼缘钢板受到上部一定厚度混凝土的侧向约束作用在试验时未发现有失稳现象。这不仅是上部混凝土的约束作用提供了限制受压翼缘变形的侧向支撑作用，同时由于上部混凝土与钢梁的协同工作，当混凝土翼板面积较大时使得正弯矩区的中和轴位置在弹塑性阶段后常常位于混凝土板，钢梁上翼缘的应变值往往无法达到钢材的屈服值，这也减少了正弯矩区受压区发生失稳的可能性。EC4规范在满足不先发生粘结滑移（剪切破坏）条件下规定：对于混凝土板用连接件连接的钢梁上翼缘，如果混凝土板的宽度大于钢梁的高度，则钢梁上翼缘受压时受到混凝土板的侧向支撑，一般不会发生侧向扭转屈曲，可以认为其受压翼缘是侧向稳定的。所以对预应力组合连续梁稳定的研究，一般地负弯矩区段的问题更为突出。

在考虑对预应力组合连续梁进行稳定分析时，常设定正弯矩区内不发生失稳现象，临近破坏时的机理为：钢梁受拉翼缘首先屈服，预应力筋应力增大，进而屈服进入腹板。破坏时，受压区混凝土压碎，预应力筋应力达到其极限抗拉强度，钢梁受压翼缘应力不超过屈服强度，可采用弹塑性应力分布计算Ⅱ类截面的承载力。但不发生失稳现象并不意味着不存在失稳现象。若失稳在正弯矩区产生，不仅破坏了原有的计算假设，而且较负弯矩区的失稳而言对截面的延性影响更大，因为正弯矩区混凝土的参与工作使正弯矩区的截面承载力远大于负弯矩区，当负弯矩达到稳定的承载力后对Ⅰ、Ⅱ类截面仍可考虑一定的内力重分布过程，此时若正弯矩区发生连接件破坏，混凝土迅速退出工作，截面承载力降低，这是相当危险的。所以，对正弯矩区的设计应十分注意连接件的布置，在满足前者的条件下，可根据构件延性考虑一定的内力重分布，采用弹塑性计算方法。

假若完全同普通组合梁Ⅱ类截面一样按塑性方法来计算正弯矩区的截面承载力，已证明该值在预应力钢－混凝土组合连续梁正弯矩区中是高于实测结果的，故而进行弹塑性分析是有效合理的。只是今后应收集更大量的试验资料并进行分析，正确得出破坏弹塑性区高度的合理分割，这其中就与负弯矩区从局部失稳到破坏过程的延性发展相当密切了。

2. 影响稳定的主要参数

预应力组合梁的稳定极限承载力与正负弯矩区截面的转动能力有关，因此，在设计组合梁时，为了实现完全的内力重分布，应校验塑性铰的转动能力是否足够。截面转动能力主要受到以下因素的影响：

（1）钢梁翼缘和腹板宽厚比

钢梁翼缘和腹板宽厚比对截面稳定转动能力的影响是众所周知的，随翼缘宽厚比 $\left(\frac{b'}{t_f}\right)$ 的降低，截面转动能力增强；当腹板宽厚比 $\left(\frac{h_w}{w}\right)$ 在允许的范围内增加时，截面转动能力下降。各国规范对工字形钢截面塑性设计的弯曲延性（即截面转动能力）要求不很一致（表9-3），但都强调发生局部屈曲就是弯矩－转角曲线开始下降，即依据翼缘和腹板宽厚比来定义转动延性的分类，这适用于屈服强度校核。

钢梁翼缘和腹板局部屈曲长细比限值（纯弯曲时） **表9-3**

分类目的	荷载效应分析法	塑性分析	弹性分析	
	抵抗弯矩计算法	屈服应力块		弹性屈服应力
EC.3（1997）分类		Ⅰ	Ⅱ	Ⅲ
伸出翼缘长细比 $\frac{b'}{t_f}$	AISC/LRFD	$\frac{171}{F_y}$	—	$\frac{370}{F_y}$
	EC.3（1997）	$\frac{153}{F_y}$	$\frac{169}{F_y}$	$\frac{230}{F_y}$
	CSAI6.1（1989）	$\frac{145}{F_y}$	$\frac{171}{F_y}$	$\frac{200}{F_y}$
腹板弯曲受压部分长细比 $\frac{h_w}{w}$	AISC/LRFD	$\frac{1680}{F_y}$	—	$\frac{2550}{F_y}$
	EC.3（1997）	$\frac{1104}{F_y}$	$\frac{1272}{F_y}$	$\frac{1901}{F_y}$
	CSAI6.1（1989）	$\frac{1100}{F_y}$	$\frac{1700}{F_y}$	$\frac{1900}{F_y}$

注：本表适用于轧制型钢梁，焊接钢梁有不同的限值。

GB 50017—2003 的规定是：翼缘悬伸长度与厚度之比 $\frac{b'}{t_f}\leqslant$（13～15）$\sqrt{\frac{235}{F_y}}$；关于梁腹板的局部稳定，受静荷载且仅配置支承加劲肋或尚有中间横向加劲肋的一般工字形截面组合梁采用简化方法考虑腹板屈曲后强度，而对直接承受动力荷载的吊车梁及类似构件或不考虑腹板屈曲后强度的组合梁，在梁腹板局部稳定的验算方法中作了非线性修正，无加劲肋或构造设置加劲肋时：$\frac{h_w}{w} \leqslant 80\sqrt{\frac{235}{F_y}}$；有横向加劲肋但无纵向加劲肋时：$\frac{h_w}{w} \leqslant 170\sqrt{\frac{235}{F_y}}$。对于局部屈曲和整体失稳，EC. 4、AISC、GB 50017—2003 等是分别加以考虑的，没有考虑局部和整体相关屈曲的影响。

研究表明，对连续组合梁研究腹板宽厚比影响时，取 $b_f/t_f=15$，$h_w=240\sim300$mm，控制 h_w/t_w 之值在 EC4 规范Ⅱ～Ⅲ类截面控制范围内均布。计算结果见表 9-4，局屈破坏类型均指腹板与翼缘的联合屈曲。

不同腹板宽厚比 h_w/t_w 连续梁失稳形式 **表 9-4**

梁号	b_f/t_f	h_w	t_w	h_w/t_w	破坏类型	截面类型	P_{max}（kN）
*B*1	15	240	7	34.2	局屈为主	二类	723.6
*B*2	15	320	8	40	侧屈为主	三类	533.7
*B*3	15	270	7	38.57	局屈为主	二类	611.5
*B*4	15	310	7	44.27	侧屈为主	三类	460.2
*B*5	15	290	8	36.25	局屈为主	二类	662.3

由此可知，对Ⅱ类截面确实存在着局部屈曲与侧向屈曲的相关屈曲情况，但以腹板、翼缘局部屈曲为主；随着腹板宽厚比增加，侧向屈曲逐渐变得明显，腹板宽厚比值的改变能使预应力钢－混凝土组合连续梁经历不同的屈曲模式演化阶段，宽厚比限值的大小在很大程度上决定了屈曲开始的时间及截面上应力分布的发展情况。

（2）残余应力

当钢梁要采用焊接板梁形式，这样在生产过程中焊接产生的塑性变形所引起的残余应力要大于轧制截面。残余应力的存在，使构件更早丧失承载能力。这是由于当残余压应力与荷载压应力叠加后的值达到屈服点时，就因屈服而发生较大应变，使挠度较没有残余应力时的挠度大，截面上的刚度降低，纵向力所产生的弯矩加大，内部抗力的增长不足以抵抗外力的增长，屈曲荷载较低。因此，尤其在我国应用预应力钢－混凝土组合连续梁并考虑稳定问题时残余应力的影响不容忽视。

一般认为，钢梁内的残余应力是由于生产和制作过程中产生的塑性变形引起的，其分布大小与截面形状、制作过程、冷却条件以及材料性能等因素有关，在实际分析中常要借助于一些典型的分布图形和应力大小。当采用最常用的图 9-21 所示的直线型分布来考虑时，图中残余压应力系数 $\eta=0.3$，$\xi=\dfrac{\eta}{1+\dfrac{2A_w}{A_f}}=0.13$。在求解过程中将残余应力数值 σ_r 作为初始应力状态值叠加入单元平均应力中，即：

$$\{\sigma\}=\begin{Bmatrix}\sigma_x\\ \sigma_y\\ \sigma_z\\ \tau_{xy}\end{Bmatrix}+\begin{Bmatrix}0\\ \sigma_r\\ 0\\ 0\end{Bmatrix} \tag{9-61}$$

式中，σ_r 拉为正，压为负，这样残余应力的影响就可以反映在计算之中。

图 9-21、图 9-22 的计算结果表明，焊接残余应力使杆件挠曲刚度减小，降低了稳定极限荷载。而残余应力之所以使杆件挠曲刚度减小，是因为残余应力使截面提前进入了弹塑性受力状态，弹性区截面惯性矩 I_e 减小速率高于无残余应力时的情况，如图 9-23、图 9-24 所示。

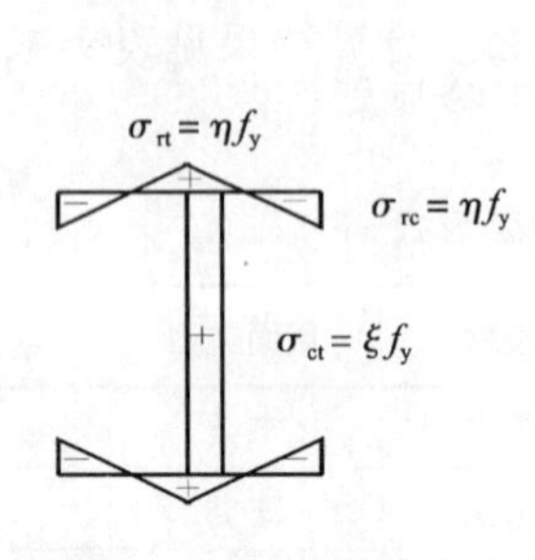

图 9-21 截面残余应力分布

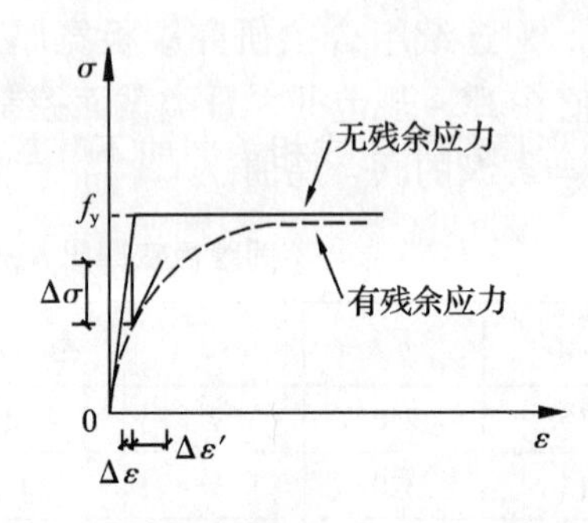

图 9-22 钢梁下翼缘应力时的应力－应变

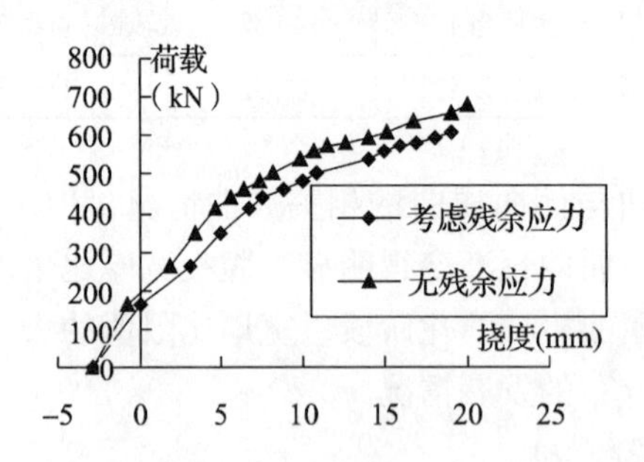

图 9-23 残余应力对连续梁极限承载力影响

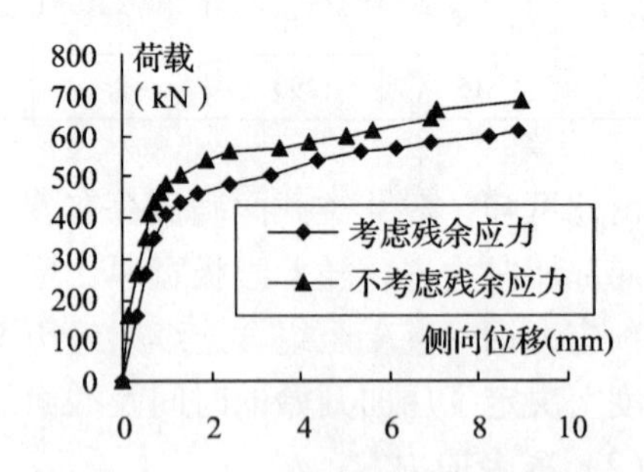

图 9-24 残余应力对腹板侧向位移影响

（3）侧向屈曲长细比 $\left(\frac{L_i}{\gamma_y}\right)$

侧向支撑间距之半 L_i 与钢梁受压部分（翼缘和部分腹板）回转半径 γ_y 之比 $\frac{L_i}{\gamma_y}$ 定义为侧向屈曲长细比。当该值达到临界值时，发生侧向屈曲。当 $\frac{L_i}{\gamma_y}\geqslant\frac{1000}{F_y}$ 时，应变软化（即弯矩－转角曲线开始下降）在达到塑性屈服长度 L_p 以后发生，L_p 小于产生局部翼缘屈曲所需的长度，因此，塑性区翼缘局部屈曲不会对最大弯矩抗力产生很大影响；腹板局部屈曲可能会降低侧屈抗力。一旦出现软化，侧向变形就会加大，塑性区进一步扩展，导致局部屈曲发生，这本是侧向屈曲的结果，但是卸载后的永久变形也许会过分突出了局部屈曲对破坏的影响，尤其在较高的侧屈长细比的情况下，当侧向变形以弹性为主时，往往如此。当 $\frac{L_i}{\gamma_y}<\frac{1000}{F_y}$ 时，应变软化在塑性屈服长度 L_p 以内发生，且 L_p 足以容纳局部翼缘和腹板联合屈曲所需要的波长，结果在屈服区域内翼缘局部屈曲在最大侧屈附近起到部分铰的作用，直接限制了截面转动和最大抗力。弯曲抗力的大小和翼缘局部屈曲波长受腹板局部屈曲的影响，特别是当 $\frac{L_i}{\gamma_y}$ 降低时往往导致翼缘和腹板局部屈曲与侧向变形屈曲的完全相互

作用模态出现。由于既有试验研究中较高侧屈长细比的情况并不多见，因而许多试验中侧屈长细比重要的应变软化对局部屈曲和侧向屈曲联合作用模态的影响也就未予考虑，今后的研究中应予以关注。

（4）轴向压力

预应力组合梁中钢梁轴向力效应来自三个方面，一是预应力钢索提供的；二是负弯矩区钢梁用以平衡混凝土板中预应力筋或非预应力筋的受拉作用产生的；三是工字形钢梁上下翼缘尺寸不等产生的。轴向压力的存在，使得钢梁截面受压区高度加大，截面延性分类时，规范是以调整腹板长细比限值来反映腹板受压区高度的加大，这样处理对翼缘和腹板局部屈曲或相关屈曲不甚敏感；另外实验显示，腹板受压区高度加大，会导致截面转动能力（延性）的明显降低。这是因为：1）构件屈服区域的非线性转角是由该区域内非线性曲率积分而得，曲率或应变梯度是随腹板受压区高度增加而减小的，这种效应用于解释轴向压力存在导致延性损失是可行的；2）受压部分腹板较大的高度增加了腹板屈曲的可能性；3）受压部分（翼缘和部分腹板）回转半径 γ_y 随计算 γ_y 时受压弹性截面部分增加而减少。截面转动延性的明显降低，使得结构达不到形成机构时的荷载值。

（5）弯矩梯度 $\left(\frac{L_p}{t_f}\right)$

试验研究发现，局部或整体屈曲受荷载作用方式（即弯矩梯度）的影响，而塑性区发展长度 L_p 由外荷载作用确定；当塑性区长度 L_p 与翼缘厚度 t_f 之比达到临界值时，受压翼缘发生局部屈曲，受压翼缘局部屈曲并不立即导致弯矩－转角关系进入下降段，尚有屈曲后性能可以发挥。这一方面缘于翼缘受压屈曲时，侧向变形允许维持应变协调；另一方面，受压翼缘的局部屈曲明显地降低了截面对侧向屈曲的抵抗，有可能导致侧向屈曲的发生。

（6）混凝土顶板的约束作用

在正弯矩区，预应力组合梁中混凝土板往往能够压碎，混凝土板的过早压碎，使得钢梁难以产生较大的应变，限制了正弯矩区截面的转动；在负弯矩区，由于要保证使用状态下的性能，必然增加混凝土板中的配筋或施加预应力来限制裂缝的发生发展，同样限制了负弯矩区截面的转动；另一方面，负弯矩区混凝土对侧向扭转屈曲提供了附加约束，而侧向屈曲会影响到钢截面的扭转和翘曲。侧向约束效应的量化尚有待于进一步的试验研究。

结构弹塑性稳定承载力的计算本质上是一个寻找荷载－挠度曲线的极值问题，由于涉及几何非线性（稳定的变形本质及初始缺陷）和材料非线性（部分或全部进入塑性）以及这两者的耦合作用，涉及多模态屈曲以及后屈曲行为，使得这方面的研究所遇到的困难远比弹性稳定性理论大得多。目前，许多讨论都是针对具体模型或具体构造来进行的，而关于弹塑性稳定分叉的一般性理论还很不成熟，尚待进一步的研究。

§9.5　预应力钢－混凝土组合梁的设计算例

【例 9-1】 某工程一大跨度楼盖结构为满足使用功能及解决施工困难，采用预应力钢－混凝土组合梁。计算简图如图 9-25 所示。主梁为等截面简支结构，计算跨度为 35m。组合梁的钢梁采用 16Mn 钢，混凝土板为 C40 级混凝土，预应力钢筋采用高强低松弛钢绞线。

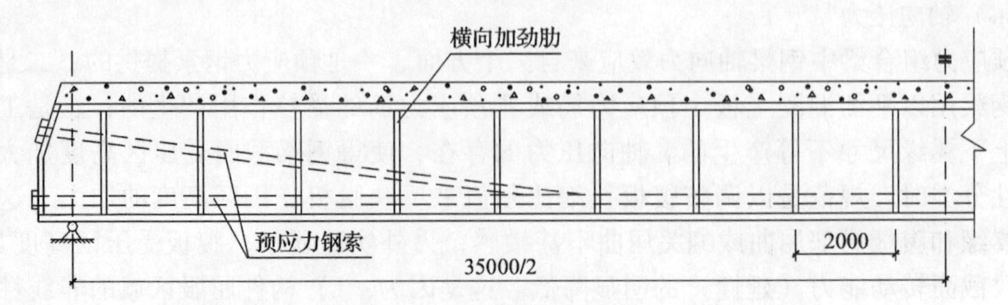

图 9-25　预应力钢－混凝土组合简支梁

【解】

1. 材性及截面的力学特性

（1）材性

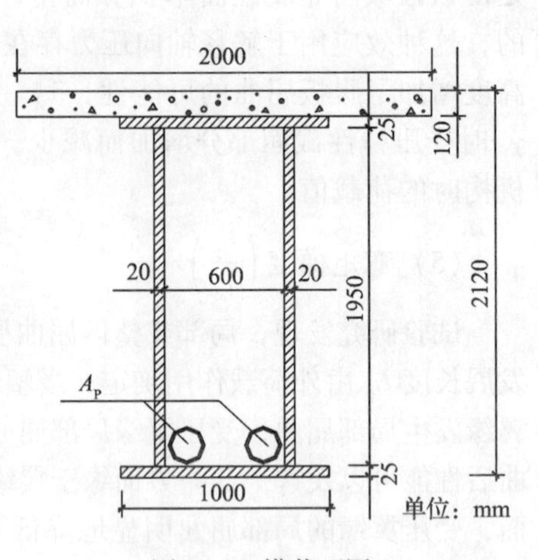

图 9-26　横截面图

16Mn 钢：钢材强度设计值 $F_y = 300\text{N/mm}^2$，抗剪强度设计值 $f_v = 175\text{N/mm}^2$，弹性模量 $E_s = 2.06 \times 10^5\text{N/mm}^2$。C 40 混凝土：$f_{cm} = 21.5\text{N/mm}^2$，弹性模量 $E_c = 3.25 \times 10^4\text{N/mm}^2$，抗拉强度设计值 $f_t = 1.8\text{N/mm}^2$。预应力钢绞线：强度标准值 $f_{ptk} = 1860\text{N/mm}^2$。栓钉：$\phi 19$，长为 80mm，抗拉极限强度：$f_{du} = 435\text{N/mm}^2$。

（2）钢梁净截面力学特性

净截面积　$A_s = 2 \times 1 \times 0.025 + 2 \times 1.95 \times 0.02 = 0.128\text{m}^2$

钢梁惯性矩

$$I_s = \frac{1}{12} \times 0.04 \times 1.95^3 + 2 \times \left(\frac{1}{12} \times 1 \times 0.025^3 + 1 \times 0.025 \times 0.9875^2\right) = 0.0735\text{m}^4$$

钢梁净截面上下抵抗矩　$W_s = 0.0735\text{m}^3$

（3）组合梁截面力学特性

翼板有效宽度，经各种比较，取为：$b_{eff} = 0.56 + 12 \times 0.12 = 2.0\text{m}$

钢与混凝土弹性模量比　$n = \dfrac{2.06 \times 10^5}{3.25 \times 10^4} = 6.34$

组合梁换算截面积

$$A_{cp} = 0.128 + \frac{2 \times 0.12}{6.34} = 0.1659\text{m}^2$$

换算截面形心轴离截面上、下边缘的距离

$$y_{cp,t} = 0.88\text{m} \qquad y_{cp,b} = 1.24\text{m}$$

换算截面惯性矩及截面抵抗矩

$$I_{cp} = \frac{1}{12} \times 0.04 \times 1.95^3 + 2 \times 1.95 \times 0.02 \times 0.24^2 + 2 \times \frac{1}{12} \times 1 \times 0.025^3 + 1 \times 0.025$$

$$\times 0.7475^2 + 1 \times 0.025 \times 1.215^2 + \frac{1}{12} \times \frac{2}{6.34} \times 0.12^3 + \frac{2 \times 0.12}{6.34} \times 0.82^2$$

$$= 0.1056\text{m}^4$$

$$W_{cp,t} = 0.12\text{m}^3 \qquad W_{cp,b} = 0.0852\text{m}^3 \qquad W_{cp,s} = 0.1389\text{m}^3$$

2. 荷载及内力

裸钢梁自重 $q_s = 10.112\text{kN/m}$

混凝土板自重 $q_c = 24\text{kN/m}$

自重荷载集度 $q_D = 10.112 + 24 = 34.112\text{kN/m}$

后期恒载集度 $q_{GD} = 40\text{kN/m}$

可变荷载集度 $q_L = 32\text{kN/m}$

自重跨中弯矩 $M_{\frac{l}{2}} = \frac{1}{8} \times 34.112 \times 35^2 = 5223.4\text{kN} \cdot \text{m}$

恒载跨中弯矩 $M_{\frac{l}{2}} = \frac{1}{8} \times 40 \times 35^2 = 6125\text{kN} \cdot \text{m}$

可变荷载跨中弯矩 $M_{\frac{l}{2}} = \frac{1}{8} \times 32 \times 35^2 = 4900\text{kN} \cdot \text{m}$

跨中截面最大极限弯矩设计值

$$M_u = 1.2 \times (5223.4 + 6125) + 1.4 \times 4900 = 20478\text{kN} \cdot \text{m}$$

3. 截面强度计算

在承载能力极限状态，截面的极限弯矩计算假定受压区混凝土达到弯曲抗压强度设计值，钢材也都达到强度设计值。截面强度计算按无粘结结构体系考虑。

混凝土翼板的极限压力合力为：

$$b_e \cdot h_c \cdot f_{cm} = 0.24 \times 21.5 = 5.16\text{MN}$$

钢梁最大极限拉（压）合力为：

$$A_s \cdot F_y = 0.128 \times 300 = 38.4\text{MN}$$

$$A_s \cdot F_y > b_e \cdot h_c \cdot f_{cm}$$

因此，组合梁的中性轴位于钢梁内，由内力平衡可求得中性轴距离截面下边缘 $x_{cp,b}$ 为 1.215m。

求得拉区合力点位置（距截面下边缘为 0.165m）后，截面的极限弯矩为：

$$M_{max} = 5.16 \times (2.06 - 0.165) + 7.5 \times (1.9875 - 0.165) + 0.0304 \times 300 \times 1.43$$

$$= 36488\text{kN} \cdot \text{m}$$

$$M_{max} > M_u$$

因此，截面的极限承载弯矩满足要求。

组合梁的最大竖向剪力为：

$$V = \frac{35}{2} \times [1.2 \times (34.112 + 40) + 1.4 \times 32] = 2340.35\text{kN}$$

竖向剪力全部由钢梁的腹板承担，最大剪应力为：

$$\tau = \frac{2340.35 \times 10^{-3}}{0.078} = 30.01\text{N/mm}^2 < 175\text{N/mm}^2$$

最大剪应力小于钢材的抗剪强度设计值，满足设计要求。

4. 正常使用极限状态的变形

结构自重产生的扰度

$$f_{\mathrm{D}} = \frac{5 \times 34.112 \times 35^4}{384 \times 2.06 \times 10^5 \times 0.0735} = 0.044\mathrm{m}$$

后期恒载和可变荷载产生的挠度

$$f_{\mathrm{GD}} = \frac{5 \times 40 \times 35^4}{384 \times 2.06 \times 10^5 \times 0.1056} = 0.036\mathrm{m}$$

可变荷载产生的挠度

$$f_{\mathrm{L}} = 0.0288\mathrm{m}$$

短期荷载产生的挠度累计为 $\sum f_i = 0.1088\mathrm{m}$，结构允许的最大挠度值为 $[f] = \frac{L}{400} =$ 0.0875m，主梁仅短期荷载产生的挠度就超过变形的允许值，再考虑到混凝土的徐变及钢材的徐变等长期效应，结构的变形将更大，远不能满足刚度要求，因此，必须施加预应力，设计为预应力钢－混凝土组合梁。

5. 预应力筋配索估算

本组合梁施加预应力主要是提高梁的刚度，以平衡自重荷载即可满足要求。因此，当预应力钢索按三分点折线形状布置时，可近似按抛物线形状估算所需的最小预加力。预应力筋合力的偏心距取为1m。

$$N_{\mathrm{pe}} = \frac{q \cdot l^2}{8 \cdot e_{\mathrm{p}}} = \frac{34.112 \times 35^2}{8 \times 1.0} = 5223\mathrm{kN}$$

预应力钢－混凝土组合梁可考虑为体外无粘结筋的形式，预应力损失按25%的张拉应力，则所需的预应力筋的截面积为：

$$A_{\mathrm{ps}} = \frac{5223 \times 10^3}{0.75 \times 0.7 \times 1860} = 5348\mathrm{mm}^2$$

工程实际配置了4束9-7ϕ5的钢绞线，预应力筋的总截面积为5040mm^2。

6. 各阶段跨中截面应力计算

（1）自重应力

在自重荷载作用时，混凝土板还未与钢梁形成组合梁，因此，自重荷载全部由钢梁承担。钢梁上下缘的应力为：

$$\sigma_{\mathrm{s,D}} = \mp \frac{5223 \times 10^{-3}}{0.0735} = \mp 71.067\mathrm{N/mm}^2$$

（2）后期恒载应力

在后期恒载作用时，结构已形成组合梁体系，因此，应按组合梁的换算截面计算。

组合梁下缘应力

$$\sigma_{\mathrm{s,GD}} = \frac{6125 \times 10^{-3}}{0.0825} = 71.889\mathrm{N/mm}^2$$

组合梁混凝土板上缘应力

$$\sigma_{\mathrm{c,GD}} = -\frac{6125 \times 10^{-3}}{6.34 \times 0.12} = -8.051\mathrm{N/mm}^2$$

（3）可变荷载应力

组合梁下缘应力

$$\sigma_{s,L} = \frac{4900 \times 10^{-3}}{0.0852} = 57.51\text{N/mm}^2$$

组合梁混凝土板上缘应力

$$\sigma_{c,L} = -\frac{4900 \times 10^{-3}}{6.34 \times 0.12} = -6.441\text{N/mm}^2$$

（4）预加力产生的应力

实际有效预加力

$$N_{pe} = 5040 \times 0.75 \times 0.7 \times 1860 \times 10^{-6} = 4.922\text{MN}$$

组合梁下缘应力

$$\sigma_{s,N} = -\frac{4.922}{0.1659} - \frac{4.922 \times 1.0}{0.0852} = -87.44\text{N/mm}^2$$

组合梁混凝土板上缘应力

$$\sigma_{c,N} = \frac{1}{6.34} \times \left(-\frac{4.922}{0.1659} + \frac{4.922 \times 1.0}{0.12}\right) = 1.79\text{N/mm}^2$$

因此，在组合梁张拉时混凝土板的上缘产生拉应力，但没有超过允许拉应力值。

在正常使用极限状态组合梁上下缘的应力为：

组合梁下缘应力

$$\sigma_s = 71.067 + 71.889 + 57.51 - 87.44 = 113.026\text{N/mm}^2$$

组合梁混凝土板上缘应力

$$\sigma_c = -8.051 - 6.441 + 1.79 = -12.702\text{N/mm}^2$$

7. 连接件的设计计算

单个栓钉连接件的极限承载力为：

$$P_{Rd} = 0.5 \cdot \frac{\pi \cdot 19^2}{4} \cdot \sqrt{3.25 \cdot 10^4 \cdot 0.85 \cdot 40} = 0.15\text{MN}$$

$$A_d \cdot f_{du} = 283.38 \cdot 435 = 0.123\text{MN}$$

单个栓钉的极限承载力应取较小者：$R_{Rd} = 0.123\text{MN}$

按照完全剪力连接进行设计，临界截面之间（边支座到跨中）的纵向剪力 V_l 为

$$F_c = 0.85 \cdot 40 \cdot 0.24 = 8.16\text{MN}$$

或 $$F_c = 0.128 \cdot 300 + 5040 \cdot 1860 \cdot 0.9 \cdot 10^{-6} = 46.83\text{MN}$$

取较小值 $V_l = 8.16\text{MN}$

从而半跨内完全剪力连接所需要的栓钉连接件数目 N_f 为：

$$N_f = \frac{8.16}{0.123} = 66.34$$

取 $N_f = 68$

梁中剪力连接件布置：每排布置 4 个栓钉，沿梁长均匀布置，共需栓钉连接件 136 个。

§9.6 预应力钢结构的应用与发展

预应力钢结构是施加一定预应力的钢结构。预应力钢结构在 20 世纪 50 年代就出现，

但仅在近20年来，高强钢索、纤维增强薄膜等新型材料以及大跨空间钢结构逐渐增多后预应力钢结构才得到较突出的应用。预应力钢结构主要的特点是：

（1）钢结构施加预应力后，能使钢材的拉、压强度在同一构件中得到充分利用，充分利用材料的弹性强度潜力，提高承载能力。一般钢结构的杆件在外荷载作用下都仅是单向受力构件，即杆件中的纤维不是受拉就是受压，而预应力钢结构的杆件则先使杆件在预加力作用下产生与外荷载作用效应相反的变形，如使杆件先预压，在外荷载作用下则杆件的纤维从受压状态到受拉状态，对于完全理想的钢材，其抗拉与抗压强度基本相同，这样，理论上就能使理想的钢材构件提高2倍的弹性承载力。

（2）改善结构的受力状态，有效地节约钢材。预应力钢结构在预加力作用下可以改善结构的受力状态，降低内力峰值，节约用钢量。因为从预应力平衡外部荷载的观点来看，预加力可以平衡部分作用在构件上的荷载，所以能减小构件的截面积，节约用钢量。在超静定梁中采用强迫支座位移法施加预应力的预应力结构，当强迫中间支座位移时，就能使内支座的负弯矩峰值降低，可获得经济合理的截面。

（3）提高结构的刚度和稳定性，减少结构的变形。预应力钢结构中所施加的预应力一般都是产生与外荷载相反方向的变形，在梁中即为起拱，因此，在外荷载作用下实际变形小，刚度好。

预应力钢结构从开始应用至今已进入成熟阶段，而预应力空间结构则最具特点与优势，其应用规模在不断增大，其结构形式也日益创新。预应力钢结构之所以能得到大力发展应用，其主要优势还在于它的经济效益。预应力钢结构要比普通钢结构节约材料，降低钢耗，而经济效益的主要影响因素是：结构体系、施加预应力方法、节点构造，荷载性质、施工方法等。当前较常见的预应力钢结构体系主要有以下几种类型：

1. 传统型

即在传统的空间钢结构体系上施加预应力（如图9-27）。如在平板网架或网壳中施加预应力以改善结构的静动力性能，调整杆件内力峰值，提高刚度，降低钢耗，节约成本。传统型空间钢结构的主要形式有：预应力平板网架、预应力双层网壳、双曲悬索结构等。

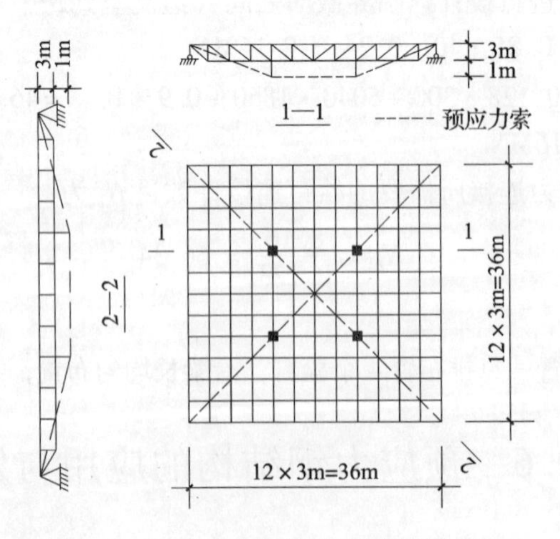

图9-27　河南省空间结构厂预应力网架

预应力平板网架：即沿平板网架的下弦杆方向或对角线方向布索以调整上、下弦杆的内力峰值，提高结构刚度。国内外有代表性的工程有：前苏联俄伏尔日斯克市商业中心屋盖（1977）72m×72m平板网架高2m，架设在周边柱头上。对角线方向布索张拉每索中部设一对撑杆。我国则是1984年建成的天津宁河体育馆网架屋盖，42m×42m平板网架，以支座位移法引入预应力，网架高3m，支座最大标高差90mm。

预应力双层网壳：根据网壳的形式不同，沿相邻或相间支座的连线布索张拉或采用支座位移法强迫支座产生位移，使网壳杆件产生预应力，有时还可采用多次预应力技术，以进一步节约用钢。如我国1994年建成的攀枝花市体育馆穹顶网壳屋盖，是首次采用多次预应力的钢网壳工程，穹顶直径60m，进行两次张拉预应力，用钢量仅45kg/m^2。

双曲悬索结构是最早出现的预应力空间钢结构体系。双曲悬索结构引入预应力的主要目的是提高结构的刚度。一般采用呈正反曲率的承重索系与稳定索系锚固于周边的刚性边缘构件上。

2. 吊挂型

以斜拉索吊挂传统钢结构，即以吊点代替原先的支点，扩大室内空间幅度。吊挂结构由支架、吊索、屋盖三部分组成（如图9-28）。支架一般采用立柱、刚架、拱架或悬索。吊索分斜拉与直拉两类，索段内不直接承受荷载，因此呈直线或折线形。吊索一端挂于支架上，另一端与屋盖结构相连，形成弹性支点，减少其挠度。被吊挂的屋盖结构常有网架、网壳、桁架及索网等。吊挂结构的力学特征是以吊索替代支柱形成屋盖弹性中间支点，提高刚度，节约用钢，并获得室内无阻挡自由大空间。

3. 张弦梁型

张弦梁是预应力索通过撑杆（刚性）形成支点以支撑上部刚性梁的结构（图9-29）。这种结构也是最早期的平面预应力钢结构形式，也可看成是体外索预应力结构的一种，从力学概念来看，这种结构的预应力索都可看着是结构的内部多余联系。张弦梁可以组成矩形建筑平面的空间张弦梁体系。当圆形建筑平面采用张弦梁体系时称为张弦穹顶结构，它是单层钢网壳由预应力钢索通过撑杆支撑的结构体系。张弦结构体系其优点是：体系简单高效，结构形式多样，受力直接明确，适用范围广泛，充分发挥了刚柔两种材料的优势，制造、运输、施工简捷方便。

张弦结构体系中的张弦穹顶是刚、柔结合的新型复合空间结构。它由一个单层网壳和下端的撑杆、索组成（图9-30）。张弦穹顶结构由于其跨越能力大，而且能构造出完美的大空间，因此，近期来被应用得较多。张弦穹顶结构与单层球面网壳结构及索穹顶等柔性结构相比，具有如下特点：

（1）张弦穹顶是一种异钢种预应力空间钢结构，其高强度预应力拉索的应用使钢材的利用更加充分，结构自重轻、造价低。

（2）由于对索施加了预应力，因此上部单层球面网壳产生与外荷载作用效应相反的变形与内力，使得杆件内力与节点位移均小于普通的单层球面网壳。

（3）调整环索的预拉力，可以减少甚至消除张弦穹顶对下部结构的水平推力，使张弦穹顶具有更大的适用性。

（4）作为“弦”的预应力拉索，增大了结构的整体刚度，因此具有更大的稳定承载力。

（5）由于结构的刚度较大，张弦穹顶的设计、施工以及节点构造与索穹顶等柔性结构相比得到较大的简化，预应力索可以简单地通过伸长撑杆而获得张拉。

张弦穹顶结构由于具有诸多优点的刚柔复合结构，因此应用前景看好。目前国内外对张弦穹顶结构的研究也较多，主要对张弦穹顶结构的找形分析、预应力的设定、张弦穹顶结构的静动力性能以及稳定等问题。

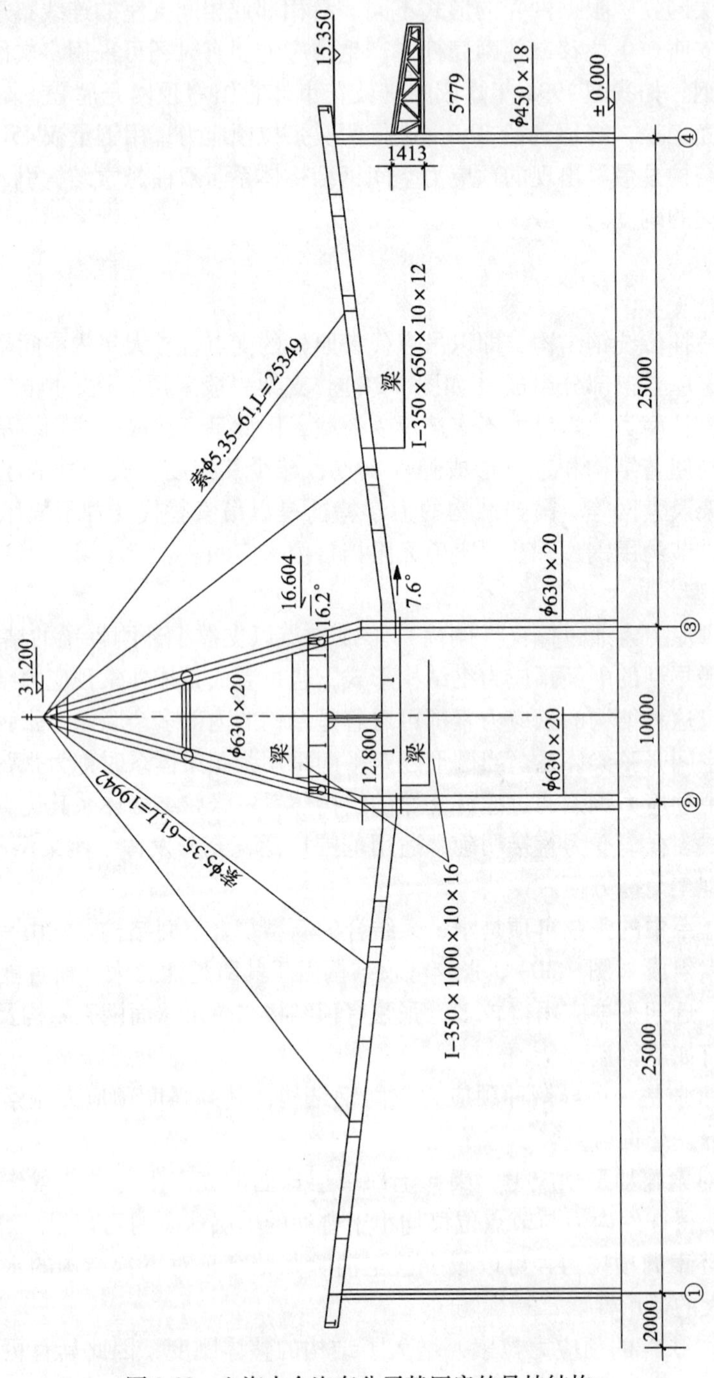

图 9-28　上海大众汽车公司某厂房的吊挂结构

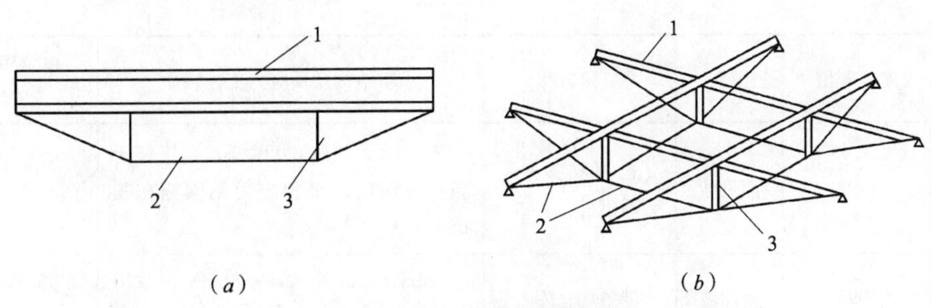

图 9-29 张弦体系结构形式图

(a) 平面形式；(b) 空间形式

1—刚性上弦；2—柔性下弦；3—撑杆

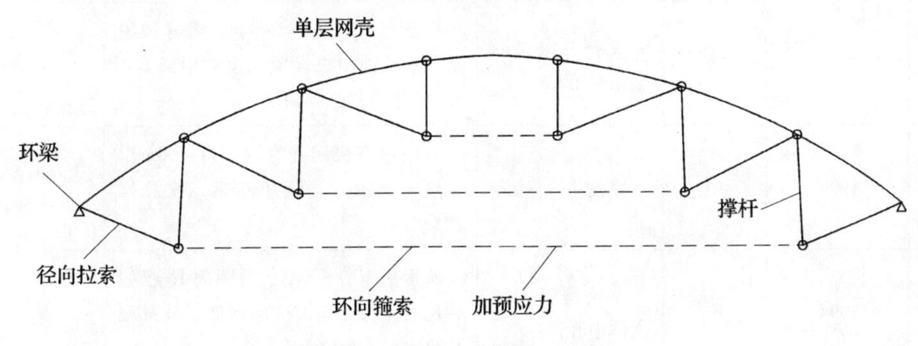

图 9-30 张弦穹顶结构体系简图

4. 张拉膜型

张拉膜也称索膜结构，这种结构以拉索系为主要承重结构，上面覆盖张力纤维加强膜。膜结构所用的膜材料为具有高强、阻燃、耐久、自洁等特性的高强复合材料，一般由基布和涂层两部分组成。基布主要采用高强聚脂纤维或玻璃纤维丝编织而成；涂层材料主要有聚氯乙烯（PVC）和聚四氟乙烯（PTFE），后者性能较好，涂层材料加强了膜材料的耐火、耐久及防水、自洁等性能。

除以上几种主要类型外，也还有张弦式玻璃幕墙以及由斜拉结构改进的索托结构等。近 20 年来，预应力钢结构得到了大力的发展与应用，我国在 20 世纪 90 年代后发展得更快，表 9-5 列出 20 世纪末建成的国内外主要的大型预应力钢结构工程以及近几年我国建成的大型预应力钢结构工程。

国内外主要大型预应力钢结构工程 **表 9-5**

序号	建成年份	国别	工程名称	承重结构及预应力工艺特征	单位用钢量或省钢率
1	1990	中	北京亚运会主赛馆	一对大悬臂柱单向吊挂屋盖重量，以吊索预应力调整屋盖结构内力	83.4kg/m^2（游泳馆）
2	1990	中	朝阳体育馆	一对悬索结构吊挂一对钢拱，拱上支承两片负高斯曲率索网，覆盖面积 78m×66m	52.2kg/m^2

续表

序号	建成年份	国别	工程名称	承重结构及预应力工艺特征	单位用钢量或省钢率
3	1992	西班牙	巴塞罗那奥运会通讯塔	$H=288$m，预应力撑杆式钢压杆于塔身中部以六根预应力钢索锚在基础上	—
4	1993	新加坡	港务局仓库	120m×90m及90m×70m平面采用斜拉索吊挂平板网架屋盖	35.2kg/m² 20%~30%
5	1993	美	丹佛国际机场候机厅	平面305m×67m由17个双柱式索膜结构单元组成	—
6	1994	美	亚特兰大奥运会主赛馆	椭圆形（193m×240m）索穹顶屋盖，沿长轴中央设置一榀索桁架$L=56$m，覆盖加强膜面层	38kg/m²
7	1994	中	攀枝花体育馆	八角形双层网壳穹顶（$D=60$m），八点支承沿八边桁下布索二次张拉卸载	49kg/m² 38%
8	1994	中	华南理工大学文体中心	圆形平面$D=54$m，沿圆周16根柱顶吊挂中央$D=25$m圆网架，分批张拉吊索引入预应力	—
9	1994	中	泉州侨乡体育馆	$L=71$m落地格构钢拱由7根直索吊挂两片平板网架（30m×43m）形成弹性支点	—
10	1995	中	广东清远体育馆	六边形双层扭网壳支承于6根柱上，对角线长93m，相邻支座间布索，两次张拉，调整内力及刚度	44.3kg/m² 35.7%
11	1995	中	厦门市太古机场机库	跨度154m拉杆拱架与进深70m平板网架组成空间承重结构，张拉拉杆卸载	97.8kg/m² 20%
12	1995	中	广东高要市体育馆	四点支承四边矩形扭网壳，相邻支座间布索，一次张拉调整内力与挠度	38.5kg/m² 33.4%
13	1995	中	北京西客站门楼	主桁架$L=45$m，桁高$h=8$m，$h/L=1/5.6$，两次张拉，主杆应力只达到设计应力30%~50%	15%
14	1996	中	郑州碧波园娱乐中心	80m×80m四边异形网架，对角线方向为三层网架带，网架起拱18.5m，沿四边布索张拉	15%~20%
15	1996	中	南京体院体育馆	椭圆平面86m×62m，两主桁架支承条形平板网架，对三角截面主桁架三次张拉卸载	—

续表

序号	建成年份	国别	工程名称	承重结构及预应力工艺特征	单位用钢量或省钢率
16	1997	中	西昌铁路体育中心	双层球壳与筒壳组合网壳（42.7m×59.7m），沿短向布索四道同步张拉，施加三次预应力	28.5kg/m² 28%
17	1997	中	上海体育场看台	天棚结构覆盖面积33000m²，以空间悬臂结构支承四氟乙稀膜结构单元体57个	—
18	1997	中	广东新兴县体育馆	单双层混合四边扭网壳（54m×76m）支承于四边中点立柱上，张拉连于支座间拉索	28.2kg/m² 43%
19	1997	中	澳门国际机场机库	L=86.55m，格构拱架（澳STRARCH SYSTEM）大位移张拉	—
20	1999	英	伦敦千禧穹顶	D=320m，沿周边斜立12根高100m格构钢柱，从柱顶吊挂特氟隆膜面屋盖	—
21	2000	中	浙江黄龙体育馆	由两悬臂塔柱单测各斜吊9根索于天棚网壳上，网壳各设9根稳定索以抗风载	80kg/m²（不含环梁）
22	2000	中	广州黄埔体育馆	以钢桁架及飞柱支承伞形膜结构（PVC）构成天棚结构10000m²	—
23	2000~2001	日	2002世界杯足赛体育馆	10座新建体育场中6座天棚顶盖为张力膜结构	—
24	2001	韩	2002世界杯足赛体育馆	十座新建体育场中7座为吊挂式和索膜结构天棚	—
25	2001	中	青岛颐中体育场	天棚结构为钢桁架环梁和索膜（PVC）单元组成，覆盖面积30000m²	—
26	2001	中	浙江义乌体育场	天棚为吊挂结构，有PVC膜面覆盖	—
27	2001	中	武汉体育中心	由钢桁架环梁和伞形膜单元组成天棚，覆盖面积30000m²	—
28	2001	中	深圳游泳跳水馆	由4根桅杆吊挂立体桁架梁系屋盖结构（由1榀主桁架和8榀次梁组成），覆盖面积120m×80m	—
29	2001	中	海口美兰机场飞机库	L=99.6m，格构拱架（澳STRAR－CH SYSTEM），大尺度强迫位移法引入预应力	—

续表

序号	建成年份	国别	工程名称	承重结构及预应力工艺特征	单位用钢量或省钢率
30	2000		广州新体育馆	场馆空间钢屋盖结构均由主桁架、辐射桁架、周边箱形水平钢环梁和在辐射桁架之间沿5道环向、4道径向布置的拉索（ϕ30圆钢拉杆）组成	121kg/m^2
31	2002		哈尔滨国际会展中心	建筑平面510m×138m；主体钢结构为35榀跨度为128.5m的张弦桁架支撑于人字布置梭形钢管柱上	156.3kg/m^2
32	2003		天津泰达国际会展中心	屋盖平面呈扇形，外弧线长313m、内弧线长242.6m，桁架跨度69m，两端各悬挑19.5m。 主展厅为斜拉结构，屋面菱形桁架通过拉索斜拉于12根四肢钢管混凝土格构柱上，并通过檐口稳定拉索锚固于基础	138kg/m^2
33	2003		天津奥林匹克中心体育场	总建筑面积155800m^2，屋面为钢管桁架结构，悬挑长度为55m；用钢量13000t；柱顶环向交叉ϕ80圆钢钢棒（45号钢）；钢棒张拉力300kN	136kg/m^2
34	2003		天津泰达足球场	主看台为悬吊索静定结构，屋盖平面桁架通过拉索斜拉于月牙形上。桁架节点采用交叉插板，弯钢管规格ϕ426×32，变截面主桁架采用锻压锥形过渡段等	45kg/m^2
35	2004		深圳国际会展中心	主展厅南北对称分布两侧，长540m，宽126m，平面呈长方形状；展厅采用弧形箱形张弦双梁结构，间混带钢柱支撑箱梁，柱底铰接。会议厅为圆穹状箱梁横跨60m，箱梁标准截面1000×2000mm，翼板厚25mm，腹板厚12mm	
36	2005		北京芦城体校曲棍球训练馆	桁架跨度75m，外挑长度13.5m，桁架间距15m，索截面为ϕ80（1670级）	95kg/m^2
37	2005		郑州国际会展中心	展览中心钢结构屋盖形状为174m×180m的矩形平面与174m×60m的矩形平面用角度为50°的扇形平面相连接而成。主桁架最大跨度102m，总跨度174m，在主桁架跨中60m跨度内为张弦梁结构	154kg/m^2

§9.7 预应力钢结构施加预应力的主要方法与设计原则

9.7.1 预应力钢结构施加预应力的主要方法

预应力钢结构由于结构的形式多，而施加预应力的工艺又与其结构找形以及钢结构本身的施工工艺有关，因此预应力钢结构施加预应力的方法比预应力混凝土结构施加预应力的方法要多，也更灵活。但最主要的方法是拉索法、支座位移法、以及弹性变形法等，而其中用得最多的又是拉索法。

1. 拉索法

拉索法即在钢结构的适当位置布置柔性拉索，通过张拉柔性拉索在钢结构内部产生预应力。拉索法的柔性拉索大多锚固于钢结构体系内的节点上，这种方法简便，施加的预应力度明确。拉索法的柔性拉索张拉一般采用千斤顶张拉或推顶，也有采用丝扣拧张或电热张拉产生预应力。丝扣拧张法施加预应力适用于预应力的值不大，采用高强圆钢作拉索的结构，类似于预应力混凝土的粗钢筋锚具。

例如空间网格结构施加预应力可在网格结构的下弦平面内或平面下布置预应力索，也可在网格结构的周边布置预应力索，张拉预应力索即建立与外荷载作用反向的效应。空间网格结构的布索方案：通常采用壳边缘布索，即边构桁外配索，支座两两间配索；壳中部布索，即支座对角线拱式配索，对角线下撑式壳外配索。

2. 支座位移法

支座位移法是在超静定钢结构体系中通过人为手段强迫支座产生一定的位移，使钢结构体系产生预应力的方法。支座位移法的预应力钢结构在钢结构设计制造时预先考虑到强迫位移的尺寸，在现场安装后对结构强迫产生预设计的位移，并与支座锚固就位，强迫位移使结构产生预应力，或强迫使支座产生高差，使之建立预应力效应。这种方法施加预应力无需其他附加的杆件和材料，因此，简单经济。支座位移法不仅适用于梁式超静定钢结构，也可用于拱式或刚架式超静定钢结构。

3. 弹性变形法

弹性变形法是强制钢结构的构件在弹性变形状态下，将若干构件或板件连成整体，当卸除强制外力后就在钢结构内部产生了预应力。这种方法多在钢结构制造厂的加工过程完成，弹性变形法的原理有点类似于预应力混凝土的先张法施工。

9.7.2 预应力钢结构设计计算原则

预应力钢结构是对钢结构在承受外荷载之前施加预应力的结构，因此，它在设计、制造、安装等方面与普通钢结构既有共性，又有明显的差异。我国目前预应力钢结构的应用虽然趋于大量兴建的态势，但是设计与施工方面都还没有可执行的规范或行业标准。因此，预应力钢结构的设计还只能按照我国现行的《钢结构设计规范》的有关规定以及参照国外的现行规范采用。

按照现行可参照的有关规范，在预应力钢结构设计计算中对结构和杆件的强度、稳定的计算应采用荷载设计值（即荷载标准值乘以荷载分项系数）。计算变形时则应采用荷载标准值。对各种极限状态的计算应考虑施加预应力过程在内的各种最不利荷载组合，而预应力是长期作用的，应包含在基本组合中。

预应力钢结构与普通钢结构不同的是预应力钢结构的预加力是始终作用在结构上的，而且施加预应力的过程与程序和施工方法紧密相关，以及预加力对钢结构的效应是对整体结构的，在受力验算时必须对结构体系的所有构件进行验算，这一点不同于预应力混凝土结构。预应力钢结构的强度、刚度、变形、稳定等各阶段的内力计算除按钢结构内力计算的荷载组合外，还应考虑各阶段不同预加力的效应，尤其在结构安装过程中可能的最不利荷载组合作用。预应力钢结构受弯构件在可变荷载下的竖向挠度不应超过现行钢结构设计规范中的限值。在预加力作用下的结构反向挠曲值也不应超过该类结构的标准挠度值，即：

$$w_{TP} \leqslant [w];w_{Q1K} + \sum_{i=2}^{n} \psi_{ci} w_{QiK} \leqslant [w] \tag{9-62}$$

式中 w_{TP}——预加力产生的反向挠度；

w_{Q1k}——第1个可变荷载产生的挠度；

w_{QiK}——第 i 个可变荷载产生的挠度；

ψ_{ci}——第 i 个可变荷载组合系数；

$[w]$——现行规范规定的结构允许挠度值。

应用钢索作为预应力索的预应力钢结构中，钢索是施加预应力的重要手段，在外荷载作用时钢索又参与共同受力形成新的超静定体系。钢索在施加预应力以及承受外荷载时都起着关键作用，是预应力钢结构体系中重要的构件，因此，保证预应力钢结构有足够的张拉力，又要保证钢索的安全度是设计中要着重考虑的。和预应力混凝土一样，预应力钢结构也存在预应力损失，但预应力钢结构的预应力损失不如预应力混凝土那样复杂，预应力钢结构的预应力损失主要是钢索本身的松弛和锚具变形引起的损失。这些损失与预应力混凝土一样可以通过超张拉予以减少损失。钢索的张拉力控制值可按下式估算：

$$N_P = \frac{N_{PE}}{0.95} + \Delta_a \frac{F_a E_a}{L} \tag{9-63}$$

式中 N_P——钢索张拉力控制值；

N_{PE}——钢索张拉力设计值；

0.95——高强钢丝束或钢缆拉索的松弛系数；

Δ_a——锚具压缩量，采用密实螺帽或塞环式锚头时 $\Delta_a = 1\text{mm}$；采用契块式锚头时 $\Delta_a = 2\text{mm}$；

F_a，E_a——拉索面积和弹性模量；

L——拉索长度。

预应力钢索的总安全度由综合荷载系数、材料分项系数及超张拉系数等组成。一般地，综合荷载系数可考虑为1.3，钢索的材料分项系数可取1.5，超张拉系数为1.1。因此，预应力钢索的总安全度 K 应不小于：

$$K = 综合荷载系数 \times 材料分项系数 \times 超张拉系数$$

即

$$K = 1.3 \times 1.5 \times 1.1 = 2.15$$

我国目前还没有预应力钢结构设计与施工可遵循的规范，从当前已建的国内外工程来看，预应力钢结构预应力钢索的总安全度都在1.8~2.5之间。当前预应力钢结构的设计与施工主要是遵循现行的钢结构规范，预加力作为一种长期荷载考虑。由于预应力钢结构与施工工艺紧密相关，因此，施工阶段的设计尤其重要，只有精细的施工设计才能保证结构的安全可靠。

9.7.3 预应力钢结构预应力设计的主要原则

预应力钢结构中的预应力设计不同于一般的预应力混凝土结构的设计。预应力钢结构的预加力效应是针对整体结构的效应，尤其是预应力空间钢结构，其受力更为复杂。可以说预应力钢结构尤其是预应力空间钢结构一般不会出现受力完全一样或预应力效应完全一样的工程。因此，预应力钢结构要根据集体的工程结构形式，对预应力效应的要求以及施工的工艺与程序设计预应力。预应力钢结构施加预应力的设计主要原则为：

1. 充分利用材料性能

预应力钢结构由高强的钢缆绳与普通钢材通过各种形式组成结构，对合理布置的高强钢索施加预应力作用，将使钢结构在初始状态承受与正常使用状态相反的荷载与变形，在使用阶段，荷载将平衡并抵消预应力反向作用，钢结构承受较小的压力，高强钢索应力有所增加，从而扩大了钢结构承受正常使用荷载的能力。

2. 增强结构刚度、提高稳定性并改善动力特性

按不同预应力布置，预应力所起的作用主要分为两种：一是如上所述的反向荷载作用，扩大结构承受正常荷载的能力。二是作为结构的组成，扩大结构高度，直接加强结构的刚度，从而提高结构的整体稳定性并改善结构动力特性，如预应力网壳、弦支穹顶、索结构、体外施加预应力的结构等。

3. 初始预应力的确定

（1）静力强度控制：构件的截面或受力复杂节点处的钢材应力在施加预应力后进入塑性，结构在承受外力荷载前就已经破坏，不满足结构承载能力极限状态要求。

（2）静力变形控制：除满足承载能力极限状态外，结构尚应满足各项结构或构件在正常使用极限状态的规定，以免结构产生过大的、不可恢复的变形。

（3）静力稳定控制：避免钢结构在施加预应力后结构失稳。一般来说，钢结构由稳定控制。在预应力作用下，钢构件的拉压变号将使结构整体受力特性出现实质性改变，某些结构由稳定状态向非稳定状态过渡，并将导致在施加预应力阶段出现结构失稳，如张弦梁、张弦桁架、多层网壳的压杆失稳等。

节点集中荷载将引起较大的局部变形，对单层预应力网壳等对局部缺陷较敏感的结构而言，局部缺陷将导致结构整体失稳。

（4）动力荷载下的钢缆绳松弛控制：结构的动力特性仍反映在结构刚度上，钢缆绳松弛将引起结构刚度的改变，导致结构受力体系的转换引发状态非线性。张紧钢缆绳有助于结构刚度的增加，松弛钢缆绳退出工作、削弱结构的整体刚度，引起某些时刻计算不收敛。

（5）预应力荷载分项系数：初始预应力对结构而言是一种初始状态，作为结构组成部分的预应力所产生的初始效应（抗力效应与变形效应）应采用预应力荷载标准值计算，即预应力荷载分项系数取为1.0。

4. 引进几何非线性

（1）由于索单元的几何非线性，结构整体计算时应引入几何非线性特性。

（2）随着索力的增加，索单元呈直线状态，索的几何非线性特性呈下降趋势，接近于只拉不压的拉杆单元。

5. 结构体系的转换与计算模型的连续

（1）钢结构的建造是结构逐渐形成整体的过程。由于大跨度结构的特点，结构建造过程也是逐渐加载过程。

（2）采用合理的计算方法来满足结构模型的扩展、荷载的施加，以传递上一步计算结果作为下一步计算的初始条件。

6. 计算步骤

预应力钢结构的预应力设计一般分为工程结构设计与施工阶段的设计。预加力在施工与使用阶段都视为不同的外荷载作用于结构，因此，设计中主要的环节仍然为：（1）作为初始预应力的确定；（2）结构动力特性的计算及分析；（3）结构静力特性（强度及稳定性分析）；（4）结构地震反应（时程分析）特性；（5）节点构造设计等。

§9.8 预应力钢结构工程施工实例

1. 工程概况

图9-31为天津泰达国际会展中心主体结构，该会展中心的主展厅采用预应力斜拉结构。屋面菱形桁架通过拉索斜拉于12根四肢钢管混凝土格构柱上，并通过檐口稳定拉索锚固于基础。折线形屋盖由12个标准单元组成，每个单元由两个菱形桁架、四根上弦拉索、两根檐口稳定拉索、两根钢管混凝土柱组成。主展厅屋盖平面呈扇形，外弧线长313m、内弧线长242.6m，桁架跨度69m，两端各悬挑19.5m，总屋盖跨度达108m，钢管桁架高度4.1～4.9m，桁架前后支撑点标高各为12.65、22.25m。钢管截面主要为$\phi325\times16$、$\phi102\times10$等规格。该工程的结构用钢量达9400t。

图9-31 天津泰达国际会展中心的主体结构

主体结构的钢管混凝土柱高达44.5m，管内混凝土等级C50，钢管肢距1.8m×1.8m，柱距20.5～23.3m，主管规格$\phi500\times14$，腹杆$\phi299\times10$、$\phi100\times10$；桁架与钢管混凝土柱的拉索耳板厚达100mm，1670级拉索，最大索截面为$351\phi5$。

综合楼屋盖典型钢结构如图9-32所示，为下弦带拉索的弧形桁架结构，弧形桁架支撑于钢柱上，隔榀支撑于转换桁架上，桁架投影跨度37.5m，平面呈扇形，外弧线长343m，共55榀弧梁，拉索为$121\phi5$钢索。

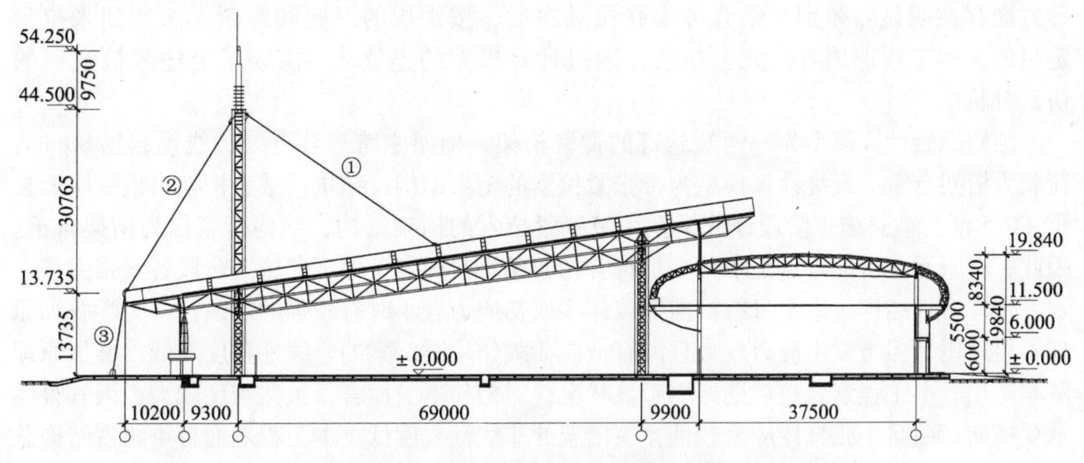

图9-32　综合楼屋盖的典型钢结构

2. 预应力钢结构工程施工流程与要点

图9-33为预应力钢结构施工流程图。该工程施工中拉索的张拉方案与拉力控制是本工程重点。拉索张拉采用位移、内力双控法，张拉时还需考虑张拉平台搭设与张拉操作的

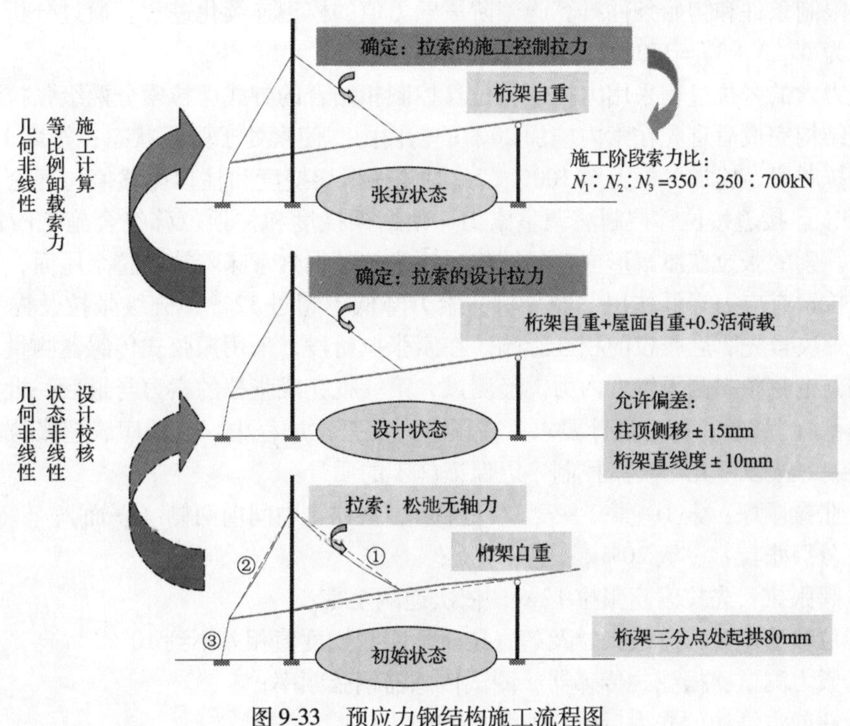

图9-33　预应力钢结构施工流程图

安全。经综合比较并经理论分析，最终采用索1→索2→索3的张拉顺序。张拉分级，第一级拉力值20%，第二级达100%，先张拉索超张拉3%～12%拉力值不等。

张拉的初始条件是索处于松弛状态，桁架主跨69m三分点处已折线预起拱80mm，对应的荷载仅为屋盖桁架自重。张拉目标条件为在桁架自重+屋面自重+0.5活荷载作用下，桁架保持直线，柱保持竖直，桁架直线度允许偏差±10mm，柱顶位移允许偏差±15mm。索初张拉力不超过1000kN。张拉初始条件与张拉目标在结构体系、荷载作用等方面存在明显的差别，结合考虑张拉顺序后，按常规的经验和判断无法达到张拉预定目的，本工程选用有限元分析法，通过计算模型的连续化，实现了上述张拉过程的仿真分析。

结构原始计算模型为一两端悬臂的伸臂桁架，桁架主跨三分点处折线预起拱80mm；荷载为桁架自重；最终计算模型为带张紧拉索的桁架结构，结构荷载为桁架自重+屋面自重+0.5活荷载；施工阶段计算模型为带张紧拉索的桁架结构，结构荷载仅为桁架自重。因此，有限元分析的重点是求得满足符合初始条件与限定条件下的施工阶段各索张力值。

预应力钢结构拉索本身有横向荷载作用或初应力较小时有较强的非线性，力学叠加原理不再适用。但当索中应力较大且没有横向荷载作用时，索的非线性程度降低，叠加原理基本适用，本工程索张拉后期即属于该状况；对桁架本身而言，虽然跨度较大，因其整体承受横向荷载且主弦杆压应力较低，主桁架的非线性程度低。本工程屋面自重约占结构总重的30%，从最终计算模型向施工阶段计算模型的索力卸载转化时，拉索内力采用了等比例卸载法。在施工阶段，各索力的先后张拉顺序与内力调整分析均包含在几何非线性分析中。

结构的受力分析计算采用ANSYS软件包，通过荷载步、死活单元、温度加载等措施实现了从限制条件和初始条件推算施工阶段索力值的模型连续化进程。通过分析，施工阶段索力比为$N_1:N_2:N_3=350kN:250kN:700kN$。

预应力索的张拉过程采用力控制与位移控制相结合的方式，拉索分两级张拉到位。屋盖主体钢结构完成后首先在索内施加20%的初内力，使索处于张紧状态；按索1→索2→索3的张拉顺序，施加各索力至100%，此时测得桁架挠度和柱顶侧移值与理论计算值相差不到10%。接着按位移控制法调整索力，使桁架挠度和柱顶位移符合施工阶段的计算位移要求。索的张拉在屋盖形成整体结构后，张拉某根索意味着拉动整个屋面，且后张拉索对已张拉索有应力降低作用，经分析，索力降低不超过12%，分级张拉及先张拉索的超张拉可解决索先、后张拉的相互影响。在索张拉阶段，采用振弦式传感器测量，即通过测试传感器钢弦频率测得钢索内力。经测试，第一批完成张拉的索力与最后一批完成张拉的索力相差值为8%，符合设计要求。在预应力索张拉过程中，其程序、超张拉、以及张拉力的控制等按以下几个要素控制，以保证施工的质量：

（1）张拉顺序：索1→索2→索3（立面）、从建筑中间向两侧（平面）；

（2）分级张拉：一级20%，二级80%；

（3）超张拉：先拉索超张拉12%，依次递减至零；

（4）位移法调整：分级张拉及超张拉后，实测挠度值相差不到10%；

（5）索力测试：振弦式传感器，测试传感器钢弦频率；

（6）超静定结构的先力后位移的张拉控制法。

第10章 纤维增强塑料（FRP）筋预应力混凝土结构

§10.1 FRP力筋的材料与锚具

10.1.1 FRP力筋材料

预应力混凝土构件若长期暴露在侵蚀性环境下（例如用除冰盐处理的桥、近海与港工结构、以及某些化工厂房等），当预应力混凝土结构在湿度、温度、二氧化碳气体、氯离子的作用下，混凝土的逐渐中性化使钢筋腐蚀，尤其当预应力筋遭受严重腐蚀时，将导致预应力混凝土结构破坏。因此，在某些环境下预应力混凝土构件对抗腐蚀性要求很高。在这些腐蚀性强的环境下，用钢材作预应力筋的预应力混凝土构件常常因为钢筋锈蚀而影响预应力结构的使用性能、耐久性和安全性。

据国外资料介绍，美国每年因钢筋腐蚀造成的损失高达700亿美元。据美国有关部门统计，20世纪50年代前建造的桥梁大部分因钢筋腐蚀破坏严重。目前美国的近60万座桥梁中，有近10万座钢筋腐蚀严重。英国建造在海洋及含氯化物介质的环境中的钢筋混凝土结构，因钢筋锈蚀需要重建或更换钢筋的占三分之一以上。在日本，由于较多地区采用海砂作为混凝土中的细骨料，钢筋锈蚀成为严重问题。在对冲绳地区177座桥梁和672栋房屋的调查表明，桥面板和混凝土梁的损坏率达到90%以上，校舍一类民用建筑的损坏率也在40%以上。我国在1981年曾对沿海部分钢筋混凝土码头的调查表明，有些码头工程尽管使用期仅10多年，但已发生钢筋严重锈蚀现象。

混凝土中的钢筋易受锈蚀，特别是预应力钢筋锈蚀以后，有效预加力降低，构件的工作性能将大大降低。降低钢筋锈蚀的方法之一是通过电镀或在钢筋上涂环氧层，但这种方法成本昂贵，同时效果不是最佳，某些研究表明指出：涂环氧的钢筋在氯化物含量高的地区腐蚀仍然严重。目前彻底解决钢筋锈蚀问题的的方法即采用非钢材的纤维增强塑料（FRP筋）。与钢筋相比，FRP筋具有耐腐蚀、质量轻、强度高、弹模小、应力松弛小等特点，能适应现代工程结构向大跨、高耸、重载、高强和轻质发展以及承受恶劣条件的需要，符合现代施工技术的工业化要求，因而正被越来越广泛地应用于桥梁、各类民用建筑、海洋和近海、地下工程等结构中。从目前市场情况来看，由于近年来原材料成本大幅度降低，生产工艺日渐成熟，FRP筋与钢筋的单位体积价格已具有一定的可比性，尤其是预应力FRP筋与预应力钢筋的单位体积价格更接近一些，再加上预应力FRP筋具有优良的抗徐变性能、抗疲劳性能，这为预应力FRP筋混凝土结构的推广应用提供了前提。

近年来非钢材的预应力筋得到很大的发展。用作预应力筋的非钢材材料主要是纤维增强塑料（Fiber Reinforced Plastics，简称 FRP）。纤维增强塑料（FRP）的生产是将多股连续纤维以环氧树脂等作为基底材料进行胶合、挤压、拉拔而成型的复合材料。纤维增强塑料以其强度高、质量轻的显著特点，最早被应用于航空工业。土木工程领域在 20 世纪 60 年代开始研究使用短纤维的 FRP 材料，在 20 世纪 80 年代以后，可用作预应力筋的长纤维 FRP 筋开始在土木工程领域得到应用。目前，在土木工程领域应用的 FRP 主要是碳素纤维增强塑料（Carbon Fiber Reinforced Plastics，简称 CFRP）、玻璃纤维增强塑料（Glass Fiber Reinforced Plastics，简称 GFRP）及芳纶纤维增强塑料（Aramid Fiber Reinforced Plastics，简称 AFRP）三种。目前，国际上 FRP 筋开发与应用较多的国家是加拿大、日本、美国以及德国等欧洲国家。

碳纤维增强塑料（CFRP）是由有机纤维在惰性气体中经高温碳化而成，按原丝类型分为聚丙烯基和沥青基两类。由于碳纤维的强度很高，抗拉强度可达 6000MPa，弹性模量达 300GPa，而极限应变仅为 1.2% ~2.0%，是三种纤维材料中最小的。碳纤维的制造成本高，比较昂贵，施工也较困难。

玻璃纤维增强塑料（GFRP）是使用最多的纤维树脂基复合物，常用于制造玻璃钢制品以及应用于结构加固工程中。在结构工程中常用的玻璃纤维增强塑料（GFRP）有 E 型和 S 型两种，GFRP 的抗拉强度在 2300 ~ 3900MPa 之间，弹性模量在 74 ~ 87GPa 之间，其中 E 型 GFRP 强度较低，S 型 GFRP 强度较高，但价格也较贵。

芳纶纤维增强塑料（AFRP）是含 Aramid（阿拉米德，或芳纶）合成纤维的增强塑料，其纤维的抗拉强度在 2650 ~ 3500MPa 之间，弹性模量在 75 ~ 165GPa 之间，Aramid 纤维没有疲劳极限，但应力损失比较严重，另外，其对紫外线辐射也比较敏感。AFRP 的产品有织带状、螺旋状和扁平杆状三种形式。

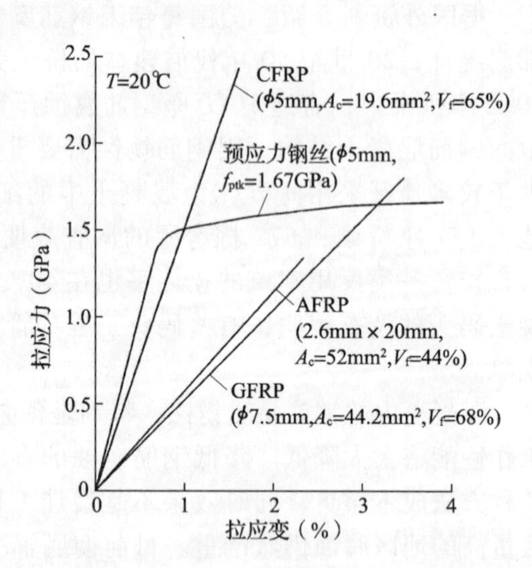

图 10-1 不同 FRP 力筋的应力 - 应变图（V_f纤维所占体积比）

纤维增强塑料与钢材相比有下列特点：（1）强度 - 质量密度比高，约为钢材的 5 倍；（2）抗腐蚀性能好；（3）是非磁性、非导电材料；（4）弹性模量约为钢材的 1/4 ~ 2/3；（5）碳纤维和芳纶纤维具有良好的抗疲劳性能。纤维增强塑料的表面形态可以是光滑的、或者做成与轴线垂直的螺旋纹、或做成网状表面以防止搬运时受到损伤。截面形状包括棒形、绞线形及编织物形。

纤维增强塑料的材料力学性能与其掺入纤维的品质和体积比有很大关系，因此，其材料力学的性能变化也较大。图 10-1 给出不同 FRP 力筋的应力 - 应变图，表 10-1 给出其力学性能的参考指标，实际工程中使用的力筋应以厂家提供的材料力学性能指标为准。图 10-2 所示的 FiBRA，Technora，CFCC，Leadline 等均为被应用较多的日本公司产品。

纤维增强塑料筋和预应力绞线的力学性能　　表 10-1

FRP 类型	抗拉强度（MPa）	弹性模量（GPa）	极限应变（%）	松弛率（%）（20℃，1000h）	线胀系数（$\times10^{-6}$/℃）	密度（g/cm^3）
碳纤维	1900～2300	130～42	0.6～1.9	1.5～3	0.6	1.5
芳纶纤维	1400～1820	50～70	2～4	5－15	－2～－5	1.3
玻璃纤维	699～900	30	2	10	9	1.7～1.9
高强钢丝	1700～1900	200	6	1－2	12	7.85

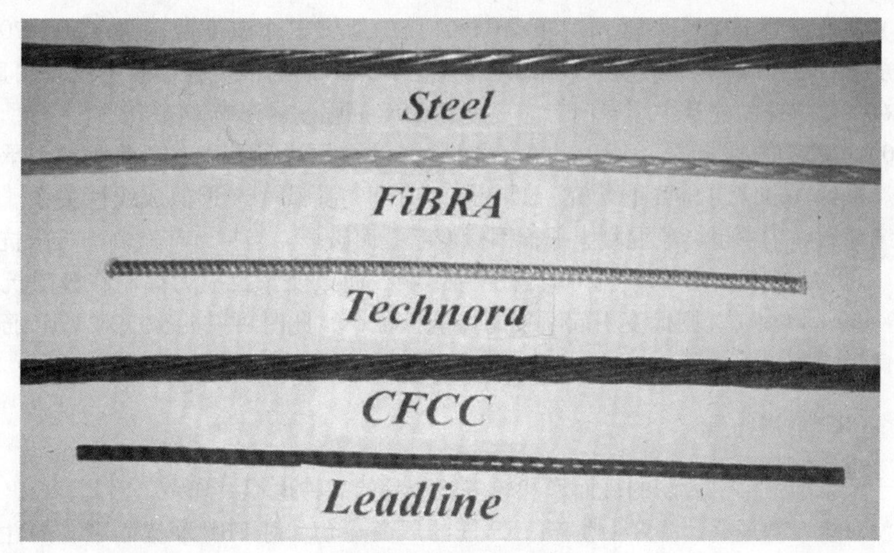

图 10-2　各种 FRP 筋

作为一种新型复合材料，FRP 筋与普通钢筋相比具有以下特点：

（1）抗拉强度高。FRP 筋的抗拉强度明显要超过普通钢筋，与高强钢丝强度差不多。并且 FRP 筋的应力－应变曲线始终为直线，没有明显的屈服台阶。

（2）密度小。各种 FRP 筋的密度一般仅为钢筋的 16%～25%，有利于减轻结构自重。

（3）弹性模量较低。FRP 筋的弹性模量约为钢筋的 25%～75%，这样，在配有 FRP 筋的混凝土结构中，如果不施加预应力，则挠度较大和裂缝开展较宽将不可避免。

（4）抗剪强度较低。各种 FRP 筋的横向承载力都较低，一般不超过抗拉强度的 10%，因而很容易被剪断。所以在进行 FRP 筋的材料试验以及将 FRP 筋作为预应力筋时，不能用普通预应力钢筋的锚具，须研制专门的锚和夹具。目前国外的 FRP 筋锚具主要有楔块锚、灌浆锚、套管锚等类型。

（5）热胀系数与混凝土接近。各种 FRP 筋的热胀系数一般在 $(0.8\sim1.2)\times10^{-5}$ 左右，与混凝土接近，当周围环境温度变化，不会产生较大的温度应力破坏 FRP 筋与混凝土之间的粘结，从而保证了 FRP 筋与混凝土之间能协同工作。

（6）耐腐蚀性能好。与钢材相比，FRP 的主要优势之一就是对酸、碱及土壤等物质的化学腐蚀有很强的抵抗力。纤维本身和粘结材料都具有抗腐蚀的特性，因此在腐蚀性的环境中工作时，FRP 筋的耐久性一般要大大优于钢筋。

（7）抗疲劳性能优良。FRP 材料的疲劳寿命取决于所承受的应力大小、试件形状、纤维与树脂的含量、重复荷载循环次数与频率等。此外，超过正常室内的温度和空气湿度也会对 FRP 的疲劳性能造成不利影响。同等条件下 300 万次重复荷载作用的试验表明[5]：CFRP 筋与 AFRP 筋的抗疲劳性能要明显优于钢筋，而 GFRP 的抗疲劳性能则略低于钢筋，但能够满足结构构件对抗疲劳的要求。

（8）电磁绝缘性好。对于一些对电磁绝缘性能有特殊要求的建筑，由于钢筋混凝土结构的存在而对整个结构的电磁场会产生不利于使用的影响，而 FRP 筋是非磁性材料，用以替代钢筋是非常合适的。

（9）热稳定性较差。一般情况下，GFRP 筋的适宜工作温度范围为 -50 ~ 70℃，而 AFRP 筋为 -50 ~ 120℃。当超过这些温度范围后，FRP 筋的抗拉强度就会出现明显下降。因此，在一些特殊的建筑中须专门考虑温度对 FRP 筋强度的影响。

（10）蠕变和蠕变断裂。FRP 筋蠕变量的大小主要取决于 FRP 的纤维种类和承受的应力大小。根据 Andoy 与 Seki 的研究，蠕变断裂时间与荷载等级近似成线性关系。FRP 筋在高持续荷载作用下也会象混凝土那样因徐变断裂而破坏。当持续荷载高于极限抗拉强度的 75% ~80% 时，FRP 筋的使用寿命就受到影响，而只要张拉应力控制在极限抗拉强度的 55% ~60% 以内时，则徐变引起断裂的可能性极小，此时可忽略徐变对 FRP 筋持荷性能的不良影响。

10.1.2 FRP 筋用锚具

由于纤维增强塑料力筋的截面形状较多，产品的品种也不太统一，因此，FRP 筋用锚具至今没有统一的规格，主要由生产 FRP 筋的厂商配套。对 FRP 筋锚固系统的性能要求与钢材预应力筋的锚固系统要求一样，即 FRP 筋锚具组装件的静载试验测定的锚具效率系数 η_a 应不小于 0.95。锚具效率系数 η_a 按下式计算：

$$\eta_a = F_{apu}/F_{pm} \tag{10-1}$$

$$F_{pm} = nf_{pm}A_{pk} \tag{10-2}$$

式中 F_{apu}——FRP 筋锚具组装件的实测极限拉力；

F_{pm}——FRP 筋的实际极限抗拉力（单根 FRP 筋试件实测破断荷载平均值）；

f_{pm}——试验所用 FRP 筋单根试件的实测极限抗拉强度平均值；

A_{pk}——FRP 筋单根试件的公称截面面积；

n——FRP 筋的根数。

FRP 筋锚具除应满足静载锚固性能外，还应满足疲劳性能及周期荷载性能试验。如美国预应力后张委员会要求，非金属预应力筋锚具组装件应满足 FRP 筋规定抗拉强度的 60% ~66%，循环次数为 50 万次的疲劳性能试验；规定抗拉强度的 50% ~80%，循环次数为 50 万次的周期荷载试验，FRP 筋在锚具夹持区域不应发生破断。

FRP 筋的抗拉强度高，但横向抗剪能力不如钢材，因此，在拉力与横向压力同时作用的锚固区域其受力是不利的。FRP 筋的锚具应是专门设计的，尤其不能将金属锚具直接应用于 FRP 筋。FRP 筋用锚具从受力原理方面可以分为两类，即机械夹持式锚具和粘结型锚具。

1. 机械夹持式锚具（Mechanical gripping anchors）

FRP 筋的夹片式锚具（Split-wedge anchor）与用于钢绞线的夹片式锚具类似，锚固原理主要靠夹片施加在预应力筋上的压力产生夹持作用。FRP 筋的夹片式锚具夹片通常为两夹片的塑胶锚具，锚具的效率系数可达 97% 。夹片式锚具在工地上便于安装和使用，因此应用较广。夹片式锚具的夹片对 FRP 筋会出现局部损伤破坏。图 10-3 为用于单股与多股用的夹片式锚具。

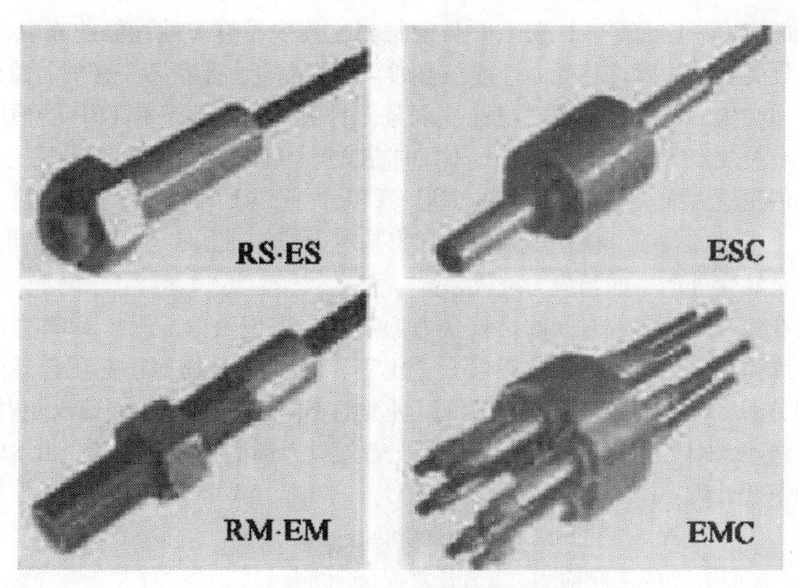

图 10-3　单股与多股的夹片式锚具

FRP 筋锥塞式锚具（Plug-in-cone anchor）是利用锥塞代替夹片，可锚固多根非金属预应力筋，锚固主要靠锚环的内齿槽发挥夹持作用。这种锚具通常用树脂封锚，以防湿气侵入。这种锚具更适用于承受横向变形能力较强的芳纶纤维预应力筋。

2. 粘结型锚具（Bond - type anchor）

FRP 筋粘结型锚具是以树脂套筒锚具（Resin sleeve anchor）为管状的金属或非金属套管，内表面带螺纹或经加工变形，锚固作用靠在套筒内的树脂得以实现，并通过支承螺母锚固在构件上。筒内的树脂可采用环氧树脂沙、也可灌入水泥浆或膨胀水泥材料（如图 10-4）。粘结型锚具由于需要一定的锚固长度，锚固长度一般要 600mm 以上，因此，锚具长度较长。这种锚具的缺点是抗冲击能力差，蠕变变形大以及存在防潮和热耐久性等问题。

3. 机械夹持 - 粘结型锚具

机械夹持 - 粘结型锚具是前两种锚具的复合组成的，锚具的一部分通过树脂的粘结力传递至套管，并通过粘结和夹片的横向压力综合作用进行锚固（图 10-5）。这种双重作用的锚具，锚固效果很好，可用于多股 FRP 力筋的锚固。

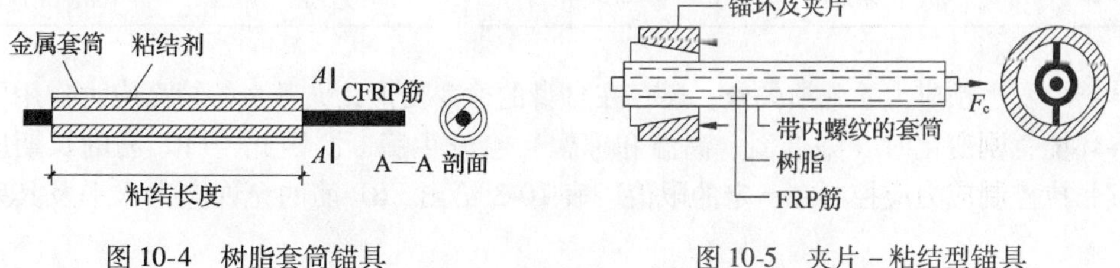

图 10-4　树脂套筒锚具　　　　图 10-5　夹片 - 粘结型锚具

§10.2 FRP筋预应力结构设计计算方法与原则

10.2.1 FRP筋的预应力损失

FRP筋的应力-应变呈线性关系，与钢材相比几乎没有塑性性能的表现，当FRP筋用于预应力混凝土结构时，其受力性能与普通预应力混凝土是很不一样的，总体上看属于无粘结预应力结构，一般地破坏时呈脆性现象。目前，国内还没有FRP筋预应力混凝土结构设计的有关规定，国际上美国、日本、加拿大等国家已有相应的有关规定。

FRP筋的预应力损失中张拉锚具的变形、FRP力筋锚下时的回缩、摩擦损失、弹性压缩以及混凝土本身的收缩、徐变等预应力损失基本上与普通预应力混凝土相同。对于FRP筋的松弛以及蠕变等产生的预应力损失差异较大。

FRP筋在受力后，随着时间的延长受力的纤维会出现松弛。影响FRP力筋松弛的主要因素有纤维体积、树脂与纤维的弹性摸量比等，同时FRP筋的松弛还与周围环境的温度有较大的关系。FRP筋的松弛损失随纤维种类的不同而异，一般在12%左右；CFRP筋的松弛损失较小，AFRP筋的松弛损失较大。当预应力筋的初始应力$f_{Pi}<0.8f_{PU}$时，其松弛损失可按下式计算：

$$f_P/f_{Pi}=1.009-1gt/65.19 \tag{10-3}$$

式中 f_P——预应力筋的实际应力，t为计算时间（min）；

f_{PU}——预应力筋的规定抗拉强度。

FRP筋的松弛损失同样可以通过超张拉工艺，以减少松弛损失。

FRP筋其他损失如张拉端锚具变形和FRP筋的内缩、摩擦损失、弹性缩短以及混凝土收缩、徐变损失，与普通预应力钢筋混凝土相同。FRP筋在刚性或半刚性塑料管中，可取$\mu=0.20$（1/rad），$k=0.002$（1/m）。FRP筋的弹性模量较低，因此这些损失的总和比预应力钢筋混凝土的预应力损失小。当FRP筋的松弛损失不大于5%，即与钢绞线的松弛在同一水平时，静定结构预应力总损失可取：先张法$0.2\sigma_{con}$，后张法$0.15\sigma_{con}$。

表10-2为加拿大公路桥梁设计规范CHBDC1998给出的混凝土板中FRP筋在张拉和传力阶段的最大允许应力，该数值与日本土木工程师协会设计建议JSCE1997的值相近。

混凝土板中FRP筋在张拉和传力阶段的最大允许应力 表10-2

FRP类型	张拉阶段		传力阶段	
	先张法	后张法	先张法	后张法
AFRP	$0.40f_{PU}$	$0.4f_{PU}$	$0.38f_{PU}$	$0.35f_{PU}$
CFRP	$0.70f_{PU}$	$0.7f_{PU}$	$0.60f_{PU}$	$0.60f_{PU}$
GFRP	不适用	$0.55f_{PU}$	不适用	$0.48f_{PU}$

FRP筋除发生预应力松弛损失外，还存在自身的徐变变形，尤其在持续高应力作用下或者外界环境急剧变化时（如低温、高温和冻融）会发生脆断。因此，FRP筋的长期应力，尤其张拉控制应力应控制在一定的限值，表10-3给出FRP筋的允许应力水平及其残余强度。

FRP 筋的允许应力水平及其残余强度 **表 10-3**

FRP 类型	允许应力水平	残余强度	使用年限
CFRP	0.70Fu	0.90Fu	100 年
AFRP	0.55Fu	0.80Fu	在混凝土中 100 年
GFRP	0.40Fu	—	在干燥环境中 100 年

10.2.2 FRP 筋与混凝土的粘结关系

受弯构件截面受力分析的重要假定之一是平截面变形假定。当两种以上不同材料组成的构件其相互间的粘结关系是截面受力时能否满足平截面变形假定的关键。有粘结预应力混凝土的预应力钢筋与混凝土在受力过程其粘结良好，因此，在受力的全过程能服从平截面变形的假定。FRP 筋预应力混凝土构件的 FRP 筋是非金属材料，其线胀系数与钢材差异较大，尤其是碳纤维和芳纶纤维差异更大，因此，FRP 筋与混凝土的粘结远不如钢筋与混凝土的粘结好。

国外学者自 20 世纪 80 年代开始对 FRP 筋的粘结性能开展研究。1987 年和 1991 年 PLEIMANN 与阿肯色州的马歇尔公司合作进行了一系列 FRP 筋拉拔试验，提出了 FRP 筋的锚固长度计算公式。1987 年 RALPH 和 SURENDRA 通过拔出试验对不同埋置深度和不同养护时间（1 ~28d）的 FRP 光圆筋和 FRP 螺纹筋的荷载滑移特征进行了研究，建立了 FRP 筋早期粘结强度的修正公式。1992 年 CHAALLAL 通过拉拔试验研究了 FRP 筋与普通混凝土以及高强混凝土之间的粘结性能，建议 FRP 筋的锚固长度可近似取为 20 倍 FRP 筋直径。1996 年 EHSANI 和 SAADATMANESH 对 102 个试件（其中 48 个梁式试件，18 个拔出试验，36 个弯钩试验）进行了静载试验，推导了计算有弯钩和无弯钩的 GFRP 筋锚固长度的理论计算公式，并建议了考虑混凝土保护层厚度和 FRP 筋位置影响的约束参数。1998 年 TIGHIOUART、BENMOKRANE 和 GAO 通过试验研究了 FRP 筋的粘结强度，并与钢筋的粘结强度进行了比较。

我国对 FRP 筋的研究起步较晚，约在 1995 年国内才开始对新型 FRP 筋的粘结性能进行实质性的研究，通过拉拔试验对 FRP 筋与混凝土之间的粘结性能进行了初步研究。国内外对 FRP 筋与混凝土的粘结问题开展了一定的研究，但至今没有完善的结论。至今的研究都表明：光面 FRP 筋与混凝土的粘结强度极低，远不同于普通钢筋混凝土结构；螺纹 FRP 筋与混凝土有较好的粘结；螺纹 FRP 筋与环氧树脂之间粘结强度很高，适合用于锚固端部。当前 FRP 筋与混凝土的粘结问题主要存在以下几方面的问题：（1）国外已进行的粘结试验大多为拉拔试验，梁式试验较少，而国内仅做过少量拉拔试验，试验方法单一，研究成果具有一定的局限性；（2）研究内容方面，主要研究了 FRP 筋与普通混凝土之间的粘结性能，而对于 FRP 筋与具有良好早期力学性能的掺聚丙烯纤维混凝土之间的粘结性能则缺乏研究；（3）对 FRP 筋与水泥浆以及与环氧树脂之间的粘结性能也缺乏研究，而这二者分别对 FRP 筋在后张有粘结预应力混凝土结构中的灌浆锚固以及 FRP 筋预应力锚具的研制具有重要的意义。

10.2.3 FRP 筋预应力混凝土受弯构件正截面强度

FRP 筋预应力混凝土受弯构件正截面强度的计算与普通预应力混凝土构件一样，应服从截面静力平衡条件、变形协调条件以及混凝土和 FRP 筋的本构关系。由于 FRP 力筋与混凝土的粘结关系的影响因素复杂，总体上看更接近于无粘结预应力混凝土的结构性能。正截面强度计算很重要的截面平衡条件还必须满足适筋梁设计的要求。因此，如何界定 FRP 筋混凝土构件的“适筋”范围是强度计算的要点之一。从图 10-1 的 FRP 筋的应力－应变关系图可以看出，FRP 筋的受力全过程都是线性的，它没有明显的屈服台阶或条件屈服点，为防止构件的脆断破坏，美国、加拿大等国家建议引用脆性系数，以作为构件破坏模式的临界指标。

1. 脆性系数 ρ_{br}

如图 10-6 所示的矩形截面或中性轴在 T 梁受压区翼缘内的 T 形截面的 FRP 筋受弯构件截面的应力－应变关系状态图，其理想化的极限状态为受压区混凝土达到抗压设计强度，受拉区的 FRP 筋也同时达到抗拉设计强度，即图中理想化的应力状态，这是截面平衡设计的临界状态。假定处于这一临界状态的 FRP 筋含筋率 ρ_{br} 为 FRP 筋混凝土构件的脆性系数 ρ_{br}，它不同于确保钢筋混凝土获得延性性能所采用的相对界限受压区高度 ξ_b。脆性系数 ρ_{br} 不是结构延性的量度指标，是配 FRP 筋受弯构件破坏模式的临界指标。如果配筋率大于 ρ_{br}，破坏时则是混凝土压碎；而当配筋率小于 ρ_{br} 时，则呈现 FRP 筋先拉断破坏。在受弯承载力极限状态下，这两种破坏模式均为脆性破坏模式。

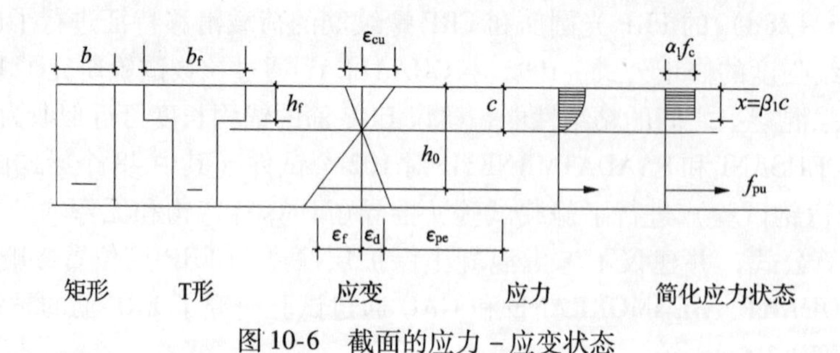

图 10-6　截面的应力－应变状态

对于图 10-6 中的矩形截面，在弯曲极限状态设 ε_{pu} 为 FRP 筋的总应变，ε_f 为弯曲应变增量，ε_{pe} 为在预应力筋水平处由有效预应力引起的混凝土压应变，ε_d 为预应力筋水平处混凝土弹性压缩应变，则有如下关系式：

$$\varepsilon_f = \varepsilon_{pu} - \varepsilon_{pe} - \varepsilon_d \tag{10-4}$$

$$\frac{c}{h_0} = \frac{\varepsilon_{cu}}{\varepsilon_{cu} + \varepsilon_{pu} - \varepsilon_{pe} - \varepsilon_d} \tag{10-5}$$

由截面上力的平衡条件：

$$\alpha_1 f_c \beta_1 cb = \rho_{br} bh_0 f_{pu} \tag{10-6}$$

因此

$$\rho_{br} = \beta_1 \alpha_1 \frac{f_c}{f_{PU}} \cdot \frac{c}{h_0} \tag{10-7}$$

实际上 ρ_{br} 又可表达为临界含筋率

$$\rho_i = \frac{A_{br}}{bh_0}，当 i = br$$

式中　A_{br}——FRP 筋截面积。

将式（10-5）代入式（10-7）得

$$\rho_{br} = \alpha_1\beta_1 \frac{f_c}{f_{pu}} \frac{\varepsilon_{cu}}{\varepsilon_{cu} + \varepsilon_{pu} - \varepsilon_{pe} - \varepsilon_d} \tag{10-8}$$

取 $\alpha_1 = 0.85$，可得：

$$\rho_{br} = 0.85\beta_1 \frac{f_c}{f_{pu}} \frac{\varepsilon_{cu}}{\varepsilon_{cu} + \varepsilon_{pu} - \varepsilon_{pe} - \varepsilon_d} \tag{10-9}$$

对 T 形截面梁，ρ_{br}以下式表示：

$$\rho_{br} = \alpha_1\left(\frac{h_f b_f}{bh_0} - \frac{h_f}{h_0}\right)\frac{f_c}{f_{pu}} + \alpha_1\beta_1 \frac{f_c}{f_{pu}} \frac{\varepsilon_{cu}}{\varepsilon_{cu} + \varepsilon_{pu} - \varepsilon_{pe} - \varepsilon_d} \tag{10-10}$$

式中　h_f，b_f，b，h_0——分别为翼缘厚度和宽度、腹板宽度及截面顶面受压纤维至预应力筋的距离。

式（10-10）中混凝土弹性压缩应变 ε_d一般很小，可略去不计。因此，式（10-8）可简化为：

$$\rho_{br} = 0.85\beta_1 \frac{f_c}{f_{pu}} \frac{\varepsilon_{cu}}{\varepsilon_{cu} + \varepsilon_{pu} - \varepsilon_{pe}} \tag{10-11}$$

由此，在构件设计中梁的受弯性能可分为三类：如果 $\rho > \rho_{br}$，构件将因混凝土压碎而破坏，此时 FRP 筋未达到极限抗拉强度；当梁的含筋率在 $0.5\rho_{br}$与 ρ_{br}之间时，FRP 筋将被拉断，此时受压区混凝土也相应地达到非线性的塑性状态，其应力分布可近似以矩形块代替，因此，符合极限设计的基本假定。若当梁的含筋率 $\rho < 0.5\rho_{br}$时，梁明显地为低配筋率，在承载能力极限状态混凝土的应力还未进入塑性阶段，可能出现 FRP 筋拉断破坏，属脆性破坏。因此，正常设计要求构件的含筋率 ρ 在 $0.5\rho_{br}$与 ρ_{br}之间，即适筋梁的设计。

2. 正截面强度计算

FRP 筋预应力受弯构件正截面强度计算应服从静力平衡条件、应变协调条件，混凝土和 FRP 筋的应力－应变关系。可按脆性系数 ρ_{br}分为适筋、低筋和超筋三种。

（1）适筋梁（$0.5\rho_{br} \leqslant \rho \leqslant \rho_{br}$）

在此定义含筋率在 $0.5\rho_{br} \leqslant \rho \leqslant \rho_{br}$范围时为适筋梁，这一界定主要考虑选择 $0.5\rho_{br}$作为界限点是基于混凝土已进入非线性应力状态。由截面力的平衡方程得：

$$x = \rho h_0 f_{pu}/\alpha_1 f_c \tag{10-12}$$

对混凝土压区中心取矩得：

$$M_n = \rho b h_0 f_{pu}(h_0 - x/2) \tag{10-13}$$

将式（10-12）代入式（10-13）得：

$$M_n = \rho b h_0^2 f_{pu}\left(1 - \frac{\rho}{2\alpha_1}\frac{f_{pu}}{f_c}\right) \tag{10-14}$$

（2）低筋梁（$\rho \leqslant 0.5\rho_{br}$）

对配筋率较低的梁，由于混凝土受压区的应力未能进入非线性受力状态，采用线性的应力－应变分布即可反映出构件截面中受压区的应力状态。求解其承载力可采用钢筋混凝土梁允许应力设计法。由截面的面积矩为零求中性轴时，对混凝土线性应力应变分布，设从受压面至中性轴的距离为 $c = kh_0$，由《混凝土结构设计》（Nilson1991），k 值由下式求得：

$$k = \sqrt{(\rho\alpha_E)^2 + 2\rho\alpha_E} - \rho n \tag{10-15}$$

式中 ρ——配筋率；

α_E——FRP 筋的弹性模量与混凝土弹性模量的比值。

由弯矩平衡得：

$$M_n = \rho b h_0^2 f_{pu}(1 - k/3) \tag{10-16}$$

（3）超配筋率梁（$\rho \geqslant \rho_{br}$）

对超配筋梁，混凝土压碎发生在 FRP 筋拉断之前，应力和应变分布仍可参见图 10-6，但 FRP 筋的应变值为未知量。此时，通过截面上力的平衡关系，可求解中性轴高度，先设为 $c = k_u h_0$。预应力筋 FRP 的应变应为 $\varepsilon_{pe} + \varepsilon_f$，$\varepsilon_f$ 可根据应变服从平截面假定求得：

$$\varepsilon_f = \varepsilon_{cu}/k_u - \varepsilon_{cu} = \varepsilon_{cu}(1/k_u - 1) \tag{10-17}$$

对配置多排 FRP 筋梁和板的承载力计算，可假设应变分布服从平截面假定，不同层 FRP 筋中的应变按应变的线性分布计算得出，且应控制最底层 FRP 筋不超过其应变能力。否则当底部的 FRP 筋达到极限应变时，会发生破断并将荷载传至其余的 FRP 筋，同时引起连锁破断。

3. 无粘结 FRP 筋预应力混凝土梁的正截面强度

上述的强度计算是基于粘结的 FRP 筋预应力混凝土梁，对于 FRP 筋预应力混凝土结构常常是无粘结的，因此，其平截面变形假定不适用于 FRP 筋。与第 6 章的无粘结预应力混凝土梁一样，FRP 筋在外荷载作用下中的变形增量是 FRP 筋同一水平处混凝土的变形沿梁全长的平均值。无粘结 FRP 筋预应力混凝土梁与相应粘结梁的最大区别就在于这一点，同时无粘结 FRP 筋预应力混凝土梁中的 FRP 筋其最终的变形增量比相应的粘结梁要小很多，又由于它实际上起作体外索的作用，因此，其破坏形式与粘结梁也不一样，它反而不易发生 FRP 筋被拉断的脆性破坏。无粘结 FRP 筋预应力混凝土梁的正截面强度计算基本上可应用第 6 章的方法计算。当然其分析的核心问题也还是无粘结 FRP 筋的极限应变增量的计算。

无粘结 FRP 筋预应力混凝土梁的正截面强度的计算，ACI440 设计建议也是引入粘结折减系数 Ω_u 的概念。因此，在极限受弯承载力下，无粘结预应力 FRP 筋的应力 σ_{pu} 可由下列二式联立求解：

$$\sigma_{pu} = \sigma_{pe} + \Omega_u E_{FRP}\varepsilon_{cu}(h_p/c - 1)(L_1/L_2) \tag{10-18}$$

$$A_p\sigma_{pu} = \alpha_1 f_c(b_f - b)h_f + \alpha_1 f_c b\beta_1 c \tag{10-19}$$

式中 h_p——FRP 筋合力点至梁截面受压边缘的距离，对于三分点荷载、均布荷载，有

$$\Omega_u = 3.0/(L/h_p) \tag{10-20}$$

对于单点集中力加载，有

$$\Omega_u = 1.5/(L/h_p) \tag{10-21}$$

式中 σ_{pe}——FRP 筋中的有效预应力；

A_p——FRP 筋的截面面积；

c——在极限状态下的中和轴高度；

L——为跨度；

L_1——同一根 FRP 筋的实际受荷载跨长或受荷跨长之和；

L_2——同一根 FRP 筋在锚固端之间的长度。

10.2.4 FRP 筋构件的抗剪性能及承载力

FRP 筋混凝土构件的抗剪性能研究国外已经开展得较多，在已开展的剪切试验研究中，FRP 筋构件的抗剪性能分析主要还是 FRP 筋作为箍筋的较多，而较少研究 FRP 筋用作弯筋的试验研究。因此，当前国外的规范大多考虑的是 FRP 箍筋混凝土梁的斜截面抗剪能力。由于梁剪切机理的复杂性，当前 FRP 筋的剪切理论和设计计算方法仍不完善。Eurocode、ACI、JCI 等规范考虑 FRP 筋构件的抗剪性能其机理基本上也是以钢筋混凝土构件的变角桁架和压力场理论为基础，在计算模型中考虑 FRP 筋的不同作用。对于 FRP 筋预应力混凝土结构的抗剪研究也处于开始阶段，某些试验表明，预应力能限制裂缝的开展，有利于增强抗剪能力，但由于 FRP 筋预应力结构混凝土构件其预应力筋基本上采用直线型布置，因此，预应力对抗剪承载力的贡献，至今仍不是很明确。

剪切模式的变角桁架模型和压力场理论目前虽应用于 FRP 筋的混凝土构件的剪切性能分析，但由于此剪切模型都是建立在塑性理论基础上的，因此一些研究者认为其不适合于 FRP 混凝土结构，因为 FRP 筋的塑性特性不是很明显。如何在结构弹性理论基础上建立平衡、变形协调和本构关系，而同时考虑混凝土的塑性是今后需要深入研究的问题。以下是几个国家现行规范有关 FRP 筋混凝土构件的抗剪设计规定与建议。

1. 日本土木工程师协会建议的公式（Japan Society of Civil Engineers（JSCE））

该计算公式忽略了预应力对 FRP 筋构件的影响。

（1）FRP 箍筋的抗剪强度

$$V_u = \min(0.8V_{u1}, 0.9V_{u2}) \tag{10-22}$$

受剪钢筋屈服，$$V_{u1} = bj\left[\frac{0.115k_u k_p\ (\sigma_B + 180)}{\left[\dfrac{M}{Qd} + 0.12\right]} + 2.7\sqrt{\rho_w \sigma_w}\right] \tag{10-23}$$

受压区混凝土破坏，$$V_{u2} = bj\left[\frac{0.115k_u k_p(\sigma_B + 180)}{\left[\dfrac{M}{Qd} + 0.12\right]} + 2.7\sqrt{\rho'_w \sigma_w}\right] \tag{10-24}$$

式中 k_u——纵筋直径的修正系数，$d=0.72$，$d \geqslant 40$mm；

k_p——ρ_w的修正系数；

$\dfrac{M}{Qd}$——剪跨比；

h——箍筋直径；

d——截面有效高度；

σ_B——混凝土受压强度；

ρ_w——纵筋配筋率；

σ_w——受剪筋的受拉强度；

$\rho'_w = \dfrac{E_f}{E_s}\rho_w$。

（2）FRP 弯筋的抗剪强度

$$f_{fbd} = \frac{f_{fbk}}{\gamma_{mfb}} \tag{10-25}$$

式中　$\gamma_{mfb}=1.3$。

$$f_{fbk}=\left(0.05\frac{r}{h}+0.3\right)f_{fuk} \tag{10-26}$$

式中　r——曲率半径。

式（10－26）的$\left(0.05\frac{r}{h}+0.3\right)$项为考虑弯曲处应力集中影响 FRP 筋拉应力折减系数。

2. 加拿大公路桥梁设计规范（Canadian Highway Bridge Design Code（CHBDC））

FRP 箍筋的抗剪强度：

$$V_s=\frac{\phi_{FRP}\sigma_v A_v d_v(\cot\theta+\cot\alpha)\sin\alpha}{S} \tag{10-27}$$

FRP 箍筋的应变：

$$\varepsilon_v=0.0001\left(f'_c\frac{\rho_s E_{fu}}{\rho_{vFRP}E_{vFRP}}\right)^{1/2}\left(1+\left(\frac{\sigma_N}{f'_c}\right)^{0.2}\right)\leqslant 0.002 \tag{10-28}$$

当 FRP 箍筋没有被拉断时，$\sigma_v=E_{vFRP}\varepsilon_v$　(10-29)

当 FRP 箍筋被拉断时，$\sigma_v=\left(0.05\frac{r}{h}+0.3\right)f_{pu}$　(10-30)

式中　E_{vFRP}——FRP 箍筋的弹性模量；
ϕ_{vFRP}——FRP 抗力系数；
ρ_{vFRP}——FRP 配箍率；
A_v——距离 s 内的抗剪腹筋面积；
σ_N——轴向荷载下混凝土的应力；
θ——裂缝的倾角；
α——抗剪腹筋的倾角；
E_{fu}——FRP 筋的弹性模量；
f'_c——混凝土的抗压强度。

3. 加拿大标准协会（*S806－02*）关于 *FRP* 筋建筑构件的设计与施工

（1）FRP 筋的普通混凝土构件

FRP 纵向筋、FRP 筋作箍筋：

$$V_r=V_c+V_{sF}\leqslant V_c+0.6\lambda\phi_c\sqrt{f'_c}b_w d \tag{10-31}$$

FRP 纵向筋、普通钢筋作箍筋：

$$V_r=V_c+V_{ss}\leqslant V_c+0.8\lambda\phi_c\sqrt{f'_c}b_w d \tag{10-32}$$

$$V_{sF}=\frac{0.4\phi_F A_v f_{Fu} d}{S} \tag{10-33}$$

$$V_{ss}=\frac{\phi_s A_v f_{yu} d}{S} \tag{10-34}$$

截面有效高度 $d\leqslant300$mm 时，

$$V_c=0.035\lambda\phi_c\left(f'_c\rho_w E_F\frac{V_f}{M_f}d\right)^{1/3}b_w d \tag{10-35}$$

截面有效高度 $d>300$mm 时，

$$V_c = \left(\frac{130}{1000 + d}\right)\lambda\phi_c \sqrt{f'_c}b_w d \geqslant 0.08\lambda\phi_c \sqrt{f'_c}b_w d \tag{10-36}$$

（2）FRP 预应力混凝土的设计与施工

FRP 筋作箍筋，

$$V_r = V_c + V_{sF} + 0.90V_p \tag{10-37}$$

普通钢筋箍筋，

$$V_r = V_c + V_{ss} + 0.9V_p \tag{10-38}$$

式中　λ——混凝土密度修正系数；

b_w——最小腹板宽度；

d——截面有效高度；

ϕ_s——钢筋的抗力系数；

ϕ_f——FRP 筋的抗力系数；

V_p——穿过临界面有效预应力的垂直分量；

ϕ_c——混凝土的抗力系数；

f_{fu}——非预应力 FRP 筋的抗拉强度；

A_v——距离 s 内的抗剪腹筋面积。

加拿大有关 FRP 筋的抗剪承载力计算适用于没有承受较大轴向拉伸的剪切或弯曲的构件。

4. 欧洲混凝土有关条款（Eurocrete Project）

欧洲混凝土协会关于 FRP 筋预应力混凝土梁受剪钢筋的规定与钢筋混凝土梁基本一致，仅修正混凝土部分所承担的剪力，混凝土所承担的剪力取决于受拉钢筋的有效面积 A_e。

$$A_e = A_r\left(\frac{E_r}{200}\right) \tag{10-39}$$

式中　E_r——FRP 筋的弹性模量（不超过 200kN/mm^2）；

A_r——实际面积。

而且 FRP 筋容许剪应力 σ_v 由下式确定：

$$\sigma_v = 0.0025E_r \tag{10-40}$$

5. 美国有关规定（U. S. CODES）

（1）抗剪设计规定

$$V_u \leqslant \phi V_n \tag{10-41}$$

式中　ϕ——承载力折减系数，

其中 ACI 规范为：

$$V_n = V_c + V_s \tag{10-42}$$

对于普通混凝土：

$$V_c = 2\sqrt{f'_c}b_w d \tag{10-43}$$

对于预应力混凝土：

$$V_c = \left(0.6\sqrt{f'_c} + 700\frac{V_u d}{M_u}\right)b_w d \tag{10-44}$$

$$V_s = \frac{A_v f_y d}{S} \tag{10-45}$$

AASHTO 规范为：

$$V_n = V_c + V_s + V_p \tag{10-46}$$

$$V_c = 0.0316\beta\sqrt{f'_c}b_v d_v \tag{10-47}$$

$$V_s = \frac{A_v f_y d}{S} \tag{10-48}$$

式中 V_p——穿过临界面有效预应力的垂直分量。

（2）有关 FRP 筋的建议公式

$$V_n = V_c + V_s + V_f \tag{10-49}$$

$$V_n = \beta\sqrt{f'_c}b_w d + \phi_{bend}\frac{A_v d f_{pu}}{S}$$

ACI 建议：$\beta \leqslant 2$ (10-50)

$$0.25 \leqslant \phi_{bend} = \left(0.05\frac{r}{d_b} + 0.11\right) \leqslant 1.0$$

$$V_n = 0.0316\beta\sqrt{f'_c}b_v d_v + \phi_{bend}\frac{A_v d_v f_{pu}}{S}\cot\theta$$

AASHTO 建议：$\beta \leqslant 2$ (10-51)

$$0.25 \leqslant \phi_{bend} = \left(0.05\frac{r}{d_b} + 0.11\right) \leqslant 1.0$$

式中 β——考虑混凝土抗剪能力的系数。

10.2.5 改善 FRP 筋预应力混凝土构件延性的措施

由于 FRP 筋预应力混凝土构件的 FRP 筋本身是无屈服阶段的线性材料，同时 FRP 筋与混凝土的粘结比普通钢筋混凝土差，因此，FRP 筋预应力混凝土构件的延性是工程设计与应用中的一个突出的问题。FRP 筋预应力混凝土梁的延性可以从其结构变形的角度来考虑，即其结构延性可定义为极限挠度与开裂挠度之比，称为可变形性（deformability）。从而 FRP 筋预应力混凝土构件的设计可通过可变形性来控制构件达到破坏前的变形量，即构件的延性控制。

1. FRP 筋混凝土构件的可变形性

加拿大 CHBDC 规范对配 FRP 筋混凝土构件的可变形性设计规定如下：（1）对最小配筋率的要求，其计算方法同钢筋混凝土结构；（2）最大配筋率应满足 $0.25 < c/h_0 < 0.50$，即 $0.2 \leqslant x \leqslant 0.4$；（3）引入总体性能系数 J，包含着对延性的要求，对于矩形截面 $J \geqslant 4.0$，T 形截面 $J \geqslant 6.0$，系数 J 的计算公式如下

$$J = \frac{M_{ult}\psi_{ult}}{M_C\psi_C} \tag{10-52}$$

式中 M_{ult}——截面的极限抗弯能力；

M_C——混凝土截面中最大压应变 0.001 对应的弯矩；

ψ_{ult}——与 M_{ult} 对应的曲率；

ψ_C——与 M_C 对应的曲率。

在式（10-52）中将强度和可变形性合并在系数 J 中，表示承载能力极限状态下的能量与截面边缘受压纤维达 0.001 比例极限时能量的比值。

2. 改善受弯构件延性的技术措施

（1）以部分预应力混凝土概念设计，以 CFRP 筋或绞线为预应力筋，配置 CFRP 绞线或变形筋或环氧涂层钢筋作为非预应力受拉筋。

国外至今的试验研究表明：采用 CFRP 绞线作为有粘结预应力筋，配 CFRP 变形筋为非预应力普通筋的构件，具有很好的裂缝分布，裂缝间距与普通钢筋混凝土梁接近；而未配普通受拉 CFRP 筋的全预应力构件仅有 1 ~2 条大裂缝集中在等弯矩区段。

当非预应力纵向受拉筋采用不同的材料时，它们的荷载 - 挠度曲线是不一样的，当配置 CFRP 绞线或者变形筋时，其荷载 - 挠度曲线呈双线性关系，即在构件开裂时挠度发生突变，随后会有较快的增长，当 CFRP 预应力筋达到极限强度发生断裂时，荷载 - 挠度曲线发生阶梯状迅速下降，这是由于所配置的非预应力普通 CFRP 筋仍具有一定的受荷能力，在混凝土压碎前，能起一定的延缓作用，使梁免受突然断裂破坏。

对配置非预应力普通钢筋的 CFRP 梁，荷载 - 挠度曲线明显呈三线性。初始直线从加载开始延伸至开裂荷载；第 2 段直线从梁开裂至普通钢筋屈服；第 3 段直线将延伸至最大荷载，这时 FRP 筋发生断裂。由于存在非预应力普通钢筋，延缓了梁发生破坏，并提供若干剩余延性和强度，这在工程设计中特别是在地震区是需要的。

对配置 FRP 筋构件的能量，认为所吸收的能量需要用构件的荷载 - 位移曲线所包围的面积来度量，并应区分达到最大荷载之前和之后所吸收的能量。试验表明，在配筋量相同的条件下，PPC 构件比 PC 构件吸收的能量多。在达到极限荷载 FRP 筋拉断后，PC 构件将完全失去吸收能量的能力。在 PPC 构件中，因为 FRP 非预应力筋仍可承受荷载，允许构件继续变形，故在预应力 FRP 筋断后，仍可吸收一部分能量。

（2）将 FRP 筋预应力混凝土构件设计为无粘结构件，并配置适量的非预应力筋。由于 FRP 筋无粘结预应力混凝土构件的 FRP 筋一般不会被拉断，呈现混凝土受压破坏，因此，在达到最大荷载后，仍具有一定的能量吸收能力。

（3）采用 FRP 超配筋梁或采用纤维混凝土可获得相当好的延性性能。因为超配筋梁在承载力极限状态下呈现出混凝土压碎的破坏模式，在梁中 FRP 筋拉断后发生突然脆性相比，还是可取一些，其可达到类似于配置普通钢材受弯构件的延性特征。

（4）控制和改进 FRP 筋的粘结性能，或将 FRP 筋沿梁高呈多排布置，或者通过配多肢箍筋，采用纤维混凝土等方法加强对梁受压区的约束。

（5）采用混合型 FRP 筋。国外已研究出一种混合型 FRP 筋，其工艺过程是将不同类型材料用树脂胶合后，通过编织加工及拉拔成型，使其连续复合在一起，制成混合型 FRP 非金属筋。研究指出，这种 FRP 筋的延性、刚性及其与混凝土的粘结性能分别有编织股加捻合股、核心股及肋股等都有一定的关系。

由于混合型 FRP 筋是将具有不同破断延伸率的 FRP 纤维组合在一起，这样可获得类似于传统钢材的应力 - 应变特性，呈现出“延性”或“准延性”（pseudo-ductile）双线性的应力 - 应变关系，如延伸率为 2.5% 的芬纶纤维与延伸率为 1% 的碳纤维即可进行组合。混合型 FRP 筋具有较高的初始弹性模量、屈服点、高的极限强度与屈服强度之比，以及较长的屈服后应变等准延性特性。配置混合型 FRP 筋的混凝土构件的受弯延性亦可获得改善。

3. FRP筋应用的其他规定

（1）对于配置预应力FRP筋的梁或板，加拿大规范还要求配置适量的非预应力筋，用来承担恒载标准值；或有另一条传递荷载的路径，即当一根梁或一部分板破坏时，不致于引起结构的连锁倒塌。

加拿大规范CHBDC要求，FRP非预应力筋最大应力按不超过$\phi_{FRP}Ff_{pu}$取值，其中ϕ_{FRP}为构件强度折减系数；系数F值在表10-4中给出，此处R为永久荷载设计值在FRP筋中产生的应力与可变荷载产生应力的比值，F值反映出持续存在的荷载水平对FRP筋的效应。

F值 表10-4

R	0.5	1.0	≥2.0
AFRP	1.0	0.6	0.6
CFRP	1.0	0.9	0.9
GFRP	1.0	0.9	0.8

（2）美国ACI440规定，当在预应力梁中配置非预应力FRP筋时，允许考虑其对受弯承载力的贡献，非预应力筋的应力可按照应变协调由分析确定，且不得超过规定抗拉强度f_{pu}。此外，美国规范另考虑构件强度折减系数ϕ_{FRP}。

为确保配FRP筋的构件在破坏前出现可见裂缝及较大的变形，有明显预兆，对配筋量有一定要求：如要求预应力及非预应力筋的总量应使构件的受弯承载力至少为其开裂弯矩的1.5倍；对最小有粘结配筋量的规定如下，在配FRP筋的无粘结预应力混凝土受弯构件中，应配一定量的有粘结FRP筋，其最小配筋率ρ_{min}为：

在梁中，

$$A_f = 0.004A(E_S/E_{FRP}) \tag{10-53}$$

在柱支承双向实心平板的正弯矩区

$$A_f = N_C/0.5r_m f_{pu} \tag{10-54}$$

在负弯矩区

$$A_f = 0.00075hL(E_S/E_{FRP}) \tag{10-55}$$

式中 r_m——FRP筋强度折减系数；

A——弯曲受拉边至毛截面重心轴之间的横截面面积。

§10.3 FRP预应力筋结构的应用

纤维增强塑料在土木工程领域的应用最早是在德国，目前，德国、美国、加拿大、日本等国都相继开发了AFRP、GFRP和CFRP等线材，并开展了FRP的材料特性和FRP预应力结构性能的研究工作，生产了适用于FRP力筋的锚具、夹具和张拉设备，同时编写了相关的设计手册。当前FRP筋在预应力混凝土结构的应用主要是在桥梁结构方面。20世纪70年代后期，联邦德国首先对用玻璃纤维增强塑料作预应力筋代替预应力钢材作了大量试验。1980年就开始用GFRP预应力筋修建了试验人行桥，跨度6.55m，后张预应力混凝土梁，预应力筋为 Φ12.75mmGFRP 绞线，每根强度 70kN，无粘结索（Luenensche Gasse 桥，Duesseldorf）。1989 年修建的柏林 Adolf-Kiepart 人行桥为两跨连续梁，27.61 + 22.96m，后张双 T 梁，预应力筋为 7 束 19Φ7.5mmGFRP 棒。FRP 筋首次应用于公路桥梁在 1986 年，即 1986 年修建的杜塞尔多夫的 Ulenberg StraBe Bruecke 桥；跨度为 21.3 + 25.6m，桥宽 15m，每跨配 59 束 GFRP19Φ7.5mm 棒筋。以及 1987 年在道麦根（Dormagen）修建了 2 跨 10m 的重型公路预应力混凝土桥，用以更换在氯化物蒸气下严重腐蚀的旧桥。

而日本则较早使用碳素纤维增强塑料（CFRP）及芳纶纤维增强塑料（AFRP）作为预应力筋。1988 年日本用 CFRP 预应力筋修建了跨度 5.76m、宽 7m 的公路桥，1996 年又用 AFRP 力筋修建了长 54.51m 的茨城悬索板桥。20 世纪 90 年代后加拿大等国也开始应用 CFRP 绞线作为预应力筋。到 2002 年为止，用 FRP 预应力筋修建的混凝土桥已有几十座，公路桥跨度最大做到 62m（Bridge Street Bridge，Southfield，USA）。可以预见：由于 FRP 材料具有预应力混凝土构件力筋所希望具有的许多特性，非钢材的 FRP 制品作为预应力筋将在近期内得到较快的发展。表 10-4 列出欧美、日本等国 2000 年前已建成的应用 FRP 力筋的桥梁。今后，在土木工程结构中 FRP 制品得到广泛应用之前，还有若干技术问题有待解决。这些问题主要是：在后张预应力混凝土构件中，FRP 力筋的锚固方法及其可靠性；当利用 FRP 制品的抗腐性，将其作为无粘结预应力筋时，其疲劳强度问题；考虑 FRP 材料应力 - 应变关系的混凝土构件的设计方法；考虑 FRP 材料特性的统一的试验方法；以及可以反映实际设计中的结构材料耐久性的估计等问题。

FRP 筋预应力桥梁 **表 10-5**

桥名	国家（省、县）	建成年份	体 系	结构组件
Luenensche Gasse Bridge（*）	Germany Duesseldorf	1980	Polystal 12cables each with19bars	Slab prestressing
Ulenbergstrasse Bridge	Germany Duesseldorf	1986	Polystal 59cables each with19bars	Parabolic slab prestressing, degree of prestress 50%, FOS integrated
Marienfelde Bridge（*）	Germany Berlin	1988	Polystal 7cables each with19bars	External prestressing
Shinmiya Bridge	Japan Ishikawa	1988	CFCC	Prestressing of main beams
Birdie Bridge	Japan Ibaraki	1989	CFCC Arapree Leadline	Formwork elements, Prestressing of ribbon, Ground anchors
Bachigawa minami Bridge	Japan Fukuoka	1989	Leadline	Prestressing of main beams

续表

桥名	国家（省、县）	建成年份	体　系	结构组件
Sumitomo Bridge 1.	Japan Tochigi	1989	Technora	Prestressing of main beams, Transverse prestressing
Talbus Bridge	Japan Tochigi	1990	FiBRA	Prestressing of beams
Schiessbergstrasse Bridge	Germany Leverkusen	1991	Polystal 27cables each with19bars	Parabolic slab prestressing, degree of prestress 50%, FOS integrated
Oststrasse Bridge	Germany	1991	CFCC	Prestressing of main beams
Sumitomo Bridge 2.	Japan Tochigi	1991	Technora	Prestressing of main beams
Noetsch Bridge	Austria Kaerten	1992	Polystal 27cables each with19bars	Slab prestressing
Hishinegawa Bridge	Japan Ishikawa	1992	CFCC	Prestressing of main beams
Beddington Trail bridge	Canada Alberta	1993	CFCC Leadline	Prestressing of main beams
Hisho Bridge	Japan Aichi	1993	CFCC	Prestressing of main beams
Yamanaka Bridge	Japan Tochigi	1993	FiBRA	Prestressing of main beams
Stress Ribbon Bridge	Japan Nagasaki	1993	FiBRA	Prestressing of ribbon
Rainbow Bridge	Japan Tokyo	1993	FiBRA	Prestressing of slabs
Mukai Bridge	Japan Ishikawa	1995	CFCC	Prestressing of main beams
Taylor Bridge	Canada Manitoba	1997	CFCC Leadline	Prestressing of main beams
Herning Bridge	Denmark	1999	CFCC	Stay cable，slab prestressing
Lawrence Tech Bridge	USA	1999	Leadline	Prestressed rods and stirrups

注：CFCC-Carbon Fibre Composite Cable，FiBRA，Leadline 均为日本生产的 FRP 预应力筋；Polystal 为德国生产的 FRP 预应力筋。

参 考 文 献

1 房贞政编著．无粘结与部分预应力结构．北京：人民交通出版社，1999
2 林同炎，Ned H. Burns 著．预应力混凝土结构设计．第三版．路湛心等译．北京：中国铁道出版社，1984
3 范立础主编．预应力混凝土连续梁桥．北京：人民交通出版社，1988
4 中华人民共和国国家标准．混凝土结构设计规范（GB 50010—2002）．北京：中国建筑工业出版社，2002
5 中华人民共和国国家标准．建筑抗震设计规范（GB 50011—2001）．北京：中国建筑工业出版社，2001
6 中华人民共和国行业标准．无粘结预应力混凝土结构技术规程 JGJ/T 92—93．北京：中国计划出版社，1993
7 中华人民共和国行业标准．公路钢筋混凝土及预应力混凝土桥涵设计规范（JTG D62—2004）．北京：人民交通出版社，2004
8 杜拱辰编著．现代预应力混凝土结构．北京：中国建筑工业出版社，1988
9 陶学康编著．后张预应力混凝土设计手册．北京：中国建筑工业出版社，1996
10 刘晓尧，朱新实主编．预应力技术及材料设备．北京：人民交通出版社，2000
11 美国钢筋混凝土房屋建筑规范（ACI 1992 年修订版）．中国建筑科学研究院．结构所规范室译．1993
12 CEB 欧州国际混凝土委员会．1990CEB-FIP 模式规范（混凝土结构）．中国建筑科学研究院结构所规范室译．1991
13 东南大学，天津大学，同济大学合编．清华大学主审．混凝土结构．北京：中国建筑工业出版社，2001
14 张树仁等编著．钢筋混凝土及预应力混凝土桥梁结构设计原理．北京：人民交通出版社，2004
15 车惠民等著．部分预应力混凝土．成都：西南交通大学出版社，1992
16 朱伯龙，董振祥著．钢筋混凝土非线性分析．上海：同济大学出版社，1985
17 沈聚敏等编著．钢筋混凝土有限元与板壳极限分析．北京：清华大学出版社，1993
18 董哲仁编著．钢筋混凝土非线性有限元法原理与应用．北京，中国铁道出版社，1993
19 叶见曙主编．结构设计原理．北京：人民交通出版社，1997
20 陶学康编著．无粘结预应力混凝土设计与施工．北京：地震出版社，1993
21 杜拱辰主编．世纪之交的预应力新技术．北京：专利文献出版社，1998
22 杨伯科主编．混凝土实用新技术手册．长春：吉林科学技术出版社，1998
23 范立础主编．桥梁工程．第二版　北京；人民交通出版社，1987
24 项海凡主编．高等桥梁结构理论．北京：人民交通出版社，2001
25 房贞政主编．桥梁工程．北京：中国建筑工业出版社，2004
26 金成棣著．预应力混凝土梁拱组合桥梁．北京：人民交通出版社，2001
27 王铁梦著．工程结构裂缝控制．北京：中国建筑工业出版社，1997
28 薛伟辰编著．现代预应力结构设计．北京：中国建筑工业出版社，2003

29 熊学玉，黄鼎业编著．预应力工程设计施工手册．北京：中国建筑工业出版社，2003
30 李国平主编．预应力混凝土结构设计原理．北京：人民交通出版社，2000
31 熊学玉著．体外预应力结构设计．北京：中国建筑工业出版社，2005
32 房贞政，宗周红．无粘结预应力筋极限应力的变形协调系数法．土木工程学报，Vol. 28（1），1995
33 郭金琼，房贞政，肖春海．无粘结预应力混凝土梁的抗剪承载力．土木工程学报，Vol25（4），1992
34 房贞政．无粘结预应力混凝土结构开裂后的弯曲分析．福州大学学报，Vol. 16（4），1988
35 唐九如，吕志涛等．预应力混凝土延性框架抗震配筋值研究．建筑结构学报，Vol. 17（1），1996
36 Pannell，F. N. The Ultimate Moment of Resistance of Unbonded Prestressed Concrete Beams. Magazine of Concrete Research，Vol. 21（66），1969
37 Cook，N，Park，R，and Yong，P. Flexural Strength of Prestressed Concrete Menber with Unbonded Tendons. PCI Journal，Vol. 25（1），1981
38 Mattock，A. H. Yamasaki，J. And Kattula，B. T. Comparative Study of Prestressed Concrete Beams with and without Bond. ACI Journal，Feb. 1971
39 Manfred Specht. Spannweite der Gedanken. Berlin：Springer-Verlag，1987
40 Manfred Specht. Zur Querkraft-Trafaehigkeit im Stahlbetonbau. Beton- und Stahlbetonbau，84 H. 8. 1989
41 K. Kordina und I. Hegger. Zur Ermittlung der Biegebruch-Tragfaehigkeit bei Vorspannung ohne Verbund. Beton-und Stahlbetonbau，82 H 4. 1987
42 Fang Zhenzheng. Study of Continuous Concrete Box Girder Post-tensioned Without Bond. Proceeding of the International Symposium on Modern Applications of Prestressed Concrete. Beijing：International Academic Publishers，1991
43 K. H. Tan and A. E. Naaman. Strut - and - tie Model for Externally Prestressed Concrete Beams. ACI Structural Journal 1993（Nov. -Dec.）
44 A. Nihal，G. Amin. Prestresssing with Unbonded Internal or External Tendons：Analysis and Comperter Model. Journal of Structural Engineering，2000（Dec.）
45 陈国栋，房贞政．预应力筋布筋形式对板结构性能的影响．福州大学学报，Vol. 25（6），1997
46 白生翔．预应力混凝土裂缝控制的回顾与综述．世纪之交的预应力新技术．北京：专利文献出版社，1998
47 房贞政．无粘结预应力混凝土连续梁的试验研究．福州大学学报，Vol. 22（6），1994.
48 房贞政，陈红媛．无粘结部分预应力混凝土连续梁弯矩重分布分析．福州大学学报，Vol. 24（3），1996
49 陶学康，林远征．《无粘结预应力混凝土结构技术规程》修订简介．建筑结构，vol. 35（1），2005
50 T. Y. Lin and Thornton K. Secondary Moments and Moment Redistribution in Continuous Prestressed Concrete Beams. PCI Journal，Vol. 17，No 1a，1972
51 Mattock，A. H. Comments on Secondary Moments and Moment Redistributions in Continuous Prestressed Concrete Beams. PCI Journal，Vol. 17，No. 4，1972
52 P. J. Wyche，J. Guren and G. C. Reynoids. Interaction between Prestressed Secondary Moment、Moment Redistribution、and Ductility——A Treatise on the Australian Concrete code. ACI Journal，Jan. - Feb，1992
53 H. Scholz. Ductility，Redistribution，and Hyperstatic in Partially Prestressed Member. ACI Journal，May-June 1990
54 Alfons Huber. Effect of Hyperstatic Prestressing Moment and the Carrying Capacity Of Continuous Beams ACI Journal July-August 1986
55 T. I. Campbell and A. Moucessian. Prediction of the Load Capacity of Two-Span Continuous Prestressed

Concrete Beams. PCI Journal Mar-April 1988
56 沈聚敏，周锡元等编著. 抗震工程学. 北京：中国建筑工业出版社，2000
57 范立础，卓卫东著. 桥梁延性抗震设计. 北京：人民交通出版社，2001
58 邱法维，钱稼茹，陈志鹏著. 结构抗震实验方法. 北京：科学出版社，2000
59 戴瑞同等译，T. 鲍雷，M. J. N. 普里斯特利著. 钢筋混凝土和砌体结构的抗震设计. 北京：中国建筑工业出版社，1999
60 中华人民共和国行业标准. 建筑抗震试验方法规程（JGJ 101—96）. 北京：中国建筑工业出版社，1997
61 苏小卒著. 预应力混凝土框架抗震性能研究. 上海：上海科学技术出版社，1998
62 房贞政等. 无粘结预应力混凝土框架节点拟静力试验研究. 建筑结构，vol33（5），2003
63 房贞政等. 部分预应力混凝土扁梁框架节点的拟静力试验研究. 地震工程与工程振动，vol23（4），2003
64 陈红媛 房贞政. 无粘结部分预应力混凝土框架抗震性能试验研究. 地震工程与工程振动，vol22（1），2002
65 陈红媛 房贞政. 部分预应力混凝土扁梁框架拟静力试验研究. 地震工程与工程振动，vol23（5），2003
66 余志武，罗小勇. 水平低周反复荷载作用下无粘结部分预应力混凝土框架的抗震性能研究. 建筑结构学报，Vol. 17（2），1996
67 钟善桐著. 预应力钢结构. 哈尔滨：哈尔滨工业大学出版社，1986
68 黄侨主编. 桥梁钢－混凝土组合结构设计原理. 北京：人民交通出版社，2004
69 林宗凡编著. 钢－混凝土组合结构. 上海：同济大学出版社. 2004
70 中华人民共和国国家标准. 钢结构设计规范 GBJ 17—88，北京：中国建筑工业出版社，1994
71 同济大学 沈祖炎等编著. 钢结构基本原理. 北京：中国建筑工业出版社，2000
72 陆赐麟，尹思明，刘锡良著. 现代预应力钢结构. 北京：人民交通出版社，2003
73 刘锡良编著. 现代空间结构. 天津：天津大学出版社，2003
74 朱聘儒著. 钢－混凝土组合梁设计原理. 北京：中国建筑工业出版社，1989
75 胡夏闽. 欧洲规范 4 钢－混凝土组合梁设计方法. 工业建筑. 1995 Vol25（9～12），1996. Vol26（1～4）
76 聂建国，沈聚敏. 钢－混凝土组合梁剪力连接件实际承载力的研究. 建筑结构学报，Vol. 17（2），1996
77 舒赣平，吕志涛. 预应力组合梁的分析和设计计算. 工业建筑，Vol. 26（5），1996
78 房贞政，陈国栋. 预应力钢－混凝土组合梁的试验研究. 世纪之交的预应力新技术. 北京：专利文献出版社，1998
79 宗周红. 预应力钢－混凝土组合梁静动载行为研究. 西南交通大学博士学位论文. 成都：1998
80 B. M. Ayyub, Y. G. Sohn, and H. Saadatmanesh. Prestressed Composite Girders under Positive Moment. Journal of Structural Engineering, ASCE, Vol. l16, No. 11, 1990
81 Eurocode No. 4 (ENV1994 - 2: 1997). Design of Composite Steel and Concrete Structures. Part1. 1: General Rules and Rules for Buildings, Revised Draft: March, 1992. Part2: Bridge, Third Draft: January, 1997. CEN
82 P. Albrecht, WuLin Li, and Hamid Saadatmanesh. Fatigue Strength of Prestressed Composite Stee1-Concrete Beams. Journal of Structural Engineering, ASCE, Vol121, No. 12, 1995
83 J. J. Climanhaga and R. P. Johnson. Local Bucking of Continuous Composite Beams. The Structural Engineer, No. 50, Sept. 1972

84 A. R. Kemp. Inelastic Local and Lateral Buckling in Design Codes. Journal of Structual Engineering, ASCE, Vol122, No. 4, April, 1996

85 房贞政等. 预应力钢－混凝土组合结构的应用研究. 福州大学学报, vol 29 (6), 2001

86 房贞政等. 不同剪力连接程度预应力钢－混凝土组合连续梁的试验研究. 福州大学学报, vol30 (3), 2002

87 房贞政等. 劲性柱－钢梁节点拟静力试验研究. 地震工程与工程振动, vol. 23 (2), 2003

88 郑则群 房贞政. 预应力钢－混凝土组合梁非线性有限元解法. 哈尔滨工业大学学报, vol 36 (2), 2004

89 Dolan C W, Hamilton III H R, Balis C E, ect. Design Recommendation for Concrete Structures Prestressed with FRP Tendons. FHWA DTFH61-96-C-0019, 2001

90 Thomas Keller. Use of Fibre Reiforced Polymers in Bridge Construction. Structural Engineering Documents 7 IABSE Zurich Switzerland, 2003

91 Sen R, Lssa M. Static Response of Fiber glass Pretensioned Beam. ASCE Journal of Structure, Vol120 (1), 1992

92 周履译. 在预应力混凝土结构中采用 FRP 材料. 国外桥梁, 第 1 期 1994

93 陶学康等. 纤维增强塑料筋在预应力混凝土结构中的应用. 建筑结构, Vol. 34 (4), 2004

94 薛伟辰等. 新型 FRP 筋粘结性能研究. 建筑结构学报, Vol. 25 (2), 2004

95 王增春, 黄鼎业. FRP 索预应力结构应用研究. 中国市政工程, 2000 (1) 18～21

96 Tadros G. Provisions for using FPR in the Canadian Highway bridge. Concrete International, July, 2000